"十四五"时期国家重点出版物出版专项规划项目

国家科学技术学术著作出版基金资助出版

电化学科学与工程技术丛书　总主编　孙世刚

金属离子电池

陈　军　张　凯　严振华　编著

科 学 出 版 社

北　京

内 容 简 介

金属离子电池是以锂、钠、钾、镁、铝、锌等金属离子为载流子，在充放电过程中，上述载流子在两个电极之间往返迁移输运，实现化学能到电能相互转化的可充电池。由于其可循环多次使用，对社会可持续发展起着重要推动作用。本书首先介绍金属离子电池的发展历史和种类，然后在阐述金属离子基本概念的基础上，详细介绍不同类型金属离子电池的工作原理、结构、组成、关键材料、电池制备工艺、应用领域、评估方法、相关资源提取方法与回收利用等内容，电池体系包括锂离子电池、钠离子电池、锌离子电池、钾离子电池、镁离子电池、铝离子电池和钙离子电池。

本书深入浅出，适合高等学校、科研院所、新能源相关企业从事金属离子电池研发的科研人员、生产技术人员和管理工作者等阅读，同时可作为相关专业师生和工程师学习参考用书。

图书在版编目（CIP）数据

金属离子电池／陈军，张凯，严振华编著. —北京：科学出版社，2024.6
（电化学科学与工程技术丛书／孙世刚总主编）
"十四五"时期国家重点出版物出版专项规划项目
ISBN 978-7-03-078455-1

Ⅰ. ①金…　Ⅱ. ①陈…　②张…　③严…　Ⅲ. ①金属离子-电池-研究
Ⅳ. ①TM912

中国国家版本馆 CIP 数据核字（2024）第 087653 号

责任编辑：李明楠　高　微／责任校对：杜子昂
责任印制：徐晓晨／封面设计：蓝正设计

科学出版社 出版
北京东黄城根北街 16 号
邮政编码：100717
http://www.sciencep.com
三河市春园印刷有限公司印刷
科学出版社发行　各地新华书店经销
*
2024 年 6 月第 一 版　开本：720×1000　1/16
2024 年 6 月第一次印刷　印张：23
字数：463 000

定价：150.00 元
（如有印装质量问题，我社负责调换）

丛书编委会

总 主 编：孙世刚

副总主编：田中群　万立骏　陈　军　赵天寿　李景虹

编　　　委：（按姓氏汉语拼音排序）

陈　军　李景虹　林海波　孙世刚

田中群　万立骏　夏兴华　夏永姚

邢　巍　詹东平　张新波　赵天寿

庄　林

丛 书 序

电化学是研究电能与化学能以及电能与物质之间相互转化及其规律的学科。电化学既是基础学科又是工程技术学科。电化学在新能源、新材料、先进制造、环境保护和生物医学技术等方面具有独到的优势，已广泛应用于化工、冶金、机械、电子、航空、航天、轻工、仪器仪表等众多工程技术领域。随着社会和经济的不断发展，能源资源短缺和环境污染问题日益突出，对电化学解决重大科学与工程技术问题的需求愈来愈迫切，特别是实现我国"碳达峰"和"碳中和"的目标更是要求电化学学科做出积极的贡献。

与国际电化学学科同步，近年来我国电化学也处于一个新的黄金时期，得到了快速发展。一方面电化学的研究体系和研究深度不断拓展，另一方面与能源科学、生命科学、环境科学、材料科学、信息科学、物理科学、工程科学等诸多学科的交叉不断加深，从而推动了电化学研究方法不断创新和电化学基础理论研究日趋深入。

电化学能源包含一次能源（一次电池、直接燃料电池等）和二次能源（二次电池、氢燃料电池等）。电化学能量转换[从燃料（氢气、甲醇、乙醇等分子或化合物）的化学能到电能，或者从电能到分子或化合物中的化学能]不受热力学卡诺循环的限制，电化学能量储存（把电能储存在电池、超级电容器、燃料分子中）方便灵活。电化学能源形式不仅可以是一种大规模的能源系统，同时也可以是易于携带的能源装置，因此在移动电器、信息通信、交通运输、电力系统、航空航天、武器装备等与日常生活密切相关的领域和国防领域中得到了广泛的应用。尤其在化石能源日趋减少、环境污染日益严重的今天，电化学能源以其高效率、无污染的特点，在化石能源优化清洁利用、可再生能源开发、电动交通、节能减排等人类社会可持续发展的重大领域中发挥着越来越重要的作用。

当前，先进制造和工业的国际竞争日趋激烈。电化学在生物技术、环境治理、材料（有机分子）绿色合成、材料的腐蚀和防护等工业中的重要作用愈发突出，特别是在微纳加工和高端电子制造等新兴工业中不可或缺。电子信息产业微型化过程的核心是集成电路（芯片）制造，电子电镀是其中的关键技术之一。电子电镀通过电化学还原金属离子制备功能性镀层实现电子产品的制造。包括导电性镀层、钎焊性镀层、信息载体镀层、电磁屏蔽镀层、电子功能性镀层、电子构件防护性镀层及其他电子功能性镀层等。电子电镀是目前唯一能够实现纳米级电子逻辑互连和微纳结构制造加工成形的技术方法，在芯片制造（大马士革金属互连）、微纳机电系统（MEMS）加工、器件封装和集成等高端电子制造中发挥重要作用。

近年来，我国在电化学基础理论、电化学能量转换与储存、生物和环境电化学、电化学微纳加工、高端电子制造电子电镀、电化学绿色合成、腐蚀和防护电化学以及电化学工业各个领域取得了一批优秀的科技创新成果，其中不乏引领性重大科技成就。为了系统展示我国电化学科技工作者的优秀研究成果，彰显我国科学家的整体科研实力，同时阐述学科发展前沿，科学出版社组织出版了"电化学科学与工程技术"丛书。丛书旨在进一步提升我国电化学领域的国际影响力，并使更多的年轻研究人员获取系统完整的知识，从而推动我国电化学科学和工程技术的深入发展。

"电化学科学与工程技术丛书"由我国活跃在科研第一线的中国科学院院士、国家杰出青年科学基金获得者、教育部高层次人才、国家"万人计划"领军人才和相关学科领域的学术带头人等中青年科学家撰写。全套丛书涵盖电化学基础理论、电化学能量转换与储存、工业和应用电化学三个部分，由 17 个分册组成。各个分册都凝聚了主编和著作者们在电化学相关领域的深厚科学研究积累和精心组织撰写的辛勤劳动结晶。因此，这套丛书的出版将对推动我国电化学学科的进一步深入发展起到积极作用，同时为电化学和相关学科的科技工作者开展进一步的深入科学研究和科技创新提供知识体系支撑，以及为相关专业师生们的学习提供重要参考。

这套丛书得以出版，首先感谢丛书编委会的鼎力支持和对各个分册主题的精心筛选，感谢各个分册的主编和著作者们的精心组织和撰写；丛书的出版被列入"十四五"时期国家重点出版物出版专项规划项目，部分分册得到了国家科学技术学术著作出版基金的资助，这是丛书编委会的上层设计和科学出版社积极推进执行共同努力的成果，在此感谢科学出版社的大力支持。

如前所述，电化学是当前发展最快的学科之一，与各个学科特别是新兴学科的交叉日益广泛深入，突破性研究成果和科技创新发明不断涌现。虽然这套丛书包含了电化学的重要内容和主要进展，但难免仍然存在疏漏之处，若读者不吝予以指正，将不胜感激。

2022 年夏于厦门大学芙蓉园

前　言

电池是将物质的化学能通过电化学氧化还原反应直接转变为电能的装置或系统。电池放电时，通过电化学反应，消耗某种化学物质，输出电能。按照其使用性质，电池主要包括原电池（也称一次电池）、蓄电池（也称二次电池）和燃料电池等。按电解液种类可分为酸性电池（铅酸电池）、碱性电池（如碱锰电池、镉镍电池、氢镍电池等）、中性电池（海水激活电池）和有机电解液电池（锂离子电池）等。电池作为储能技术之一，具有物理、化学、材料、能源动力、电力电气等多学科多领域交叉融合的特点，是重要的战略性新兴领域，在推动能源革命和能源新业态发展方面发挥着至关重要的作用。

金属离子电池是以锂、钠、钾、镁、铝、锌等金属离子作为载流子，在充放电过程中，上述载流子在两个电极之间往返迁移输运，实现化学能到电能的相互转化的装置。可充金属离子电池可反复充放电，多次循环利用，对社会可持续发展起着重要推动作用。金属离子电池研究是当前世界科学的重要前沿，在 2021 年 *Science* 期刊发布的 125 个科学问题中，关于能量存储和转换的多个科学问题均与电池紧密关联。

电池已经成为当今生活的一种必需品，在电子产品、通信基站、电动汽车、无人机、储能电站、国防军工等领域发挥着重要作用。从早期的锌锰原电池，到铅酸蓄电池、镍镉/镍氢电池再到如今的锂离子电池、钠离子电池、锌离子电池、燃料电池等，电池的原理和技术经历了多次迭代。相比于其他种类的电池，尽管锂离子电池出现相对较晚，但得益于其能量密度高、循环寿命长等优势，锂离子电池产业已经发展成专业化程度高、分工明确的产业链体系。在移动通信领域，随着笔记本式计算机、智能手机和平板计算机的加速普及，以及可穿戴设备和移动电源的迅猛增长，锂离子电池得到空前规模的应用。

在新能源汽车领域，以锂离子电池和燃料电池为代表的电动汽车，正成为现代社会可持续发展过程中节能减排的重要途径。随着新能源汽车在全球范围掀起的新一轮汽车革命，动力电池成为新的"蓝海"；众多电池厂商投入巨资布局电池领域，动力电池市场前景广阔。在新能源与可再生能源发电和智能电网领域，储能系统可以提高电力系统的稳定性，解决可再生能源发展的瓶颈问题；同时，也是智能电网和分布式能源系统必需的关键设备。电池作为一种储能技术（电化学储能）具有转化效率高、响应速度快、空间限制小、建设周期短、配置灵活等优点，与新能源发电消纳的匹配性较好，能够解决风能、太阳能等可再生能源利用过程中的间歇性和波动性问题，以锂离子电池、钠离子电池、锌离子电池、铁镍电池、液流电池等为代表的电池储能技术将迎来新的机遇与挑战。随着"碳达峰、碳中和"双碳目标的提出，电化学储能作为能源和交通领域的关键技术越来越为人们所关注，电池必将成为支撑新能源和电动汽车等新兴产业最核心的技术之一。

当前我国金属离子电池科研与产业均处于蓬勃发展阶段，特别是随着智能时代的到来，信息技术的深度融合与数字化转型带来了巨大变革，必将催生新一轮科技革命，推动生产力的快速发展。新型储能是建设新型电力系统、推动能源绿色低碳转型的重要装备基础和关键支撑技术，是实现"碳达峰、碳中和"目标的重要支撑。为推动"十四五"新型储能高质量规模化发展，国家发展和改革委员会、国家能源局于 2022 年联合印发了《"十四五"新型储能发展实施方案》。《中华人民共和国国民经济和社会发展第十四个五年规划和 2035 年远景目标纲要》明确指出要大力发展纯电动汽车和插电式混合动力汽车，重点突破动力电池能量密度、高低温适应性等关键技术。

党的二十大报告要求，深入推进能源革命，加快规划建设新型能源体系。当前，我国金属离子电池科研与产业均处于蓬勃发展阶段，与欧美主要发达国家相比处于并跑状态，在某些领域已达到领跑水平。中国政府、科研院所和相关企业也为金属离子电池的发展制定了详细规划与激励措施。国家相关政策的出台为金属离子电池的发展带来新的机遇，也为推动我国电池科技领域的自立自强提供了战略支撑。

本书综合讲述了金属离子电池的发展历程，内容涵盖了金属离子电池的重要评价参数和基本原理，详细介绍了目前广泛应用或具有发展潜力的电池体系，包括锂离子电池、钠离子电池、钾离子电池、锌离子电池、镁离子电池、铝离子电池和钙离子电池，并且阐述了电池回收的问题。希望本书对我国金属离子电池的科学研究、企业研发、示范应用产生积极影响。

2020 年 7 月，我们受到"电化学科学与工程技术丛书"编委会的邀请，承担编写本书的任务。其后，本丛书入选"十四五"时期国家重点出版物出版专项规划项目，本书也获得国家科学技术学术著作出版基金资助。在编写过程中，我们得到各位专家的全力支持，在此，我们对参与本书编写的各位专家致以衷心的感谢！我们也要感谢科学出版社给予我们向国内同行们呈现本书的机会。本书作者参考了大量国内外资料，对这些相关作者和编著者表示由衷的感谢！杨卓（第 1 章），王元坤、郑春钰（第 2 章），孙浩翔、卢勇、刘晓猛、张秋（第 3 章），焦培鑫、伍忠汉、侯马川（第 4 章），郝志猛（第 5 章），侯金泽、卢勇（第 6 章），尚龙

（第 7 章），张钰峰、姜娜（第 8 章）在资料收集和整理方面做出了重要贡献，在此感谢他们的辛勤付出！

　　由于作者知识水平有限，书中难免出现一些疏漏之处，恳请广大读者指正。

编著者

2024 年 1 月于南开大学

目　录

第1章　金属离子电池概述

1.1　金属离子电池简介

为应对全球气候变化，2020 年 9 月我国提出"碳达峰、碳中和"的重大目标，大力贯彻新发展理念，充分开发和利用新能源势在必行[1]。党的二十大报告中强调，实现碳达峰、碳中和是一场广泛而深刻的经济社会系统性变革。以太阳能、风能及潮汐能为代表的新能源虽然清洁、高效，取之不尽、用之不竭，却具有间歇性、波动性和随机性的问题，亟需高效的能量存储方式使这些能源得以利用和实现持续输出。金属离子电池能够实现电能与化学能的高效转化，在电化学储能领域展现了巨大的应用潜力。其与可再生能源开发相结合，对于实现"零碳排放"的目标将起到重要作用。金属离子电池作为可充电二次电池，相比于一次电池，更加经济环保。目前，以锂离子电池为代表的金属离子电池还是交通运输部门脱碳（电动汽车）的重要驱动力。此外，它们还涉及各种战略行业应用，如航空航天、医疗设备、5G 通信、可穿戴电子产品和机器人技术[2]。

金属离子电池，顾名思义是以金属离子作为载流子的电池，主要分为锂离子电池、钠离子电池、钾离子电池等碱金属离子电池，锌离子电池、钙离子电池、镁离子电池、铝离子电池等多价金属离子电池，它们的组成类似，普遍由正极、负极、电解质（液）、隔膜以及封装材料构成。为了突破现今商用二次金属离子电池的瓶颈，考虑到电池的产业化应用目标，广大研究者希望新型电池能够兼顾电化学性能（质量能量密度、体积能量密度、倍率性能及循环稳定性等）、安全性能、生产成本及环境友好性等[3]。

金属离子电池中最具代表的是锂离子电池，具有高能量密度的特点，是电动汽车和便携式电子产品的首选，如图 1.1 所示。随着电动汽车取代以汽油为动力的交通工具，锂离子电池的使用将显著减少温室气体排放。此外，锂离子电池因高能效还可以用于各种电网应用，提升太阳能、风能、地热能和其他可再生能源的发电质量。因此，锂离子电池近年来引起了行业和政府资助机构的极大关注，2019 年诺贝尔化学奖便授予了在锂离子电池研发领域作出杰出贡献的三位科学家[4]。然而，由于锂在地壳中的含量仅为 0.0065%，不均匀的分布和有限的储量限制了锂离子电池的发展规模。另外，锂离子电池的安全性长期以来被视为其发展的重要问题之一，即使是小型手机，一旦发生爆炸事故，也会引起公众对安全问题的

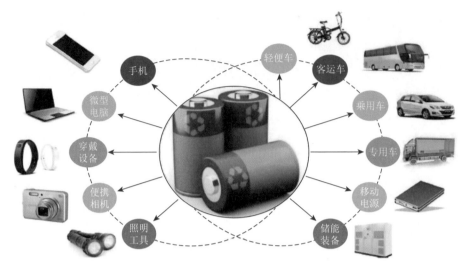

图 1.1　金属离子电池的应用场景

高度关注。与消费电子相比，电动汽车所用的动力电池系统集成了大量串联和并联的电池单体与电池管理系统，安全问题更加重要、更加复杂。由于电动汽车的特殊工作条件，电池系统将遇到不同类型的振动、极端温度、浸水、充电等问题，这对锂离子电池来说是一个巨大的挑战[5]。

　　基于对电池用原材料资源、电池能量密度及安全性的考虑，近年来，开发非锂电池体系引起了研究人员的浓厚兴趣。研究者们着眼于与锂处于同一主族的钠，其储量丰富且分布广泛，具有与锂离子电池相似的"摇椅式"工作原理，因此钠离子电池有望成为继锂离子电池之后被广泛应用的储能器件，但是其能量密度、循环寿命及倍率性能都有待改善。此外，值得注意的是，水系锌离子电池是一种新型的绿色电池体系，不仅具有廉价、安全、环保的特点，还具有较高的功率密度，在储能等诸多领域具有很好的应用价值和发展前景，但是集流体的腐蚀、锌枝晶刺穿隔膜等关键问题制约了其商业化电池的开发。其他多价金属离子电池也越来越受到研究者的青睐，如镁离子电池和铝离子电池等二次电池在比容量、安全性等方面都比锂离子电池表现出更好的性能。与锂离子电池相比，这些多价离子电池具有许多优势，如镁不会形成枝晶，解决了与锂离子电池相关的安全问题。此外，铝是地球上较丰富的元素之一（占地壳的 8.3 wt%[①]），成本低，且铝负极具有较高的体积比容量（8046 mA·h/cm³），即大约是锂的四倍。铝负极不仅降低了潜在的安全隐患，与锂相比其具有更高的空气稳定性，在空气氛围易于处理。

　　为推动储能产业的健康有序发展，国家发展和改革委员会等五部委早在 2017 年

---

① wt%表示质量分数。

10 月联合发布了《关于促进储能技术与产业发展的指导意见》，明确发展储能的必要性和分阶段发展目标。此后在 2021 年 7 月，国家发展和改革委员会、国家能源局联合印发《关于加快推动新型储能发展的指导意见》，提出到 2025 年，实现新型储能从商业化初期到规模化发展的转变，装机规模达到 30 GW 以上，并明确了降低电化学储能系统成本的发展目标；将"强化技术攻关，构建新型储能创新体系"作为重要工作，提出加大钠离子电池、新型锂离子电池等多种储能技术、关键核心技术装备研发力度，加快新型储能成本下降速度。2023 年 7 月 11 日习近平总书记主持召开中央全面深化改革委员会第二次会议，审议通过了《关于深化电力体制改革加快构建新型电力系统的指导意见》，强调要科学合理设计新型电力系统建设路径，在新能源安全可靠替代的基础上有计划分步骤逐步降低传统能源比例。

1.2　金属离子电池的发展历史

金属离子电池本质是一种电化学反应，1800 年，伏打将许多锌片和银片交替堆叠排列，并用浸有氯化钠溶液的布将金属片分隔开来，制成能够持续产生电流的"伏打电堆"[6]。1859 年，法国科学家加斯顿·普兰特（Gaston Planté）发明了铅酸可充电电池[7]。他将两块铅板浸泡在硫酸溶液中，进行了交替的充电和放电，这是第一种真正意义上的可充电电池。1899 年，瑞典工程师沃尔德马·容纳（Waldmar Jungner）发明了可充电镍镉电池[8]。尽管这些系统在结构设计和材料包装方面有所改进，但它们是当今流行的商用电池的基础，适用于汽车点火和便携式工具等重要应用。

此后，近一个世纪以来，电池领域并没有多少创新，因为基于勒克朗谢、容纳和普兰特早期概念的电池满足了当时技术的要求。20 世纪 60 年代末，由于便携式能源的需求，电池领域迎来了一系列的革新。其中最关键的问题在于电池的能量密度低，而能量密度又与电极材料紧密相关。电极组合只能提供有限的比容量值（以 A·h/g 计），因而反映到电池中就是极低的能量密度（即单位重量或单位体积储存的瓦时数）。简单地说，此时的电池太重、太大，无法满足或服务于不断发展的行业需求。

面对可植入医疗装置领域的储能问题，可以以心脏起搏器的情况为例进行说明。由于锂的电化学当量是所有金属中最高的，因此锂具有比锌更高的理论比容量（3860 A·h/kg *vs.* 820 A·h/kg）。但是，锂金属与水不能相容。因此，为了使用锂金属电极，需要将普通的水性电解质替换为更具有化学/电化学稳定性的有机电解质[9]。这种电解质通常由锂盐溶解在有机溶剂（如碳酸丙烯酯、碳酸乙烯酯）或其混合物中形成。将锂金属负极与碘基正极相结合组成电池，即所谓的锂碘电池，可以提供约 250 W·h/kg 的实际能量密度。锂碘电池的开发对提高心脏起搏器的效率产生了巨大的影响。

军事上对高能量，特别是高功率电源的需求，成为锂电池发展的巨大推动力。特殊类型的锂电池是使用不常见的正极材料开发的，如可溶性气体［如二氧化硫（SO_2）］或液体试剂［如亚硫酰氯（$SOCl_2$）或硫酰氯（SO_2Cl_2）］。

20 世纪 70 年代，移动电子产品市场的扩张是锂电池发展的另一个关键驱动力，一系列流行的设备（如电子手表、玩具和照相机）流入了市场。这些设备要求电池体积小、价格低廉且能够提供良好稳定的供电，这种需求通过使用基于二氧化锰正极的锂电池得到满足。

锂电池技术初期制造的所有电池都是原电池。这些电池的研制成功激发了人们对二次电池（即可充电池）的兴趣。理论上，在负极侧没有明显的困难，因为在放电过程中形成的锂离子在充电时预计会重新回到锂金属中。最初，人们把注意力集中到正极侧，目的是寻找确定能够经受长期充放电循环的材料。金属离子电池发展史如图 1.2 所示。1980 年，通过开发所谓的"嵌入"式电极，取得了突破。这些嵌入式电极材料通常是基于能够可逆地接受和释放锂离子进出其开放结构的化合物。为了允许电化学反应的进行以及延长循环寿命，材料必须确保其电子结构（平衡插入锂离子的正电荷）和晶体结构（防止晶格崩溃）在脱嵌锂离子过程中发生可逆演变。过渡金属化合物（如 TiS_2）可以满足这些要求，TiS_2 可以在层状结构上交换锂离子，并伴随着价态从IV变为III。通过开发这种类型的正极材料，第一批商用原电池锂电池出现在 20 世纪 70 年代。其中之一由美国埃克森公司生产，采用 TiS_2 作为正极，另一种由当时加拿大 Moli Energy 生产，采用 MoS_2 作为正极。这两种电池均使用有机电解液。然而，一系列工作故障，包括火灾事件，使得人们迅速得到一个结论，金属锂负极降低了锂电池的安全性和使用寿命。因此，想要发展可充电锂电池，就必须用另一种更加可靠的电极来取代锂金属。由此，一个全新的概念应运而生，即考虑两个插入电极的组合，一个能够接受锂离子，作为负极运行，

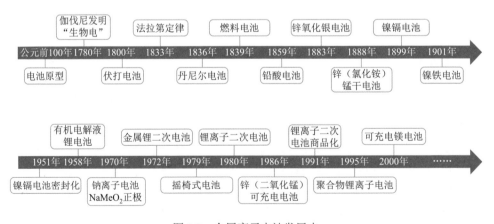

图 1.2　金属离子电池发展史

另一种是能够释放锂离子，作为正极工作。在充电过程中，负极充当"锂离子库"，正极作为"锂源"，电池的电化学过程涉及两个插层电极之间锂离子的转移，而放电过程则与之相反，如此循环，这种电池被形象地描述为"摇椅电池"[10]。

1.3　金属离子电池的种类

1.3.1　按载流子分类

如图 1.3 所示，金属离子电池依据载流子类型可以分为锂离子电池、钠离子电池、钾离子电池等碱金属离子电池，锌离子电池、钙离子电池、镁离子电池、铝离子电池等多价金属离子电池。如图 1.4 所示，不同类型的电池因其工作电压和比容量的差异而有不同的能量密度。

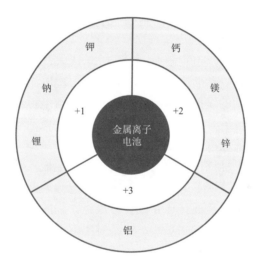

图 1.3　按载流子分类的金属离子电池

1. 锂离子电池

金属离子电池中最具代表、最常见的就是锂离子电池，因具有高电压、高容量、长寿命等优点，在电子设备、电动汽车、空间技术、国防工业等多方面表现出广阔的应用前景和巨大的经济效益。锂离子电池的出现极大地推动了可移动电子设备和电动汽车的规模化应用，不断推动着社会朝着智能化和清洁化方向发展。2019 年，化学界的最高荣誉——诺贝尔化学奖颁发给锂离子电池领域的三位科学巨匠：美国得克萨斯大学奥斯汀分校 John B. Goodenough、美国纽约州立大学宾汉姆顿分校的 M. Stanley Whittingham 教授和日本旭化成株式会社的 Akira Yoshino 教授，以表彰他们为锂离子电池发展做出的里程碑式贡献[4]。

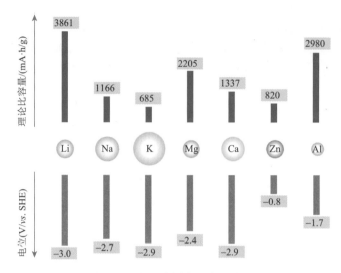

图 1.4　各种金属离子电池对比

锂离子电池的研究最早追溯于 20 世纪 80 年代末，1990 年日本 Nagoura 等研制成以石油焦为负极、以钴酸锂为正极的锂离子二次电池[11]。20 世纪 90 年代后锂离子电池得到了迅猛的发展，目前已在二次电池市场占据了相当大的份额，值得关注的是，在碳减排的背景下，电动汽车用锂离子电池得到了快速发展。锂离子电池作为优异的储能器件，主要由正极材料、负极材料、电解液、隔膜四部分组成。其中正负极材料能够保证锂离子在其中可逆地嵌入和脱出，以达到储存和释放能量的目的。电解液应该具有较高的锂离子电导率和极低的电子电导率，确保锂离子可以在电解液中快速传导并减少自放电。隔膜处于正负极材料中间，避免电池因两电极直接接触而发生短路，并且对电解液具有较好的浸润性，能够形成锂离子的迁移通道。

2. 钠离子电池

钠离子电池的工作原理与锂离子电池类似，钠与锂为同一主族的元素，物理化学性质较为类似。钠离子电池具有可接受的比容量（钠为 1166 mA·h/g，锂为 3860 mA·h/g）和电势 [钠为 -2.71 V（ $vs.$ SHE），锂为 -3.04 V（ $vs.$ SHE）][12]。钠在地壳中的含量高（ 23.6×10^3 mg/kg），是锂（17 mg/kg）的千倍以上，且分布均匀，价格低廉，因此是大规模储能领域中的候选者之一。此外，2022 年 8 月，碳酸锂价格为 469837 元/t，碳酸钠价格为 2368 元/t，钴、镍价格上涨，依赖进口，钠离子电池活性材料中不含昂贵的钴，使其具有可观的可持续性和较低的资源依赖性。我国锂矿大多是位于青藏高原地区的盐湖资源，镁锂比高，开采难度大，致使我国锂矿对外依存度高。钠离子电池对我国减少锂资源对外依存度具有重要战略意义，且钠资源提炼相对简单，因此，钠离子电池有望成为继锂离子电池后的下一代储能器件。但是钠离子电池的技术还不成熟，目前主要还在应用示范的阶段。

3. 锌离子电池

早在 1800 年，锌金属就被用作储能设备的活性电极。迄今为止，锌基储能设备（主要是锌锰干电池）已经占据了世界电池市场的三分之一[13]。锌离子电池作为一种新兴二次电池得到了广大研究者们的青睐，相比于其他电池，它具有以下几个优点：①兼具高能量密度和高功率密度；②对环境友好；③地表含量丰富且成本低廉；④氧化还原电势相对较低 [-0.76 V（$vs.$ SHE）]。以上优异的性能使其在许多便携电子设备行业也展现出广泛的应用前景，并有望成为今后大规模储能的候选者。锌离子电池作为二次锌基电池，通常以金属锌作为负极，以含有 Zn^{2+} 的水溶液作为电解液，正极材料多种多样，目前有锰基化合物、钒基化合物、普鲁士蓝类似物等。但是锌负极存在枝晶生长、析氢和腐蚀等棘手问题，严重影响了其性能。要实现锌离子电池的规模化应用，研究人员必须设计具有高剥离效率和长循环寿命的锌负极。

4. 钾离子电池

钾作为周期表中紧挨着钠的下一周期碱金属，其还原电势低于钠，这使得钾离子电池可以在更高的电势下运行 [K：-2.93 V（$vs.$ SHE）][14]。此外，钾是地壳中含量第七多的元素，碳酸钾的成本远低于碳酸锂。然而，钾对空气中的氧和水极为敏感，容易迅速发生氧化或水合。与钠类似，钾不会与铝形成合金。因此，负极不需要使用铜集流体。钾基可充电电池结构类似于锂离子电池和钠离子电池。钾化过渡金属化合物作为正极，碳质材料（如石墨）作为负极，可耦合以生产钾离子电池。钾离子电池充放电机理与锂离子电池相似，同样为"摇椅"式机制。K^+ 的离子半径为 1.38 Å，比 Na^+（1.02 Å）和 Li^+（0.76 Å）的更大，这使得正极材料设计更具挑战性，其晶体结构需要有较大的离子通道，以便于 K^+ 的有效插入和脱出。

5. 镁离子电池

镁蕴藏丰富（地壳丰度约 3.9%）且价格低廉，海水和土壤中含有丰富的氯化镁和氧化镁，其提炼方便，在环境中高度稳定，熔点高（660℃）。镁离子电池由金属镁负极、可脱嵌镁离子的正极、电解液构成[15]。镁离子电池的工作原理与锂离子电池的工作原理十分相近，当电池充电时，镁离子从正极脱出，通过电解质和隔膜，嵌入到负极中；放电时则相反。镁及其化合物完全环保，镁离子电池制造工艺的能耗比锂离子电池低，释放的毒素也少，可循环性能好，具有生物和环境友好性，还具有优异的循环寿命，一般地，在−20～80℃条件下，循环 2000 次后容量仅损失 15%。可充电镁离子电池的开发仍在持续研究中，面临诸多挑战，特别是在金属镁负极表面容易形成绝缘钝化层。此外，用于镁离子电池的电解液大多对空气敏感、腐蚀性高以及易燃，因此镁离子电池在实际应用中仍存在许多安全问题。另外，由于 Mg^{2+} 的电化学反应机理复杂，开发适合 Mg^{2+} 快速脱/嵌的正极材料也具有一定的挑战性。

6. 铝离子电池

铝离子电池也是一种可充电电池，其中铝离子通过从电池负极流向正极提供能量。重新充电时，铝离子返回负极，每个离子可交换三个电子[16]。铝是一种高丰度材料（8.3%），成本低，可用于大型储能系统，铝具有最高的理论体积比容量（8046 mA·h/cm³）。在铝离子电池中，Al^{3+} 的多价离子转移一旦与合适的正极材料耦合，就会产生较高的理论容量。由于缺乏实际容量高的正极材料，铝离子电池的发展受到了阻碍。其存在很多固有问题，如放电电压很小（0.55 V）、可逆性差、库仑效率低、容量衰减快、循环寿命短。另外，较大半径的 Al^{3+} 脱嵌，导致正极材料出现结构破坏和体积膨胀。寻找合适的铝离子电池正极材料是目前铝离子电池研究方向的重中之重。

7. 钙离子电池

钙在地壳中的含量比钠和镁都丰富，比锂更是丰富 2500 倍。钙因现成可用性将作为电池生产的低成本材料。钙也是无毒的，因此如果用于散装电池制造，不会对环境造成危害。此外，钙的沉积电势仅比锂高 0.17 V，比镁低 0.5 V，因此，钙离子电池输出电压较高[17]。此外，Ca^{2+} 的离子半径为 1.00 Å，与 Na^+（1.02 Å）非常相似，但显著大于 Li^+（0.76 Å）和 Mg^{2+}（0.72 Å）。自 2016 年首次证明传统电解质中钙的可逆沉积和剥离以来，钙离子电池的研究仍处于初级阶段。特别是在传统有机电解液中钙金属表面易形成钝化层，导致钙离子的可逆沉积难以实现，且研究稳定的储钙电极材料也比较困难，因此开发高性能储钙电极材料和优化电解液对其发展具有重要意义。

1.3.2 按电解液（质）类型分类

电解液（质）作为金属离子电池中的一个重要组成部分，从实用角度出发，其必须具有良好的离子导电性而不能具有电子导电性。在室温下，电导率要达到

10^{-3} S/cm 数量级。还应该具有较高的离子迁移数，因为阳离子是运载电荷的重要工具。高的离子迁移数能减小电池在充放电过程中电极反应时的浓差极化，使电池产生高的能量密度和功率密度。较理想的离子迁移数应该接近 1。电解液（质）一般在两个电极之间，当电解液（质）与电极直接接触时，不希望有副反应发生，这就需要电解液（质）有一定的化学稳定性。为得到一个合适的操作温度范围，电解液（质）必须具有好的热稳定性。另外，电解液（质）应该具有较宽的电化学稳定窗口，以满足电极材料充放电电压范围和电极反应的单一性。一般按照电解液（质）类型，金属离子电池可以分为有机系电池、水系电池和固态电池，如图 1.5 所示。

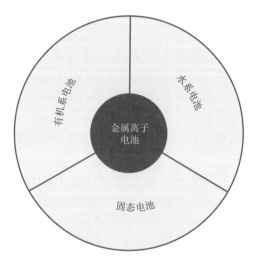

图 1.5　按电解液（质）类型分类的金属离子电池

1. 有机系电池

如图 1.6 所示，有机系电池一般指电解液由有机溶剂和金属盐组成的电池[18]。有机系电池用电解液材料一般应当具备如下特性：①电导率高，要求电解液黏度低，金属盐溶解度和电离度高；②载流子迁移率高；③稳定性高，要求电解液具备高的闪点、高的分解温度、低的电极反应活性，搁置无副反应等；④界面稳定，具备较好的正负极材料表面成膜特性，能在前几次充放电过程中形成稳定的低阻抗固态电解质中间相（solid electrolyte interphase，SEI）；⑤电化学窗口宽，能够使电极表面钝化，从而在较宽的电压范围内工作；⑥工作温度范围宽；⑦与正负极材料的浸润性好；⑧热稳定性高；⑨环境友好，无毒或毒性小；⑩成本较低[19]。

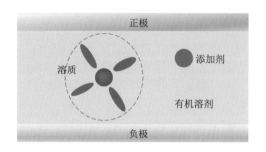

图 1.6　有机系电池

在锂离子电池中，理论上锂盐在电解液中解离成自由离子的数目越多，离子迁移越快，电导率就越大。溶剂的介电常数越大，锂离子与阴离子之间的静电作用力越小，锂盐就越容易解离，自由离子的数目就越多；但介电常数大的溶剂，其黏度也高，致使离子的迁移速率减慢。对溶质而言，随着锂盐浓度的增加，电导率增大，但电解液的黏度也相应升高；锂盐的阴离子半径越大，由于晶格能变小，锂盐越容易解离，但黏度也有升高的趋势，这些互为矛盾的结果使得在特定的电解质中，电导率的极大值通常出现在锂盐浓度为 1.1～1.2 mol/L 时。在配制电解液时，锂盐浓度被固定在 1 mol/L，将一种介电常数大的溶剂与另一种或几种黏度低的溶剂通过调整混合比（体积比），获得电导率大、其他性能也好的电解液。有机系钠离子电池的电解液组成与锂离子电池类似，同样是由有机溶剂和钠盐组成的，对其性能的要求与锂离子电池所用电解液类似。

在有机系镁离子电池中，电解液是影响可充电电池性能的关键因素，而开发一种既可以高效地进行镁可逆沉积溶出又不会在电化学反应过程中产生钝化层的电解液一直是人们在围绕镁离子电池所做的工作中的重要挑战之一。极性非质子溶剂会在比镁还原电势更高的电势下形成还原性钝化层，限制了商用镁盐和极性非质子溶剂在镁离子电池中的应用。但这类电解液在充放电过程中会在镁金属负极产生一定程度的钝化层。因此，未来还需要更多的工作去探究该钝化层的减弱及消除。

2. 水系电池

相比于有机电解液体系，采用水系电解液体系有利于提高电解液的离子电导率，降低内阻，同时，其具有较高的安全性，材料成本和制造成本也更低，具有一定优势，因此水系金属离子电池是理想的储能器件[20]。

迄今为止，在金属离子插层化学的基础上，已发现了多种水系金属离子电池，如 Li^+、Na^+、K^+、Zn^{2+}、Mg^{2+}、Ca^{2+}、Al^{3+}。锂基水系电池由于在传统非水系锂离子电池中有着坚实的研究基础，在成本、安全性、动力等方面都有一定的优势，已得到了广泛的发展。水系二次电池的性能主要受到水系电解液体系的相对窄的理论电化学窗口的影响，因此需要通过理性的材料结构设计，开发适合离子可逆插层反应的高度稳定的高性能电极材料。

1994 年，Dahn 等首次提出水系锂离子电池的概念[21]。他们采用 VO_2 为负极材料，$LiMn_2O_4$ 为正极材料，以 Li_2SO_4 溶液为支持电解质，所组建的水系锂离子电池的电压为 1.5 V，其比能量远大于铅酸电池。随后，水系二次电池逐渐得到研究者的广泛关注。各种类型的水系二次电池被相继报道。当前研究较多的是水系金属离子电池。根据金属离子的类型不同，水系金属离子电池可以分为水系碱金属离子电池（如水系锂离子电池、水系钾离子电池和水系钠离子电池等）和多价金属离子电池（如水系钙离子电池、水系镁离子电池、水系锌离子电池和水系铝离子电池等）[22]。由于钠和钾比锂更丰富，钠基水系电池和钾基水系电池被认为是比锂基水系电池更具吸引力的大规模储能器件。然而，Na^+（0.95 Å）和 K^+（1.33 Å）的水合半径远大于 Li^+（0.60 Å）（图 1.7），只有少数几种化合物能够在水系介质中展现出 Na^+ 或 K^+ 插层/脱嵌的能力。此外，由于溶剂化 K^+（3.31 Å）的离子半径较小，因此钾基电解质具有更高的离子导电性，这使得 K^+ 存储的倍率性能高于 Li^+ 和 Na^+。

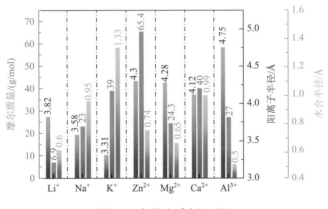

图 1.7　各类水系电池对比

3. 固态电池

固态电池的组成与传统液态电池的区别在于其电解质为固态，其发展史很大程度上也是固态电解质的发展史。固态电解质的研究可以追溯到 19 世纪 30 年代，法拉第将 Ag_2S 和 PbF_2 固体加热后发现其具有显著的离子传导性[23]。具有高导电性能的固态电解质及由固态电解质组装的固态电池直到 20 世纪 60 年代才有了长足发展，图 1.8 为固态电池的结构示意图。1967 年，Knodler 等发现在 $Na_2O\cdot11Al_2O_3$

复合材料中存在二维（2D）钠离子传输现象，且具有高的离子电导率，并将其应用在钠硫电池中[24]。20 世纪 70 年代，Ag_3SI、β-Al_2O_3 和 $RbAg_4I_5$ 等材料被证明可成功应用在电池储能系统中，从此，固态电解质、准固态电池、全固态电池受到了广泛的关注。1973 年，Fenton 等基于聚合物材料聚环氧乙烷（PEO）研发出具有离子电导率的聚合物电解质，从此具有离子传导属性的固体材料不再局限于无机材料。

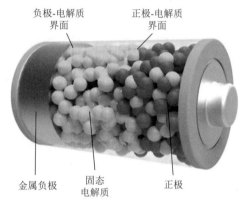

图 1.8　固态电池的结构示意图

20 世纪 80 年代，ZEBRA 高温电池系统中采用了钠离子导体 β-Al_2O_3 材料，高温钠硫电池已在日本商业化推广[25]。1980 年以后，固态离子学这一研究领域受到越来越多的关注，并推出 *Solid State Ionics* 期刊来发布相关研究成果，从此固态电解质及固态电池方向在储能化学领域得到广泛关注。随着材料领域实验和理论研究的发展，固态电解质被应用于各种器件或装置中，如新型固体电池、高温氧化物燃料电池、电致变色器件和离子传导型传感器件等。21 世纪后，固态离子学主要研究通过不同方法探求离子传输机理，并寻求新的离子导体，提高基于固态电解质的储能器件的电化学性能，以及将固态电解质材料应用到更广泛的领域。提高电池安全性能的最有效的方法之一是将具有离子导电性的固态电解质应用到电池系统并组装成全固态电池。另外，传统的液态锂离子电池在短路或过充时有可能引发火灾或爆炸，其中很大的原因是液态锂离子电池在循环过程中产生的锂枝晶将隔膜刺穿后造成短路。而固态电池由于采用固态电解质后，锂枝晶难以刺穿，进而极大地改善了安全问题。有机固态电解质在 20 世纪 80 年代被应用在锂离子电池中。人们发现有机聚合物 PEO 可以作为离子导体，并具有可观的锂离子电导率。将其作为电解质制备出了全固态锂离子电池，并对其循环性能进行了研究。

研究人员对其他有机聚合物材料，如聚丙烯腈（PAN）、聚甲基丙烯酸甲酯（PMMA）、聚偏二氟乙烯（PVDF）等也进行了研究，发现这些聚合物材料在处理后均具有离子导电性，并应用在锂离子电池中。20 世纪 90 年代，美国橡树岭国家实验室将无机固态电解质应用在锂离子电池中，用 LiPON 固态电解质组装了全固态锂电池。此后，各种晶体类型的无机固态电解质（如石榴石型、钙钛矿型和硫化物型等）及其在各个领域中的应用被一一报道[26, 27]。21 世纪初，固态电解质被应用在高能量密度的新兴锂电池中，如锂硫电池、锂氧电池等。同时，在一定环境要求下多价离子固态电解质及固态电池的研究也得到人们的关注并取得一定进展。

1.3.3　按用途分类

金属离子电池按照用途可以分为便携式电子产品用电池、动力电池及储能电池，如图 1.9 所示。

图 1.9　按用途分类的金属离子电池

1. 便携式电子产品用电池

随着科学技术的进步和人们生活水平的提高，便携式电子器件不仅走进了办公室，而且走进了千家万户。Yankee 公司对蜂窝电话、计算机、摄录机产业的考察表明，全球移动电话的年均增长率为 80%。近年来，智能手机、笔记本电脑、平板电脑等传统消费类电子产品以及蓝牙耳机、智能手表、智能手环等新兴消费类电子产品逐渐朝着轻薄化方向发展，消费类锂离子电池的规格也在向轻薄化、小型化方向转变[28]。近几年，新型电子产品市场规模的迅速扩大将在未来一段时期内持续为消费类锂离子电池行业带来巨大市场需求。便携式电子器件的迅速增长，为金属离子电池的应用开拓了广阔的前景。

2. 动力电池

随着社会文明的进步，人们对环境保护的意识和要求日益高涨。于是，对汽车尾气给生态环境和城镇空气造成的严重污染越来越感到不安，因此呼唤采用"绿色"电池为动力的纯电动汽车（EV）。在全球新能源汽车产业高速发展的大背景下，新能源汽车销量呈现了爆发式增长：2021 年全球新能源汽车销售 650 万辆，其中中国销售 352 万辆，占全球市场的 54%。

预测 2025 年全球新能源汽车将销售 2580 万辆，中国 1359 万辆，占比 53%，2020～2025 年的市场年均增长率将达到 42%。借助新能源汽车行业的迅猛发展，全球锂电池产业，特别是锂动力电池部分也保持了高速增长[29]。随着动力电池技术的不断发展和日益进步，更高使用便捷性、更高能量密度、更高安全性的动力电池产品将陆续搭载在未来的新能源汽车上。

3. 储能电池

大规模储能技术可以有效解决由新能源发电的间歇性和波动性引起的电网电压、频率及相位变化问题，从而实现新能源发电平滑输出。大规模储能技术还可用于电网"削峰填谷"电能质量的改善。可以说，研究和开发低成本、高性能的大规模储能技术对于我国未来能源结构的调整及坚强智能电网的建设具有极高的战略意义[30]。中国化学与物理电源行业协会储能应用分会发布的《2022 储能产业应用研究报告》中指出"2021 年全球电化学储能装机规模 21.1 GW。其中，锂离子电池储能技术装机规模 19.85 GW，功率规模占比 93.9%；钠基电池储能技术装机规模 431.7 MW，功率规模占比 2.0%；2025 年后，考虑到 2030 年实现碳达峰的宏伟目标，新能源发电装机量将保持年均 100 GW 的增量，电化学储能的年装机增量将保持在 12～15 GW，预计到 2030 年，电化学储能装机规模将达到约 110 GW"。未来，在电网应用中推广大规模锂电储能系统是全世界研究者共同努力的方向。从资源的角度而言，钠离子电池将会得到应有的重视，其发展应借鉴锂离子电池的经验，采用价格低廉的钠元素取代锂从而降低电池系统的价格，进而在面向电网的大规模储能应用中会有较好的前景。

"碳中和"目标的确立，将促进金属离子电池的市场需求快速增长，也对电池的各方面性能提出了更高的要求。锂离子电池的发展速度虽然趋于平稳，但是新型材料和制备工艺的研究将为电池性能带来新的突破。尤其是固态锂离子电池的研究，有望进一步提升新能源汽车的续航里程和安全性。针对特定的应用场景，其他二次金属离子电池的研究探索也展现了广阔的前景。但是许多电池开发仅停留在实验室层面，在深入相关基础理论研究的同时，技术转化和产业发展也应并行推进。

参 考 文 献

[1]　习近平. 习近平在第七十五届联合国大会一般性辩论上发表重要讲话[N]. 人民日报，2020-9-23（第 1 版）.

[2]　Liu Y Y，Zhu Y Y，Cui Y. Challenges and opportunities towards fast-charging battery materials[J]. Nature Energy，2019，4（7）：540-550.

[3]　Hwang J Y，Park S J，Yoon C S，et al. Customizing a Li-metal battery that survives practical operating conditions for electric vehicle applications[J]. Energy & Environmental Science，2019，12（7）：2174-2184.

[4]　Nobel Prizes. https://www.nobelprize.org/all-2019-nobel-prizes/[EB/OL].[2019-03-05].

[5]　Wang Y，Gao Q，Wang G H，et al. A review on research status and key technologies of battery thermal management and its enhanced safety[J]. International Journal of Energy Research，2018，42（13）：4008-4033.

[6]　Anders A. Tracking down the origin of arc plasma Science Ⅱ. Early continuous discharges[J]. IEEE Transactions on Plasma Science，2003，31（5）：1060-1069.

[7]　Kurzweil P. Gaston Planté and his invention of the lead-acid battery—The genesis of the first practical rechargeable battery[J]. Journal of Power Sources，2010，195（14）：4424-4434.

[8]　Bergstrom S. Fiftieth anniversary：anniversary issue on storage batteries：nickel-cadmium batteries—pocket type[J]. Journal of the Electrochemical Society，1952，99（9）：248C.

[9]　He X，Bresser D，Passerini S，et al. The passivity of lithium electrodes in liquid electrolytes for secondary batteries[J]. Nature Reviews Materials，2021，6（11）：1036-1052.

[10]　Duan J，Tang X，Dai H F，et al. Building safe lithium-ion batteries for electric vehicles：a review[J]. Electrochemical Energy Reviews，2020，3（411）：1-42.

[11]　Winter M，Barnett B，Xu K. Before Li ion batteries[J]. Chemical Reviews，2018，118（23）：11433-11456.

[12]　Bauer A，Song J，Vail S，et al. The scale-up and commercialization of nonaqueous Na-ion battery technologies[J]. Advanced Energy Materials，2018，8（17）：1702869.

[13]　Mallick S，Raj C R. Aqueous rechargeable Zn-ion batteries：strategies for improving the energy storage performance[J]. ChemSusChem，2021，14（9）：1987-2022.

[14]　Hwang J Y，Myung S T，Sun Y K. Recent progress in rechargeable potassium batteries[J]. Advanced Functional Materials，2018，28（43）：1802938.

[15]　Deivanayagam R，Ingram B J，Shahbazian Y R. Progress in development of electrolytes for magnesium batteries[J]. Energy Storage Materials，2019，21：136-153.

[16]　Das S K，Mahapatra S，Lahan H. Aluminium-ion batteries：developments and challenges[J]. Journal of Materials Chemistry A，2017，5（14）：6347-6367.

[17]　Gummow R J，Vamvounis G，Kannan M B，et al. Calcium-ion batteries：current state-of-the-art and future perspectives[J]. Advanced Materials，2018，30（39）：e1801702.

[18]　Haregewoin A M，Wotango A S，Hwang B J. Electrolyte additives for lithium ion battery electrodes：progress and perspectives[J]. Energy & Environmental Science，2016，9（6）：1955-1988.

[19]　Xie J，Wang Z L，Xu Z C，et al. Toward a high-performance all-plastic full battery with a single organic polymer as both cathode and anode[J]. Advanced Energy Materials，2018，8（21）：82-91.

[20] Pasta M，Wessells C D，Huggins R A，et al. A high-rate and long cycle life aqueous electrolyte battery for grid-scale energy storage[J]. Nature Communications，2012，3（1）：1149.

[21] Wang Y，Yi J，Xia Y. Recent progress in aqueous lithium-ion batteries[J]. Advanced Energy Materials，2012，2（7）：830-840.

[22] Mahler J，Persson I. A study of the hydration of the alkali metal ions in aqueous solution[J]. Inorganic Chemistry，2012，51（1）：425-438.

[23] Famprikis T，Canepa P，Dawson J A，et al. Fundamentals of inorganic solid-state electrolytes for batteries[J]. Nature Materials，2019，18（12）：1278-1291.

[24] Morachevskii A G，Demidov A I. Sodium-sulfur system：phase diagram，thermodynamic properties，electrochemical studies，and use in chemical current sources in the molten and solid states[J]. Russian Journal of Applied Chemistry，2017，90（5）：661-675.

[25] Delmas C. Sodium and sodium-ion batteries：50 years of research[J]. Advanced Energy Materials，2018，8（17）：1703137.

[26] Zhao Q，Stalin S，Zhao C Z，et al. Designing solid-state electrolytes for safe，energy-dense batteries[J]. Nature Reviews Materials，2020，5（3）：229-252.

[27] Nikodimos Y，Huang C J，Taklu B W，et al. Chemical stability of sulfide solid-state electrolytes：stability toward humid air and compatibility with solvents and binders[J]. Energy & Environmental Science，2022，15（3）：991-1033.

[28] 况新亮，刘垂祥，熊朋. 锂离子电池产业分析及市场展望[J]. 无机盐工业，2022，54（8）：12-19.

[29] 王慧芳，石书玲. 我国新能源汽车政策现状与优化策略研究[J]. 现代工业经济和信息化，2021，11：96-98.

[30] 汤匀，岳芳，郭楷模，等. 下一代电化学储能技术国际发展态势分析[J]. 储能科学与技术，2022，11（1）：89-97.

第2章　金属离子电池化学基础

2.1　金属离子电池的组成

电池可分为原电池（一次电池）和蓄电池（二次电池）。在该分类范围内，电池主要由正极（或阴极）、负极（或阳极）、电解液、隔膜和外包装等组成［图 2.1（a）］。需要指出的是，对于固态电池而言，固态电解质兼具隔膜和电解液的作用［图 2.1（b）］。

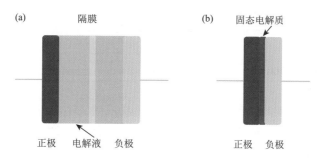

图 2.1　（a）液态电解质的电池示意图；（b）固态电解质的电池示意图

2.1.1　正极（或阴极）

电池的正极是指电池中电势较高的电极，本质是电子流入的一极。

正极材料包括具有层状结构和尖晶石结构的正极材料，还有一些其他的复合氧化物、有机材料。正极材料不仅作为电极材料参与电化学反应，通常还作为电池的离子源。在设计和选取金属离子电池正极材料时，要综合考虑比能量、循环性能、安全性、成本及其对环境的影响。理想的金属离子电池正极材料应该满足以下条件[1]：

（1）比容量大，这就要求正极材料要有低的分子量，且其宿主结构中能插入大量的金属离子（如锂离子、钠离子、锌离子等）；

（2）工作电压高，这就要求体系放电反应的吉布斯（Gibbs）自由能负值要大；

（3）倍率性能好，即可承受快速充放电，这就要求金属离子在电极材料内部和表面具有高的离子扩散速率；

（4）循环寿命长，这就要求金属离子嵌入/脱出过程中的结构破坏要尽可能小；

（5）安全性好，这就要求材料具有较高的化学稳定性和热稳定性，可承受针刺、挤压、碰撞等安全测试；

（6）容易制备，对环境友好；

（7）价格便宜。

在所有金属离子电池正极材料中，锂离子电池正极材料最为成熟，目前已经商用化的锂离子电池正极材料主要包含由过渡金属组成的金属氧化物和聚阴离子化合物。因为过渡金属往往具有多种价态，可以保持锂离子嵌入/脱出过程中的电中性；另外，嵌锂化合物具有相对锂较高的电极电势，可以保证电池有较高的开路电压。目前商品化的锂离子电池正极普遍采用插锂化合物，如 $LiCoO_2$，其理论比容量为 $274\ mA\cdot h/g$（基于全部锂离子脱嵌），实际比容量约 $145\ mA\cdot h/g$（基于约一半锂离子脱嵌）。

相较于锂离子电池，其他离子电池的使用和研究大多数处于实验室阶段。目前，钠离子电池的发展较为迅速，已有多个企业和研究所宣称已经成功制备能够商品化的钠离子电池。关于钠离子电池，将在第 4 章中详细介绍。

2.1.2　负极（或阳极）

电池的负极是电池中电势较低的一极，本质是电子流出的一极，发生氧化反应的一极。负极材料也是金属离子电池的主要组成部分，常用的负极材料有碳素、氮化物、纳米材料等。理想的负极材料应满足以下几个条件[2]：

（1）具有低的氧化还原电势，以满足金属离子电池具有较高的输出电压；

（2）离子嵌入/脱出过程中，电极电势变化较小，以保证充放电时电压波动小；

（3）嵌脱离子过程中结构稳定性和化学稳定性好，以使电池具有较高的循环寿命和安全性；

（4）具有高的可逆比容量；

（5）具有良好的离子和电子导电性，以获得较高的充放电倍率和低温充放电性能；

（6）制备工艺简单，易于规模化，成本低；

（7）资源丰富，对环境友好。

2.1.3　电解液

电解液是金属离子电池关键材料之一，是电池中离子传输的载体，通常由溶质、溶剂和添加剂构成。电解液在正负极之间起到传导离子的作用，为离子提供一个自由脱嵌的环境，对电池的能量密度、比容量、工作温度范围、循环寿命、安全性能等均有重要影响[3]。

2.1.4　隔膜

电池隔膜的组成有单一材料也有复合材料,有单层也有多层,根据不同类型的电池来选择。隔膜对电池安全性和成本有直接影响,其主要作用是:隔离正负极并使电池内的电子不能自由穿过;使电解液中的离子在正负极之间自由移动,减小电池的内阻;阻挡从电极上脱落下来的活性物质颗粒或抑制枝晶的生长等。电池隔膜的离子传导能力直接关系到电池的整体性能,其隔离正负极的作用使电池在过度充电或者温度升高的情况下能限制电流的升高,防止电池短路引起爆炸,具有微孔自闭保护作用,对电池使用者和设备起到安全保护的作用。

2.1.5　外包装

电池外包装是在基材层的单面依次增加阻挡层、密封层而得的包装材料,其中,密封层包含金属黏接层、由软质性树脂形成的中间层及热熔接层。

软包电池的包装材料和结构使其拥有一系列优势:安全性能好,软包电池在结构上采用铝塑膜包装,发生安全问题时,软包电池一般会鼓气裂开,而不像钢壳或铝壳电芯那样发生爆炸;质量小,软包电池重量较同等容量的钢壳锂电池轻40%,较铝壳锂电池轻 20%;设计灵活,外形可变任意形状,可以更薄,可根据客户的需求定制,开发新的电芯型号[4]。

2.1.6　其他结构

1. 集流体

集流体是指汇集电流的结构或零件,在锂离子电池上主要指的是金属箔,如铜箔、铝箔,泛指也可以包括极耳。其功用主要是将电池活性物质产生的电流汇集起来以便形成较大的电流对外输出,因此集流体应与活性物质充分接触,并且内阻应尽可能小。

2. 极耳

极耳是锂离子电池产品的一种原材料。我们生活中用到的手机电池、耳机电池、笔记本电池等都需要用到极耳。极耳是从电芯中将正负极引出来的金属导电体,通俗地说电池正负两极的耳朵是在进行充放电时的接触点。这个接触点并不是我们看到的电池外表的那个铜片,而是电池内部的一种连接。电池极耳分为三种材料,电池的正极使用铝(Al)材料,负极使用镍(Ni)材料,负极也有铜镀镍(Ni-Cu)材料,它们都由胶片和金属带两部分复合而成。

2.2 电池电动势、电压和极化

2.2.1 电池电动势

由吉布斯方程可知，在等温等压条件下，当体系发生变化时，体系的自由能减少量等于对外所做的最大非膨胀功。对于电池体系，由于只有电功，因此，体系的自由能变化可由下式表示[5]。

$$\Delta G^{\ominus} = -nFE^{\ominus} \tag{2-1}$$

式中，n 为电极在氧化或还原化学计量反应式中的电子数目；F 为法拉第常数，$F = 96500$ C/mol（或 $F = 26.8$ A·h/mol）；$E^{\ominus}$ 为可逆电动势，V。当电池中的化学能以不可逆的方式转变成电能时，两极间的电势差 E' 一定小于可逆电动势 $E^{\ominus}$。

以 LiNiO$_2$ 为例，设锂离子电池正极电势为 φ_c。在 NiO$_2$ 中插入 Li$^+$ 和电子 e$^-$ 时，电池正极反应吉布斯自由能变化为 $\Delta G_c = -F\varphi_c$。

图 2.2（a）是正极吉布斯自由能变化的玻恩-哈伯（Born-Haber）循环图，图 2.2（b）是负极电势 $\varphi_a(\Delta G_a = -F\varphi_a)$ 的循环图。

因此，以锂负极为基准，锂离子电池正极的电势为

$$E = \varphi_c - \varphi_a \tag{2-2}$$

$$\Delta G = \Delta G_c - \Delta G_a = -F(\varphi_c - \varphi_a) = -FE = \Delta U_{\text{LiNiO}_2} - \Delta U_{\text{NiO}_2} - I_{\text{Ni}^{4+}} + I_{\text{Li}^+} + \Delta H_{\text{sub}}$$

$$\tag{2-3}$$

式中，ΔH_{sub} 为锂离子溶剂化能，kJ/mol；I 为离子化能，kJ/mol；$\Delta U_{\text{LiNiO}_2}$ 为 LiNiO$_2$ 的晶格能，kJ/mol；ΔU_{NiO_2} 为 NiO$_2$ 晶格能，kJ/mol。

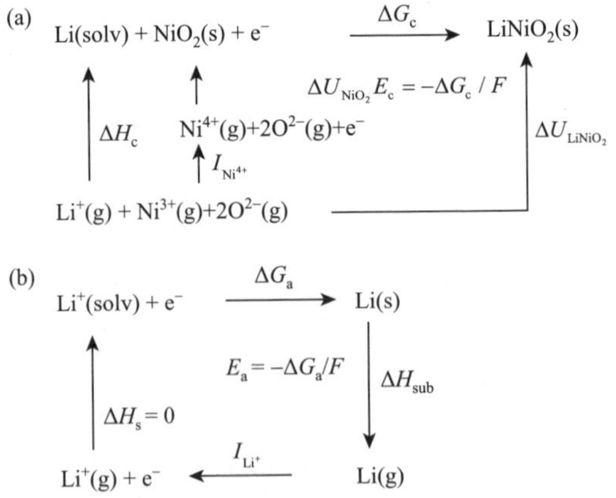

图 2.2 用玻恩-哈伯循环表示的锂离子电池正极（a）、负极（b）电势

g 代表气体，s 代表固体，solv 代表液体或溶剂

式（2-3）表示正极电势与晶格能、离子化能、锂离子的溶剂化能有关，其中晶格能（$\Delta U_{\text{LiNiO}_2}$）影响较大。因此，电池电压主要由正极结晶结构决定。尖晶石结构和层状结构的马德隆（Madelung）常数 M（M 数值与晶体结构有关）分别为 31.43～34.5 和 13。这类化合物的电势一般较高。式（2-3）中，$I_{\text{Ni}^{4+}} = 5297\ \text{kJ/mol}$，$I_{\text{Li}^+} = 520\ \text{kJ/mol}$，$\Delta H_{\text{sub}} = 157\ \text{kJ/mol}$，$\Delta U_{\text{LiNiO}_2}$ 按如下 Born-Lande 公式计算。

$$\Delta U_{\text{LiNiO}_2} = \frac{-NMe^2}{4\pi\varepsilon_o r}\left(1 - \frac{1}{8}\right) \tag{2-4}$$

式中，N 为阿伏伽德罗常数，mol^{-1}；M 为马德隆常数（对 LiNiO_2，$M = 12.27$）；e 为电荷电量，C；ε_o 为真空介电常数（8.854×10^{-12} F/m）；r 为最相邻的正、负离子（Ni—O）间距离，m。

式（2-4）中，$r = 1.974 \times 10^{-10}$ m 时，$\Delta U_{\text{LiNiO}_2} = -7555\ \text{kJ/mol}$

对 NiO_2，$M = 18.0$，$r = 1.86 \times 10^{-10}$ m，根据式（2-4），$\Delta U_{\text{NiO}_2} = -11762\ \text{kJ/mol}$

将以上所得 $\Delta U_{\text{LiNiO}_2}$、$\Delta U_{\text{NiO}_2}$、$I_{\text{Ni}^{4+}}$、$\Delta H_{\text{sub}}$ 值代入式（2-3），得

$$\Delta G = -7555 + 11762 - 5297 + 520 + 157 = -413\ \text{kJ/mol}$$

$$E = -\frac{\Delta G}{F} = 4.28\ \text{V}$$

这个电压值与 NiO_2 生成充电末期的 LiNiO_2 电极的电压 4.3 V 接近。

2.2.2　电压

1. 理论电压 $E^{\ominus}$

理论电压是电池正负极之间电压差值的极限，不同电极材料具有不同的电压。例如，锂金属理论电压为 -3.04 V，商用磷酸铁锂中 $\text{Fe}^{3+}/\text{Fe}^{2+}$ 的理论电压为 0.77 V，因此，锂‖磷酸铁锂全电池的理论电压为 3.82 V[6]。

2. 开路电压 U_{oc} 和工作电压 U_{cc}

开路电压 U_{oc} 是指电池没有负荷时正负极之间的电势差，一般开路电压小于电池的电动势。

$$U_{\text{oc}} = (\mu_a - \mu_c)/nF \tag{2-5}$$

式中，U_{oc} 为开路电压，V；μ_a 为负极电化学势，即金属还原剂负极的费米能级（ε_F），或是气态或液态还原剂的最高占据分子轨道（highest occupied molecular orbital，HOMO）能级；μ_c 为正极电化学势，即金属氧化剂正极的费米能级，或是气态或液态氧化剂的最低未占分子轨道（lowest unoccupied molecular orbital，LUMO）能级。

开路电压小于电动势不仅受正极和负极电化学势的影响，而且受电解液的 HOMO 和 LUMO 势阱或固态电解质价带顶和导带底部之间势阱的影响。

图 2.3 是电解液（质）窗口的对应能级 E_g 和电极电势的关系。μ_a 必须低于电解质的 LUMO 或在固态电解质的导带之下，以获得足够热力学稳定性，不至于使电解液被还原剂所还原。同样，化学势 μ_c 是气体或液体氧化剂的 LUMO 或金属氧化剂阴极的费米能级，μ_c 必须高于电解液的 HOMO 或固态电解质的价带，才能达到热力学稳定状态，耐氧化剂对电解质的氧化作用。热力学稳定状态的限制条件是

$$\mu_a - \mu_c \leqslant E_g \tag{2-6}$$

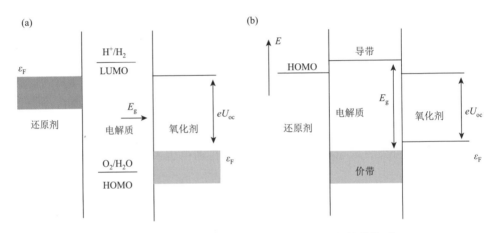

图 2.3　电解液（质）窗口的对应能级和电极电势的关系

（a）液态反应剂；（b）固态反应剂

工作电压 U_{cc}，又称放电电压或负载电压，是指电池有负荷时正负极两端的电压。工作电压受电池工作时的放电电流、放电时间、环境温度、终止电压等因素的影响。通常情况下，工作电压低于开路电压，这是由于电流流过电池内部时，必须克服极化电阻和欧姆内阻所造成的阻力[7]。

2.2.3　极化

当电池有电流通过，使电势偏离了平衡电势的现象，称为电池极化。超电势（又称过电位）就是实际电势与平衡电势的差值，被用来衡量极化的程度。电池极化现象在常见电池如铅酸电池、锂电池、镍氢电池中均存在。

根据极化产生的原因，极化可以分成三种：电化学极化、浓差极化和欧姆极化。

（1）电化学极化也称活化极化，是由于正负极活性物质发生的电化学反应速率小于电子运动速率引起的极化，响应时间为微秒级；

（2）浓差极化是由于反应物消耗引起电极表面得不到及时补充（或是某种产物在电极表面积累，不能及时疏散），例如，氢在电池正极的积累，导致电极电势偏离通电前按总体浓度计算的平均值，响应时间为秒级；

（3）欧姆极化是由于电解液、电极材料、隔膜电阻以及各种组成零件之间存在的接触电阻所引起的极化，瞬时发生。

以上三种极化是电化学反应的阻力。电池的内阻为欧姆内阻、电化学极化内阻与浓度极化内阻之和。

电池电压对流经负载的电流作图可得极化曲线，如图 2.4 所示。在曲线对应的电流（I）处，电压降为

$$U_{oc} - U = \eta(I) \tag{2-7}$$

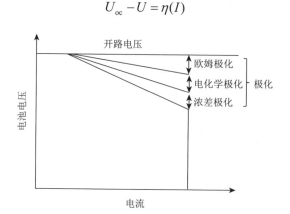

图 2.4　流经负载电流对极化的影响

2.3　电池性能

2.3.1　容量和比容量

1. 容量

电池容量是指在一定的放电条件下，即在一定温度和放电电流下，电池可以放出的电量，通常以安培·小时（A·h）为单位。电池容量按照不同条件可以将其分为理论容量和实际容量。

1）理论容量

理论容量是指电池内部所有参与电化学反应的物质全部反应后放出的电量之和。

活性物质的理论容量为

$$C_0 = \frac{96485nm_0}{3600M} = 26.8n\frac{m_0}{M} = \frac{1}{q}m_0 \tag{2-8}$$

式中，C_0 为理论容量，A·h；m_0 为活性物质完全反应的质量，g；M 为活性物质的摩尔质量，g/mol；n 为电极反应中的得失电子数；q 为活性物质电化当量，g/(A·h)。

2）实际容量

实际容量是指在一定的放电条件下电池实际放出的电量。

$$C = It \tag{2-9}$$

式中，C 为实际容量，A·h；I 为放电电流，A；t 为放电至终止电压的时间，h。

2. 比容量

容量是电池化学性能最重要的指标之一，但是不同型号电池的容量不同，无法进行比较。为了便于比较，常采用比容量。电池比容量是指电池中活性物质（如正极或负极材料）在完全反应的情况下，单位质量或单位体积所释放或吸收的电荷量。与理论容量和实际容量相对应，比容量分为理论比容量和实际比容量。

1）理论比容量

理论比容量指的是单位质量（或单位体积）活性物质完全反应理论上所放出的电量，称为质量比容量或体积比容量。

$$C_m = C_0/m \text{ 或 } C_v = C_0/V \tag{2-10}$$

式中，C_m 为质量比容量，A·h/kg；C_v 为体积比容量，A·h/m^3；C_0 为理论容量，A·h；m 为电池质量，kg；V 为电池体积，m^3。

2）实际比容量

实际比容量是指电池在实际使用中能够达到的电荷存储能力。它受到电池材料、制造工艺、充放电条件等多种因素的影响，因此实际比容量通常小于理论比容量。

2.3.2 能量和比能量

1. 能量

电池的能量是指电池在一定放电条件下对外做功所输出的电能，其单位通常用瓦时（W·h）表示[8]，可以分为理论能量和实际能量。

1）理论能量

电池的理论能量指电池在恒温恒压的可逆放电条件下所能做的最大非体积功。此时，电池在放电过程中始终处于平衡状态，放电电压始终等于其电动势的数值，且活性物质利用率为 100%，即放电容量达到理论容量（C_0）。因此，电池的理论能量只是理想状态下的能量，实际上不可能达到。理论能量可以表示为

$$W_0 = C_0 E \tag{2-11}$$

式中，W_0 为理论能量，W·h；C_0 为理论容量，A·h；E 为电动势（根据反应的吉布斯自由能变化计算得到），V。

2）实际能量

电池在一定放电条件下实际输出的能量称为实际能量。

$$W = C U_{av} \tag{2-12}$$

式中，W 为实际能量，W·h；C 为实际容量，A·h；U_{av} 为电池平均工作电压，V。

2. 比能量

单位质量或单位体积的电池所给出的能量，称质量比能量或体积比能量，也称能量密度。比能量也可分为理论比能量和实际比能量。

1）理论比能量

理论质量（体积）比能量通常用于描述正极材料，根据正极活性物质的理论质量（体积）比容量和电池的电动势计算得出。

$$W'_{m0} = C_m E \ \text{或} \ W'_{v0} = C_v E \tag{2-13}$$

式中，W'_{m0} 为理论质量比能量，W·h/kg；W'_{v0} 为理论体积比能量，W·h/m³；C_m 为质量比容量，A·h/kg；C_v 为体积比容量，A·h/m³；E 为电动势（根据反应的吉布斯自由能变化计算得到），V。

2）实际比能量

实际比能量是电池实际输出的能量与电池质量（或体积）之比，即

$$W'_m = W/m \ \text{或} \ W'_v = W/V \tag{2-14}$$

式中，W'_m 为实际质量比能量，W·h/kg；W'_v 为实际体积比能量，W·h/m³；m 为电池质量，kg；V 为电池体积，m³。

2.3.3　放电深度

放电深度（depth of discharge，DOD），是放电程度的一种度量，它体现参与反应的活性材料所占的比例。

2.3.4　自放电

一次电池在开路状态，在一定条件下（温度、湿度等）储存时容量下降。容量下降的原因主要是由负极腐蚀和正极自放电引起的。

负极腐蚀：由于负极多为活泼金属，其标准电极电势比氢电极负，特别是有正电性金属杂质存在时，杂质与负极形成腐蚀微电池。

正极自放电：正极上发生副反应时，消耗正极活性物质，使电池容量下降。例如，铅酸蓄电池正极 PbO_2 和板栅铅的反应，消耗部分活性物质 PbO_2。

$$PbO_2 + Pb + 2H_2SO_4 \longrightarrow 2PbSO_4 + 2H_2O \tag{2-15}$$

同时，正极物质如果从电极上溶解，就会在负极还原引起自放电。还有杂质的氧化还原反应也消耗正、负极活性物质，引起自放电。

降低电池自放电的措施，一般是采用纯度高的原材料，在负极中加入氢或电势较高的金属，如 Cd、Hg、Pb 等；也可以在电极或电解液中加入缓蚀剂，抑制氢的析出，减少自放电反应发生。

自放电速率可用单位时间内容量降低的百分数来表示。

2.3.5　库仑效率

在一定的充放电条件下，放电时释放出来电荷与充电时充入的电荷百分比，称为库仑效率，也称充放电效率。影响库仑效率的因素很多，如电解质的分解，电极界面的钝化，电极活性材料的结构、形态、导电性的变化等。

$$CE = C_{discharge}/C_{charge} \times 100\% \tag{2-16}$$

式中，CE 为库仑效率；$C_{discharge}$ 为放电比容量，$mA·h/g$；C_{charge} 为充电比容量（充电的循环次数与放电的循环次数相同），$mA·h/g$。

2.3.6　电池内阻

电池内阻有欧姆电阻（R_Ω）和电极在电化学反应时所表现的极化电阻（R_f）。欧姆电阻由电极材料、电解液、隔膜电阻及各部分零件的接触电阻组成。隔膜电阻是当电流流过电解液时，隔膜有效微孔中电解液所产生的电阻。

$$R_M = \rho_s J \tag{2-17}$$

式中，R_M 为隔膜电阻，Ω；ρ_s 为溶液比电阻；J 为表征隔膜微孔结构的因素等，结构因素包括膜厚、孔率、孔径、孔的弯曲程度。

极化电阻 R_f 是指电化学反应时由极化引起的电阻，包括电化学极化和浓差极化引起的电阻。为比较相同系列不同型号的化学电源的内阻，引入比内阻，即单位容量下电池的内阻。

$$R_i' = \frac{R_i}{C} \tag{2-18}$$

式中，R_i' 为比内阻，$\Omega/(A\cdot h)$；C 为电池容量，$A\cdot h$；R_i 为电池内阻，Ω。

2.3.7　电池寿命

一次电池的寿命是表征给出额定容量的工作时间（与放电倍率大小有关）。二次电池的寿命分为充放电循环使用寿命（循环寿命）和搁置寿命。循环寿命是指电池在某一定条件下（如某一电压范围、充放电倍率、环境温度）进行充放电，当放电比容量达到一定规定值时（如初始值的 80%）的循环次数。搁置寿命是指在某一特定环境下，没有负载时电池放置后达到所规定指标所需的时间。搁置寿命常用来评价一次电池。对于二次电池，常测试其在高温条件下的存储性能。

影响金属离子电池循环寿命的主要因素有[9]：

（1）在充放电过程中，电极活性物质表面积减小，使工作电流密度上升，极化增大；

（2）电极上活性物质脱落或转移；

（3）电极材料发生腐蚀；

（4）活性物质结构失稳，活性降低；

（5）电池内部短路或微短路；

（6）隔膜、电池壳等损坏。

参 考 文 献

[1]　郭炳媂，李新海，杨松青，等. 化学电源——电池原理及制造技术[M]. 长沙：中南工业大学出版社，2000.

[2]　徐国宪，章国权. 新型化学电源[M]. 北京：国防工业出版社，1984.

[3]　Yoo H D，Markevich E，Gregory S，et al. On the challenge of developing advanced technologies for electrochemical energy storage and conversion[J]. Materials Today，2014，17（3）：110-121.

[4]　张文保，倪生麟. 化学电源导论[M]. 上海：上海交通大学出版社，1992.

[5]　汪艳，冯熙康，杜友良，等. 锂离子蓄电池材料的研究现状[J]. 电源技术，2001，25（3）：242-245.

[6]　Yu H J，Zhou H S. High-energy cathode materials（Li_2MnO_3-$LiMO_2$）for lithium-ion batteries[J]. Journal of Physical Chemistry Letters，2013，15（4）：1268-1280.

[7]　Zhou H H，Ci Y X，Liu C Y. Progress in studies of the electrode materials for Li ion batteries[J]. Progress in Chemistry，1998，10（1）：85-92.

[8]　罗飞，褚赓，黄杰，等. 锂离子电池基础科学问题（Ⅷ）——负极材料[J]. 储能科学与技术，2014，3（2）：146-163.

[9]　张玲玲，马玉林，杜春雨，等. 锂离子电池高电压电解液[J]. 化学进展，2014，26（4）：553-559.

第3章 锂离子电池

3.1 概 述

锂离子电池的发展经历了漫长的历史过程（图 3.1）。1912 年，路易斯（Lewis）提出了锂金属电池的概念。但由于金属锂的化学性质活泼，其加工、保存和使用对环境要求非常高，使得锂电池在很长一段时间内都没有得到应用。1973 年，Ikeda 等报道了热处理后的电解二氧化锰作为锂一次电池正极材料。1976 年，Whittingham 首次将过渡金属硫化物正极引入锂电池中，并指出 TiS_2 是其中最有希望成功应用的材料，因为其具有最轻的质量、最高的比容量。这一发现成为锂离子电池发展的一个重要转折点，他从结构设计上指明了锂离子电池材料可能具有的结构特点，其影响一直持续至今。1980 年，Goodenough 等提出了可以可逆脱嵌锂离子的过渡金属氧化物钴酸锂（$LiCoO_2$），这一发现改变了锂离子电池的命运，也改变了现代社会储能蓄电池的发展轨迹。1983 年，Goodenough 等又将尖晶石材料 $LiMn_2O_4$ 作为正极材料用于锂离子电池。1985 年，Yoshino 等首次开发出了以碳基材料作为负极，以钴酸锂为正极的新型锂离子电池，从而确立了现代锂离子电池的基本框架。如今，他所发明的锂离子电池已被广泛用于移动电子和笔记本电脑等器件上。由于 Goodenough、Whittingham 和 Yoshino 在开发锂离子电池方面作出了杰出贡献，这三位科学家于 2019 年被授予了诺贝尔化学奖。1989 年 Sony 公司以钴酸锂为正极、石油焦为负极、六氟磷酸锂（$LiPF_6$）的碳酸乙烯酯（EC）和碳酸丙烯酯（PC）溶液为电解液制备了性能优异的锂离子电池，并于 1991 年实现了商业化生产。自此，锂离子电池正式进入人们的生活，并成为不可或缺的一部分。1991 年，Thackeray 等采用酸刻蚀 Li_2MnO_3 时意外发现了 $Li_{1.09}Mn_{0.91}O_2$ 材料，这一材料展现了高容量的特性，成为后来所研究的富锂材料的雏形。1992 年，Dahn 等将三元材料应用于锂离子电池。这一材料具有高的振实密度以及稳定的循环性能，被人们认为是锂离子动力电池的首选正极材料之一。1997 年，Goodenough 提出了聚阴离子型材料磷酸铁锂 $LiFePO_4$。$LiFePO_4$ 具有适中的充电电势和较高的理论比容量，且晶体结构非常稳定，因此成为电池研究领域最有前途的候选材料之一。在后来锂离子电池的使用中，有机电解液的易燃性使得电池存在很大的安全性隐患，并且其能量密度已接近极限，因此部分研究者将目光转向了固态电池。

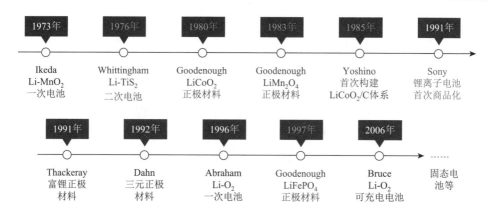

图 3.1　锂电池的发展进程图

相比于传统的储能器件（镍氢电池、铅酸电池等），锂离子电池具有能量密度高、工作电压高、循环寿命长、安全性高等优点，因此被广泛应用于传统 3C（通信、计算机和消费类电子）电子领域，在一定程度上推动了智能手机、笔记本电脑、可穿戴设备等电子设备的迅速发展。现阶段，锂离子电池在新能源汽车、电化学储能等领域的应用也备受关注，这又为锂离子电池的发展提供了新的机遇和挑战。

3.2　锂离子电池的工作原理

锂离子电池是一种能够循环充放电的浓差电池，通过 Li^+ 不停地在正负极间嵌入/脱出实现化学能与电能的转换。图 3.2 为以 $LiCoO_2$ 为正极，石墨为负极的锂离子电池的工作原理及内部结构。电极上发生的总反应为：

$$正极：LiCoO_2 \Longleftrightarrow Li_{1-x}CoO_2 + xLi^+ + xe^- \tag{3-1}$$

$$负极：6C + xLi^+ + xe^- \Longleftrightarrow Li_xC_6 \tag{3-2}$$

$$总反应：6C + LiCoO_2 \Longleftrightarrow Li_{1-x}CoO_2 + Li_xC_6 \tag{3-3}$$

在充电时，Li^+ 从 $LiCoO_2$ 中脱出，经过电解液嵌入负极中，与其生成 LiC_6 嵌锂化合物。同时，在外电路中，电荷由正极到达负极，维持电荷平衡。在放电时，Li^+ 从石墨中脱出，进入电解液中，然后嵌入正极，与其形成了 $Li_{1-x}CoO_2$ 嵌锂化合物。同时，在外电路中，电荷由负极到达正极，在正极实现了电荷平衡。理论上这个充放电过程是可逆的，Li^+ 在正负极材料之间反复脱嵌从而实现电池的可逆充放电循环。

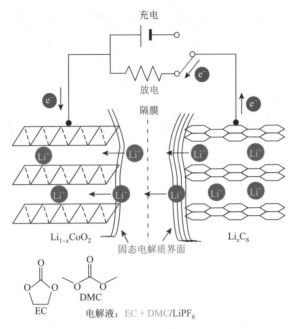

图 3.2　锂离子电池工作原理图[1]

DMC：碳酸二甲酯

3.3　正　极　材　料

正极材料作为锂离子电池的核心组成部分，其性能的优劣是制约锂离子电池发展的关键。目前常见的正极材料根据结构大致可以分为四类。第一类是具有六方层状结构的过渡金属氧化物 $LiMO_2$，其代表材料有钴酸锂（$LiCoO_2$）和三元材料镍钴锰酸锂（$LiNi_xCo_yMn_zO_2$，$x+y+z=1$）、镍钴铝酸锂（$LiNi_xCo_yAl_zO_2$，$x+y+z=1$），目前研究热门的富锂锰基材料 $xLi_2MnO_3\cdot(1-x)LiMn_yM_{1-y}O_2$ 也属于这一类。第二类是尖晶石型化合物，其代表材料有 $LiMn_2O_4$ 和 $LiNi_{0.5}Mn_{1.5}O_4$。第三类是具有聚阴离子结构的化合物，其代表材料主要是 $LiFePO_4$。第四类是有机正极材料，目前被报道的有机正极材料主要包括有机含硫化合物、羰基化合物、氮氧自由基化合物及导电聚合物等。

3.3.1　层状正极材料

1. $LiCoO_2$

$LiCoO_2$ 是最早商业化的一种锂离子电池正极材料，由 J.B. Goodenough 教授于 1980 年提出其脱嵌锂特性。$LiCoO_2$ 由于制备方法简单、工作电压平稳、压实密度高等优点，被广泛用于便携式电子产品。虽然目前正极材料发展迅速，但 LiCoO₂ 在锂离子电池市场中依旧占据着不可动摇的地位。

1）LiCoO₂ 的结构及电化学性能

LiCoO₂ 是层状过渡金属氧化物正极材料中最具代表性的一种。它属于六方晶系，空间群为 $R\bar{3}m$，具有 α-NaFeO₂ 型结构。其结构示意图如图 3.3 所示。Li^+、Co^{3+}、O^{2-} 分别占据 3a、3b、6c 的位置，Co^{3+} 和 Li^+ 交替分布于 O 层两侧，均处于由氧组成的八面体空隙中。在 c 轴方向上呈现一层 Co^{3+}、一层 Li^+ 交替排列的层状结构。

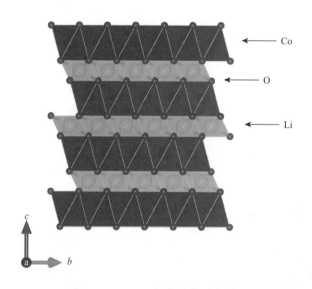

图 3.3　LiCoO₂ 晶体结构示意图

目前研究以及商业化的 LiCoO₂ 主要是 O3 结构的材料。它的理论比容量为 274 mA·h/g，但在实际应用中只能放出 140 mA·h/g 左右的比容量，其原因是在充电到 4.2 V 以上时，锂离子脱出量超过了 50%，可逆容量迅速下降。下面从锂离子脱出时所经历的结构变化来解释 LiCoO₂ 材料容量衰减机制。Li₁₋ₓCoO₂ 在脱锂时共经历 3 个相变过程。脱锂量在 0.07＜x＜0.25 的范围内，材料发生第一个相变 H1→H2。随着 Li^+ 的脱出，相邻氧层间的静电斥力增强，导致 c 轴伸长，层间距增加。这会引起能带的分散，导致导带和价带重叠，材料的导电性显著增强。当继续脱锂到 x = 0.5 附近时，发生 Li^+ 有序和无序之间的转变，接着发生六方相到单斜相的转变，如图 3.4 所示。当脱锂量 x＞0.5 时，Co^{4+} 的 t₂g 能带和 O^{2-} 的 2p 能带部分重叠，此时进一步脱锂时，将会有电子从 O^{2-} 的 2p 能带脱出，从而导致氧气的形成（图 3.5）。产生的氧气从 Li₁₋ₓCoO₂ 表面逃逸，引起结构的不稳定并产生

较大的不可逆容量损失。因此在实际应用中常把 $Li_{1-x}CoO_2$ 的上限电压设定在
4.2 V（$x \approx 0.45$）以获得更好的循环稳定性。

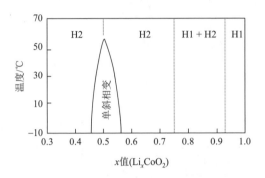

图 3.4　Li_xCoO_2 随 x 变化的相图[2]

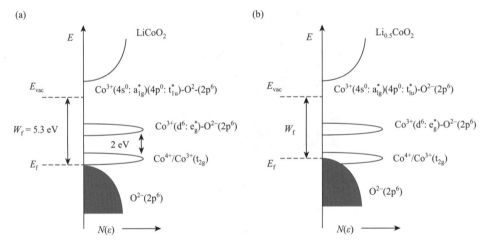

图 3.5　$LiCoO_2$ 和 $Li_{0.5}CoO_2$ 的电子能带结构[2, 3]

2）$LiCoO_2$ 的改性研究

目前 $LiCoO_2$ 的研究方向主要是朝着高电压发展，当截止电压高于 4.2 V 时，
材料能够脱出更多的 Li^+，比容量可以超过 200 mA·h/g。但是高电压同时也会带
来诸多问题。$LiCoO_2$ 在高脱锂态时发生相变，表面晶格氧流失，从而造成结构不
稳定、界面副反应加剧、Co 溶解等问题，这些严重影响了其循环稳定性。为了解
决上述问题，研究者们采取了大量的改性研究，改性方法主要包括掺杂、表面包
覆等。

（1）掺杂。

元素掺杂可以在原子尺度改变局部晶格结构，从而改变 $LiCoO_2$ 的基本物理性

质，如带隙、阳离子混排程度、缺陷含量、电荷分布等。因此，掺杂是一种提高 $LiCoO_2$ 高电压电化学性能的直接手段。目前常见的掺杂元素包括 Na^+、K^+ 等一价金属离子，Ca^{2+}、Mg^{2+}、Zn^{2+}、Ba^{2+} 等二价金属离子，Al^{3+}、Ga^{3+} 等三价金属离子，Cr、Mn、Ni、Ti、Fe、Mo 等过渡金属元素以及 F、B 等非金属元素。

一价金属离子与锂离子具有相同的正电荷，所以其掺杂主要被认为是取代 $LiCoO_2$ 中 Li^+ 的位置。Bludská 等[4]制备了不同 Na^+ 掺杂量的 $LiCoO_2$ 材料，发现当 Na^+ 的掺杂量在 10%～20% 之间时，$LiCoO_2$ 材料结构的稳定性明显得到提升。作者认为，由于 Na^+ 迁移率较小，因此在充放电过程中起到了稳定层状结构稳定性的作用。Tomeno 等[5]利用固体核磁也证明了在 Na^+ 掺杂的 $LiCoO_2$ 材料 $Li_{0.95}Na_{0.05}CoO_2$ 中，Li^+ 的迁移占主导地位。上述结果表明，Na^+ 掺杂后并不参与脱嵌反应，在层间作为支柱材料起到了维持结构稳定的作用。因此，K^+ 掺杂后 $LiCoO_2$ 材料也能显示更加稳定的电化学性能。二价金属离子掺杂中，Mg^{2+} 掺杂的研究最受关注。Zhu 等[6]对比了原始以及 Mg 掺杂的 $LiCoO_2$，发现虽然由于引入电化学惰性的 Mg^{2+} 从而降低了 $LiCoO_2$ 的初始容量，但在高电压（4.5 V）下，显著提高了其循环稳定性［图 3.6（a）和（b）］。Mg 掺杂同样也会提高 $LiCoO_2$ 的热稳定性，$LiCoO_2$ 在高温下产生的 O_2 会引起胀气问题以及增加阻抗。Yin 等[7]发现相比于原始的 $LiCoO_2$，Mg 掺杂后产氧的温度提高了 90℃，展示了更为优异的热稳定性［图 3.6（c）］。Zhu 等[6]合成了 $LiCo_{1-x}Mg_xO_2$（$x = 0$，0.01，0.03，0.05）一系列材料，他们发现在原始材料的循环伏安（CV）曲线中，3.95 V、4.05 V 和 4.19 V 这三个典型的峰对应于 $LiCoO_2$ 的相变过程。在循环的过程中，这三个峰依然存在，说明相变是持续发生的［图 3.6（d）］。而在 $LiCo_{0.97}Mg_{0.03}O_2$ 材料中，这些峰仅在首周循环出现，而后仅有 3.9V 附近的峰存在，这对应着可逆的 H1 与 H2 之间的相变［图 3.6（e）］。另外，他们还发现 $LiCo_{0.97}Mg_{0.03}O_2$ 材料的阻抗随着循环的进行增加更为缓慢［图 3.6（f）］。三价金属离子与 $LiCoO_2$ 中的 Co^{3+} 具有相同的价态，所以更易于取代 Co^{3+} 的位置而形成固溶体，其中 Al^{3+} 的离子半径（0.535 Å）由于与 Co^{3+}（0.545 Å）十分相近，且 λ-$LiAlO_2$ 同样是 α-$NaFeO_2$ 晶体结构，掺杂后形成较为稳定的 $LiCo_{1-x}Al_xO_2$ 固溶体结构，故其相关研究最受关注。Ceder 等[8]首次通过从头算的方法计算了 Al 掺杂 $LiCoO_2$ 材料的性能，发现随着 $LiAl_yCo_{1-y}O_2$ 材料中 Al 含量的增加，其 Li 脱出/嵌入电压随之升高。但是由于非电化学活性元素 Al 的引入，材料的比容量及电子电导率均有所下降。在其后续的研究中采用固相法制备了一系列不同 Al 含量的 $LiAl_yCo_{1-y}O_2$ 材料，通过电化学测试证实了 $LiAl_yCo_{1-y}O_2$ 材料的充放电平台随着 y 值的增大而升高。与未掺杂材料相比，$LiAl_yCo_{1-y}O_2$ 材料中存在较强的范德华力，在 Li^+ 的脱嵌过程中，材料的晶格尺寸变化较小，所以 $LiAl_yCo_{1-y}O_2$ 材料中 Li^+ 具有较高的扩散系数以及在循环过程中具有较小的晶格应变。这一特性使得 $LiAl_yCo_{1-y}O_2$ 材料具有较好的电化学性能。

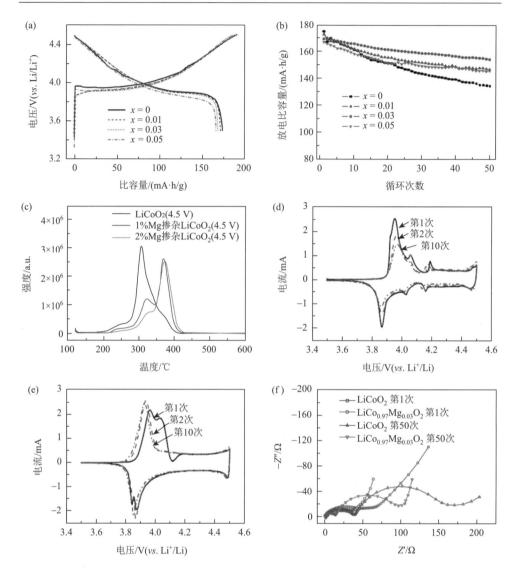

图 3.6　（a）原始以及不同 Mg 掺杂 LiCoO₂ 的首周充放电曲线；（b）原始以及不同 Mg 掺杂 LiCoO₂ 的循环曲线；（c）原始以及 1% 和 2% 的 Mg 掺杂 LiCoO₂ 在 4.5 V 下的 EGA-MS 曲线；（d）原始 LiCoO₂ 的 CV 曲线；（e）LiCo₀.₉₇Mg₀.₀₃O₂ 的 CV 曲线；（f）原始 LiCoO₂ 和 LiCo₀.₉₇Mg₀.₀₃O₂ 的阻抗曲线[6, 7]

　　与过渡金属离子相比，上述的掺杂离子仅在维持材料结构稳定性以及改善材料的电子电导性上起到一定的作用，而由于这些材料的电化学惰性，其掺杂会在一定程度上降低 LiCoO₂ 材料的比容量。过渡金属如 Ni、Mn、Cr 等元素的锂金属氧化物本身具有电化学活性，所以这一类元素掺杂后的 LiCoO₂ 材料具有发挥高比容量的优势。曹景超等[9]以金属硫酸盐为原料采用共沉淀和高温固相法制备了 Ni、Mn 共掺杂钴酸锂材料 $Li(Co_{0.9}Ni_{0.05}Mn_{0.05})O_2$，电化学测试结果发现 Ni、Mn 共掺杂 $Li(Co_{0.9}Ni_{0.05}Mn_{0.05})O_2$ 材料相比未掺杂 $LiCoO_2$ 材料具有更高的首次放电容量和更优异的倍率性能，且 $Li(Co_{0.9}Ni_{0.05}Mn_{0.05})O_2$ 材料在 3.0～4.5 V 电压范围内，以 0.5 C 和 5 C 的倍率循环 50 次后容量保持率分别为 96.2%和 95.7%，与未掺杂 $LiCoO_2$ 材料相比有了较大的提高。

　　与金属阳离子的掺杂相比，非金属的掺杂研究较少。主要原因是，正价态的非金属离子半径与锂、钴金属离子半径差异较大，且物理性能的差异也较大，所以不容易形成稳定的固溶体结构。Jung 等[10]采用固相法制备了 F 与一系列金属离子共掺杂的 $LiCoO_2$ 材料 $LiM_{0.05}Co_{0.95}O_{1.95}F_{0.05}$（M = Mg, Al, Zr），测试结果表明金属离子和 F 分别进入 $LiCoO_2$ 晶格中的 Co 和 O 的位置，从而增大了晶格参数 a，有利于 Li^+ 在充放电过程中的扩散，减少了材料中钴离子的溶解，提升了材料的热稳定性。在 4.5 V 截止电压下，掺杂后的材料均显示优于未掺杂材料的循环稳定性和倍率性能，其中 $LiMg_{0.05}Co_{0.95}O_{1.95}F_{0.05}$ 性能最优异，初始比容量能达到 185 mA·h/g，在 0.5 C 倍率下循环 50 次后比容量保持率依然能达到 88%，且具有较好的倍率性能，在 3 C 倍率下可逆比容量为 156 mA·h/g。

　　（2）表面包覆。

　　高电压下 $LiCoO_2$ 界面处副反应也是影响材料电化学性能的一个重要因素，但是元素掺杂一般难以改善材料界面处的问题，而表面包覆则是提升界面稳定性的重要手段。目前，常用的包覆化合物有氧化物、氟化物、磷酸盐、硅酸盐、固态电解质等。

　　氧化物是最早应用于包覆改性 $LiCoO_2$ 的一种材料，这是由于同 $LiCoO_2$ 的晶体结构一样，氧化物也是由金属离子和氧离子组成的八面体堆叠而成的，这就使得氧化物与 $LiCoO_2$ 具有较好的晶格相容性，从而易在 $LiCoO_2$ 表面形成较好的包覆层。Zhao 等[11]采用蒸汽辅助水解方法制备了不同 Al_2O_3 包覆量的 $LiCoO_2$ 材料，测试结果表明 Al_2O_3 包覆层均匀地分布在 $LiCoO_2$ 颗粒表面，包覆层的厚度约为 20 nm。电化学测试结果显示，在 3～4.5 V 的测试电压范围内，所有 Al_2O_3 包覆的材料显示出优于未包覆材料的循环稳定性和倍率性能。当包覆量为 1%时，材料的性能最为优异，在 2 C 倍率下循环 180 次后其放电比容量依然能达到 163.3 mA·h/g，相应的容量保持率为 98.6%，未包覆材料容量保持率为 40%。Orikasa 等[12]以 MgO 包覆 $LiCoO_2$ 薄膜电极为研究对象，通过 XAS 及电化学测试分析了 MgO 包覆层对正极材料与电解液之间界面反应的影响，给出了 MgO 包覆提升 $LiCoO_2$ 材料高压性能的原因。在未包覆的 $LiCoO_2$ 材料中，当材料处于脱锂态时，$LiCoO_2$ 的结构由于扭曲而变得不稳定；而在 MgO-$LiCoO_2$ 材料中，当材料处于脱锂态时，Mg^{2+} 嵌入到 Li^+ 层中，由于 Mg—O 键的强静电作用，对层状结构起到了支柱作用，同时包覆减轻了界面处的副反应，保证了 LiCoO$_2$ 材料在高电压下的结构稳定性。其他常用于 LiCoO$_2$ 材料包覆改性的氧化物还有 ZrO$_2$、TiO$_2$、ZnO 等。

　　氟化物由于高电压下的电化学稳定性也较常用于包覆改性 LiCoO$_2$ 材料。Sun 等[13, 14]首次系统地研究了在不同的高电压下 AlF$_3$ 表面包覆对 LiCoO$_2$ 的作用，他们发现 AlF$_3$ 包覆能显著提高 LiCoO$_2$ 的循环性能、倍率性能以及热稳定性（图 3.7）。Bai 等[15]以溶胶-凝胶法制备的不同包覆量的 MgF$_2$ 包覆 LiCoO$_2$ 材料为研究对象，研究了 MgF$_2$ 包覆层对 LiCoO$_2$ 电化学性能的提升及其机理。包覆材料的循环稳定性和倍率性能均得到明显的提升。作者通过 CV、电化学阻抗谱（EIS）和循环后极片的傅里叶-红外光谱（FTIR）测试分析认为 MgF$_2$ 的包覆提升 LiCoO$_2$ 材料电化学性能的原因有：MgF$_2$ 的包覆提升了材料循环过程中的结构稳定性，包覆层抑制了循环过程中正极表面 CEI 膜的生长，从而降低了充放电过程中的电化学极化。

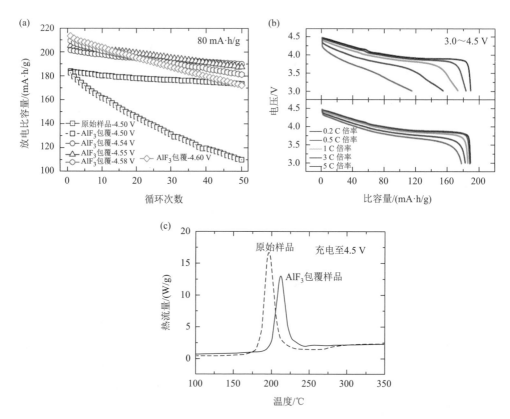

图 3.7　（a）原始以及 AlF$_3$ 包覆 LiCoO$_2$ 在不同截止电压下的循环性能；（b）原始以及 AlF$_3$ 包覆 LiCoO$_2$ 的倍率性能；（c）原始以及 0.5% AlF$_3$ 包覆 LiCoO$_2$ 的 DSC 测试[13, 14]

　　与氧化物和氟化物相比，聚阴离子结构的磷酸盐和硅酸盐拥有更加稳定的结构，且含锂的磷酸盐或者硅酸盐大部分具有较好的锂离子传导特性，所以也较常用于对正极材料的表面包覆改性。Cho 等[16]首次采用液相法制备了纳米 $AlPO_4$ 包覆的 $LiCoO_2$ 材料，其中 $AlPO_4$ 的包覆量为 3 wt%，与石墨组装成容量为 1600 mA·h 的软包电池。通过测试电池的过充性能发现：未包覆的钴酸锂/石墨全电池在过充过程中，首先电解液在 5 V 电压左右发生分解，出现较长的电压平台，随后电压快速上升到 12 V，伴随着电解液的分解，电池内部温度急剧上升，当电池内部温度上升到 120℃时，隔膜会发生熔化和收缩而导致电池内部短路，最终电池的表面温度急剧上升到 500℃，出现燃烧和爆炸现象；而纳米 $AlPO_4$ 包覆的钴酸锂/石墨全电池在过充过程中，其电压同样在 5 V 左右出现平台后快速上升到 12 V，但是电池表面温度一直保持在 60℃以下，保证了隔膜的稳定性，在一定程度上避免了电池的内部短路，且即便电池发生内部短路，电池的表面最高温度依然在 60℃左右。这一研究结果表明纳米 $AlPO_4$ 的包覆有效地改善了 $LiCoO_2$ 材料的过充能力和热稳定性。作者认为性能的提升主要是由于 $AlPO_4$ 包覆层中，P＝O 双键键能较大（5.64 eV），不易发生化学反应，且聚阴离子 PO_4^{3-} 和 Al^{3+} 之间的强共价键作用保证了材料的热稳定性。Yang 等[17]采用溶胶-凝胶法在商用 $LiCoO_2$ 材料表面包覆了一层 $MnSiO_4$，均匀的包覆层厚度约为 40 nm。$MnSiO_4$ 的包覆提升了 $LiCoO_2$ 材料的热稳定性，其热分解温度提升了 53℃。电化学性能测试结果表明，$MnSiO_4$ 包覆 $LiCoO_2$ 材料在 3.0～4.3 V 和 3.0～4.5 V 电压范围内的循环稳定性都得到了提升，50 次循环后的容量保持率分别为 97.9%和 93.2%。且在 3.0～4.7 V 电压范围内循环 30 次后，放电比容量依然能达到 183.0 mA·h/g，而未包覆材料的放电比容量仅为 114.4 mA·h/g。$MnSiO_4$ 包覆 $LiCoO_2$ 材料的循环稳定性和热稳定性提升的主要原因是高压电解液体系中稳定存在的包覆层隔离了 $LiCoO_2$ 和电解液的直接接触，从而抑制了副反应的发生。

2. $LiNiO_2$

1）$LiNiO_2$ 的结构及电化学性能

理想的 $LiNiO_2$ 晶体具有 α-NaFeO$_2$ 型层状结构，属于 $R\overline{3}m$ 空间群，与 $LiCoO_2$ 结构相似。其中的氧离子在三维空间作立方紧密堆积，占据晶格的 6 c 位。镍离子和锂离子填充于氧离子围成的八面体孔隙中，二者相互交替隔层排列，分别占据 3 b 位和 3 a 位，如图 3.8 所示。

层状 $LiNiO_2$ 是目前已知的锂离子电池正极材料中比能量最高的材料之一，其理论可逆比容量为 275 mA·h/g，实际充放电比容量可达 190～220 mA·h/g。用 $LiNiO_2$ 作为电池正极材料，具有比 $LiCoO_2$ 更低的成本和更高的容量，且对环境友好，被认为是最有前途的锂离子电池正极材料之一。但是纯 $LiNiO_2$ 的层状结构没有 $LiCoO_2$ 稳定，由于合成时 Ni^{2+} 的生成不可避免，其极化能力较小，易形成高

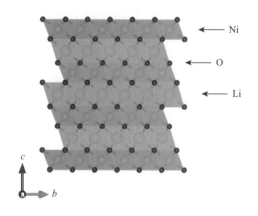

图 3.8　LiNiO$_2$ 晶体结构示意图

对称性的无序岩盐结构，因此有部分 Ni^{2+} 分布在 Li 层，合成时易形成 Li$_{1-x}$Ni$_{1+x}$O$_2$。由于 O—Ni—O 层电子的离域性较差，且嵌入 Li 层的 Ni^{2+} 阻碍 Li$^+$ 的扩散，导致充放电过程中有明显的极化。当 Li$^+$ 脱出后，迁入 Li 层的 Ni^{2+} 氧化为 Ni^{3+} 或 Ni^{4+}。而放电时这些高价镍离子又不能还原，阻止了 Li$^+$ 的嵌入，导致首次循环出现较大的不可逆容量。总之，LiNO$_2$ 的制备条件非常苛刻，且合成材料的组成及结构与其电化学性能紧密相关，合成出电化学性能优良并具有化学计量结构的 LiNiO$_2$ 仍是目前研究的热点。另外，充电过程中，随着 Li$^+$ 的脱出，Li$_x$NiO$_2$ 会发生一系列相变。随着 x 值的减小，脱锂相 Li$_x$NiO$_2$ 会发生从六方相 H1 到单斜相 M 再到六方相 H2 最后到六方相 H3 的一系列相变（图 3.9）。其中 H1→M→H2 的相变是可逆的，对电化学性能影响不大。但是 H2→H3 的相变是不可逆的，对电化学性能影响很大。这是造成循环性能差的重要原因。因此，防止电池过充，抑制六方相

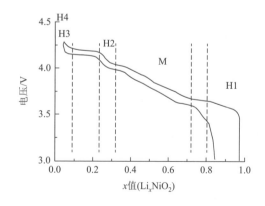

图 3.9　Li$_x$NiO$_2$ 的电化学曲线以及对应的相变过程[18]

H3 的形成，是提高 $LiNiO_2$ 循环性能的关键。还有的如 $LiNiO_2$ 热稳定性和安全性差应该是由于脱锂相受热时容易发生相变和分解。在高温下层状 $LiNiO_2$ 容易分解出如尖晶石型 $LiNi_2O_4$ 等物质。

2）$LiNiO_2$ 的改性研究

为解决 $LiNiO_2$ 的缺陷问题，广大研究者进行了大量的探索与研究，主要方法可归结为两类：一是优化合成条件，二是对 $LiNiO_2$ 进行掺杂改性。

（1）合成条件优化。

目前比较有效的方法主要有：改进型的高温固相法，即在流动的氧气中合成以促进二价镍的氧化并抑制 $LiNiO_2$ 的高温分解；采用低温合成工艺以防止 $LiNiO_2$ 的高温分解；在原料中添加过量锂以防止高温挥发导致缺锂相的形成；采用预氧化技术将原料中的二价镍氧化为三价镍，减少二价镍的数量。

合成条件的优化在一定程度上改善了 $LiNiO_2$ 的容量和循环性能，在非过充状态下可以保持较长的循环寿命。但是一旦过充，晶体仍会发生不可逆相变，循环寿命大大缩短。因此，仅靠优化合成方法仍不能阻止其不可逆相变的发生以及从根本上解决热稳定性差、相变分解等缺点。

（2）掺杂。

要解决 $LiNiO_2$ 循环性能差和热稳定性能差的问题，关键是要防止其在过充状态下从六方相 H2 向六方相 H3 的转变和受热时从六方相向尖晶石相、岩盐相和畸变岩盐相的转变及分解。要抑制这些相变和分解，主要是通过掺杂，即将其他元素掺入 $LiNiO_2$ 的晶格形成类质同象固溶体，从而稳定其晶体结构。这也是从根本上改进 $LiNiO_2$ 材料性能、克服材料缺陷的通用方法。在 $LiNiO_2$ 的掺杂改性方面已进行了较多的研究。掺杂元素既有阳离子，也有阴离子。有关阳离子掺杂又可以分为非过渡金属阳离子掺杂和过渡金属阳离子掺杂。

非过渡金属阳离子的价态一般是不变的，它们在 $LiNiO_2$ 中属于惰性组分。由于非过渡金属阳离子在充放电过程中不参加氧化还原反应，它们掺入 $LiNiO_2$ 中能防止锂离子的过度脱出，避免电池过充，稳定 $LiNiO_2$ 材料的晶体结构，防止六方相 H3 的形成，提高 $LiNiO_2$ 材料的热稳定性和循环性能。也正是由于它们属于惰性组分，用其掺杂的 $LiNi_{1-x}M_xO_2$（M 为非过渡金属阳离子）的充放电容量会随着掺杂量的增加而减少，因此非过渡金属阳离子的掺杂量不能太多。研究表明，用于掺杂 $LiNiO_2$ 效果较好的非过渡金属阳离子主要有 Mg^{2+}、Al^{3+}。掺杂镁可以明显改善 $LiNiO_2$ 材料的循环性能、热稳定性能和快速充放电能力。Pouillerie 等[19]详细研究了脱锂相 $Li_xNi_{1-y}Mg_yO_2$（$y = 0.05, 0.10$）的结构。研究结果表明，无论锂含量如何变化，这两个系列均以固溶体形式存在，如图 3.10 所示。这说明，在 $LiNiO_2$ 中掺入 5% 的镁就可以抑制 $LiNiO_2$ 在循环过程中的各种相变。$LiNiO_2$ 和 $LiAlO_2$ 的结构相同，容易形成类质同象固溶体。在 $LiNiO_2$ 中掺入 Al^{3+}，可以改善正极材料的抗过充能力，抑制材料的相变，提高材料的循环性能、热稳定性能、增大锂的扩散系数、提高正极材料的氧化还原电势等。

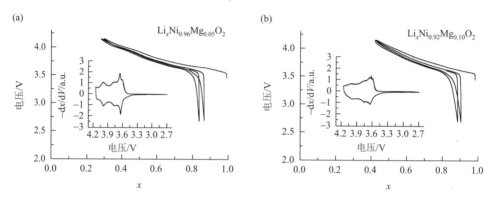

图 3.10　（a）$Li_xNi_{0.96}Mg_{0.05}O_2$ 和（b）$Li_xNi_{0.92}Mg_{0.10}O_2$ 的充放电曲线

插图所示为对应的 $-dx/dV$ 曲线[19]

在过渡金属离子掺杂中，研究较多的是钴离子和锰离子掺杂。由于钴离子与镍离子二者半径相似，所以可以形成比较好的固溶体。掺钴可以降低 $LiNiO_2$ 材料的不可逆容量，提升其可逆容量，改善材料的稳定性。黄元乔等[20]对 $LiNi_{1-x}Co_xO_2$ 材料进行了研究，研究表明：当 $x = 0.18$ 时，晶体层状结构发育良好，结晶度高，作为正极材料显示出良好的循环性能，在 2.7～4.3 V 进行充放电实验，首次充放电比容量为 194.2 mA·h/g，合成条件也相对简化。适当加入 Co，可有效调节该材料在充放电过程中层状结构的阳离子分布，减少了 Ni^{3+} 的姜-泰勒（Jahn-Teller）效应，从而稳定了材料结构，抑制了充放电过程中可能出现的结构塌陷，而又不过多地损失其放电比容量。而掺入 Mn 能抑制 $LiNiO_2$ 材料的相变，提高其循环性能和热稳定性能。由于 Ni、Co、Mn 是属于同一周期相邻的几个元素，具有相似的核外电子排布，原子的半径比较接近，因此许多研究者通过 Ni、Co、Mn 互相掺杂，结构互补得到性能更优异的层状氧化物正极材料。在这一类材料中，三元组合 $LiNi_xCo_{1-x-y}Mn_yO_2$ 材料表现出高比容量和较好的循环稳定性，是目前的研究热点。我们将在下一节中详细介绍三元材料。

在阴离子掺杂中，有关报道主要是掺氟和硫元素。Naghash 等[21]研究了掺氟对 $LiNiO_2$ 材料电化学性能的影响。结果表明，掺氟能改善 $LiNiO_2$ 材料的循环性能；少量掺杂对初始容量影响不大，但过量掺杂会导致容量大大减少甚至失去电化学活性。Sang 等[22]研究了掺硫对 $LiNiO_2$ 材料电化学性能的影响。结果表明，掺硫能提高 $LiNiO_2$ 材料的循环性能，首次放电比容量高达 160 mA·h/g；

但是随着硫掺杂量的上升，其首次放电比容量下降，下降程度随硫掺杂量的增大而增大。

3. 三元材料

研究发现，层状 Li-Ni-Co-Mn-O 系列三元材料兼备了 $LiCoO_2$、$LiNiO_2$ 的优点，其中为代表的 $LiNi_{1/3}Co_{1/3}Mn_{1/3}O_2$ 材料具有较高的比容量（160～220 mA·h/g）、高的电势（2.8～4.5 V）、高的振实密度以及稳定的循环性能，被人们认为是锂离子动力电池的首选正极材料之一。

1）$LiNi_{1/3}Co_{1/3}Mn_{1/3}O_2$ 的结构及电化学性能

$LiNi_{1/3}Co_{1/3}Mn_{1/3}O_2$ 具有 α-$NaFeO_2$ 型层状结构，属六方晶系，其空间群为 $R\bar{3}m$。如图 3.11 所示，锂离子占据材料层状结构的 3a 位，镍、钴、锰离子则随机地占据了材料层状结构的 3b 位，氧离子则占据了材料层状结构的 6c 位。其中，镍、钴、锰离子被 6 个氧离子包围，形成 TMO_6 立方八面体结构。

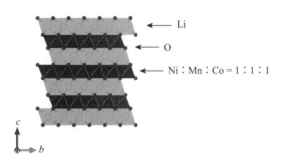

图 3.11　$LiNi_{1/3}Co_{1/3}Mn_{1/3}O_2$ 晶体结构示意图

在充放电过程中，Ni^{2+}/Ni^{3+}、Ni^{3+}/Ni^{4+} 和 Co^{3+}/Co^{4+} 三对离子对都参与了氧化还原反应，而 Mn^{4+} 则是起到了稳定材料结构的作用，它并没有参与氧化还原反应，在这个过程中并没有出现 Jahn-Teller 效应，从而使得 $LiNi_{1/3}Co_{1/3}Mn_{1/3}O_2$ 的结构更加稳定。体系中 Ni、Co、Mn 三种元素的平衡存在，比任一单一组分具有更为优异的性能，其中 Mn 的存在，提高了材料的安全性，同时降低了成本；Ni 的存在，使材料的容量增加；引入 Co，电导率得到了提高，减少了阳离子混排。$LiNi_{1/3}Co_{1/3}Mn_{1/3}O_2$ 的理论比容量为 278 mA·h/g，实际比容量在 2.8～4.5 V 范围内可以达到 180 mA·h/g，优于 $LiCoO_2$，是替代 $LiCoO_2$ 的锂离子电池正极材料之一，也被认为是电动汽车和混合动力电动车的主要发展方向。

2）$LiNi_{1/3}Co_{1/3}Mn_{1/3}O_2$ 的改性研究

相比于单组分层状结构的 $LiCoO_2$、$LiNiO_2$，因镍锰钴之间的协同作用，$LiNi_{1/3}Co_{1/3}Mn_{1/3}O_2$ 具有较高的容量和良好的循环稳定性能。但是其高倍率下的容量和循环性能存在一定的劣势，并且电子电导率较低，同时对电解液中的 HF 含量比较敏感。通过掺杂金属阳离子、表面包覆等方法进行改性是改善 $LiNi_{1/3}Co_{1/3}Mn_{1/3}O_2$ 电化学性能的有效方法。

（1）掺杂。

在掺杂改性中，掺杂离子进入晶格，取代材料中的部分离子，使得正极材料的晶胞参数变大，有利于材料结构的稳定。同时，离子掺杂也会对材料的电导率和 Li^+ 迁移率产生一定的影响。Ding 等[23]采用静电纺丝法成功制备出了 Al^{3+} 掺杂的 $LiNi_{1/3}Co_{1/3}Mn_{1/3}O_2$ 正极材料，XRD 谱图显示 Al^{3+} 掺杂的 $LiNi_{1/3}Co_{1/3}Mn_{1/3-x}Al_xO_2$ 正极材料较未掺杂的 $LiNi_{1/3}Co_{1/3}Mn_{1/3}O_2$ 结构上未发生任何变化。Al^{3+} 的掺杂提升了材料的电化学性能，具体表现为：材料的首次放电比容量为 186.6 mA·h/g，经过 30 次充放电循环后，材料的容量保持率为 96.1%。Gong 等[24]采用共沉淀法制备出了 Na 掺杂的 $Li_{0.95}Na_{0.05}Ni_{1/3}Co_{1/3}Mn_{1/3}O_2$ 正极材料。该材料在 135 mA/g 的恒流充放电电流密度下，经过 70 次充放电循环，材料的放电比容量为 134.8 mA·h/g。实验结果表明，少量的 Na 掺杂取代 Li 位，能够使得材料结构更加有序，减轻 Li^+ 和 Ni^{2+} 离子混排程度；同时能够扩宽 TM 层（TM 表示过渡金属）的层间距，有利于 Li^+ 的脱出与嵌入。Zhang 等[25]采用共沉淀法合成 Ce 掺杂的 $LiNi_{1/3}Co_{1/3-x/3}Mn_{1/3}Ce_{x/3}O_2$ 正极材料。随着 Ce 含量的增加，材料的放电比容量也出现了提升；同时，材料的容量衰减随着 Ce 含量的增加而降低。当 $x = 0.2$，电流密度为 28m A/g 时，经过 50 次充放电循环，材料的容量保持率为 91%。实验结果表明，Ce 掺杂能够有效地稳定材料结构、抑制阳离子混排，同时材料的电子电导率和锂离子的扩散速率得到明显提升。He 等[26]采用阴离子 F^- 对 $LiNi_{1/3}Co_{1/3}Mn_{1/3}O_2$ 正极材料的氧位进行掺杂。随着氟掺杂量的增大，材料的晶胞体积相应变大，但仍然呈现规则有序的 α-$NaFeO_2$ 层状结构。电化学性能测试发现，经过氟掺杂的 $LiNi_{1/3}Co_{1/3}Mn_{1/3}O_{2-z}F_z$ 正极材料，首次放电比容量会有一定程度降低，但是在 0.2 C 下充放电循环 30 次，容量衰减得到明显抑制。以 $LiNi_{1/3}Co_{1/3}Mn_{1/3}O_{1.96}F_{0.04}$ 材料为例，首次放电比容量为 177 mA·h/g；循环 30 次后，放电比容量为 172.2 mA·h/g，容量保持率为 97.3%。

（2）表面包覆。

包覆对材料主要起到以下几方面的作用：隔绝了正极材料与电解液的直接接触，可以减少或避免副反应的发生；改善正极材料的表面性能，可以降低循环过程中产生的热效应；抑制相变，一定程度上提高结构的稳定性。Sinha 等[27]以葡萄糖为碳源合成了碳包覆的 $LiNi_{1/3}Co_{1/3}Mn_{1/3}O_2$ 正极材料。在 2.5～4.3 V 的电压区间，7C 的电流密度下，C-0.3 包覆的材料首次放电比容量提升了 17%，是所有不同碳包覆量（C-0.1、C-0.3、C-0.5、C-0.75、C-1.0）中最高的。当碳包覆量过高时，容易阻碍电子的传输，同时容易使得材料颗粒发生团聚，不利于其电化学性能的发挥。Guo 等[28]研究了金属单质 Ag 包覆的 $LiNi_{1/3}Co_{1/3}Mn_{1/3}O_2$ 正极材料。该材料在 2.8～4.4 V 的电压区间、20 mA/g 的电流密度下，首次放电比容量为 169 mA·h/g；经过 30 次充放电循环后，该材料的放电比容量为 160 mA·h/g，容量保持率为 94.7%，相比同条件下原始材料的放电比容量（143 mA·h/g）有了明显提升。Liu 等[29]采用共沉淀法合成了纳米级的金属盐 $FePO_4$ 包覆 $LiNi_{1/3}Co_{1/3}Mn_{1/3}O_2$ 正极材料。在2.8～4.5 V 的电压区间、150 mA/g 的电流密度条件下，1 wt%、2 wt%、3 wt%、4 wt%、5 wt%的 $FePO_4$-$LiNi_{1/3}Co_{1/3}Mn_{1/3}O_2$ 的复合材料经过 100 次充放电循环后，放电比容量分别为 138.4 mA·h/g、143.5 mA·h/g、132.1 mA·h/g、101.3 mA·h/g、61.8 mA·h/g；而同样条件下原始材料的放电比容量为 103.2 mA·h/g。因此可以得出结论，1 wt%～3 wt%的 $FePO_4$-$LiNi_{1/3}Co_{1/3}Mn_{1/3}O_2$ 正极材料的电化学性能相比原始材料有明显提升，当包覆量过大时，会形成更厚的包覆层，从而影响锂离子的脱嵌。

4. 高镍材料

$LiNi_xCo_yMn_zO_2$ 属于三元材料中的一种，当 $x>0.5$ 时，我们可以称之为高镍材料。由于具有更高的镍含量，因此具有更高的比容量，是较理想的电动车用高比能锂离子电池正极材料。

1）高镍材料的结构及电化学性能

由于高镍材料 $LiNi_xCo_yMn_zO_2$（$x>0.5$）属于三元材料中的一种，因此高镍材料的结构与前文中提到的 $LiCoO_2$、$LiNiO_2$ 以及三元材料相似，只是 TM 层中 TM 离子的种类和数量有所不同。高镍材料为 α-$NaFeO_2$ 层状岩盐结构，属 $R\overline{3}m$ 空间群。Li 占据 3a 位，Ni、Co、Mn 随机地占据 3b 位，O 占据 6c 位。它的 TM 层由 Ni、Co、Mn 组成，每个 TM 离子与周围六个氧离子形成 TMO_6 八面体结构，锂离子则嵌入 TM 离子与氧离子形成的 TM 层之间（图 3.12）。常见 Ni-Co-Mn 体系中的高镍材料有 $LiNi_{0.5}Co_{0.2}Mn_{0.3}O_2$、$LiNi_{0.6}Co_{0.2}Mn_{0.2}O_2$、$LiNi_{0.8}Co_{0.1}Mn_{0.1}O_2$。此外，常见的还有 Ni-Co-Al 体系的高镍三元材料，典型的代表如 $LiNi_{0.8}Co_{0.15}Al_{0.05}O_2$，其与 Ni-Co-Mn 体系的高镍三元材料具有相似的结构和性能。

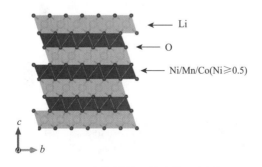

图 3.12　高镍材料晶体结构示意图

相较于目前已商业化应用的其他锂离子电池正极材料（$LiCoO_2$、$LiMn_2O_4$、$LiFePO_4$ 及 $LiNi_{1/3}Co_{1/3}Mn_{1/3}O_2$ 等常规三元材料），高镍三元材料拥有较高的比能量（>250 W·h/kg）和比容量（>200 mA·h/g），是较理想的电动车用高比能锂离子正极材料。但该材料充放电过程中结构不稳定，容易向尖晶石相和岩盐相转变，导致循环过程容量衰减过快；且其热稳定性较差、安全性能较差。这些缺点在一定程度上阻碍了高镍三元材料的商业化进程。Noh 等对不同镍含量的三元材料进行了系统研究，如图 3.13 和图 3.14 所示，该研究表明，在层状材料 $LiNi_xCo_yMn_zO_2$

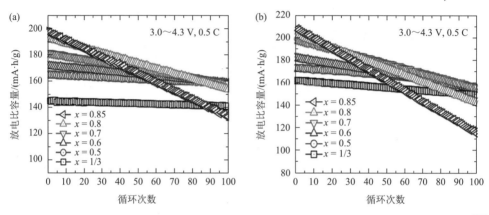

图 3.13　$LiNi_xCo_yMn_zO_2$（x = 1/3，0.5，0.6，0.7，0.8，0.85）在 25℃（a）、55℃（b）下的循环性能[30]

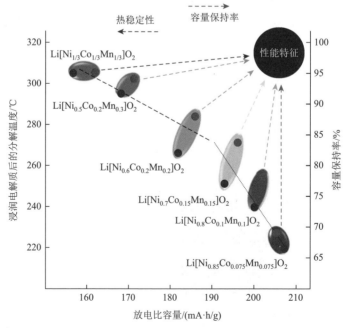

图 3.14　$LiNi_xCo_yMn_zO_2$（x = 1/3，0.5，0.6，0.7，0.8，0.85）的放电比容量、热稳定性及容量保持率[30]

中，Ni 的含量越高，首次放电比容量越大（25℃下 3.0～4.3 V、0.5 C 充放电，$LiNi_{1/3}Co_{1/3}Mn_{1/3}O_2$ 的首次放电比容量 145 mA·h/g，而 $LiNi_{0.85}Co_{0.075}Mn_{0.075}O_2$ 的首次放电比容量上升至约 198 mA·h/g），其循环稳定性和热稳定性则会越差；电池充放电环境温度的升高会使材料的初始放电容量升高，但是也会导致其容量衰减加快。

2）高镍材料的衰退机理

高镍材料循环过程中容量衰减的原因，主要包括电极-电解质界面副反应和材料的结构不稳定（阳离子混排）两个方面。

所有正极材料在电极-电解质界面上都存在副反应，对高镍层状材料而言，存在的界面副反应主要有电解液的分解、过渡金属离子的溶出、过渡金属氧化物的产生、电极-SEI 膜的形成（图 3.15）。这些副反应的发生使其界面稳定性较差，影响正常的锂离子的迁移和扩散。

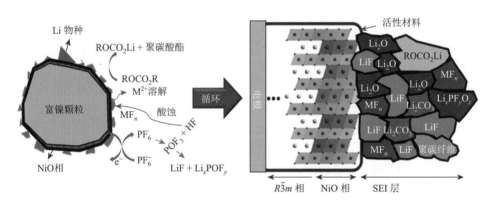

图 3.15　高镍材料循环过程中的电极-电解质界面副反应[31]

层状材料中锂的位置被过渡金属占据的现象称为阳离子混排（图 3.16）。由于 Ni^{2+}（$r = 0.076$ nm）与 Li^+（$r = 0.069$ nm）的离子半径相近，因此高镍材料容易出现 Li^+/Ni^{2+} 阳离子混排现象。由于阳离子混排会使层间距变小，锂离子扩散需要克服更大的能垒，并且锂层中的过渡金属离子又会阻碍锂离子的扩散。因此，阳离子混排会影响高镍材料的电化学性能。XRD 图中（003）和（104）峰强度的比值可定性反映阳离子混排程度，阳离子混排越严重，$I_{(003)}/I_{(104)}$ 值越小，通常认为 $I_{(003)}/I_{(104)}$ 值大于 1.2 的层状材料，阳离子混排程度较弱。

阳离子混排现象不仅出现在高镍材料的制备过程中，同样也会出现在充放电过程中。早在 2007 年，Li 等[32]通过透射电子显微镜（TEM）观测到了 $LiNi_{0.5}Mn_{0.5}O_2$ 在循环过程中过渡金属向锂位的迁移。Kang 等报道了 $Li Ni_{0.5}Co_{0.2}Mn_{0.3}O_2$ 在脱锂状态下，锂层出现锂空位，使得过渡金属离子（主要是 Ni^{2+}）容易向锂空位迁移。[33]

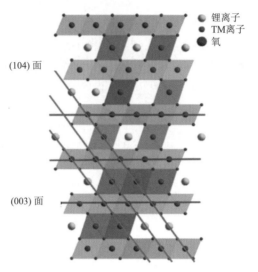

图 3.16　阳离子混排结构示意图[31]

在材料的表面，发生由层状转变为类尖晶石相和 NiO 型岩盐相的反应，同时还会伴随着氧的释放。脱锂电势越高，其相转变就会越严重。Miller 等[34]和 Watanabe 等[35]的研究表明，循环过程中的相转变会致使高镍材料相间受力不均，从而一次颗粒间出现裂缝，导致锂离子在一次颗粒间的迁移受阻。

3）高镍材料的改性研究

（1）掺杂。

将外来的金属离子作为掺杂剂引入到主体结构中，是缓解高镍材料结构不稳定的重要手段。虽然各掺杂元素对高镍材料的稳定机制尚不明确，但其掺杂效应主要可以分为三种形式：①采用电化学和结构稳定的元素取代 Li 和 Ni 等不稳定的元素，从而减少它们的数量；②通过稳定镍离子的价态或者静电排斥作用，阻止 Ni^{2+} 在电化学循环中从 TM 层迁移至 Li 层；③增加金属离子和氧离子之间的键能，从而稳定结构并减少氧流失。常见的掺杂元素有 Al、Mg、Ti、Cr、Ga 和 Fe 等。

Al 对层状材料具有优异的稳定作用，因此成为最常用的掺杂元素。通常，材料的放电容量会随着掺杂元素含量的增加而降低，而结构稳定性则会提高。因此，研究者们尝试优化掺杂比例，希望能以尽可能少的掺杂量来达到最大的稳定效果。在过去的研究中，Al 的掺杂量一般低于 5%，这样的含量一般不会影响材料的放电容量。然而，随着高镍材料的热稳定性和高温循环性能逐渐受到人们关注，最近的研究开始尝试增加 Al 的含量来提高材料的稳定性，尽管这会造成轻微的容量损失。例如，Cho 等[36]报道的 $LiNi_{0.81}Co_{0.1}Al_{0.09}O_2$，实现了比 $LiNi_{1-x-0.05}Co_xAl_{0.05}O_2$ 更高的倍率性能、更高的容量保持率以及更优异的热力学稳定性[36]。通过优化元素掺杂量，能够在较少惰性元素掺杂量时制备性能较优的样品。

Ti^{4+}掺杂高镍材料同样对提升结构稳定性有帮助。Doeff 等报道了 Ti 掺杂的 $LiNi_{1/3}Co_{1/3}Mn_{1/3}O_2$ 和 $LiNi_{0.4}Co_{0.2}Mn_{0.4}O_2$，在充电至 4.7 V 下依然能保持更优秀的循环性能[37, 38]。他们认为 Ti 掺杂可以有效地抑制 Ni^{2+} 从过渡金属层迁移至 Li 层，从而抑制了高镍材料中的相变。Mg 由于可以在高镍材料中实现稳定的"支柱效应"，因此是一种非常有前景的掺杂元素。Mg^{2+} 和 Li^+ 半径相近，因此可以取代高镍材料中的 Li^+。而镍离子由于在循环的过程中会发生变价，导致其离子半径发生变化而不能实现稳定的"支柱效应"。因此，在充放电循环过程中，Mg 掺杂相比于 Ni 掺杂能够更好地实现"支柱效应"。除此之外，掺杂一些电化学活性的元素，如 Fe、Cr 等，相比于非电化学活性的掺杂元素，表现出有限的电化学性能。Fe 掺杂高镍材料随着掺杂比例增加，其放电容量会减少，因为铁离子会阻碍锂离子扩散并增加镍离子的氧化电势。

（2）表面包覆。

掺杂是提升材料电化学性能和热力学稳定性的一种常用方法。但是这种策略一般是针对体相而言，对于稳定体相结构具有十分显著的作用。但是对于表界面上的问题，改善甚微。而包覆策略，可以在电极和电解液之间构筑一层界面膜，通过改善表界面来提升电化学性能。

自从 Amatucci 等首次在正极材料表面包覆了 B_2O_3 后，研究者们开展了许多关于氧化物包覆的探索，如 ZrO_2、Al_2O_3、MgO、SiO_x 等。Lee 等[39]报道了在 $LiNi_{0.8}Co_{0.2}O_2$ 表面沉积了一层 ZrO_2 颗粒，并将性能的提升归结于阻止了循环中阻抗的增加。金属氧化物包覆层通常扮演一种保护层的角色，隔绝正极材料避免直接暴露在酸性液态电解液中，这可以将界面处的副反应最小化。同时，金属氧化物包覆层也是一种阻抗层，由于其具有电化学惰性的特性。因此，电子传导材料或者离子传导材料也被作为包覆材料。Yoon 等[40]通过高能球磨的方法合成了一种 $LiNi_{0.8}Co_{0.15}Al_{0.05}O_2$ 石墨烯复合材料。复合材料在 10 C 和 20 C 的倍率下，分别展现了 152 mA·h/g 和 112 mA·h/g 的放电比容量，并且具有稳定的循环性能，其比容量几乎是原始材料的两倍。Ying 等[41]合成了 $Li_2O \cdot 2B_2O_3$ 包覆的 $LiNi_{0.8}Co_{0.2}O_2$ 材料。由于 $Li_2O \cdot 2B_2O_3$ 具有较快的 Li^+ 传导能力，包覆后的材料具有更高的放电容量和更好的循环稳定性，尤其在升高温度时。

在此基础上，高镍材料表面包覆一些既能加速 Li^+ 脱嵌，又能加速电子传输的材料，会进一步提升材料的性能。在 $LiNi_{0.5}Mn_{0.5}O_2$ 中，Mn 的平均价态是 +4 价，电化学惰性的 Mn^{4+} 能够稳定结构，从而获得优异的电化学性能。因此，在 $LiNi_{0.8}Co_{0.1}Mn_{0.1}O_2$ 表面包覆一层相对稳定的 $LiNi_{0.5}Mn_{0.5}O_2$ 形成核壳结构，是一种同时获得高比容量和高表面稳定性的策略。基于这种假设，Sun 等[42]将

$LiNi_{0.8}Co_{0.1}Mn_{0.1}O_2$ 材料作为核，$LiNi_{0.5}Mn_{0.5}O_2$ 作为壳层，合成了具有核壳结构的正极材料。由于 $LiNi_{0.5}Mn_{0.5}O_2$ 具有较好的热稳定性，该核壳材料的热分解温度较纯相 $LiNi_{0.8}Co_{0.1}Mn_{0.1}O_2$ 要高约 50℃，说明核壳结构能够有效改善高镍材料的表面性能。但该材料在充放电循环后会出现核壳分离现象，导致性能衰减。为了缓解核壳分离问题，Sun 等[43]发展了一种浓度梯度策略，从而减小充放电过程中体积变化带来的影响，抑制颗粒开裂现象。他们通过逐渐改变 Ni、Co、Mn 的浓度，合成了一种具有梯度浓度壳层的高镍氢氧化物前驱体，混锂加热后就会形成梯度浓度分布的高镍正极材料。这种材料表面 Mn 含量高而 Ni 和 Co 含量低，体相则相反。这一新型结构既抑制了表面的副反应，又维持了体相高镍所提供的高比容量。该结构的正极材料放电比容量为 215.4 mA·h/g，同时具有较好的循环稳定性。

5. 富锂材料

1993 年，Thackeray 等在 $Li_{1.09}Mn_{0.91}O_2$ 的研究中首先提出了富锂材料的概念[44]。之后 Kalyani 等[45]报道了 Li_2MnO_3 可以用作 3 V 锂离子电池正极材料。但由于首周库仑效率低、循环稳定性差，Li_2MnO_3 在商业化应用上受到了极大的限制。2001 年，Dahn 等对 Li_2MnO_3 进行 Ni^{2+} 掺杂，显著提高了材料的首周库仑效率以及循环稳定性，得到了比容量为 225 mA·h/g 的富锂材料。[46]自此，富锂材料开始受到人们的广泛关注。

1）富锂材料的结构及电化学性能

富锂材料是一种锰基层状材料，一般以 $xLi_2MnO_3·(1-x)LiTMO_2$（TM = Ni, Co, Mn）的形式表示。富锂材料的晶体结构通常被认为是由六方结构的 $LiTMO_2$（$R\bar{3}m$）和单斜结构的 Li_2MnO_3（空间群：$C2/m$）组成，如图 3.17 所示。$LiTMO_2$ 相的过渡金属层只由 TM 离子组成，而 Li_2MnO_3 相的过渡金属层由周期性排列的

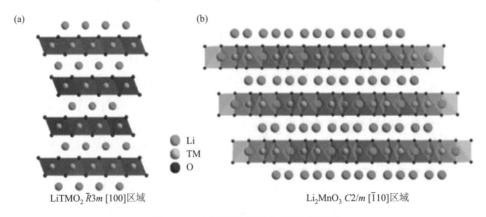

(a)   (b)

Li
TM
O

$LiTMO_2$ $R\bar{3}m$ [100]区域 Li_2MnO_3 $C2/m$ [$\bar{1}$10]区域

图 3.17　富锂材料晶体结构示意图[47]

LiTM$_2$ 组成，呈现哑铃状的结构。Li$_2$MnO$_3$ 相这种特殊的结构，使得每个 O 与两个 TM 离子和四个 Li 离子配位，导致 Li—O—Li 键出现（图 3.18），从而激活氧阴离子发生氧化还原提供容量，这是富锂材料高比容量、高电压的来源。

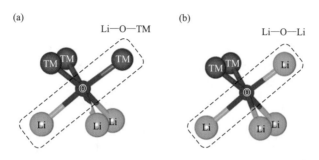

图 3.18　(a)化学计量比层状氧化物 LiTMO$_2$ 中氧的局部配位环境；(b)富锂层状氧化物 Li$_2$MnO$_3$ 中氧的局部配位环境[48]

　　富锂材料首次充放电曲线如图 3.19 所示。其电压区间为 2.0～4.8 V，为了激活氧阴离子参与电化学反应过程，需要充电到 4.8 V。由此可见，富锂材料是一种高电压正极材料。在首次充电的过程中，4.4 V 以下的斜平台代表的是 LiTMO$_2$ 组分的贡献，主要由 Ni 和 Co 氧化提供（此时 Mn 为 +4 价，不参与氧化），这与传统层状氧化物的充电曲线类似。而后 4.5 V 的长平台代表的是 Li$_2$MnO$_3$ 组分的贡献，由氧阴离子氧化提供比容量。在首次充电过程中，Li$_2$MnO$_3$ 结构被活化后，材料能放出超过 250 mA·h/g 的可逆比容量。在有些研究中，已经报道了超过 300 mA·h/g 的高比容量。

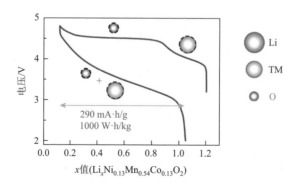

图 3.19　富锂材料首次充放电曲线[49]

2）富锂材料存在的问题

相比于传统的正极材料，富锂材料由于激活了氧阴离子参与氧化还原反应，因此具有更高的容量。但激活阴离子同时也带来了诸多问题，限制了富锂材料的商业化应用，包括首次库仑效率低、倍率性能较差以及容量和电压衰减严重等。

（1）首次库仑效率低。

在首次充电过程中会发生 O_2 析出和 Li_2O 的不可逆脱出，导致比容量损失 $60\sim100\ mA\cdot h/g$，初始库仑效率小于 80%。在氧流失平台期间，Li_2O 从结构中脱出，产生大量氧空位和锂空位，过渡金属离子会迁移到这些空位，造成结构的致密化，致使锂离子不能全部重新嵌回到结构中，从而导致较高的首次不可逆容量损失，表现为首次库仑效率低。

（2）倍率性能差。

正极的倍率性能很大程度上取决于动力学因素，包括材料结构中的锂离子扩散系数和电极/电解液界面的电荷转移反应。与传统的三元材料（NMC）或尖晶石材料（$LiMn_2O_4$）相比，富锂材料由于存在导电性较差的 Li_2MnO_3 组分，其导电性普遍偏低。除此之外，在充放电过程中发生的晶格氧的流失、电化学过程中不可逆相变等，造成再锂化动力学性能差，最终导致倍率性能低。虽然电极材料在低倍率下表现出较高的比容量，但在 5 C 高倍率下，比容量仅保留约 $150\ mA\cdot h/g$。

（3）容量和电压衰减严重。

由于经过长时间的循环，电极表面会受到电解液的强烈腐蚀，从而造成一些惰性副产物的生成。电极材料在经过 50 次持续充放电循环后，容量保持率为 80% 左右，而经过 100 次充放电循环后，容量保持率降到 70% 以下。另外，电极材料经过 50 次循环后电压下降约 0.4 V，而经过 100 次的长循环后电压严重衰减至 0.6 V。工作电压的显著降低会导致能量密度的降低，这已经成为富锂正极材料商业化的最大障碍。Hu 等[50]通过先进的检测技术发现，富锂材料中的过渡金属元素的价态会随着循环的进行逐渐降低，例如，Co 元素从最初的 $Co^{3+/4+}$ 转变为 $Co^{2+/3+}$，Mn 元素也转变为 $Mn^{3+/4+}$，这些变化是导致富锂材料电压衰减的直接因素。同时，氧的流失会引起结构缺陷，并在富锂材料颗粒内部形成较大的团簇空洞，这将进一步降低富锂正极材料的电压平台。

3）富锂材料存在问题的应对策略

为了解决富锂材料存在的首次库仑效率低、倍率性能较差以及容量和电压衰减严重等问题，研究者采取了大量的改性研究，改性方法主要包括掺杂、表面包覆等。

（1）掺杂。

对于晶格掺杂，在富锂材料中采用 Al、Ti、Mo、Ru、Cr 或 Mg 部分取代 TM 离子，以增强其结构稳定性，从而提高容量和电压的稳定性。以往的阳离子掺杂研究主要集中在提高循环稳定性，近些年开始逐渐转向解决电压衰减问题。Nayak

等[51]报道了富锂材料 $Li_{1.2}Ni_{0.16}Mn_{0.56-x}Al_xCo_{0.08}O_2$ 中用 Al 取代一些 Mn,可以明显提高它们的循环稳定性,尽管这是以牺牲少量的放电比容量为代价的。更重要的是,通过稳定层状结构和抑制从层状向尖晶石状相的转变,Al 掺杂也缓解了富锂材料的电压衰减问题,稳定了循环过程中的充放电电压,如图 3.20 所示。

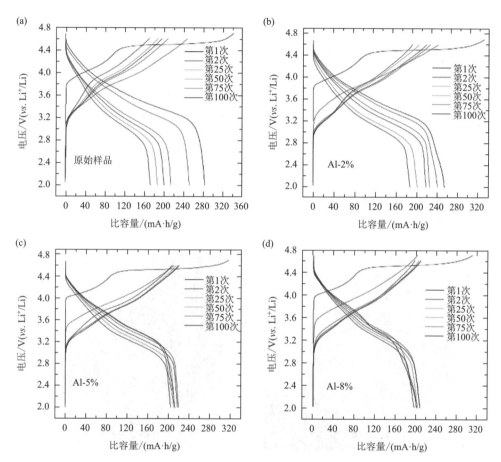

图 3.20　(a)原始材料、(b)Al-2%掺杂材料、(c)Al-5%掺杂材料、(d)Al-8%掺杂材料的放电电压曲线[51]

　　除了 TM 位掺杂,在锂位掺杂其他碱金属如 Na^+、K^+ 对稳定富锂材料的层状结构也有积极作用。在锂位掺杂的 Na^+ 和 K^+ 作为 Li 层的支柱,在大量的锂脱出/嵌入过程中有效地提高了富锂材料的结构稳定性。Li 等[52]提出掺杂 K^+ 可能会减少 Li 层中空位的形成,阻碍 TM 离子向 Li 层迁移形成尖晶石相。除了阳离子掺杂,部分 F^-(1.33 Å)阴离子替代 O^{2-}(1.40 Å),已经被证明是一种简单和有效提高结构稳定性以及缓解电压衰减的方法。然而,引入 F^- 通常会由于 TM—F/Li—F 键的增强而导致初始放电容量的降低，同时一次颗粒的粒径也会增加。因此，在合成过程中应仔细优化 F⁻ 的含量，以最大限度地发挥 F⁻ 掺杂在降低电压衰减方面的积极作用，同时不会影响其可逆容量。

（2）表面包覆。

在循环过程中，富锂材料表界面处会发生复杂的变化。一种是由层状向尖晶石相、岩盐相的固有结构演变，另一种是由于电极/电解液界面的恶化，以及与电极、电解质之间的副反应有关，从而导致电极表面积累厚的 CEI 膜，造成极化的增加。迄今为止，不同的无机或有机材料，如 Al_2O_3、TiO_2、AlF_3、Li-Ni-PO_4、MnO_2、$LiFePO_4$、Li-Mg-PO_4、尖晶石结构、石墨烯以及聚合物层等均被用于表面包覆。这些包覆材料已被证明能够有效地提高了电极/电解液界面的稳定性，并延长了富锂材料的循环寿命。

Zheng 等[53]对 $Li_{1.2}Ni_{0.15}Co_{0.10}Mn_{0.55}O_2$ 进行了 AlF_3 包覆，并对其作用机理进行了详细研究，如图 3.21 所示。约 10 nm 厚的无定形结构的 AlF_3 包覆层有利于锂离子的输运。由于界面稳定性的提高，AlF_3 包覆材料的循环稳定性得到了大大提升，在循环 100 次后展现了更小的容量衰减，同时也表现出减缓的电压衰减。AlF_3 包

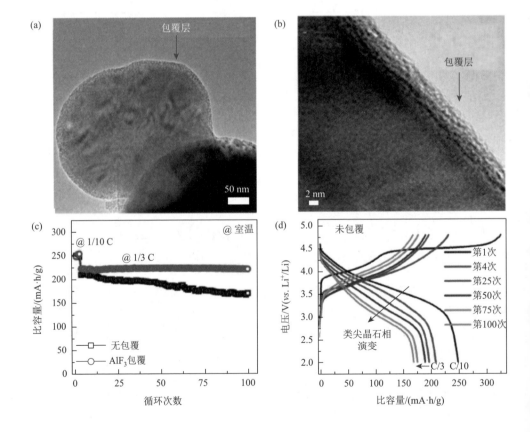

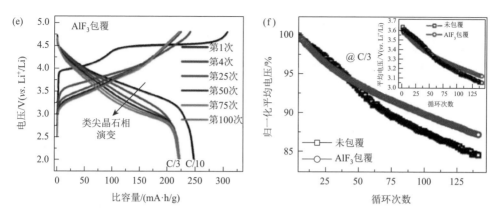

图 3.21 （a）AlF_3 包覆 $Li_{1.2}Ni_{0.15}Co_{0.10}Mn_{0.55}O_2$ 的低倍 TEM 图；（b）高分辨 TEM 下的 AlF_3 包覆层；（c）原始材料和 AlF_3 包覆材料循环 100 次的容量曲线；（d）未包覆材料的电压曲线；（e）AlF_3 包覆材料的电压曲线；（f）原始材料和 AlF_3 包覆材料的电压保持曲线对比[53]

覆材料在 100 次循环后平均放电电压下降 10.1%，小于未包覆材料的 12.3%。他们通过扫描透射电子显微镜（STEM）观察发现，在 AlF_3 包覆的材料表面，仍然存在从层状结构向尖晶石状结构的相转变。这表明惰性表面包覆层在一定程度上减轻或延迟了这种不利的相转变，但仍不能完全消除这种相转变。

　　Zheng 等[54]用具有电化学活性的 $LiFePO_4$ 对 $Li_{1.2}Mn_{0.54}Ni_{0.13}Co_{0.13}O_2$ 表面通过溶胶-凝胶法进行改性。$LiFePO_4$ 包覆之后，在富锂材料和 $LiFePO_4$ 的晶格之间存在一种晶格畸变的纳米级过渡包覆层。$LiFePO_4$ 包覆前驱体时的高温处理也能导致 PO_4-O_2 杂化骨架的形成，抑制了从 TM 层到 Li 层的 TM 离子迁移，并在高电压循环过程中稳定了晶体结构。此外，$LiFePO_4$ 表面包覆还抑制了正极与电解液之间的副反应，缓解了 SEI 膜的积累，因此降低了富锂材料的电压衰减，提高了长循环稳定性。

　　此外，Liu 等[55]提出了一种新型的富锂材料 $Li_{1.17}Ni_{0.17}Co_{0.17}Mn_{0.5}O_2$ 的改性策略，其表面保护层由 Mg^{2+} 支柱和 Li-Mg-PO_4 层组成。Mg^{2+} 的支柱效应能抑制不可逆相变，而 Li-Mg-PO_4 层能抑制界面副反应，从而提高界面稳定性。表面改性的富锂材料在 60℃下，循环稳定性得到很大提高，在 250 次循环后容量保持率可达 72.6%。更重要的是，在这种苛刻的测试条件下，平均放电电压的保持率可以达到 88.7%。简而言之，从实际应用的角度来看，虽然从层状到尖晶石相的结构转变是不可避免的，但富锂材料表面的额外修饰对于提高循环性能和降低电压衰减是不可缺少的。

3.3.2　尖晶石型材料

1. $LiMn_2O_4$ 材料

尖晶石型 $LiMn_2O_4$ 是由 Hunter 在 1981 年通过高温固相法首先制备出来的[56]，

这是一种具有三维锂离子通道的正极材料，一经发现便受到人们极大地重视。$LiMn_2O_4$ 在 1983 年由 Thackeray 等[57]作为正极材料用于锂离子电池。虽然现有的尖晶石型 $LiMn_2O_4$ 材料具有循环稳定性能不够理想和高温性能较差的缺点，但是该材料电压平台高、锰资源丰富、生产成本低、安全性能好且无污染使得该材料具有极为广阔的发展情景、相当大的研究价值和开发潜力。

1）$LiMn_2O_4$ 的结构及电化学性能

尖晶石型 $LiMn_2O_4$ 材料具有典型的立方尖晶石结构，其空间群属于 $Fd\bar{3}m$ 类型，晶体结构示意图如图 3.22 所示。氧离子（O^{2-}）呈现出面心立方密堆积状态，相应的氧八面体通过共棱相连的方式连接。锂离子（Li^+）和锰离子（$Mn^{3+/4+}$）分别占据着氧四面体的 8a 位和氧八面体的 16d 位。在电化学充放电过程中，尖晶石结构中的［Mn_2O_4］骨架能够形成一个三维隧道结构，促进 Li^+ 扩散。

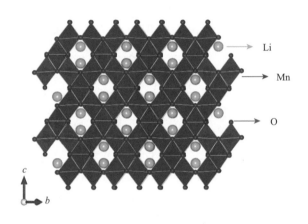

图 3.22 尖晶石型 $LiMn_2O_4$ 材料的晶体结构示意图

尖晶石型 $LiMn_2O_4$ 材料的理论比容量为 148 mA·h/g，工作电压约 4 V。当该材料处于充电状态时，Li^+ 会从晶体结构中脱出，直到充电状态结束，Li^+ 全部脱出。此时，该材料变成了［Mn_2O_4］，其中的锰离子也从三价和四价共存状态变成了单一四价锰离子 Mn^{4+} 状态。当该材料处于放电状态时，Li^+ 又会重新嵌入晶体结构中，Mn^{4+} 也会部分被逐渐还原为 Mn^{3+}。整个充放电过程中电化学反应为 $LiMn_2O_4 \rightleftharpoons Li_{1-x}Mn_2O_4 + xLi^+ + xe^-$（$0<x<1$）。由于具有便于 Li^+ 扩散的三维网络结构，因此其 Li^+ 扩散系数较高，可应用于大功率充放电。尖晶石型 $LiMn_2O_4$ 材料因其诸多优点可作为 4 V 锂离子电池正极最佳候选材料之一，但是其在进行电化学循环时容量衰减很快，尤其是在 50℃以上，严重制约其大规模应用，为此诸多学者针对尖晶石型 $LiMn_2O_4$ 材料容量衰减的原因进行了大量研究。

2）LiMn$_2$O$_4$ 的容量衰减

（1）Jahn-Teller 效应。

Jahn-Teller 效应简单地说就是一种结构畸变，是由金属外层电子云的分布与配位的几何构型不对称引起的。对于 LiMn$_2$O$_4$ 材料而言，晶体结构中的锰离子由三价锰离子（Mn^{3+}）和四价锰离子（Mn^{4+}）构成，其中 Mn^{3+} 属于质子型 Jahn-Teller 离子，具有较高的自旋和较大的磁矩。当 LiMn$_2$O$_4$ 材料进入放电末期时，晶体结构中的 Mn^{3+} 就会越来越多，特别是过度放电时，该材料中的 Mn^{4+} 进一步被还原为 Mn^{3+}。如此一来，晶体结构中锰离子的平均价态就会低于 3.5，这会使该材料表现出严重的 Jahn-Teller 效应。晶体结构中的氧八面体也会因此发生畸变，进而促使 LiMn$_2$O$_4$ 材料由立方相向四方相转变，对 Li$^+$ 和电子的扩散与迁移产生阻碍，最终对该材料电化学性能的发挥产生严重的影响。

（2）锰的溶解。

对于 LiMn$_2$O$_4$ 材料而言，锰的溶解也是影响该材料电化学性能的很重要的因素，主要涉及 Mn^{3+} 的歧化反应和电解液中氢氟酸（HF）对材料颗粒的侵蚀。当该材料处于放电状态时，晶体结构中的 Mn^{4+} 会被逐渐还原为 Mn^{3+}，而且随着放电过程的进行，Mn^{3+} 量会越来越多。在放电末期时，晶体结构中 Mn^{3+} 量很大，浓度也很高，此时不仅会引起严重的 Jahn-Teller 效应，还会在材料颗粒的表面发生一种歧化反应：$2\,Mn^{3+} \longrightarrow Mn^{4+} + Mn^{2+}$。从反应式可以看出，该反应的发生会在一定程度上降低 Mn^{3+} 量，而 LiMn$_2$O$_4$ 材料的放电比容量又依赖于 Mn^{3+}，这就意味着该反应的发生会对该材料的放电比容量产生较大的影响。不仅如此，电解液中 HF 对材料颗粒的侵蚀也会造成锰的溶解，这与电解液中存在的痕量水有很大的关系。电解液中的锂盐 LiPF$_6$ 与痕量水发生化学反应所生成的 HF 会对 LiMn$_2$O$_4$ 材料产生侵蚀，不仅会生成二价锰离子（Mn^{2+}）和无电化学活性的 λ-MnO，还会生成水，这些会进一步加重上述化学反应的发生，进而形成一种恶性循环，造成锰的大量溶解。另外，锰的溶解会对该材料的晶体结构产生一定的破坏，而且相关化学反应的生成物 λ-MnO$_2$、MnF$_2$ 以及 LiF 等无电化学活性，这些都会对 Li$^+$ 的扩散产生阻碍，最终导致 LiMn$_2$O$_4$ 材料放电比容量的大幅衰减。

（3）电解液的氧化分解。

电解液作为锂离子电池体系的重要组成部分，对于整个电池体系电化学性能的发挥有着十分重要的作用。在分析锰的溶解问题时，可以看到电解液中的电解质锂盐 LiPF$_6$ 和痕量水发生化学反应生成 HF，侵蚀 LiMn$_2$O$_4$ 材料，而且形成的副产物也会对 Li$^+$ 的扩散通道造成一定程度的堵塞，使锂离子电池的内阻增大，影响锂离子电池的电化学性能。除此之外，当材料处于充电状态时，随着 Li$^+$ 的不断脱出，晶体结构中 Mn^{4+} 会越来越多，浓度也越来越高。此时，Mn^{4+}

具有的高氧化性会促使其与电解液中的碳酸二甲酯等有机物发生反应，破坏电解液的组成成分。

3）LiMn$_2$O$_4$ 的改性研究

Jahn-Teller 效应、锰的溶解和电解液的分解等是 LiMn$_2$O$_4$ 材料容量迅速衰减的主要原因。为了改善其电化学性能，国内外学者进行许多颇有成效的研究工作，常用的改性手段主要有体相掺杂、表面包覆、特殊形貌控制等。

（1）体相掺杂。

体相掺杂是在材料的晶格中引入一定量的其他元素，以提高晶体结构的稳定性，改善材料的综合电化学性能。目前，用于改性 LiMn$_2$O$_4$ 材料的体相掺杂方案较多，可大致分为金属元素掺杂、非金属元素掺杂以及复合离子掺杂。

金属元素掺杂：该类型掺杂改性方案主要是引入一定量的金属离子部分取代 LiMn$_2$O$_4$ 晶体结构中的三价或四价锰离子 Mn^{3+}/Mn^{4+}，有效地提高材料的晶体结构稳定性。Xiang 等[58]采用低温固相燃烧法合成了一系列 Mg 掺杂改性的 LiMn$_2$O$_4$ 材料。所有的样品均表现出单一的尖晶石立方结构，产品粒径也分布均匀，而且随着 Mg^{2+}掺杂量的增加，该材料晶体结构的晶格参数呈线性减小。这些结果说明引入一定量 Mg^{2+}并未改变 LiMn$_2$O$_4$ 材料的立方尖晶石结构，而且材料的晶体结构更趋于稳定。此外，引入适量 Mg^{2+}能够减少 Mn^{3+}量，在一定程度上降低 Jahn-Teller 效应产生的影响，提高材料晶体结构的稳定性。当电压区间为 3.20～4.35 V、充放电倍率为 0.2 C 时，所合成的样品表现出优异的循环稳定性，容量保持率高达 93.2%，远高于未掺杂样品，如图 3.23（a）所示。Peng 等[59]选用葡萄糖为燃料，通过简单高效的固相燃烧法合成出一系列 LiAl$_x$Mn$_{2-x}$O$_4$ 正极材料。研究结果表明通过引入一定量的 Al^{3+}代替 Mn^{3+}能够抑制 Jahn-Teller 效应，减小材料的粒径。根据电化学性能测试结果，LiAl$_x$Mn$_{2-x}$O$_4$ 样品具有较好的循环稳定性，50 次循环的容量保持率高达 90.3%，而且该材料也能表现出较为理想的高倍率性能，如图 3.23（b）和（c）所示。Xiong 等[60]采用传统的固相法合成出 Ti 掺杂的 LiMn$_2$O$_4$

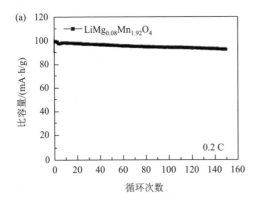
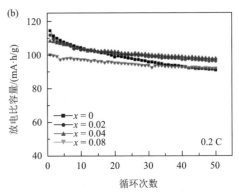

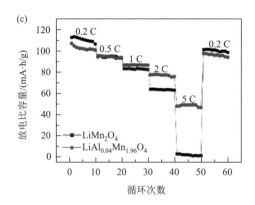

图 3.23　（a）LiMg$_{0.08}$Mn$_{1.92}$O$_4$ 的长循环曲线[58]；（b）不同 Al 掺杂样品的长循环性能对比[59]；
（c）LiAl$_{0.04}$Mn$_{1.96}$O$_4$ 样品和原始样品的倍率性能对比[59]

材料。和前述的改性方式不同，该方案通过引入一定量的 Ti^{4+} 来取代 Mn^{4+}，未造成 Mn^{3+} 的减少，避免了初始容量的损失，同时强化了材料结构的稳定性。

非金属元素掺杂：在 LiMn$_2$O$_4$ 材料的晶格中引入一定量的非金属元素取代 Mn^{3+}/Mn^{4+} 或者 O^{2-}，这在改善材料的电化学性能方面具有一定的积极意义。Ebin 等[61]采用超声喷雾热分解法制备出非金属元素 B 掺杂的 LiMn$_2$O$_4$ 材料。在材料晶体结构中引入一定量的 B^{3+} 之后，材料的晶胞体积会出现一定程度的减小，这在一定程度上提高了晶体结构的稳定性，而且部分三价锰离子 Mn^{3+} 会被取代，相应的 Jahn-Teller 效应也会受到抑制，这都有利于材料电化学性能的提高。根据电化学性能测试结果，B^{3+} 掺杂材料 LiB$_{0.3}$Mn$_{1.7}$O$_4$ 循环 50 次后的容量保持率高达 82%。Zhao 等[62]选用正硅酸乙酯为硅源，通过传统的固相法合成出 Si 掺杂的 LiMn$_2$O$_4$ 材料。Si^{4+} 的引入会使材料的晶格参数增大，而且粒径分布也变得更加均匀。所合成的 Si^{4+} 掺杂样品在循环 100 次后，放电比容量仍然能达到 114.5 mA·h/g，容量保持率为 85.1%。

复合离子掺杂：一般情况下，对 LiMn$_2$O$_4$ 实施单一掺杂能在一定程度上提高材料的循环稳定性和倍率性能，但是这种改善效果往往是以牺牲其他方面的某些性能为代价的。为了充分高效地利用体相掺杂这一改性手段，许多研究学者采用复合离子掺杂的策略，借助多种掺杂元素之间的协同作用来提高材料的电化学性能。Chen 等[63]采用传统的高温固相法合成出 Ni 和 Mo 共掺杂的 LiMn$_2$O$_4$ 材料。在该材料的晶体结构中同时引入适量 Ni 和 Mo 元素没有改变材料本身的尖晶石立方结构，而且这种共掺杂改性方案能够减少电解液中锰的溶解以及提高锂离子脱嵌的速率。与未掺杂的 LiMn$_2$O$_4$ 材料相比，共掺杂样品 LiNi$_{0.03}$Mo$_{0.01}$Mn$_{1.96}$O$_4$ 在倍率为 1 C 时的放电比容量提高了 8.6%，达到了 114 mA·h/g。最重要的是，该共掺杂策略大幅提高了材料的循环稳定性。在倍率为 1 C 时，共掺杂样品循环 300 次后的容量保持率为 91.2%，而未掺杂样品的容量保持率只有 61.9%。

（2）表面包覆。

表面包覆作为一种重要的改性方法，也常被用来改性 $LiMn_2O_4$ 材料。和体相掺杂改性不同，表面包覆是通过物理或化学方法在活性材料表面包覆一层其他物质，减弱有机电解液和活性材料之间的相互作用，以有效地抑制锰的溶解和有机电解液的氧化分解。目前，用于改性 $LiMn_2O_4$ 材料的表面包覆物较多，可大致分为金属氧化物、氟化物、磷酸盐、含锂化合物以及其他包覆物。Cho 等[64]采用低温包覆法合成了 Co_3O_4 包覆的 $LiMn_2O_4$ 材料，$LiMn_2O_4$ 材料的表面形成了较薄的 $LiMn_{2-x}Co_xO_4$ 和 Co_2O_3 包覆层，而且外表面具有较高的 Co 浓度。电化学测试结果表明包覆改性的样品具有优异的循环稳定性，这主要得益于 $LiMn_2O_4$ 材料表面的 $LiMn_{2-x}Co_xO_4$ 和 Co_2O_3 包覆层对锰溶解的抑制。Zhu 等[65]采用简单的共沉淀法，在聚乙烯吡咯烷酮的辅助下实现了 LaF_3 对 $LiMn_2O_4$ 材料的包覆。LaF_3 包覆有助于提高锂离子的扩散效率以及抑制锰的溶解，所得到的样品表现出优异的倍率性能。在充放电倍率为 10 C 的条件下，包覆样品的放电比容量可达到 109.5 mA·h/g，容量保持率高达 98.5%，而未掺杂样品的容量保持率仅为 84.9%。此外，还有不少研究者探究采用包覆磷酸盐、含锂化合物、高导电聚合物以及固态电解质等物质改性，也取得了较大的进展。需要注意的是，表面包覆在改性 $LiMn_2O_4$ 材料的实际产业化中的应用并不是很广泛。未来，科研工作者还需要进一步优化表面包覆的工艺手段，使其在规模化应用时能实现操作工艺简单、包覆效果优良的目标，最终促进包覆改性的大规模应用。

（3）特殊形貌控制。

具有特殊形貌的纳米材料往往表现出特殊的性质，已被广泛应用在化学催化、气敏传感器以及能源储存等领域。对于 $LiMn_2O_4$ 材料，研究者也成功地合成出多种具有特殊形貌的材料。Zhao 等[66]采用一种简单、低成本且较为环保的合成方法制备出具有纳米棒状结构的 $LiMn_2O_4$ 材料。由于一维纳米棒状结构不仅具有较大的比表面积，而且能够提高锂离子和电子的迁移速率，因此，所合成的材料能够表现出优越的电化学性能。当电压区间为 3.20～4.35 V、倍率为 1 C 时，$LiMn_2O_4$ 纳米棒材料的放电比容量可以达到 123.5 mA·h/g。在循环 100 次后，放电比容量仍然能保持在 110.2 mA·h/g 以上。Jin 等[67]采用两步法合成了具有正八面体结构的 $LiMn_2O_4$ 材料。该材料的单晶特性和具有一定晶面取向的正八面体形貌表现出抑制锰的溶解和提高材料动力学性能的能力。当充放电倍率为 1 C 时，该样品的初始放电比容量可达到 122.7 mA·h/g，200 次循环后的容量保持率也能在 84.8%以上，如图 3.24 所示。Liu 等[68]采用生物质模板法合成出多孔的

$LiMn_2O_4$ 材料。与常规的 $LiMn_2O$ 材料相比，该材料表现出良好的电化学性能，特别是倍率性能，这与该材料良好的结晶度、较低的极化以及较小的电荷转移阻抗有很大的关系。

图 3.24　（a）具有正八面体结构的 $LiMn_2O_4$ 材料；（b）具有正八面体结构的 $LiMn_2O_4$ 在不同循环次数下的放电曲线[67]

2. $LiNi_{0.5}Mn_{1.5}O_4$

高电压 $LiNi_{0.5}Mn_{1.5}O_4$ 材料是通过使用 0.5 mol 的 Ni 取代 $LiMn_2O_4$ 中的 Mn 得到的。随着 Ni^{2+} 的引入，Mn 元素的价态增大，理论上全部变为 +4 价，从而避免了 Mn^{3+} 的大量溶解以及 Jahn-Teller 效应所造成的性能衰减。1997 年，Zhong 等[69] 报道了 $LiNi_xMn_{2-x}O_4$（$0<x<0.5$）的合成及电化学性能，开创了 $LiNi_{0.5}Mn_{1.5}O_4$ 材料在锂离子电池中的应用研究，随后 $LiNi_{0.5}Mn_{1.5}O_4$ 材料的合成、结构改进以及电化学性能研究得到了人们的高度重视。

1）$LiNi_{0.5}Mn_{1.5}O_4$ 的结构及电化学性能

$LiNi_{0.5}Mn_{1.5}O_4$ 晶体具有面心立方 $Fd\overline{3}m$ 和简单立方 $P4_332$ 两种空间群。如图 3.25（a）所示，在面心立方 $Fd\overline{3}m$ 结构中，Li 离子占 8a 位，Ni 和 Mn 离子随机占 16d 位，O 离子占 32e 位，这种结构晶格对称性高，但却属于存在着氧缺陷状态的无序结构 $LiNi_{0.5}Mn_{1.5}O_{4-\delta}$。如图 3.25（b）所示，在简单立方 $P4_332$ 结构中，Li 离子仍占 8a 位，Ni 和 Mn 离子按 1：3 比例规则分别占 4a 位和 12d 位，O 离子则占 8c 和 24e 位，这种结构晶格对称性低，却是有序尖晶石型 $LiNi_{0.5}Mn_{1.5}O_4$ 结构。有序结构晶格参数（0.81677 nm）要小于无序结构（0.81733 nm），这是因为无序结构中存在着 Mn^{3+}，而 Mn^{3+} 半径大于 Mn^{4+}。

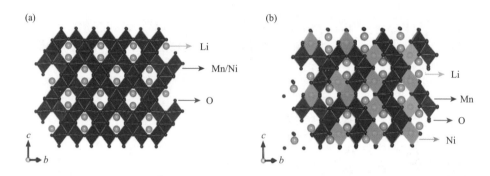

图 3.25　两种 $LiNi_{0.5}Mn_{1.5}O_4$ 的晶体结构示意图

（a）$Fd\bar{3}m$ 空间群；（b）$P4_332$ 空间群

$LiNi_{0.5}Mn_{1.5}O_4$ 材料具有 4.7 V 左右的工作电压和 146.7 mA·h/g 的理论比容量。如图 3.26 所示，无序结构的 $LiNi_{0.5}Mn_{1.5}O_4$ 材料放电曲线上存在 3 个平台，分别是 Mn^{3+}/Mn^{4+} 的氧化还原电对（4.0 V），Ni^{2+}/Ni^{3+}、Ni^{3+}/Ni^{4+} 两组氧化还原电对（4.5～5 V）。有序结构材料的充放电曲线在 4.0 V 左右没有平台是因为不存在 Mn^{3+}。一般制备的 $LiNi_{0.5}Mn_{1.5}O_4$ 为混合型空间群构型，即材料中含有少量的 Mn^{3+}，但主要依靠 Ni^{2+}/Ni^{3+}、Ni^{3+}/Ni^{4+} 两组氧化还原电对提供容量，整个充放电反应式为 $LiNi_{0.5}Mn_{1.5}O_4 \rightleftharpoons Li_{1-x}Ni_{0.5}Mn_{1.5}O_4 + xLi^+ + xe^-$（$0<x<1$）。不同的制备工艺会产生不同结构的 $LiNi_{0.5}Mn_{1.5}O_4$ 材料：一般煅烧温度高于 750℃ 时得到的是无序的 $Fd\bar{3}m$ 结构材料，煅烧温度低于 750℃ 或在高于 750℃ 的温度煅烧后再在低于 750℃ 的温度退火都能得到有序的 $P4_332$ 结构的材料。两构型中虽然 $Fd\bar{3}m$ 结构的材料存在 4.0 V 平台使比能量减小，还易产生固溶体杂质相，但其阻抗小，有利

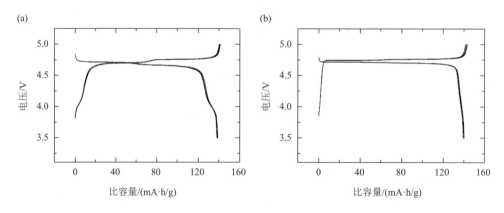

图 3.26　两种不同结构的 $LiNi_{0.5}Mn_{1.5}O_4$ 的充放电曲线

（a）$Fd\bar{3}m$ 空间群；（b）$P4_332$ 空间群[70]

于 Li^+ 的嵌入和脱出，具有能够实现大电流充放电的特性。这是因为 $Fd\bar{3}m$ 结构的 $LiNi_{0.5}Mn_{1.5}O_4$ 同 $LiMn_2O_4$ 的晶体结构相同，都具有三维快速锂离子扩散通道，有助于 Li^+ 在晶格中发生快速的脱出和嵌入。

2）$LiNi_{0.5}Mn_{1.5}O_4$ 待解决的问题

尖晶石型 $LiNi_{0.5}Mn_{1.5}O_4$ 具有三维锂离子快速传输通道和 4.7 V 的高电压平台，尤其是 $Fd\bar{3}m$ 空间群结构的材料表现出较高的电子电导率和离子迁移率，因此可赋予电池更高的能量密度和功率密度；又因 Ni 部分取代 Mn，很大程度上减轻了 $LiMn_2O_4$ 中的锰溶解问题和 Jahn-Teller 效应，因此是一种十分具有发展前景的锂电池正极材料。但 $LiNi_{0.5}Mn_{1.5}O_4$ 仍存在一些待解决的问题，阻碍了其商业化的进程：

（1）在高温煅烧的过程中，由于氧的缺失，易产生 Mn^{3+} 以及杂质相 $Li_xNi_{1-x}O$，降低了锰的化合价和镍的含量，导致放电容量减少；另外 Mn^{3+} 歧化生成的 Mn^{2+} 易溶于电解液中，从而影响材料的结构稳定性。

（2）传统电解液在电压高于 4.5 V 时易分解，电解质 $LiPF_6$ 首先会发生分解形成 PF_5 与 LiF，若有微量水存在，LiF 又会转化为 HF，而 HF 会腐蚀正极材料和集流体。

（3）充放电时，电解液的氧化分解产物或是与电极表面副反应产生的杂质沉积在 $LiNi_{0.5}Mn_{1.5}O_4$ 材料表面，形成 SEI 膜。研究发现，SEI 膜的电子与离子导电性差，使得电池阻抗增加、容量易衰减。常温下因电解液分解缓慢，材料的容量衰减慢，但在高温循环过程中，电解液分解加剧使膜厚度持续增加，循环性能急剧下降。

为了解决这些问题，近年来国内外许多研究者都致力于 $LiNi_{0.5}Mn_{1.5}O_4$ 的改性研究。总结起来 $LiNi_{0.5}Mn_{1.5}O_4$ 的改性方法主要有以下几个方面：改变形貌和粒径来提高 $LiNi_{0.5}Mn_{1.5}O_4$ 材料的结构稳定性，减少杂质相的生成；对 $LiNi_{0.5}Mn_{1.5}O_4$ 进行表面包覆，减少材料与电解液的接触面积，减缓界面处的副反应，降低锰的溶解；选择耐高压电解液，减少电解液的分解。

3）$LiNi_{0.5}Mn_{1.5}O_4$ 的改性研究

（1）形貌和粒径调控。

前期合成的 $LiNi_{0.5}Mn_{1.5}O_4$ 大多是微米级八面体或多面体结构。Chen 等[71]发现多面体结构材料的物理及电化学性能优于八面体结构材料，如图 3.27 所示。这是因为八面体结构仅有一种{111}类型的晶面取向，而依据 Benedek 等的原子论模型，此类型的晶面拥有强大的表面能，易受 Jahn-Teller 效应的影响，另外此晶面承受着严重的晶格应变，在充放电过程中结构容易被破坏。多面体结构除{111}晶面外，还有{001}、{110}、{113}、{103}等，降低了{111}晶面比，提高了材料结构的稳定性。除此之外，{110}晶面取向与 Li^+ 扩散通道一致，有利于 Li^+ 的传输，提高了材料的倍率性能。

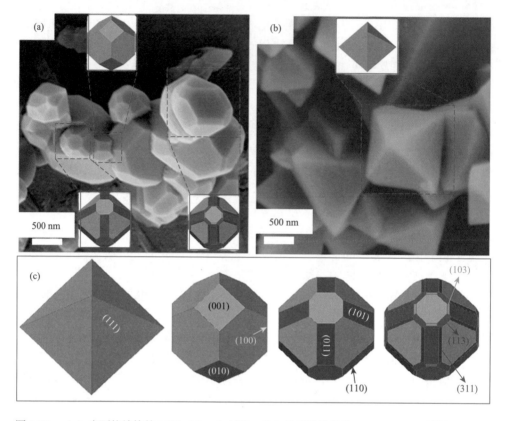

图 3.27 　（a）多面体结构的 LiNi$_{0.5}$Mn$_{1.5}$O$_4$ 材料；（b）八面体结构的 LiNi$_{0.5}$Mn$_{1.5}$O$_4$ 材料；（c）不同晶体形状的示意图[71]

　　Gao 等[72]采用共沉淀联合热处理的方法合成了 $Fd\overline{3}m$ 结构的球形 LiNi$_{0.5}$Mn$_{1.5}$O$_4$ 材料，此材料振实密度达到 2.18 g/cm^3，远高于不规则形貌的 LiNi$_{0.5}$Mn$_{1.5}$O$_4$ 材料。此外，其电化学性能优越，与石墨负极组装成 4 mm×50 mm×34 mm 的电池后能量密度超过 160 W·h/kg。球形颗粒虽晶面取向不明显，但提高了结构稳定性微米级颗粒增加了 Li$^+$ 的脱嵌阻抗，不利于倍率性能的发挥，而亚微米或纳米级颗粒则改善了这一缺陷。Qian 等[73]以多孔球形 MnCO$_3$ 为模板合成出粒径为 800 nm 的球形 LiNi$_{0.5}$Mn$_{1.5}$O$_4$ 颗粒，此亚微米结构材料表现出优秀的倍率性能，在倍率为 10 C 下的放电比容量仍有 112.1 mA·h/g，这是由于颗粒直径减小后缩短了 Li$^+$ 传输路径。但亚微米和纳米颗粒增大了材料的比表面积，也就增加了与电解液的接触面积，加快了副反应的进行，同时振实密度也有所降低。

　　（2）表面包覆。

　　为了避免电解液与正极材料直接接触产生一系列副反应加速容量的衰减，研究者通过采用表面包覆的手段来提高正极材料在电解液中的稳定性，抑制 SEI 膜的过多形成。包覆物质应具有化学稳定性及良好的电子和锂离子传输性。

Dou[74]列表总结了包覆 $LiNi_{0.5}Mn_{1.5}O_4$ 的绝大部分材料，这些材料主要分为氧化物（如 ZnO、纳米 SiO_2、TiO_2、Bi_2O_3、Al_2O_3、ZrO_2、SnO_2、V_2O_5、RuO_2）、氟化物（如 AlF_3、GaF_3、BiOF）、磷酸或焦磷酸盐（如 $AlPO_4$、$FePO_4$、Li_3PO_4、$LiFePO_4$、ZrP_2O_7、$Li_4P_2O_7$）、固态电解质或复合氧化物（如 $La_{0.7}Sr_{0.3}MnO_3$、$Li_2O-Bi_2O_3$、$Li_2O-Al_2O_3-TiO_2-P_2O_5$）以及有机聚合物电解质（纳米聚酰亚胺和聚吡咯），另外还有钛酸锂、碳材料等。这些材料包覆后共同的作用都是抑制了容量的衰减，改善了 $LiNi_{0.5}Mn_{1.5}O_4$ 的循环性能。

一般氧化物包覆不仅抑制锰的溶解，提高材料的结构稳定性，还可与 HF 反应形成氟化物降低表面 SEI 膜的厚度。Kim 等[75]使用原子层沉积技术在 $LiNi_{0.5}Mn_{1.5}O_4$ 表面涂覆了一层超薄 Al_2O_3。充放电循环后，X 射线光电子能谱测试显示部分 Al_2O_3 发生氟化作用，表面 SEI 膜与未涂覆材料相比更薄，库仑效率由未包覆的 97.9%提高到了 99.5%，容量保持率也由 94.3%提高到了 98.0%，同时材料本身的自放电得到了抑制。Li 等[76]考察了不同比例的 AlF_3 包覆量对材料性能的影响，4.0 mol% AlF_3 包覆材料的循环稳定性最好，在 300 mA/g 的电流密度下循环 40 次后仍保持 114.8 mA·h/g 的比容量，而未包覆材料仅有 84.3 mA·h/g 的比容量。高结晶度的固态电解质如 $Li_2O-Al_2O_3-TiO_2-P_2O_5$，由于良好的热稳定性和离子导电性，不仅显著改善了材料的高温稳定性，还有效改善了 Li^+ 的流动性，提高了倍率性能。钛酸锂的包覆提高了材料的快速充放电性能。

（3）高电压电解液。

高电压电解液除了满足常用电解液的熔点低、沸点高、黏度低、介电常数高、离子电导率高、安全无污染等要求外，还要保证电化学稳定窗口宽。根据现有正负极材料，氧化电势一般要达到 5.5 V（$vs.$ Li^+/Li）以上，还原电势能达 0 V（$vs.$ Li^+/Li）以下最佳。但现有商品化的锂离子电池广泛采用的电解液是将导电锂盐溶解于以碳酸酯为基础的二元或三元混合溶剂中。由于这类有机溶剂氧化电势低，超过 4.5 V 易分解，限制了锂离子电池材料性能的发挥，因此开发耐高电压电解液体系是锂二次电池电解液研究的重点和热点。

开发具有较高电化学窗口的溶剂是高电压电解液的关键；其次，寻找一些新型电解液添加剂来提高电解液的电化学稳定性，抑制电解液与电极材料的相互作用也是一种有效的策略。因此，目前高电压电解液主要分为常规碳酸酯基高电压电解液和新型溶剂体系电解液。常规碳酸酯基高电压电解液主要有电聚合添加剂、磷基添加剂、硼基添加剂等，新型溶剂体系电解液主要有腈类溶剂、砜类溶剂、氟代溶剂及离子液体。

3.3.3 聚阴离子型正极材料

聚阴离子型 $LiMPO_4$ 材料为橄榄石结构，$LiMPO_4$ 在充放电时采用 M^{3+}/M^{2+} 氧化还原对，在全充状态下形成的 M^{3+} 的氧化能力不强，很难与电解质等发生氧化还原反应，不会影响其循环性能及充放电效率。另外，聚阴离子化合物有强的 P—O 共价键，由于诱导效应，在充放电过程中可以保持材料结构的稳定性，有效地提高了电池的安全性能。

在 $LiMPO_4$ 中 M 一般选择 Fe、Co、Ni 和 Mn。由于 Mn^{2+}/Mn^{3+}、Co^{2+}/Co^{3+} 和 Ni^{2+}/Ni^{3+} 氧化还原电对的电压较 Fe^{2+}/Fe^{3+} 高，相对应的能量密度也较 $LiFePO_4$ 高。其中 $LiNiPO_4$ 的平均放电电压为 5.2 V，几乎超出了所有电解质的电化学稳定窗口，所以关于 $LiNiPO_4$ 的研究较少。而 $LiMnPO_4$ 和 $LiCoPO_4$ 的平均放电电压分别为 4.1 V 和 4.8 V。$LiMPO_4$ 材料共同的缺陷是电子电导率和离子电导率都非常低。从电子导电性看，$LiCoPO_4$ 最好，$LiMnPO_4$ 电子结构中能带间隙为 2 eV，表现为绝缘体特征，其电子导电性差，小于 10^{-10} S/cm，比 $LiFePO_4$ 低一个数量级，不能满足目前大电流充放电的需要。由于 $LiCoPO_4$ 价格高，放电容量较低，电压平台 4.8 V 在目前电解质窗口中不稳定，所以也很难实现材料的实用化。只有 $LiFePO_4$ 电子结构中的能带间隙为 0.3 V，各方面性能都较优越，是最快实现产业化的磷酸盐类材料。

1. LiFePO$_4$

作为锂离子电池正极材料，$LiFePO_4$ 自 1997 年被 Goodenough 等首次提出[77]，便成为电池研究领域最有前途的候选材料之一。$LiFePO_4$ 具有适中的充电电势和高的理论比容量，且晶体结构非常稳定，因此受到了研究者的广泛关注，极大地推动了其产业化进程。目前 $LiFePO_4$ 材料主要应用在储能设备、轻型电动汽车、小型电子设备和移动电源上。

1）$LiFePO_4$ 的结构及电化学性能

$LiFePO_4$ 的晶体为橄榄石型结构，归属于正交晶系，空间群为 *Pnma*，晶胞参数分别为 $a = 10.33$ Å，$b = 6.01$ Å，$c = 4.69$ Å。$LiFePO_4$ 的晶体结构如图 3.28 所示，晶体结构中 O 原子以略扭曲的六方紧密堆积方式分布，P 处在 O 四面体的中心，构成 PO_4 四面体。Li 和 Fe 则均被周围六个最近的氧原子包围，构成 LiO_6 八面体和 FeO_6 八面体。整个晶体由 FeO_6 八面体、LiO_6 八面体和 PO_4 四面体共边连接，交替排列，构成空间骨架。由于 O 原子与 P 以及 Fe 均形成了十分稳定的共价键，对整个框架起到了稳定的作用，使 $LiFePO_4$ 具备了优异的稳定性。$LiFePO_4$ 即使在空气中加热 200℃ 依旧稳定，因此满足了动力电池正极材料安全性的要求。

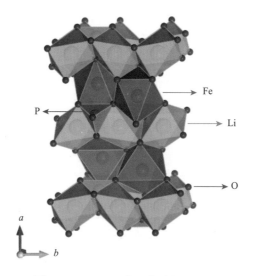

图 3.28　LiFePO₄ 的晶体结构示意图

LiFePO₄ 的理论比容量为 170 mA·h/g，充放电电压平台在 3.45 V（$vs.$ Li⁺/Li）左右。LiFePO₄ 充放电机理与传统的层状结构 LiCoO₂ 材料类似，其充放电过程由 Li⁺的脱出和嵌入实现，材料则经历了化学计量比 LiFePO₄ 相和贫锂 FePO₄ 相之间的相互转化。FePO₄ 相与 LiFePO₄ 相均为橄榄石结构，空间群也是 $Pnma$，晶胞参数为 $a = 9.82$ Å，$b = 5.79$ Å，$c = 4.79$ Å。由 LiFePO₄ 转变为 FePO₄ 的过程中，晶胞体积由 291.17 Å³ 减小到 272.34 Å³，体积变化仅 6.47%，较小的结构变化有利于保证材料良好的循环稳定性。在充电过程，Li⁺从 LiFePO₄ 晶格中脱出，此时 Fe²⁺氧化为 Fe³⁺，LiFePO₄ 转化为 FePO₄。放电过程与充电过程相反，Li⁺由电解液嵌入 FePO₄ 晶格，FePO₄ 转变为 LiFePO₄。LiFePO₄ 电极反应机理可以用下面两个方程式表示：

$$\text{LiFePO}_4 - x\text{Li}^+ - xe^- \longrightarrow x\text{FePO}_4 + (1-x)\text{LiFePO}_4(\text{充电}) \tag{3-4}$$

$$\text{FePO}_4 + x\text{Li}^+ + xe^- \longrightarrow (1-x)\text{FePO}_4 + x\text{LiFePO}_4(\text{放电}) \tag{3-5}$$

2）LiFePO₄ 存在的问题

LiFePO₄ 材料充放电时结构稳定性高，有着优良的循环可逆性。但是当电流密度增大时，LiFePO₄ 的比容量会迅速衰减，这主要是由橄榄石型 LiFePO₄ 致密的晶体结构决定的。晶胞中的氧原子采用接近于六方紧密堆积形式，为锂离子提供的迁移通道有限；而晶体中 PO₄ 四面体虽有利于材料结构的稳定性，但 FeO₆ 八面体的连接被 PO₄ 四面体分隔，阻碍了 Li⁺在一维通道的移动，导致室温下 LiFePO₄ 材料表现出较低的电子电导率和离子扩散速率。研究发现 LiFePO₄ 材料中电子的电导率为 10⁻⁷～

10^{-9} S/cm，锂离子的扩散系数仅为 $1.8 \times 10^{-16} \sim 2.2 \times 10^{-14}$ cm^2/s，较低的电子电导率和离子扩散速率使得 LiFePO$_4$ 倍率性能较差，特别在大电流充放电时容量衰减十分严重。

3）LiFePO$_4$ 的改性研究

针对 LiFePO$_4$ 所存在的缺陷，研究者从多方面入手对 LiFePO$_4$ 进行改性，目前研究的重点主要是通过体相掺杂、表面包覆以及控制形貌、粒径来提升材料的电导率和锂离子迁移能力。

（1）表面包覆。

包覆改性主要是通过在 LiFePO$_4$ 材料表面包覆一层导电性较好的电子导体或者有利于 Li$^+$ 传递的离子导体进而实现电子导电性的改善和离子传导性的提高。其中，导电碳材料包覆是 LiFePO$_4$ 改性研究中最常用和最有效的方式。导电碳的添加除了增强材料导电性外，还可以分散在 LiFePO$_4$ 颗粒周围抑制生长细化样品的颗粒，因此也有利于 Li$^+$ 的扩散。Chen 等[78]通过溶胶-凝胶法结合固相法制备了碳包覆的 LiFePO$_4$ 复合材料。实验中探讨了乙炔黑、蔗糖和葡萄糖作为碳源对材料电化学性能的影响。实验表明，碳源及碳含量对 LiFePO$_4$/C 材料的初始放电比容量有重要的作用。以葡萄糖为碳源制备的 LiFePO$_4$/C 复合材料具有最优的大电流充放电性能，在 1 C 和 3 C 倍率下的放电比容量还可以分别维持在 0.1 C 倍率下的90%和80%。Gaberscek 等[79]以柠檬酸为碳源溶胶-凝胶法合成了 LiFePO$_4$/C 复合物，碳层厚度仅为 2~3 nm，在增强 Li$^+$ 传导的同时并不影响锂离子的扩散，因此该材料展现了很好的充放电性能，在 1 C 倍率下具有 120 mA·h/g 的放电比容量，在 10 C 高倍率下，材料仍然具有 80 mA·h/g 的高放电比容量，如图 3.29 所示。Tan 等[80]制备了均匀嵌入三维碳纳米管（CNT）导电网的 LiFePO$_4$ 微球。通过对比得知，加入 CNT 的复合样品展现了极好的电化学性能，在 5 C 倍率下循环 100 次的容量保

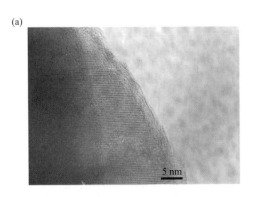
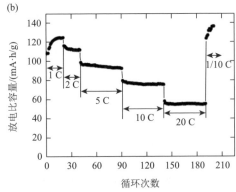

图 3.29 　（a）LiFePO$_4$/C 复合材料中碳包覆层的 TEM 图；（b）LiFePO$_4$/C 复合材料的倍率性能测试[79]

持率高达 95.7%。Wang 等[81]合成了还原氧化石墨烯（rGO）修饰的碳包覆 $LiFePO_4$ 复合材料。结果显示，碳包覆的 $LiFePO_4$ 与 rGO 复合拥有独特的三维网状结构，rGO 的存在不仅提高了电子导电性，同时还有利于 Li^+ 的扩散。含有 5% rGO 的样品具有最好的电化学性能，在 0.2 C 倍率下放电比容量为 160 mA·h/g，甚至在 20 C 高倍率下仍具有 115 mA·h/g 的放电比容量。

同碳包覆的理念相似，导电聚合物包覆也是改善 $LiFePO_4$ 电子导电性的有效手段。Fedorková 等[82]报道了聚吡咯（PPy）掺杂聚乙二醇（PEG）导电聚合物包覆 $LiFePO_4$ 的方法。在吡咯单体化学氧化聚合的过程中加入聚乙二醇可以提高聚吡咯的机械特性和结构特性。电化学测试表明聚乙二醇的加入可以提高 PPy/PEG-$LiFePO_4$ 的电化学性能。Chen 等[83]通过苯胺单体的化学氧化原位聚合对固相法合成的 $LiFePO_4$/C 进行修饰。聚苯胺的修饰可以显著降低材料的电荷传输电阻，合成的 C-$LiFePO_4$/PANI 复合物在 0.2 C 倍率下的放电比容量为 165 mA·h/g，在 7 C 和 10 C 倍率下，放电比容量分别高达 133 mA·h/g 和 123 mA·h/g。此外，在 $LiFePO_4$ 颗粒表面用金属颗粒、金属氧化物以及金属无机盐等进行修饰也可以显著提高材料的电子导电性。

（2）掺杂。

对 $LiFePO_4$ 采取表面包覆策略虽然能显著提高其导电性，但对改善体相内扩散速率效果并不明显，要得到满足大电流快速充放电的车用 $LiFePO_4$ 正极材料仍很困难，因此如何提高 $LiFePO_4$ 体相锂离子扩散系数仍然是问题的关键。而掺杂是一种体相改性的有效手段。通过掺杂元素不等价替代在材料晶格内产生有利的缺陷，同时掺杂元素不同的电子结构会导致晶格产生改变，使离子的扩散通道变宽，离子在晶格内的扩散变得更加容易。目前 $LiFePO_4$ 的掺杂主要有两种方式：一种是掺杂元素占据 Li 位，另一种是掺杂元素占据 Fe 位。

Chung 等[84]系统地研究了 W^{6+}、Nb^{5+}、Zr^{4+}、Ti^{4+}、Al^{3+}、Mg^{2+} 微量掺杂 $LiFePO_4$ 晶格中 Li 位对样品电子导电性和电化学性能的影响。实验发现，掺杂高价金属的样品电导率大于 10^{-2} S/cm，比未掺杂样品提高了 8 个数量级，甚至超越了传统的 $LiMn_2O_4$ 和 $LiCoO_2$。他们认为电导率的提高是超价的金属离子掺杂使晶格电荷失衡产生固溶相 M_x^{3+}（Fe_{3x}^{2+} Fe_{1-3x}^{3+}）PO_4 引起的。掺杂的样品在低倍率下具有接近理论容量的性能，在 6000 mA/g 的电流密度下仍具有很好的电化学性能。Ouyang 等[85]认为，虽然经过高价掺杂电子导电性得以提高，但 Li 位掺杂会阻碍 Li^+ 的一维扩散通道，降低 Li^+ 的扩散能力。Ni 等探讨了 Mg^{2+} 分别掺杂 Li 位和 Fe 位对 $LiFePO_4$ 结构和电化学性能的影响，由于 Mg 掺杂 Li 位会阻碍锂离子扩散的通道，因此掺杂 Li 位样品比掺杂 Fe 位的电化学性能低很多，如图 3.30 所示。

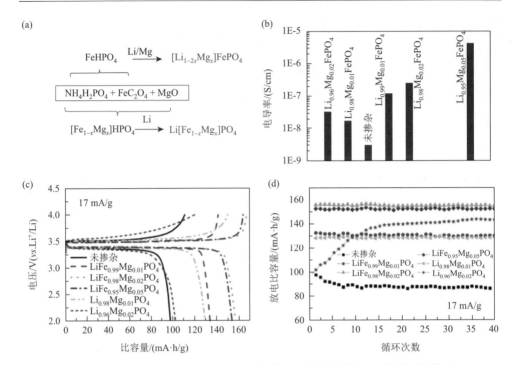

图 3.30 （a）Mg 占据 LiFePO₄ 不同位点的合成策略；（b）未掺杂样品以及掺杂不同位点 LiFePO₄ 样品的电子电导率、（c）首次充放电曲线、（d）循环性能对比[85]

与 Li 位掺杂类似，金属离子掺杂 Fe 位也可以改善材料的电子导电性。Ma 等[86]研究了 Sn 对 LiFePO₄ 晶格中 Fe 掺杂的影响。实验发现，Sn^{4+} 对 Fe^{2+} 的取代导致了电子的补偿，提高了样品的电导率。在电子补偿和晶体结构扭曲的协同作用下，随着 Sn 掺杂量的增大，合成样品的电导率呈现了先增大后减小的趋势。并且，表观 Li^+ 扩散系数和电化学性能呈现了相同的趋势。通过对掺杂浓度的优化得出掺杂 3 mol% 的 Sn 具有高的电导率和 Li^+ 扩散系数，因此也展现了最好的电化学性能。Bilecka 等[87]通过微波辅助的液相法合成了二价的 Mn^{2+}、Ni^{2+}、Zn^{2+}，三价的 Al^{3+}，四价的 Ti^{4+} 掺杂 Fe 位的 LiFePO₄ 样品。实验结果显示 7 mol% Ni^{2+} 和 2 mol% Zn^{2+} 掺杂的样品电化学性能优于其他样品。

在 LiFePO₄ 的基础上，采用部分 Mn 取代 Fe，形成磷酸铁锰锂（$LiFe_xMn_{1-x}PO_4$），这是一种基于 LiFePO₄ 和 LiMnPO₄ 各自优势而将 Fe 和 Mn 相结合的新型正极材料。$LiFe_xMn_{1-x}PO_4$ 依靠 Fe 与 Mn 的协同效应，分别结合 LiFePO₄ 电导率相对较高和 LiMnPO₄ 能量密度高的优点来提高自身电化学性能。就材料组成而言，引入 Mn 相当于利用 LiMnPO₄ 的高电压，而引入 Fe 相当于利用 LiFePO₄ 的稳定性，因此这种混合过渡金属磷酸盐被寄予厚望。这种材料并非 LiFePO₄ 与 LiMnPO₄ 的简单物理混合，而是依靠材料中半径相似的 Fe^{2+} 和 Mn^{2+} 形成的特殊固溶体，其内部能够实现原子级别的混合。研究表明，由于 Mn^{2+} 半径略大于 Fe^{2+}，晶格内 Mn^{2+} 的引入在一定程度上可以拓宽 Li^+ 扩散通道，而 Fe^{2+} 的存在则可以改善电极动力学性能，这种相互作用使该材料表现出优异的电化学性能。$LiFe_xMn_{1-x}PO_4$ 在 3.5 V 和 4.1 V 处拥有两个充放电平台，分别对应着 Fe^{2+}/Fe^{3+} 和 Mn^{2+}/Mn^{3+} 的氧化还原电势，其理论比容量为 170 mA·h/g 且能量密度较高，导电性有所改善，如图 3.31 所示。目前，一些研究者已经对 $LiFe_xMn_{1-x}PO_4$ 的制备和铁锰比例的调整进行了研究，但还需要进一步深入研究其结构组成与性能关系。

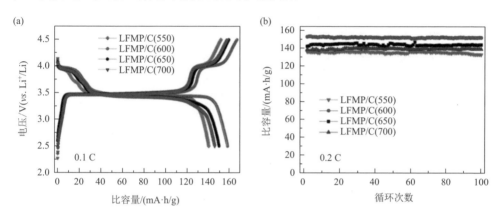

图 3.31　（a）$LiFe_{0.8}Mn_{0.2}PO_4$ 的首次充放电曲线；（b）$LiFe_{0.8}Mn_{0.2}PO_4$ 的长循环性能[88]

（3）形貌、粒径控制。

正极材料的颗粒大小对其电化学性能具有重要的影响。合成形状规则、尺寸较小（亚微米级或纳米级）或多孔的 $LiFePO_4$ 颗粒，能够缩短锂离子在晶体中的传输距离，提高锂离子的扩散能力，最终表现出更好的电化学性能。$LiFePO_4$ 粒径和形貌的控制可以通过溶胶-凝胶法、共沉淀法、水热法、溶剂热法或模板法等软化学方法得到实现。

Wang 等[89]通过水热过程中加入氨三乙酸和异丙醇成功制备了 $LiFePO_4$ 纳米线。测试结果显示 $LiFePO_4$ 纳米线具有稳定的电化学性能，在 0.1 C 倍率下循环 70 次还能保持 140 mA·h/g 的放电比容量。Teng 等[90]证明了可以通过表面活性剂辅助的离子热法合成 $LiFePO_4$ 纳米棒，直径约为 200 nm，长度 1~2 mm。合成的 $LiFePO_4$ 纳米棒在 1 C 倍率下具有 150 mA·h/g 的放电比容量，高于团聚颗粒的放电比容量（133 mA·h/g）。即使在 2 C 和 4 C 倍率下，放电比容量仍能达到 144 mA·h/g 和 125 mA·h/g。Liu 等[91]报道了一维纳米结构的合成是提高 $LiFePO_4$ 材料的有效方法，制备中以 $FePO_4$ 纳米棒为起始材料。所制备的 $LiFePO_4$ 纳米棒直径约 50 nm，具有出色的电化学性能，在 5 C、10 C、50 C、60 C 高倍率下放电比容量分别高达 150 mA·h/g、141 mA·h/g、94 mA·h/g 和 80 mA·h/g。一维的纳米棒状结构可以缩短电子传递和离子扩散的距离，有利于 $LiFePO_4$ 材料的倍率性能，但纳米棒的半径是影响电化学性能的重要因素。

2. $Li_3V_2(PO_4)_3$

钠超离子导体（NASICON）型的 $Li_3V_2(PO_4)_3$ 也属于聚阴离子型正极材料。$Li_3V_2(PO_4)_3$ 作为一种新型的锂离子电池正极材料，具有三维的锂离子扩散通道，适合大电流充放电。在三个锂离子完全脱嵌的条件下，理论放电比容量可以达到197 mA·h/g，是所有磷酸盐材料中最高的，同时它还具有较好的安全性能，这些使 $Li_3V_2(PO_4)_3$ 成为一种极具潜力的锂离子电池正极材料。

1）$Li_3V_2(PO_4)_3$ 的结构及电化学性能

$Li_3V_2(PO_4)_3$ 具有斜方和单斜两种晶型。斜方晶系的 $Li_3V_2(PO_4)_3$ 热稳定性不好，一般采用离子交换法制备，同时其锂离子脱嵌能力较差，因此单斜晶系材料的电化学性能优于斜方晶系，成为研究重点。在本节中主要讨论的是单斜晶系的$Li_3V_2(PO_4)_3$。

单斜晶系的 $Li_3V_2(PO_4)_3$，属于 $P2_1/n$ 空间群，其晶体结构如图 3.32 所示。$Li_3V_2(PO_4)_3$ 的三维网络结构由轻度扭曲的 VO_6 八面体与 PO_4 四面体通过共用氧原子连接构成。相比于 $LiFePO_4$，$Li_3V_2(PO_4)_3$ 三维网络提供了较大的锂离子扩散通道，因此具有较高的锂离子扩散系数（$10^{-9} \sim 10^{-10}$ cm^2/s）。与 $LiFePO_4$ 相似，由于 VO_6 八面体被 PO_4 四面体隔开而不能直接相连，导致其电子电导率较低（10^{-7} S/cm）。

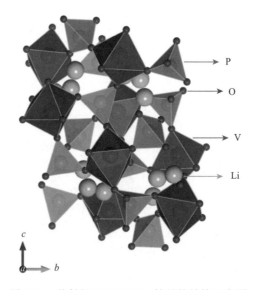

图 3.32　单斜相 $Li_3V_2(PO_4)_3$ 的晶体结构示意图

$Li_3V_2(PO_4)_3$ 的充放电曲线如图 3.33 所示。在充放电电压区间为 3.0～4.8 V 时，充电曲线中 3.6 V、3.7 V、4.1 V 和 4.6 V 四个平台，依次对应着 $Li_3V_2(PO_4)_3 \rightarrow Li_{2.5}V_2(PO_4)_3 \rightarrow Li_2V_2(PO_4)_3 \rightarrow LiV_2(PO_4)_3 \rightarrow V_2(PO_4)_3$ 的相转变过程。前三个平台对应着 V^{3+}/V^{4+} 电对，第四个平台对应于 V^{4+}/V^{5+} 电对。在 4.6 V 平台位置，最后一个动力学最困难的 Li^+ 脱出，生成电子电导率和离子迁移数均较低的 $V_2(PO_4)_3$，致使其电化学活性和反应动力学性能降低，出现较大的极化现象。在随后的放电过程中，锂离子无序地重新嵌入框架结构中，呈现出固溶体行为，在图 3.33 中表现为 S 形曲线，对应着 $V_2(PO_4)_3 \rightarrow Li_2V_2(PO_4)_3$。之后，$Li_2V_2(PO_4)_3$ 又重新表现出锂离子嵌入的有序性，因此放电曲线展现出两相行为，出现两个电化学平台，对应于最后一个锂离子分两步嵌入框架结构中。

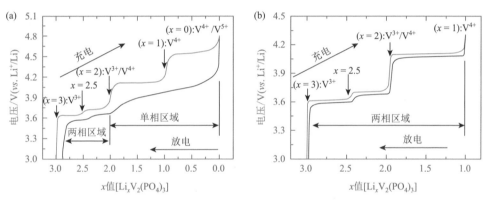

图 3.33　$Li_xV_2(PO_4)_3$ 的充放电曲线

（a）3.0～4.8 V；（b）3.0～4.3 V[92]

当充放电电压区间为 3.0～4.3 V 时，没有出现固溶体行为，在充电过程中显示的三个充电平台分别位于 3.6 V、3.7 V 和 4.1 V，依次对应着 $Li_3V_2(PO_4)_3 \rightarrow Li_{2.5}V_2(PO_4)_3 \rightarrow Li_2V_2(PO_4)_3 \rightarrow LiV_2(PO_4)_3$ 的相转变过程。在放电过程中，则对应着相反的相转变过程。在充放电过程中，虽然只发生两个锂离子的脱嵌导致比容量较低（133 mA·h/g），但因为没有转变为动力学困难的 $V_2(PO_4)_3$ 相，所以在循环过程中容量保持率很高。

2）$Li_3V_2(PO_4)_3$ 的改性研究

单斜晶系的 $Li_3V_2(PO_4)_3$ 具有较高的工作电势、较高的理论容量，同时具有成本低、结构稳定等优点。然而其本征电子电导率较低（约为 10^{-7} S/cm），限制其商业化的应用。为解决这些问题，研究者开展了大量的研究工作，主要通过三种手段来提高 $Li_3V_2(PO_4)_3$ 的电化学性能：包覆改性，如通过碳包覆、金属包覆、导电聚合物包覆等引入导电材料增强材料的电子电导率，通过包覆氧化物和氟化物等来提高材料的结构稳定性；体相离子掺杂改性，掺杂离子进入 $Li_3V_2(PO_4)_3$ 的晶格结构中，改变晶格参数，提高其本征电导率；控制颗粒尺寸和形貌，缩短锂离子扩散距离，提高电极材料在大电流密度下的充放电性能。

（1）表面包覆。

包覆导电物质可以增强材料的电子电导率，但过厚的包覆层会阻碍锂离子传输，因此必须控制包覆层的厚度。Rui 等[93]通过调变碳源麦芽糖的量，以溶胶-凝胶法成功合成了不同碳含量的 $Li_3V_2(PO_4)_3/C$（5.7wt%、9.6wt%、11.6wt%、15.3 wt%）材料，考察了碳含量对 $Li_3V_2(PO_4)_3/C$ 材料电化学性能的影响。通过电化学测试发现，碳含量为 11.6 wt%的 $Li_3V_2(PO_4)_3/C$ 材料展现了最高的放电容量和最小的电荷转移阻抗。在 3.0～4.3 V、0.5 和 5 C 倍率下的放电比容量分别为 125mA·h/g 和 116 mA·h/g。除了使用碳包覆策略外，在 $Li_3V_2(PO_4)_3$ 本体材料表面包覆一层导电金属或者金属氧化物，也是提高材料导电性的有效手段。Zhai 等[94]将 $Li_3V_2(PO_4)_3$ 材料置于一定量的 $Mg(CH_3COO)_2 \cdot 4H_2O$ 溶液中进行超声分散，然后浓缩干燥高温热处理，得到了厚度为 2.0～2.5 nm 的 MgO 包覆的 $Li_3V_2(PO_4)_3$ 材料。经过 MgO 包覆的材料在 3.0～4.8 V、40 mA/g 电流密度下首次放电比容量为 194.4 mA·h/g。经过 100 次循环后仍能得到 137.5 mA·h/g 的放电比容量，显示了较好的循环稳定性。

（2）掺杂。

碳包覆虽然能提高 $Li_3V_2(PO_4)_3$ 材料的导电性，但是材料的振实密度也随之下降。而离子掺杂不仅能够避免材料振实密度的降低而且能有效提高 $Li_3V_2(PO_4)_3$ 本体材料导电性和离子扩散系数，从而改善 $Li_3V_2(PO_4)_3$ 材料的电化学性能。Ren 等[95]首次报道在 $Li_3V_2(PO_4)_3$ 材料的 V^{3+} 位掺杂 Fe^{3+}，并且发现金属离子掺杂是改善 $Li_3V_2(PO_4)_3$ 本体材料导电性和结构稳定性的有效手段。$Li_3V_{1.98}Fe_{0.02}(PO_4)_3$ 材料展现了最优循环性能，在 3.0～4.9 V、0.2 C 倍率下首次放电比容量为 177 mA·h/g，经过 80 次循环仍能得到 126 mA·h/g 的放电比容量，容量保持率为 71%。Deng 等[96]研究了 Ti^{4+} 和 Mg^{2+} 共掺杂对于 $Li_3V_2(PO_4)_3$ 材料结构和电化学性能的影响。所合成的 $Li_3V_{2-2x}Ti_xMg_x(PO_4)_3$（$x = 0$，0.05，0.1，0.2，0.5）材料具有单斜晶体结构，并且没有其他的杂相存在。$Li_3V_{1.9}Ti_{0.05}Mg_{0.05}(PO_4)_3$ 材料在 3.0～4.8 V、0.5 C 倍率下经过 200 次循环后的容量保持为 82.4%，循环稳定性有较大的提升。在 Li^+ 位进行离子掺杂也是一个研究热点，所用的元素主要有 Na^+、K^+ 和 Ca^{2+} 等。Chen 等[97]通过溶胶-凝胶法合成了 Na^+ 掺杂的 $Li_{3-x}Na_xV_2(PO_4)_3$（$x = 0$，0.03，0.05，0.07）材料。Na^+ 掺杂后材料的晶胞体积有了一定程度的提高，主要归因于 Na^+ 比 Li^+ 的离子半径大，能为 Li^+ 提供较大的传输通道，使得掺杂后的材料具有更大的锂离子扩散系数。

Li$_{2.95}$Na$_{0.05}$V$_2$(PO$_4$)$_3$ 材料在 3.0~4.8 V、1 C 倍率下的首次放电比容量为 173.1 mA·h/g，经过 30 次循环后的容量保持率为 91%，如图 3.34 所示。

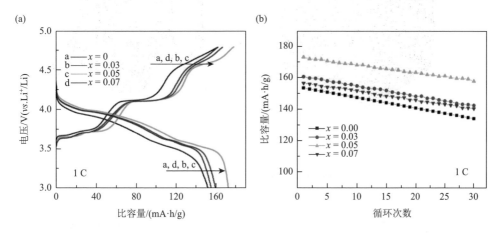

图 3.34 （a）不同 Na$^+$掺杂量的 Li$_{3-x}$Na$_x$V$_2$(PO$_4$)$_3$ 材料的首次充放电曲线、（b）长循环性能[97]

（3）形貌、粒径控制。

纳米结构电极材料不仅能够提供较大的电极/电解液接触面积并且能够缩短锂离子和电子的传输距离，从而提高电极材料的倍率性能，因此纳米结构的电极材料在锂离子电池中应用越来越广泛。Qiao 等[98]通过液相反应结合固相反应制备了 Li$_3$V$_2$(PO$_4$)$_3$/C 纳米片。纳米片的侧面长度在 2~10 μm 之间，厚度约为 40~100 nm，纳米片外被一层厚度约 5.3 nm 的碳层所包裹。当充放电倍率为 3 C 时，在 3.0~4.3 V 和 3.0~4.8 V 电压下的放电比容量分别为 125.2 mA·h/g 和 133.1 mA·h/g，经过 500 次循环之后两个电压范围内的放电比容量分别为 111.8 mA·h/g 和 97.8 mA·h/g。Zhang 等[99]通过溶胶-凝胶法制备了含孔结构的 Li$_3$V$_2$(PO$_4$)$_3$ 纳米粒子，随后将其与蔗糖混合后高温焙烧，由蔗糖在高温下分解所产生的碳就被遗留在 Li$_3$V$_2$(PO$_4$)$_3$ 粒子的孔壁上，含碳量为 5.4 wt%，孔径为 20~30 nm。孔状结构能为 Li$^+$提供一个快速的传输通道并且减小其扩散距离，从而提高材料的锂离子扩散系数；碳层包裹能有效地提高 Li$_3$V$_2$(PO$_4$)$_3$ 材料的导电性能，并且限制 Li$_3$V$_2$(PO$_4$)$_3$ 纳米粒子的团聚。在 3.0~4.3 V 电压范围内，倍率为 10 C、20 C、40 C 和 60 C 下经过 100 次循环后的放电比容量分别为 122 mA·h/g、114 mA·h/g、108 mA·h/g 和 88 mA·h/g。而在 4.8 V 电压下，10 C、20 C、40 C、60 C 和 100 C 倍率下经过 500 次循环后的放电比容量分别为 145 mA·h/g、129 mA·h/g、122 mA·h/g、114 mA·h/g 和 103 mA·h/g，显示了良好的倍率和循环性能，如图 3.35 所示。

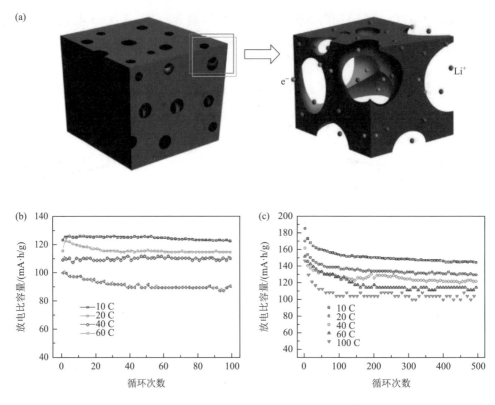

图 3.35　（a）多孔 $Li_3V_2(PO_4)_3$ 材料示意图；（b）多孔 $Li_3V_2(PO_4)_3$ 材料在 3.0～4.3 V 下以不同倍率循环 100 次的长循环测试；（c）多孔 $Li_3V_2(PO_4)_3$ 材料在 3.0～4.8 V 下以不同倍率循环 500 周的长循环测试[99]

3.3.4　有机正极材料

有机正极材料在自然界中分布广泛，开发成本低，结构可设计性强，绿色可持续等，其研究历史可以用图 3.36 简单概述。相比于无机正极材料，有机正极材料的研究历史更早，但是当 $LiCoO_2$、$LiMn_2O_4$、$LiFePO_4$ 等一系列无机正极材料出现后，研究热点转移到无机正极材料上。直至 2011 年之后，研究者们开始开展了有机正极材料的系列研究工作。

Chen 等[100]设计合成了一种具有超高容量的离子电池有机正极材料——环己六酮（C_6O_6），C_6O_6 的放电比容量可达 902 mA·h/g，平均放电平台在 1.7 V 左右，如图 3.37 所示。C_6O_6 在高极性的离子液体中的溶解度较低，使得其在离子液体基的电极液中具有较好的循环性能。C_6O_6 有机正极材料展现了锂离子电池目前所报道的最高比容量，刷新了锂离子电池有机正极材料容量的世界纪录。

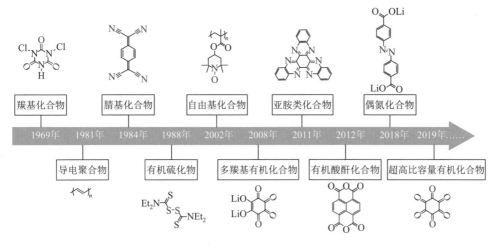

图 3.36 有机正极材料的发展历史

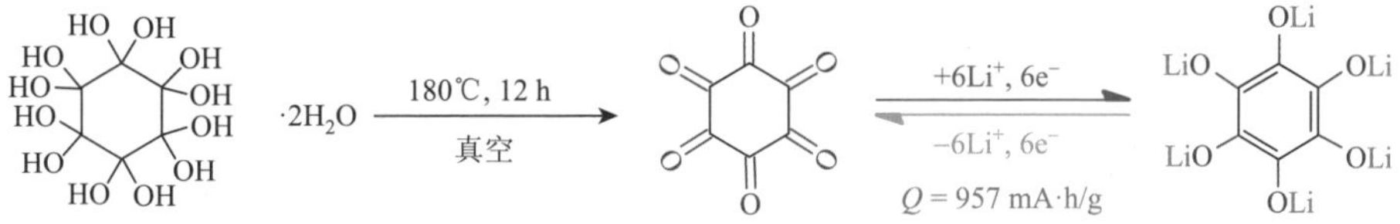

图 3.37 C_6O_6 合成示意图[101]

3.4 负 极 材 料

负极材料是电池在充电过程中锂离子和电子的载体,起着能量的储存与释放的作用。如图 3.38 所示,负极材料主要分为碳基负极材料和非碳负极材料,常见的负极材料有石墨、软碳、硬碳、硅合金、钛酸锂、锂金属等。在电池成本中,负极材料占了 5%～15%,是锂离子电池的重要原材料之一。

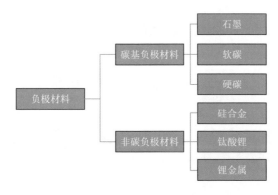

图 3.38 锂离子电池主要的负极材料

全球锂电池负极材料销量约十余万吨，产地主要为中国和日本，根据现阶段新能源汽车增长趋势，对负极材料的需求也将呈现一个持续增长的状态。目前，全球锂电池负极材料仍然以天然/人造石墨为主，新型负极材料如中间相炭微球（MCMB）、钛酸锂、硅基负极材料、硬碳/软碳、金属锂也在快速增长中。

作为锂离子嵌入的载体，负极材料需满足以下要求：

（1）锂离子在负极基体中的插入氧化还原电势尽可能低，接近金属锂的电势，从而使电池的输入电压高；

（2）在基体中大量的锂能够发生可逆嵌入和脱出以得到高容量；

（3）在嵌入/脱出过程中，负极主体结构没有或很少发生变化；

（4）氧化还原电势随锂的嵌入/脱出变化应该尽可能少，这样电池的电压不会发生显著变化，可保持较平稳的充电和放电；

（5）嵌入化合物应有较好的电子电导率和离子电导率，这样可以减少极化并能进行大电流充放电；

（6）主体材料具有良好的表面结构，能够与液态电解质形成良好的 SEI；

（7）嵌入化合物在整个电压范围内具有良好的化学稳定性，在形成 SEI 后不与电解质等发生反应；

（8）锂离子在主体材料中有较大的扩散系数，便于快速充放电；

（9）从实用角度而言，材料应具有较好的经济性以及对环境的友好性。

3.4.1　碳负极材料

碳负极材料一般可分为五大类：石墨、硬碳、软碳、碳纳米管和石墨烯。石墨又可分为人造石墨、天然石墨。更详细分类如图 3.39 显示。

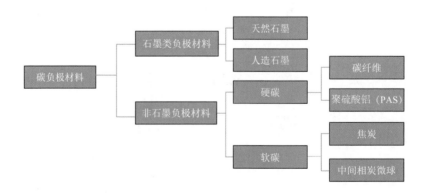

图 3.39　碳负极材料的分类

1）石墨类负极材料

石墨（graphite）质软、有滑腻感，是一种非金属矿物质，具有耐高温、耐氧化、抗腐蚀、抗热震、强度大、韧性好、自润滑强度高、导热、导电性能强等特有的物理化学性能。主要石墨类负极材料的性能指标对比如表 3.1 所示。

表 3.1 主要石墨类负极材料的性能指标对比

天然石墨	人造石墨	中间相炭微球
比容量高，达到 365 mA·h/g，接近理论比容量 372 mA·h/g	比容量较高，300～360 mA·h/g，取决于石墨化度和纯度	比容量偏低，320～355 mA·h/g
振实密度和压实密度高	振实密度和压实密度偏低	振实密度和压实密度高
导电性好	导电性好	倍率性能和导电性好
循环性能差，需包覆处理	循环性能好	循环性能好
价格较低	价格相差较大	价格昂贵
适合体积要求高的消费类电子产品	适合循环性能要求较高的动力电池和储能电池	适合循环性能要求较高的动力电池和储能电池
不同产地的石墨的电化学性能存在差异	受先驱体原料、制备工艺的影响较大，质量不稳定	电化学性能稳定

理想的石墨为层状堆垛结构，层间距为 0.335 nm，同层的碳原子以 sp^2 杂化形成共价键结合。层平面间的碳原子以 δ 键相互连接，键长为 0.142 nm，键角为 120°。在每一层上，碳原子之间都呈六元环排列方式并向二维方向无限延伸。石墨层间以范德华力结合。如图 3.40 所示，石墨主要有两种晶体结构，一种是六方相（$a = b = 0.2461$ nm，$c = 0.6708$ nm，$\alpha = \beta = 90°$，$\gamma = 120°$，$P6_3/mmc$ 空间群）；另

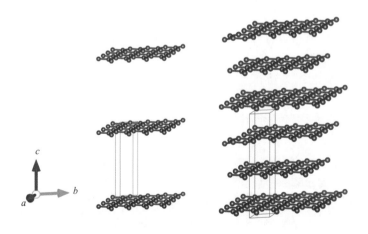

图 3.40 石墨的结构示意图

一种是菱方相（$a = b = c$，$\alpha = \beta = \gamma \neq 90°$，$R\overline{3}m$ 空间群）[102]。在石墨晶体中，这两种结构共存，只是不同石墨材料中二者的比例有所差异，可通过 X 射线衍射测试来确定这一比例。

石墨的这种层状结构可以使锂离子很容易地嵌入和脱出，并且在充放电过程中其层状结构可保持结构稳定。石墨类负极材料的理论比容量为 372 mA·h/g，但实际比容量为 330～370 mA·h/g。石墨具有明显的低电势充放电平台（0.01～0.2 V），大部分嵌锂容量都在该电压区域内产生，充放电平台对应着石墨层间化合物 LiC_6 的形成和分解[103]。

随着负极电势的降低，电解液和电极材料之间形成 SEI 膜。首次放电出现四个电压平台，其中 A 为 SEI 的形成，石墨大部分容量在 0.3～0.005 V 范围内[104]。除 A 之外，不同的电压平台对应着不同的嵌锂状态，分别称为四阶、三阶化合物，最后形成 LiC_6，理论比容量达到 372 mA·h/g，晶面间距变为 0.37 nm。此外，石墨仍存在一定的缺陷。如充放电过程中形成 SEI 膜，会使得锂离子电池首次库仑效率较低；石墨负极与电解液的相容性较差，容易与电解液中的有机溶剂发生共嵌入情况，这会导致负极石墨层膨胀剥落，进而使得锂离子电池循环稳定性降低；放电电势低，容易造成析锂；离子迁移速度慢，故而充放电倍率较低；层状结构的石墨在锂离子嵌入和脱出的过程中会发生约 10% 的形变，影响电池的循环寿命。天然石墨理论比容量低，表面性质不均匀导致石墨片层剥落，首次库仑效率低，充放电循环性能较差。因此，需要对天然石墨进行改性，常用方法有：表面处理法、表面包覆法、掺杂改性法等。

2）非石墨负极材料

非石墨负极材料主要有硬碳和软碳。软碳（soft carbon），也就是易石墨化碳，是指在 2000℃ 以上能够石墨化的无定形炭，结晶度低，晶粒尺寸小，晶面间距较大，与电解液相容性好。无定形炭材料的层状结构有序性较差，导致锂离子的扩散速率比较快，因而具有较高的倍率性能。但首次充放电不可逆容量高，输出电压较低，由于它的性能，一般不直接做负极材料，而是用作制造天然石墨的原料，常见的有石油焦、针状焦等。

石油焦又称延迟石油焦，也称生焦，是将原油中的轻重质油分离后得到的重质油经过热裂解过程得到的最终产品。从外观上看，石油焦的形状具有不规则性，其尺寸、粒径大小不均一，呈块状（或颗粒）分布。石油焦颗粒表面以及内部具有多孔结构。其主要的元素组成是碳，其含量占到了 80% 以上，而其余的元素则是一些氢、氧、氮、硫和金属元素。

董桑林等[105]将研磨后的石油焦细粉和 5% $LiClO_4$ 共混进行 1000℃ 热处理后，其充放电比容量达到了 400 mA·h/g 以上。100%DOD（放电深度）循环下，其循环寿命超过了 100 次。邓朝阳等[106]将石油焦经 3000℃ 石墨化处理以后，其充放电比容量达到了 250 mA·h/g。苏玉长等[107]在惰性气氛保护下将石油焦进行不同温度条件下的高温碳化处理。研究表明升高热处理温度可以使石油焦中的石墨微晶的体积增大，石墨微晶中的碳层排列更加有序，从而使其储锂空间变大，这样锂离子在层间移动的阻力就会相应地减小，因此其比容量增大。尽管石油焦类碳负极材料因其丰富的来源、储备以及低廉的价格备受关注，但是其本身灰分含量高、可逆比容量较低等缺陷使其在商品化的道路上进展缓慢。

王邓军课题组[108]对针状焦在不同高温下内部的石墨微晶结构、排布状态及其电化学性能进行了分析，总结得到针状焦在用作锂离子电池负极材料时，必须要经过较高温度的惰性气氛下石墨化处理才能获得较高的石墨化度，进而得到较低的充放电电势以及稳定的充放电平台。牛鹏星等[109]也对针状焦进行了 2800℃的石墨化处理，其表现出了良好的电极性能，但是同时也发现了该样品在经过多次循环过程以后稳定嵌锂比容量只能维持在 301 mA·h/g，这一比容量仍旧低于石墨的理论嵌锂比容量，不能满足大容量高性能电池的要求。这充分说明了除石墨层的排列结构会在一定程度上影响负极材料的电极性能表现以外，材料表面的化学性质、物理特性（如颗粒的尺寸以及特定形状等）也将对该样品的电极性能产生比较重要且直接的影响。

硬碳（hard carbon），亦称难石墨化碳，是高分子聚合物的热解碳，这类碳在3000 ℃的高温也难以石墨化。如图 3.41 所示，其石墨层排列依旧保持着无序混乱的结构[110]。一般来说硬碳的晶粒尺寸较小，同时晶粒取向为不规则排布，石墨层间距较大，一般维持在 0.35～0.40 nm。另外，硬碳通常也保持着密度较小、表面多孔等特点。硬碳有树脂碳（如酚醛树脂、环氧树脂、聚糠醇等）、有机聚合物热解碳［聚乙烯醇（PVA）、聚氯乙烯（PVC）、PVDF、PAN 等］、炭黑（乙炔黑）等种类；有利于锂的嵌入而不会引起结构显著膨胀，具有很好的充放电循环性能。

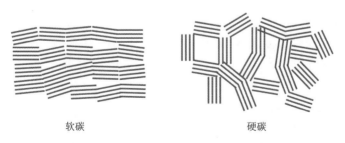

软碳　　　　　　　　　　　　　　硬碳

图 3.41　软碳和硬碳的示意图

经过多年研究，硬碳材料大多具有较高的可逆比容量（一般为 500～700 mA·h/g，有些材料甚至可达到 1000 mA·h/g 以上）。在这些硬碳材料中，聚糠醇树脂碳的比容量可达到 400 mA·h/g。一些含硫的聚合物热解所得硬碳的比容量要略高于前者，能够达到 500 mA·h/g。例如，聚苯酚热解所得硬碳的比容量就可以达到 580 mA·h/g；而沥青、PVC 和环氧酚醛树脂等材料热解所得硬碳的比容量均能够大于 700 mA·h/g[111]。除了比容量高以外，硬碳材料也具有较好的大倍率充放电性能，同时该材料由于其特殊的无定形态结构使得它与 PC 基电解液相容性较好。随着对硬碳材料研究的不断深入，研究人员同时也发现了在这些材料中也存在着首次不可逆容量太高、库仑效率较低等缺点。除此之外，还存在着电压滞后、能量密度小、对空气敏感等缺点，尤其是过高的不可逆容量和电压滞后阻碍了其实用化。

硬碳材料的原材料和制备工艺对其性能影响很大，近几年研究人员通过对硬碳材料进行改性，旨在提高材料的首次充放电效率并改善电压滞后的问题，已取得部分进展。

尹鸽平等[112]制备了磷掺杂的酚醛树脂热解硬碳材料，实验结果表明由于掺磷使得硬碳材料的可逆充放电容量得到了非常明显的增加，并且当磷的添加量为 20%时，其充放电效率增加的比例最为显著；他们同时也发现了磷的掺杂对硬碳的石墨层分布状态、层间距以及晶格参数没有非常明显的影响。弗罗茨瓦夫理工大学[113]曾报道向聚糠醇树脂热解硬碳材料中添加含有磷的化合物，发现磷的掺杂使得改性热解 PFA（少量全氟丙基全氟乙烯基醚与聚四氟乙烯的共聚物）的可逆充放电容量得到了显著提高。吴宇平等同样对聚丙烯腈热解硬碳进行了掺杂磷酸的研究。硼是第三主族所有元素中唯一的非金属元素，由于硼本身的缺电子性，如果在材料中引入硼能提高材料可逆充放电容量[114]。尹鸽平等也做了一些硼掺杂的热解硬碳复合物[115]，他们将热固性酚醛树脂首先溶解于硼酸后制得了含硼酚醛树脂，之后在惰性气氛保护下经高温碳化制备得到了掺硼硬碳材料。经过充放电测试以后，结果表明，硼的掺杂可以使锂的嵌入或者脱出容量出现明显的增大。

除了以上两种常见的非石墨碳负极材料，碳基纳米材料如碳纳米管、碳纳米纤维、石墨烯以及其他特殊形貌的碳纳米材料或者碳纳米复合材料也受到人们关注，这类材料突破了 LiC$_6$ 的理论化学计量比，增加了电极的比容量，并提高了电池的倍率充放电性能。

3.4.2　硅负极材料

硅的理论比容量高达 4200 mA·h/g，超过石墨（372 mA·h/g）的十倍以上。硅作为目前发现的理论比容量最高的负极材料，其前景相当广阔，成功地应用将会对电池的能量密度有一个数量级的提升。硅的电压平台比石墨略高，使得充电时析锂的可能性不大，从而在安全性能上较石墨有很大的优势。从硅的来源看，硅是地壳中丰度最高的元素之一，来源广泛，价格便宜。

硅的充放电机理和石墨的充放电机理有所不同，石墨是锂的嵌入和脱出，硅则是合金化反应。锂离子嵌入硅基体的过程中随着条件的改变会经历不同的合金化转变生成不同的 Li_xSi_y 合金相，对应的合金相分别为 $Li_{12}Si_7$、$Li_{14}Si_6$、$Li_{13}Si_4$ 和 $Li_{22}Si_5$ 等[116]。

当形成 Li_xSi_y 合金时，硅材料的体积将会发生巨大变化，最高可达到 400%。此外，不同合金相对应着其充放电曲线的多个电压平台。随着温度变化，当锂嵌入硅中，Li-Si 合金相会发生多种类型相之间的结构转变。单晶硅会逐渐转变成非晶态硅锂合金，之后保持较长时间的非晶态[117]。硅负极在发生嵌锂时，晶体结构的转变过程可以表示如下：

$$5\,Si + 22\,Li^+ + 22\,e^- \xrightarrow{\quad 放电 \quad} Li_{22}Si_5 \qquad (3\text{-}6)$$

在充放电过程中，锂离子在硅负极材料中的嵌入/脱出反应将伴随最高可达400%的体积变化，造成材料结构的破坏和机械粉化，导致电极材料间及电极材料与集流体的分离，进而失去电接触，致使容量迅速衰减，循环性能恶化。由于剧烈的体积效应，硅表面的 SEI 膜处于破坏及重构的动态过程中，会造成持续的锂消耗，进一步影响循环性能。也正是因为其 400% 的体积膨胀，现阶段的商业化应用受到限制。如表 3.2 所示，现在研究解决硅充放电膨胀的方法有纳米硅、多孔硅、硅基复合材料。利用复合材料各组分之间的协同效应，达到优势互补的目的，其中硅/碳复合材料就是一个重要的研究方向，包括包覆型、嵌入型和分散型。

表 3.2　硅负极材料结构设计

纳米硅	多孔硅	硅基复合材料
硅纳米线 硅纳米管 硅纳米球 硅纳米薄膜	多孔结构硅	核壳型硅/碳复合材料 多孔型硅/碳复合材料 纤维型硅/碳复合材料

3.4.3　钛酸锂负极材料

1971 年，Deschanvres 首次报道了基于单晶的钛酸锂（$Li_4Ti_5O_{12}$）的详细结构。$Li_4Ti_5O_{12}$ 的基本晶体结构如图 3.42 所示，是具有典型的 $Fd3m$ 空间群和立方对称的尖晶石结构晶体，晶格常数为 0.8364 nm[118, 119]。在室温下，3/4 的 Li^+ 占据 $Li_4Ti_5O_{12}$ 四面体的 8a 位，而八面体 16d 位被剩下的 1/4 Li^+ 和 Ti^{4+} 随机占据。所有的 32e 位均被 32 个 O^{2-} 占据，形成立方最密堆积结构，Li^+ 和 Ti^{4+} 的比例为 1：5。

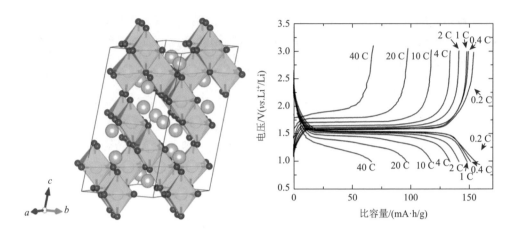

图 3.42　钛酸锂材料的晶体结构和充放电曲线

在电化学嵌锂过程中，嵌入的 Li^+ 可以沿着 8a-16c-8a 或 8a-16c-48f-16d 的路径传输。这种三维离子传输路径增强了体相内的离子传输，使得钛酸锂的离子扩散系数比碳负极材料要高得多[120]。最终嵌入的三个 Li^+ 占据 16c 位，而最初位于四面体 8a 位点的 Li^+ 由于静电排斥效应也同时移入相邻的八面体 16c 位，产生具有与 $Li_4Ti_5O_{12}$ 相同的晶格对称性的岩盐相 $Li_7Ti_5O_{12}$。在放电时，Li^+ 通过 8a 位从 16c 位脱嵌，最初的 Li^+ 从 16c 位回到 8a 位。同时，在八面体的配位框架中伴有 Ti^{3+} 的氧化还原反应。嵌锂/脱锂前后，晶格常数 a 从 0.836 nm 变为 0.837 nm，晶胞体积变化很小（计算值＜0.3%），因此钛酸锂常常被称为"零应变"电极材料，骨架结构的循环稳定性使其能够避免充放电循环过程中由于电极材料的伸缩而导致破坏。两相之间的电化学反应可以描述为：

$$Li_4Ti_5O_{12} + 3\,Li^+ + 3\,e^- \xrightarrow{\text{放电}} Li_7Ti_5O_{12} \qquad (3-7)$$

钛酸锂被认为是比碳更安全、寿命更长的负极材料。钛酸锂负极材料具有快速充放电、循环次数多及安全性高等优点，前景被很多电池界人士和企业所看好。钛酸锂材料的"零应变"性能极大地延长了钛酸锂负极体系电池的循环寿命。钛酸锂因尖晶石结构所特有的三维锂离子扩散通道，具有功率特性优异和优良的高低温性能等优点。与碳负极材料相比，钛酸锂的电势高（比金属锂的电势高 1.55 V），这就导致通常在电解液与碳负极表面上生长的固液层在钛酸锂表面基本上不形成。与碳负极材料相比，钛酸锂脱嵌锂平台电势较高[1.55 V（$vs.\ Li^+/Li$）]，可避免锂枝晶的产生，保障了电池的安全性；其理论比容量为 175 mA·h/g，具有平稳的放电平台，容量利用率较高。

利用钛酸锂作锂电池负极的优点如下：

（1）具有更高的安全性。钛酸锂独特的物理性能使其具备传统锂离子电池所不具备的高安全特性。钛酸锂与电解液中溶剂间的反应活性较低，在表面基本不生成 SEI 绝缘钝化膜，这大大改善了锂电池的化学稳定性和安全性能。

（2）具有宽范围的工作温度和快速充放电能力。钛酸锂电池有着传统锂离子电池所不具备的优异高低温性能和快速充放电功能。由于钛酸锂负极材料结构稳定，在低温环境下各项电化学性能指标仍能保持常温时的状态，这使钛酸锂电池具备在−50～60℃很宽的高低温范围内完全充放电的电化学表现。

（3）钛酸锂电池与目前纯电动客车上应用比例最高的磷酸铁锂电池相比，优势仍然突出。除了能量密度比磷酸铁锂电池略低以外，在安全性、使用寿命、充电时间、工作温度范围等方面，钛酸锂电池都完胜。

虽然钛酸锂具有高安全性、高循环稳定性、长使用寿命和平坦的充放电平台等特点，但是其也存在两个重要缺点，一是理论比容量较低，只有 175 mA·h/g，二是 Ti 原子缺失 3d 电子层电子和能带宽度（2 eV）较宽，使钛酸锂的本征电子导电性较差（电导率 < 10^{-13} S/cm），导致极化严重，影响倍率性能。针对钛酸锂材料的不足，目前改善其电化学性能的方法主要有：离子掺杂、表面改性以及形貌控制。

3.4.4　锂金属负极材料

应用金属锂作为负极的电池被称为锂金属电池，不属于锂离子电池的范围，但本章节亦有提及。金属锂，是密度最小的金属之一。与一般的负极材料相比，锂金属负极具有在锂离子电池体系中最高的理论比容量（3860 mA·h/g）以及最低的电极电势 [−3.04 V（*vs.* SHE）]。因此，应用高电化学性能和稳定性的锂金属负极对发展高能量密度的锂金属电池体系具有重要意义。

虽然锂金属在众多可选的负极中拥有比容量最高和氧化还原电势最低的优势，但事实上要想实现锂金属负极的实际应用，还面临着其在循环稳定性、可逆性和安全性等方面的诸多挑战[121-124]。锂具有很强的还原性，能够与绝大多数电解液发生反应。这种副反应会消耗部分锂金属与电解液，同时在金属表面生成一层钝化膜。这一层膜又称 SEI 膜，具有类似固态电解质的性质——低的电子电导率和高的离子电导率。在电池充放电过程中，锂离子穿过这一层 SEI 膜，实现锂金属的沉积/溶解。然而锂金属负极在电池的充放电循环中不断发生沉积和溶解，使其电极体积变化较大，导致 SEI 膜的破损。在循环过程中，界面处的锂和电解液会不断地被消耗并生成 SEI 膜。在长时间的循环之后，SEI 膜不断地累积，会导致电池内部阻抗一直增大；而锂金属负极的消耗，则会降低金属负极的库仑效率；电解液被消耗完，则会引发电池自身的失效。

另外，锂负极在循环过程中还存在枝晶生长以及"死锂"。在充放电过程中，锂金属的沉积/溶解并不是均匀的。由于电极表面始终是不完全平整的,存在一定的凸起。在施加一定的电场后,尖端处的电场强度更强,从而汇集电解液中的锂离子,形成不均匀的锂离子流。随着沉积的进行,锂离子在尖端处不断被还原为锂金属,使得尖端不断地生长。沉积产物最终呈现出树枝状或针状的形貌,被称为锂枝晶。其容易刺穿隔膜,导致正负极直接接触造成瞬间短路,引发电池热失控,甚至起火爆炸。因此,枝晶的生长严重威胁了电池的安全性能。锂枝晶具有大的长径比,使得其在溶解过程中容易从中间断裂,最终形成了包裹在 SEI 膜内的"死锂"。对锂金属负极目前存在的主要问题总结如图 3.43 所示。

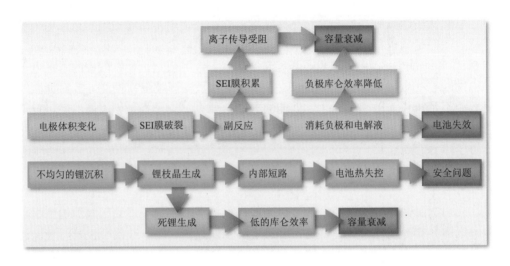

图 3.43　锂金属负极存在的主要问题

3.4.5　其他负极材料

除了以上常见的负极材料,研究者还研究了其他存在一定应用前景的负极材料,主要基于合金化反应和转化反应。这两种反应机制存在体积膨胀、效率低、超电势较大等缺点,仍需进一步设计实验解决。

ⅢA族和ⅤA族以及轻金属中的部分元素易与Li发生合金化反应,因而可用于储锂,被称为合金化负极材料,如表 3.3 所示。相较于发生Li$^+$嵌入反应的化合物而言,能形成锂合金的材料通常可以接受更多的Li,从而获得更高的理论比容量。例如,上文中介绍的硅负极材料,在完全锂化时,可以得到 4200 mA·h/g的超高比容量。除此之外,红磷的理论比容量可达 2596 mA·h/g。这是由于磷可以和锂形成Li$_3$P合金。类似的例子还有很多,如金属铝的理论比容量可以达到 993 mA·h/g,金属锗的理论比容量为 1384 mA·h/g。通常而言,合金机制负极材料的理论比容量要超过嵌入型负极材料。尽管为了改善性能，会与其他材料进行复合，即使在复合时牺牲掉一定的容量，合金机制的负极材料仍有很大的竞争力。然而合金机制负极材料在拥有高容量的同时，也存在一些负面结果。由于合金化过程中会有大量的 Li^+ 进入材料，合金机制的化合物在充放电过程中具有非常大的体积膨胀效应，这进一步导致界面不稳定，从而造成容量的迅速衰减。电极结构上存在活性物质粉化、从集流体上脱落等问题。针对以上问题，研究人员通常可通过结构设计来缓解体积膨胀效应，使合金机制材料的高理论比容量可以得到有效的发挥。

表 3.3 多种合金类负极材料对比

性质	Si	Sn	Sb	Al	Mg
密度/(g/cm^3)	2.3	7.3	6.7	2.7	1.3
合金相	Li$_{4.4}$Si	Li$_{4.4}$Sn	Li$_3$Sb	LiAl	Li$_3$Mg
比容量/(mA·h/g)	4200	994	660	993	3350
体积变化率/%	420	260	200	96	100
电压平台/V	0.4	0.6	0.9	0.3	0.1

转化机制负极材料：这类化合物主要由氧化物 M_xO_y（M = Fe、Co、Ni、Cu、Mn 等过渡金属类元素）构成。此类材料在反应原理上与发生嵌入式反应化合物的不同点是，它们在电化学反应过程中会存在 Li_2O 的产生/分解以及过渡金属氧化物纳米颗粒的还原/氧化。其反应式如下所示：

$$M_xO_y + 2yLi^+ + 2ye^- \rightleftharpoons xM + yLi_2O(M = Fe, Co, Ni, Cu, Mn) \quad (3-8)$$

值得注意的是，上述反应过程中会产生电化学惰性的 Li_2O，放电深度过高不利于转化反应的可逆进行。它们具有较高的容量，经过与其他材料进行复合，CoO 复合材料可以在循环过程中得到高达 1000 mA·h/g 的比容量。然而它们放电平台的电势较高，以及在循环过程中具有转化反应，导致生成成分较为复杂的 SEI 膜。此外，硫化物、硒化物和磷化物也可发生类似的转化反应。

围绕着提升锂离子动力电池能量密度、安全性、倍率性、长寿命的要求，对未来的负极材料的走向，也提出了很多要求，如表 3.4 所示。前文介绍的几种材料各有优异，其未来的走向，还是需要市场和技术来综合衡量。

表 3.4 各类锂电池负极材料的性能总结

负极材料	比容量/(mA·h/g)	首次库仑效率/%	循环次数	安全性	快充特征
天然石墨	340~370	90	1000	一般	一般
人造石墨	310~360	93	1000	一般	一般
中间相炭微球	300~340	94	1000	一般	一般

负极材料	比容量/(mA·h/g)	首次库仑效率/%	循环次数	安全性	快充特征
钛酸锂	165～170	99	30000	最高	最好
硅	800	60	200	差	差

（1）锂离子电池负极材料未来将向着高容量、高能量密度、高倍率性能、高循环性能等方面发展。

（2）现阶段锂离子电池负极材料基本上都是石墨类碳负极材料，对石墨类碳负极材料进行表面包覆改性，增加与电解液的相容性、减少不可逆容量、增加倍率性能也是当下研究的一个重点。

（3）对负极材料钛酸锂进行掺杂，提高电子、离子传导率是现阶段一个重要的改进方向。

（4）硅碳负极材料因具有高的比容量和低的电势，是未来高比能动力电池的重要发展方向。

（5）锂金属负极材料，虽然具有很高的能量密度，但是其固有的锂枝晶等安全问题尚无行之有效的解决办法，大规模的实际应用尚需时日。

3.5　电解液（质）

作为锂离子电池的重要组成之一，电解液（质）的主要作用是为正负极提供良好的离子传输。理想的电解液（质）应具备以下性质：离子电导率高，实现快速离子输运；电子电导率低，降低自放电率；电化学窗口较宽；与正负极材料相容性好，不与其他部件发生反应，如隔膜和封装材料；工作温度范围宽，热稳定性好；环境友好无污染。锂离子电池电解液（质）主要可分为有机电解液、固态电解质和水系电解液，其中有机电解液由锂盐、有机溶剂和添加剂组成；水系电解液的组成与有机电解液相似，只不过溶剂为水；固态电解质可分为无机固态电解质、聚合物电解质和复合电解质。

3.5.1　有机电解液

有机电解液的电化学稳定性好、相容性好、凝固点低、沸点高，可以在较宽的温度范围内使用，是目前应用最为广泛的锂离子电池电解液体系。其一般由有机溶剂、电解质锂盐和添加剂三部分组成。可以通过离子电导率、迁移数、介电常数、电化学窗口、黏度等参数来研究有机电解液的特性。离子电导率反映电解液传输离子的能力，是电解液性能的重要指标，但离子电导率包括了电解液中各种离子的贡献。迁移数反映某一特定离子的迁移能力，该离子传输的电荷量在溶液的总电荷量中所占比例即为迁移数。在锂离子电池电解液中，锂离子迁移数越高，说明参与有效输运的锂离子越多。电化学窗口是指电解液能稳定存在的电压范围，电解液电化学窗口越宽，其电化学稳定性越好，适用范围越大。电解液的黏度直接影响离子在电解液中的扩散性能，而其介电常数越大，越有利于锂盐的溶解，这两个参数受溶剂性质的影响很大。

1. 锂盐

理想的锂盐应具备如下特征：①极性较高，可促进其在有机溶剂中溶解；②与阴离子间结合能较弱，有利于解离；③阴离子基团大小合适；④热稳定性和化学稳定性良好，抗氧化抗还原能力强，环境适应性强；⑤电化学窗口宽，能够适应高电压正极与低电压负极；⑥安全性高、环境友好、低毒（无毒）、生产成本低。根据成分可将锂盐分为磷酸盐、硼酸盐、酰亚胺类、杂环阴离子盐和铝酸盐等，图 3.44 为部分代表性阴离子结构。

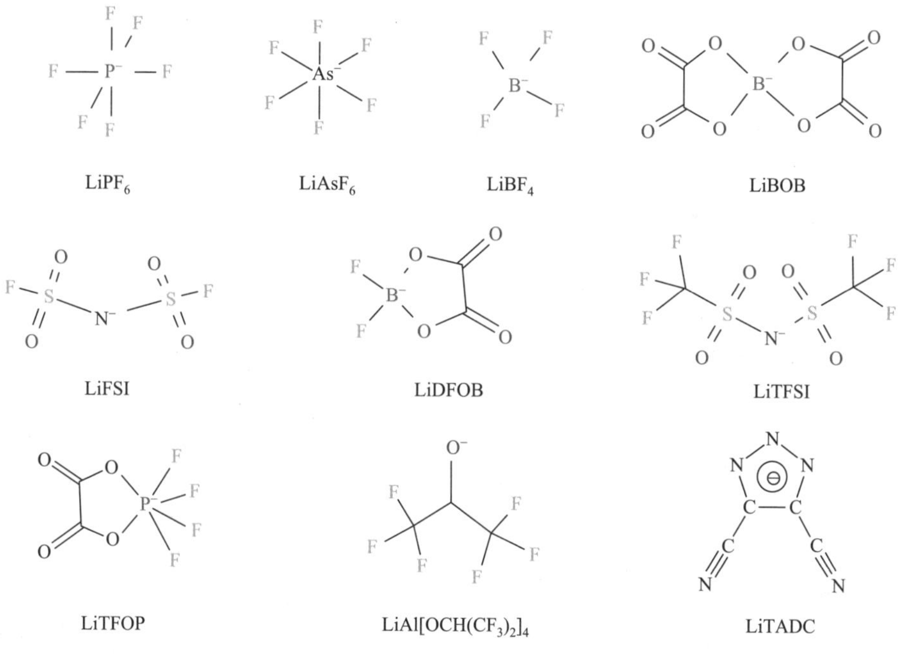

图 3.44　几种锂盐分子的阴离子结构

目前应用最广泛的锂盐是六氟磷酸锂（$LiPF_6$），其离子电导性适中，抗氧化能力和电极相容性良好，但稳定性不佳，会分解成 LiF 和气态的 PF_5，痕量的 HF

会腐蚀正极材料，造成过渡金属元素的溶出，在高温下尤其严重；其次它对水很敏感，易水解。可见 $LiPF_6$ 在诸多方面仍需提升，特别是化学稳定性和热稳定性。新型锂盐的开发主要是为了克服 $LiPF_6$ 的上述问题，人们尝试以更稳定的烷基、芳基或氧螯合取代基取代不稳定的 P—F 键。用磷替代硼的类似二草酸硼酸锂（LiBOB）的锂盐，四氟草酸磷酸锂（LiTFOP）被开发，在典型的碳酸酯类溶剂中容易解离，同时在高温下保持性质稳定，其表现出与 $LiPF_6$ 相似的离子电导率，但热稳定性不同，得益于草酸盐带来的稳固相间界面，其展现出更好的容量保持率[125, 126]。六氟砷酸锂（$LiAsF_6$）各项性能均比较好，和 $LiPF_6$ 类似，但是其自身有毒性，且成膜过程中会生成有剧毒的 As^{3+}，增加了应用风险。

四氟硼酸锂（$LiBF_4$）是最成功的硼酸盐，也是新型硼酸盐开发的模板。相较于 $LiPF_6$，$LiBF_4$ 由于较高的黏度（因此离子电导率较低），在碳酸酯类溶剂中的溶解度较低，同时石墨负极的界面也不够理想。Zhou 等[127]用 C_2F_5 取代氟得到五氟乙基三氟硼酸锂（LiFAB）来改进这两种缺陷，更好的电荷离域化使其与阳离子的结合变弱，提高了在碳酸酯类溶剂中的溶解性，尤其是在低温环境下有着高于 $LiPF_6$ 的溶解性，但在室温及更高温度下不如 $LiPF_6$，其综合性能与 $LiPF_6$ 相当。LiBOB 被认为是高温锂离子电池用锂盐的首选，然而，其在碳酸酯类溶剂中溶解度有限和正极化学上的稳定性不超过 4.2 V，严重限制了它的通用性。在内酯溶剂和磷酸铁锂正极时可以使用，其无氟的特性利于环保，同样吸引研究人员的兴趣。$LiBF_4$ 和 LiBOB 的杂化盐类可以很好地综合两者的优势，如二氟草酸硼酸锂盐（LiDFOB）[128]，在碳酸酯类溶剂中比 LiBOB 具有更高的溶解度，使溶液黏度更低，导电性更好，具有更好的低温性能；且在石墨负极上形成比 $LiBF_4$ 更好的 SEI 膜，在高温下具有更佳的性能，其可以作为电解液的主要锂盐使用，但制造成本高昂。四氰基硼酸锂[$LiB(CN)_4$]同样是无氟的环保产品，其中心的硼被四个氰基稳定，这四个氰基是强吸电子基团，电荷离域化良好，在极性非质子溶剂中溶解性较差，但热稳定性优良，离子电导率较低仅在高温下才能提供足够的电导率，同时在高压下稳定性较差[129]。具有笼状结构的二价硼基锂盐也具有应用前景，如十二氟十二硼酸锂（Li_2DFB）[130]，研究表明其第一个锂离子易于解离，但第二个锂离子和阴离子基团联系紧密，相比于 $LiPF_6$，Li_2DFB 不易水解，对湿度敏感性不高；且拥有高达 400℃ 的热稳定性，可以使锂离子电池在高温下稳定运行。然而，由于阴离子基团较大，其离子电导率较低，在碳酸酯类溶剂中溶解性一般。另外，其单独作为锂盐时无法在石墨负极形成有效的保护层，因而要同其他锂盐一起使用。高氯酸锂（$LiClO_4$）价格低廉、水分不敏感、稳定性高、离子电导率和溶解性好且正极表面氧化稳定性高，一直受到广泛关注。但强氧化性使其在高温时容易与电解液剧烈反应，安全隐患较大。

双三氟甲烷磺酰亚胺锂（LiTFSI）是最早报道的锂离子电池电解液用酰亚胺

盐，存在较强的吸电子基团和共轭结构，酸性较强，离子电导率高，电化学稳定且能抑制锂枝晶生长，但对铝集流体有严重的腐蚀作用。因而，新型酰亚胺盐的设计主要集中在如何减轻这种副作用。双氟磺酰亚胺锂（LiFSI）与 LiTFSI 性质相似，在碳酸酯系溶剂中溶解度较高，热稳定性更好，但同样存在腐蚀铝集流体的问题。

1, 2, 3-三唑-4, 5-二腈锂（LiTADC）是一种基于杂环结构的阴离子盐，Armand 等[131]利用从头算评估了一类基于一个内嵌磺酰基作为吸电子基团杂环阴离子的一般结构，其结果表明通过改变共轭环上腈基取代基的数量，可以调节阴离子的锂离子亲和力，达到氧化稳定性和溶解度之间的平衡，从而获得可行的新型锂盐。

由于铝酸盐与硼酸盐具有相似的结构，也对铝酸盐的可能性进行了探索。在阴离子中，中心的铝与不同数量的氟烷基和芳基配体配位，四(1, 1, 1, 3, 3, 3-六氟-2-丙基)铝酸锂 $\{LiAl[OCH(CF_3)_2]_4\}$ 可以在低极性溶剂中很好地解离，且离子电导率高于 LiTFSI 和 $LiBF_4$，热稳定性高于 $LiPF_6$，并能有效地钝化铝[132]。

锂盐浓度的改变会给电解液带来很大的改变，增加盐浓度将导致阳离子和阴离子/溶剂之间的相互作用增强，游离态溶剂分子含量减少，当锂盐浓度超过阈值（通常大于 3～5 mol/L，取决于具体的盐和溶剂的组合）时，游离的溶剂分子消失，形成具有特殊三维溶液结构的新型电解液[133]。

2. 有机溶剂

溶剂是有机电解液的重要组成部分，对其性能的发挥至关重要。理想的溶剂应满足如下要求：①锂盐溶解能力良好；②黏度低，介电常数高；③化学性质稳定，电化学过程中不与其他组分发生反应；④沸点高和熔点低，在较宽温度范围内保持液相；⑤电化学窗口宽，在充放电过程中不易分解；⑥安全性高、环境友好、低毒（无毒）、生产成本低。有机溶剂主要可分为酯类、腈类、醚类、亚砜和砜类、磷基溶剂等。目前应用较为广泛的是有机碳酸酯类和羧酸酯类电解液，为了满足上述要求，人们往往按一定比例混合几种不同的有机溶剂。目前商业化最常用的溶剂体系包括 EC + DMC（3∶2）、EC + DEC（1∶1、3∶2、2∶3）和 EC + PC（1∶1）等。

酯类被用作常用溶剂主要是因为在正极表面具有抗氧化分解的能力，尽管它们不适合在负极材料的低电势下工作。大多数酯可以通过形成 SEI 膜来阻止持续还原，从而规避上述问题，并且对正负极表面都有很好的相容性。针对酯类溶剂的改性主要为调整碳骨架来降低首次充放电中形成 SEI 膜时的不可逆容量损失。酯类溶剂又可以分为链状碳酸酯、环状碳酸酯、链状羧酸酯和线型羧酸酯等。现将常见酯类溶剂及其性质在表 3.5 中列出。

表 3.5 常用酯类用作电解质溶剂

类别	简称	结构式	熔点/℃	沸点/℃	黏度/cP(25℃)	介电常数/(F/m)(25℃)
链状碳酸酯	DMC		4.6	91	0.59/20	3.107
	DEC		−74.3	126	0.75	2.805
	EMC		−53	110	0.65	2.958
环状碳酸酯	EC		36	238	1.9（40℃）	90（40℃）
	PC		−49	242	2.5	69
	BC		−53	241	3.1	58
	PIC		−45	282	3.5	46
线型羧酸酯	EA		−84	77	0.45	6.02
	MP		−87.5	79.8	0.431	6.2
	MB		−85.8	102.8	0.541	5.48
	EB		−93	120	0.639	5.18

注：BC：碳酸丁烯酯；PIC：碳酸戊烯酯；EA：乙酸乙酯；MP：丙酸甲酯；MB：丁酸甲酯；EB：丁酸乙酯。

链状碳酸酯一般具有较低的介电常数和较低的黏度，而环状碳酸酯具有较高的介电常数和较高的黏度，相较于链状碳酸酯，环状碳酸酯有着更高的阳极稳定性。环状碳酸酯中最为典型的两类是碳酸乙烯酯（EC）和碳酸丙烯酯（PC）。EC具有极高的介电常数，能够使锂盐达到理想的溶解状态。然而，EC 的熔点仅为

36.4℃，常温下为无色晶体，因此室温下不能单独使用，需要与其他溶剂协同使用以拓展温度下限。PC 的介电常数略低，但具有较宽的液程，也是锂离子电池重要的有机溶剂之一，但容易造成石墨负极的剥离。与碳酸酯相比，羧酸酯在石墨负极上一般不形成保护性 SEI 膜，因而，它们总是在低浓度下与碳酸酯混合使用，从而获得更宽的使用温度范围，对某些盐的溶解性更好，或界面动力学性能更高。线型羧酸酯黏度较低，抗氧化稳定性适中，主要用作共溶剂，可以提升溶剂的低温性能。但在石墨负极上界面化学反应不够理想。无机酸酯也被认为是新型溶剂的可能候选，如聚乙二醇硼酸酯（B-PEG）和聚乙二醇铝酸酯（Al-PEG），基于两者的电解液虽然可能带来不可燃的特性，但离子导电性较低且正极表面的化学稳定性差[134]。

　　砜类溶剂因其高介电常数、低可燃性和在各种正极表面的优异稳定性而引人注意，但其黏度过高，导致离子导电性和对电极与隔膜的润湿性差，且无法在石墨负极上形成保护相。砜在高压下的电化学稳定性超过了它在离子传导方面的缺点。可分为功能化砜、支链烷基取代基线型砜和带有醚官能团的砜，常见砜类溶剂分子结构如图 3.45 所示。Abouimrane 等比较了五种环砜和线型砜，在四甲基亚砜（TMS）、乙基甲基砜（EMS）、丁砜（BS）、1-氟-2-(甲基磺酰基)苯（FS）和乙基乙烯基砜（EVS）中，EMS 和 TMS 的抗氧化性最强[135]。为了提高砜对电极和隔膜的润湿性，TMS 可与低黏度碳酸盐 EMC 或 DEC 混合使用。使用 LiBOB 为锂盐，TMS/DEC 混合物为溶剂时，可以巧妙地规避两者的缺点：前者在碳酸酯基溶剂中的溶解性不理想，后者不能在石墨负极上形成保护性 SEI 膜。带有分支烷基侧基的线型砜也被认为是溶剂的有效选择。其中，乙基异丙基砜（EiPS）和乙基异丁基砜（EiBS）在活性炭上的负极稳定性、液相范围和离子电导率等方面均具有良好表现。对砜进行衍生化，可控制它们的黏度和熔点，将不同长度的低聚醚键合成到砜上，更强的吸电子磺酰基团有助于降低最高占据分子轨道（HOMO）能级，可以提高电解质/正极界面的稳定性。

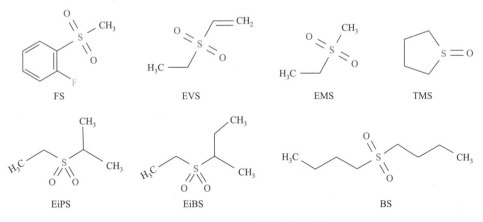

图 3.45　常见砜类溶剂的分子结构

　　乙腈同时具有良好的介电常数和低黏度，结构如图 3.46 所示，其离子电导性优于碳酸酯类，但电化学稳定窗口较窄，限制了其进一步应用。烷氧基取代腈可以提高电池的倍率性能，二腈可提高对高压正极的氧化稳定性极限和对热降解的抵抗力。Gmitter 等[136]报道了 3-甲氧基丙腈（MPN）基电解液仅在碳酸亚乙烯酯（VC）或氟代碳酸乙烯酯（FEC）添加剂存在的情况下可在石墨负极形成有效的 SEI 膜。LiTFSI 溶解在己二腈（ADN）和戊二腈（GLN）中的电解液，在 Pt 电极上的氧化稳定性极限为 6.0 V，但在石墨电极上无法形成支持锂化的 SEI 膜。在共溶剂（如 EC）或添加剂（如 LiBOB）存在的情况下，这种情况可以改善。

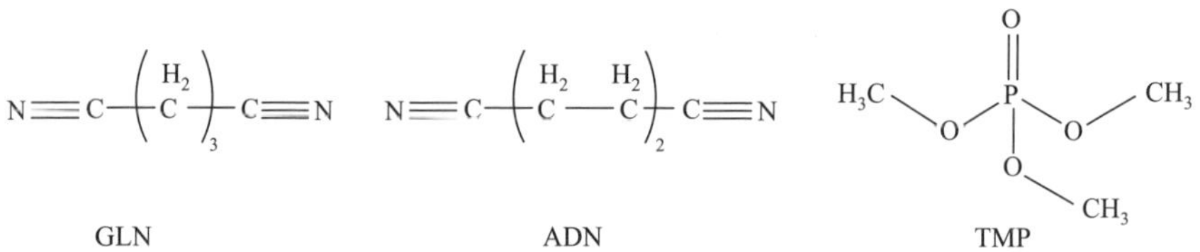

图 3.46　常见腈类和磷基溶剂的分子结构

　　磷基有机溶剂常被用作不可燃的共溶剂，以减缓可能的火灾危险。像砜和腈一样，这些磷基溶剂必须面对的挑战之一是它们不能在石墨负极上形成保护性 SEI。在实际锂离子电池中，使用含有它们的电解质需要添加像 VC 或 LiBOB 这样的添加剂。磷酸三甲酯（TMP）的相间化学性能很差，加入双（三氟甲基磺酰）亚胺钙[Ca(TFSI)$_2$]作为电解质混合物后发生了转变，当 Ca(TFSI)$_2$ 浓度达到 0.2 mol/L 以上时，变成了典型的锂可逆性嵌入反应。这是由于 Ca^{2+} 是一种比 Li$^+$ 更强的路易斯酸，在与溶剂的配位中主导与 Li$^+$ 的竞争[137]。

　　硅氧烷和硅烷的介电常数较低，导致锂离子的溶剂化作用较弱，其结构如图 3.47 所示。为了使它们成为可行的电解质溶剂，必须添加能解离锂盐的官能团。修饰具有不同长度的低聚醚键的各种低聚硅氧烷和硅烷，可以改善锂盐解离能力，其离子电导性取决于盐的种类和低聚物的分子量。值得注意，LiBOB 同硅基溶剂相匹配时的离子电导率高于 LiTFSI 和 LiPF$_6$。

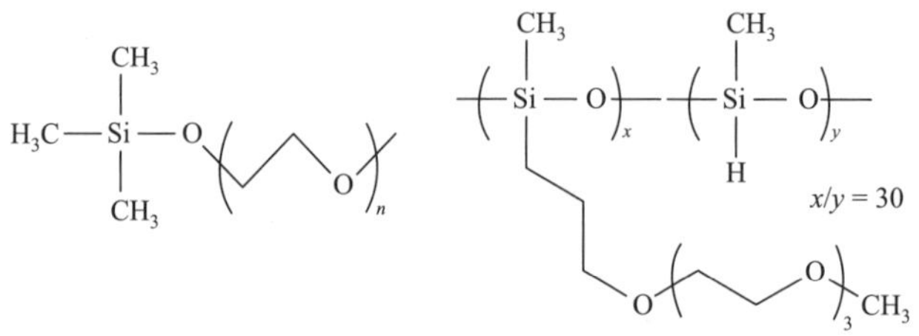

图 3.47　常见低聚硅氧烷分子结构

有机醚类化合物很少被认为是锂离子的溶剂，因为它们在 4 V 级正极表面很不稳定。Arai 等[138]发现氟醚实际上可以支持 LiCoO₂ 的阴极化学性能，而不会有明显的性能损失。Naoi 等[139]发现支化醚 2-三氟甲基-3-甲氧基全氟戊烷（TMMP）在浓度为 50%时能有效抑制电解质的点火，此时电解质溶液的阳极稳定性足以支持石墨负极的锂化化学性能。电化学测试表明，TMMP 的存在可以获得更高的倍率性能。

3. 添加剂

添加剂的用量较小，可以有针对性地提高锂离子电池的特定性能。在无须大幅增加成本的情况下，可提高电解质的离子导电性、正负电极的匹配性能、电池的容量、循环效率、循环寿命、可逆容量和安全性能等。添加剂的种类繁多，按组成元素大致可分为锂盐类、含氟组分添加剂、含硼组分添加剂、含磷组分添加剂和含硫组分添加剂等。添加剂和共溶剂/锂盐之间没有明确的界限，通常以加入量的多少来认定添加剂，一般认为不超过 10%的组分为添加剂。添加剂能够促进石墨表面形成 SEI 膜，降低 SEI 膜形成和长期循环的不可逆容量和产气量，增强 LiPF₆ 在有机溶剂中的热稳定性，提高电解液的离子电导性、对聚烯烃隔膜的润湿性等物理性能，降低有机电解液的可燃性，提供过充电保护或增加过充电容限，终止电池在恶劣条件下的运行。根据添加剂的用途也可以将其分为成膜添加剂、导电添加剂、阻燃添加剂、过充保护添加剂、多功能添加剂等。由于越来越容易获得更强大的计算能力，以及各种计算方法的快速发展，通过计算手段预测添加剂的性质变得通用。通过计算目标化合物的最高占据分子轨道（HOMO）和最低未占分子轨道（LUMO）的能级可以准确预测还原或氧化电势，LUMO 能级越低，越易被还原；HOMO 能级越高，越易被氧化。在第一次嵌锂过程中，LUMO 能级低的可以在高于嵌锂电势前还原，在负极形成稳定的 SEI 膜；HOMO 能级更高的可以在正极表面优先氧化形成覆盖的保护膜，缓解电解液溶剂的分解，保护正负极材料。导电添加剂的主要目的是提高锂盐的溶解与电离，防止溶剂共嵌破坏电极。阻燃电解质在受热时首先被气化，转变为气态的分子进一步受热分解释放阻燃自由基，阻燃自由基可以捕获体系的氢自由基，从而阻止碳氢化合物的燃烧。过充保护添加剂主要通过在隔膜表面形成聚合物阻断层终止反应进行。还有一些添加剂控制电解液中的水分和 HF 含量，改变熔沸点提升高低温性能。

锂盐类添加剂种类繁多，有无机锂盐，也有有机锂盐，LiF、LiBr、VC、FEC、PC 等，几种常见添加剂分子结构如图 3.48 所示。LiF 是负极 SEI 膜的主要成分之一，加入一定量的 LiF 可以钝化 SEI 膜，抑制电解液分解，同时还可以降低化成时锂盐的消耗，提高循环性能。LiBF₄ 在有机溶剂中黏度较低，可以提高低温性能。二氟草酸硼酸锂（LiODFB）具有与 LiBOB 相似的结构，但分解温度高，可在石墨负极形成保护膜，并降低 SEI 膜厚度，提高循环性能，同时可以钝化铝集流体[140]。二氟二草酸磷酸锂（LiDFBP）作为锂离子电解液添加剂时，可以在富锂的正极表面氧化成均匀稳定的固态电解质界面，有效抑制了高压下电解液的分解，改善了循环性能[141]。

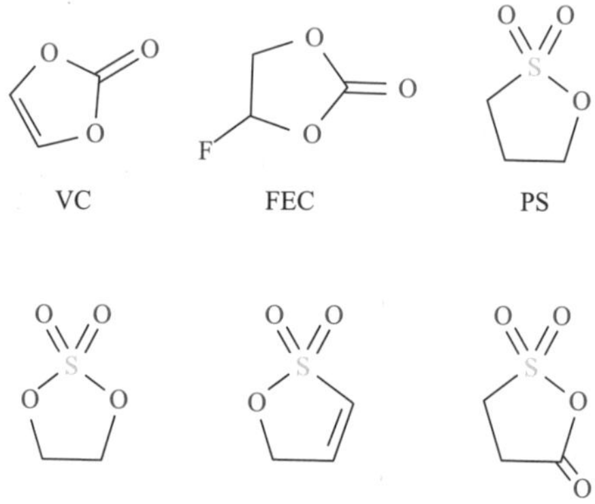

图 3.48　几种常见添加剂分子结构

广泛应用的碳酸亚乙烯酯（VC），在 1.0 V 左右还原时形成聚合物层，提高了电池的循环稳定性、容量保持率和安全性。氟代碳酸乙烯酯（FEC）可以调控 SEI 膜的组成，理论计算表明 FEC 的 LUMO 能级更低，这就意味着在与负极接触时其优先还原分解，生成 LiF，可以实现锂离子的均匀沉积，减少死锂的形成。

含硫的添加剂可以稳定 SEI 膜，提高抗氧化特性，如硫酸乙烯酯（DTD）、亚硫酸乙烯酯（ES）等。特别是 DTD 及其衍生物不仅能提升低温放电性能，也有利于循环和高温性能。Jankowski 等利用 DFT 理论计算了 DTD、1,3-丙烷磺酸内酯（PS）、聚丙烯酸钠（SPA）、聚醚砜（PES）的 LUMO 能级，均低于 EC。这说明其在负极优先发生还原反应，可以减少 EC 的分解[142]。其中 SPA 还原时可以产生较多二聚硫基产物，有助于 SEI 膜的稳定形成，提高了容量保持率。SPA 的优势主要是由于氧原子及其基团的存在，可以通过电子离域化来稳定其还原产物。

含有硼组分的添加剂通常可以在正极成膜来稳定界面，隔绝与电解液的直接接触，提高稳定性。三（三甲基硅烷）硼酸酯（TMSB）在用于三元正极的高压电池时，可以提高循环性能。这类缺电子硼酸酯的添加剂会与阴离子配位，这将增强 Li^+ 和阴离子的解离，从而提高离子电导率并降低界面阻抗，形成薄的正极固态中间相（CEI）膜，阻止溶剂在高电压下分解[143]。如图 3.49 所示，在 EMC/EC/DEC（质量比 3∶5∶2）中加入 2,4,6-三苯基环硼氧烷（TPBX），可有

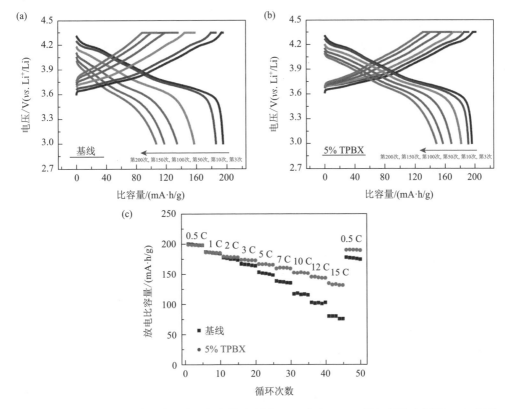

图 3.49　Li/NCM811 半电池在不含添加剂的电解液（a）和含 TPBX 添加剂的电解液（b）中不同循环次数的充放电曲线以及两者的倍率性能（c）。初始三个循环在 0.5 C 下进行，随后在 1 C 下进行，电压窗口为 3.0～4.35 V

效地在 NCM811 正极表面先于溶剂氧化形成稳定的 CEI 膜，有效减缓电解液的氧化分解，保护正极颗粒的结构完整性，有效提高循环稳定性和倍率性能[144]。

　　如图 3.50 所示，常见的含磷组分添加剂主要包括三（三甲基硅烷）磷酸酯（TMSP）、三烯丙基磷酸酯（TAP）等。TMSP 与 TMSB 性质类似，能提供的功能也相近，主要是形成正极保护膜，应用于高压电池中。TAP 中的烯丙基在充放电过程中可以交联聚合，在电极表面均匀覆盖，形成均一的 SEI 膜。

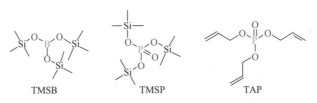

图 3.50　常见含硼、磷组分添加剂的分子结构

有机电解液是商业化最成功的电解液体系,电解液的生产主要集中在中国、日本、韩国、北美洲以及欧洲,主要生产企业列在表 3.6。早期电解液市场日韩独霸,如今我国电解液企业占据全球市场重要一环,成为世界上出货量最大的国家,是全球电解液市场的主要供应源。韩国 Panax Etec 公司拥有世界领先的生产和开发电解液技术,持有大量电解液相关专利,拥有世界知名电解液品牌 PANAX Starlyte,主要生产消费电子锂电池和动力电池用电解液;日本三菱化学拥有近 20 年的电解液开发经验,是日本最大的跨国化学公司,销售额居于日本首位,致力于开发更高容量和紧凑型电池;广州天赐高新材料股份有限公司是中国最早生产电解液的企业之一,是中国目前最大的电解液生产企业,其生产的电解液主要有铁锂动力电解液、三元材料电解液和高压钴酸锂电解液。

表 3.6　有机电解液生产企业

国家或地区	企业				
中国	广州天赐	新宙邦	国泰华容	东莞杉杉	天津金牛
日本	三菱化学	三井化学	Kishida Kagaku	Tomipure	UBE
韩国	LG 化学	Panax Etec	Soulbrain		
北美	陶氏化学				
欧洲	巴斯夫	Saltigo Gmbh			

3.5.2　固态电解质

传统锂离子电池使用的有机电解液热稳定性低、燃点低,易燃程度高,使用不当容易引起火灾和爆炸,存在严重安全隐患。同时,随着对高能量密度储能器件的渴求,传统锂离子电池难以满足未来的需求。因此,有人提出用固态电解质取代传统的有机电解液,固态电解质的电化学窗口一般高于有机电解液,能在一定程度上提高电池工作电压区间;应用固态电解质可使用金属锂作为负极,能大幅提高电池的能量密度;固态电解质中的载流子仅有锂离子,不会产生浓差极化;由于固态电解质在高温还是低温时都具有较好的稳定性,可以获得更宽的工作温度区间;固态电解质的形状设计比较灵活,在实际应用中可根据不同需要进行调整。但固态电解质也存在一些问题,主要是固态电解质室温离子电导率低,电解质与电极间界面难以相容,电解质循环过程中自身粉化和形成裂纹等。固态电解质主要可分为无机固态电解质、聚合物电解质和复合电解质。

1. 无机固态电解质

无机固态电解质取代了传统电池中的有机电解液和隔膜，可以简化固态锂离子电池的封装，从而降低电池封装的自重，进而增加能量密度。与有机电解液和聚合物电解质相比，无机固态电解质具有更好的电化学稳定性，并可与更高电势的正极材料相容，以增加能量密度；同时还具有离子电导率高、电子电导率低、不易燃、不挥发、无液体泄漏和力学性能好的优点。但是其界面相容性不好，界面电阻大。离子的传输主要发生在晶格内缺陷（空位和间隙）处和晶界处，离子输运通常取决于单位体积内可移动的离子数量和结构缺陷，相邻位点之间的跃迁需要克服相应的能垒，其对传输离子的移动能力和电导率有非常大的影响，如锂离子传输通道半径尺寸、锂离子与骨架离子间键合的强弱、材料致密度等也会影响离子传输速率，如图 3.51 所示。无机固态电解质主要有钠超离子导体（NASICON）型、石榴石型、钙钛矿型、氧化氮化磷锂型（LiPON）、硫化物型、卤化物型等。一些无机固态电解质的电导率如表 3.7 所示。

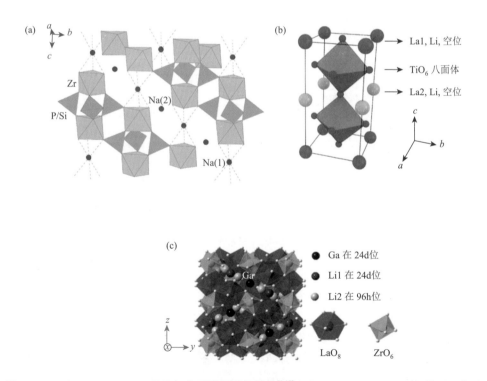

图 3.51　（a）$Na_3Zr_2PSi_2O_{12}$ 型钠超离子导体晶体结构[145]；（b）$Li_{0.33}La_{0.56}TiO_3$ 型钙钛矿晶体结构[146]；（c）$Li_{7-3x}Ga_xLa_3Zr_2O_{12}$ 型石榴石晶体结构[147]

表 3.7　一些无机固态电解质的电导率汇总表[148]

类型	材料	电导率(25℃)/(S/cm)
NASICON	$LiTi_2(PO_4)_3$	2.00×10^{-6}
	$Li_{1.2}Al_{0.2}Ti_{1.8}(PO_4)_3$	5.00×10^{-3}
	$LiZr_2(PO_4)_3$	3.80×10^{-5}
	$LiGeTi(PO_4)_3$	3.48×10^{-8}
	$LiHf_2(PO_4)_3$	1.29×10^{-5}
钙钛矿型	$Li_{0.34}La_{0.51}TiO_{2.94}$	7.00×10^{-5}
	$Li_{0.38}La_{0.56}Ti_{0.99}Al_{0.01}O_3$	3.17×10^{-4}
	$Li_{0.25}La_{0.66}Ti_{0.75}Al_{0.25}O_3$	7.66×10^{-5}
	$Li_{0.475}La_{0.475}Sr_{0.05}TiO_3$	1.50×10^{-3}
LiSICON	$Li_{3+x}Cr_{1-x}Ge_xO_4$	1.40×10^{-5}
	$Li_{4-2x}Co_xGeO_4$	8.40×10^{-6}
	$Li_{2+2x}Zn_{1-x}GeO_4$	3.90×10^{-7}
	$Li_{3.5}Si_{0.5}P_{0.5}O_4$	1.31×10^{-7}
石榴石型	$Li_3Nd_3Te_2O_{12}$	1.00×10^{-5}
	$Li_6BaLa_2Ta_2O_{12}$	4.00×10^{-5}
	$Li_7La_3Zr_2O_{12}$	2.44×10^{-4}
	$Li_7La_3Nb_2O_{12}$	1.00×10^{-5}
LiPON 型	LiPON	6.40×10^{-6}
	$Li_{3.3}PO_{3.9}N_{0.17}$	2.00×10^{-6}
	$Li_{3\pm x}PO_{4\pm y}N_z$	2.00×10^{-6}
硫化物型	$Li_{3.25}Ge_{0.25}P_{0.75}S_4$	2.20×10^{-3}
	$Li_{10}GeP_2S_{12}$	1.20×10^{-2}
	$Li_{3.4}Si_{0.4}P_{0.6}S_4$	6.40×10^{-4}
	$Li_{4-2x}Zn_xGeS_4$	3.00×10^{-7}

钠超离子导体的分子式为 $Na_xM_2(PO_4)_3$，其中 M 为阳离子，如 $Na_{1+x}Zr_2Si_xP_{3-x}O_{12}$（$0\leqslant x\leqslant3$）。其中骨架离子决定了离子传输通道上的孔径大小，从而控制扩散，因此根据移动离子的半径选择合适的骨架离子对促进离子扩散和提高离子电导率具有重要意义。用锂离子取代钠离子得到 Li_xSICON 型锂离子固态电解质。Aono 等[149]制备了 $LiM_2(PO_4)_3$（M = Ge，Ti，Hf），发现 $LiTi_2(PO_4)_3$ 的活化能最小，离子电导率最高，是最适合锂离子扩散的骨架，但由于烧结性较差，电导率仍然较低。通过部分三价离子取代四价离子可以增强离子电导率，如 $Li_{1+x}Al_xGe_{2-x}(PO_4)_3$（LAGP）、$Li_{1+x}Al_xTi_{2-x}(PO_4)_3$（LATP）和 $Li_{1+x}Fe_xHf_{2-x}(PO_4)_3$ 的电导率均有所增加，

$Li_{1+x}Al_xTi_{2-x}(PO_4)_3$ 仍保持最高的离子电导率。所用的三价离子也可以是 Cr^{3+}、Ga^{3+}、Fe^{3+}、Sc^{3+}、Y^{3+} 等。虽然 LATP 的离子电导率很高，但由于四价钛离子的还原性，使其与包括锂在内的许多低电势活性材料不兼容，当电解质发生还原反应时可能会引起短路问题。LAGP 在室温下也具有良好的离子电导率，可采用熔融淬火再结晶法制备 LAGP 玻璃陶瓷，玻璃陶瓷形态的晶体具有致密的微观结构（即晶粒间紧密接触），这是离子电导率提高的主要原因。Mohammadi 等也研究了 Cr 掺杂的 LAGP，离子电导率有所提升[150]。

Thangadurai 等[151]报道了石榴石型 $Li_5La_3M_2O_{12}$（M = Ta，Nb）的室温锂离子传导性，且 $Li_5La_3Nb_2O_{12}$ 有比 $Li_5La_3Ta_2O_{12}$ 略高的离子电导率和较低的活化能，它们是各向同性导体，锂离子可以在三维框架中扩散。掺杂常被用于修饰石榴石，Ba 掺杂的 $Li_6BaLa_2Ta_2O_{12}$ 和 Sr 掺杂的 $Li_6SrLa_2Ta_2O_{12}$ 的离子电导率有所提升，两者的离子电导率与体积离子电导率相同，且优于其他类型的氧化物电解质[152]。$Li_7La_3Zr_2O_{12}$（LLZO）表现了更高的离子电导率，但在 100～150℃时发生了从四方到立方的相变，立方相比四方相具有更高的离子电导率。因此，立方相在室温下的稳定性成为关键。Al^{3+}掺杂在 Li^+ 位可以有效将高温立方相稳定到室温立方相[153]，获得致密的微观结构，提高晶界电导率，进而提高总电导率。Nb、Ga 元素是 LLZO 常用的掺杂元素，分别有不同程度的性能提升。石榴石型固态电解质具有广阔的应用前景。然而，其对水和二氧化碳敏感，在大气环境中不稳定，提升其稳定性也是重要的研究方向。

$Li_{3x}La_{2/3-x}TiO_3$（LLTO）是最早报道的钙钛矿型固态电解质，具有良好的室温离子电导率[154]。氧离子在结构中的位置成为离子传输的瓶颈，造成了离子传输的潜在阻力。瓶颈的大小可以通过改变晶格参数来改变，增大钙钛矿型固态电解质的晶格参数成为有效手段，通过 Sr 掺杂可以增大 LLTO 的晶格常数，从而增加了锂离子的扩散空间，提高了离子电导率。但 Sr 掺杂也会降低锂离子浓度，当掺杂量大于 0.1 时，离子电导率降低[155]。由于 Ti^{4+} 可以在低电压下还原，导致 LLTO 电化学稳定性较差。用其他更稳定的元素（如 Sr、Ta、Zr 等）来替代 Ti 元素是有效的手段。新型的 $Li_{3/8}Sr_{7/16}Ta_{3/4}Zr_{1/4}O_3$（LSTZ）表现出了更高的离子电导率，同时电化学稳定性也更高，可以与一些低压活性材料相匹配。用 Hf 替代 Zr 形成 $Li_{3/8}Sr_{7/16}Ta_{3/4}Hf_{1/4}O_3$（LSTH）时，也可以取得相似的性质。

氧化氮化磷锂（LiPON）型的固态电解质是一种非晶态的产物，在室温下的离子电导率过低，虽然已经应用于薄膜型固态锂离子电池，但难以适用于普通固态锂离子电池。Li_3N 型固态电解质虽然具有合理的离子电导率，但对于高能量密度的全固态锂离子电池而言，其分解电压过低，难以应用。锂超离子导体（LiSICON）型固态电解质具有良好的化学和电化学稳定性，但与其他氧化物固态电解质相比离子电导率过低。

硫化物型固态电解质与 LiSICON 型固态电解质密切相关。S^{2-} 与 Li^+ 的相互作用弱于 O^{2-} 与 Li^+ 的相互作用，所以硫化物型固态电解质比氧化物型固态电解质表现出更高的锂离子迁移率和离子电导率，其离子电导率与有机电解液相当。Kanno 等[156]基于 LiSICON 型固态电解质，开发了 Li_2GeS_3、Li_4GeS_4、Li_2ZnGeS_4、$Li_{4-2x}Zn_xGeS_4$、Li_5GaS_4 等硫化物型固态电解质，均表现出相当高的离子电导率。进一步地，元素掺杂、空位掺杂、间隙原子掺杂等也用来提高导电性。Kamaya 等[157]合成了新型的 $Li_{10}GeP_2S_{12}$（LGPS），其表现出来的离子电导率与有机电解液相当，即使在低温下也有很好的表现。第一性原理计算指出，LGPS 具有三维锂离子传导特性。当用硒取代硫得到 $Li_{10}MP_2Se_{12}$（M = Ge，Si，Sn，Al，P）时，其晶胞体积更大，但离子电导率仅略高于相应硫化物，相应的氧化物离子电导率最小。硫化物的结构骨架是非常适合锂离子传导的。

卤化物固态电解质的锂离子电导率通常为 $10^{-3} \sim 10^{-7}$ S/cm，而且在室温下存在不稳定的导电相，同时其电化学不够稳定，通常被认为是一种低离子电导率和低稳定性的固态电解质材料体系。卤化物固态电解质的一般化学式为 Li_aMX_b，X 一般为 F、Cl、Br、I；M 可为ⅢB 族金属元素（Sc、Y、La~Lu），可为ⅢA 族金属元素（Al、Ga、In），可为二价金属元素（Ti、V、Cr、Mn、Fe 等）也可为非金属元素（N、O、S）。

2. 聚合物电解质

聚合物电解质（SPE）质量轻、柔韧、不易燃，可替代有机电解液，为锂离子电池的安全问题提供了可行的解决方案。聚合物电解质是将盐溶解在具有电子给体基团的聚合物基体中的固态电解质，具有设计灵活、小型化可行、安全性高、易于器件制造等优点。其通过聚合物支链的运动实现锂离子传输，可以通过弹性和塑性变形来补偿电极的体积变化，但是当前聚合物电解质的离子电导率不够理想。理想的聚合物电解质应有良好的锂盐溶解性；优秀的电化学稳定性，工作窗口宽；高离子电导率和离子转移数，以及低电子电导率，降低自放电；良好的化学稳定性和热稳定性，不和电池的其他组件发生反应；良好的力学性能，降低锂枝晶风险和易于加工制造。常用的聚合物电解质体系如表 3.8 所示。

表 3.8　常见聚合物电解质体系

有机基质	选用的锂盐	离子电导率/(S/cm)	文献
PEO-EC	LiTFSI	6.3×10^{-6}（20℃）	[158]
PEO	LiTFSI	1.3×10^{-4}（60℃）	[159]
PEO	LiFSI	5.6×10^{-5}（25℃）	[160]
PEO/PPC	LiClO_4	6.83×10^{-5}（25℃）	[161]

有机基质	选用的锂盐	离子电导率/(S/cm)	文献
PEC	LiTFSI	0.47×10^{-3}（25℃）	[162]
PEC	LiFSI	2.2×10^{-4}（25℃）	[160]
PCL	LiClO$_4$	1.2×10^{-6}（25℃）	[163]
PVC/PAN	LiTFSI	4.39×10^{-4}（25℃）	[164]
PVA-CN	LiTFSI	4.49×10^{-4}（25℃）	[165]

　　玻璃化转变温度（T_g）是聚合物的重要性质，它是指聚合物链段开始运动而分子链不动的温度。在 T_g 以下，只存在分子或原子处于各自平衡位置的振动，聚合物又硬又脆，分子流动性极低；高于 T_g 时，聚合物的各种性质发生改变，尤其是支链开始运动，离子可以在聚合物主体提供的自由体积内移动，并沿着链从一个配位位置迁移到新的配位位置，离子也可以在电场的作用下从一个链跳到另一个链。降低 T_g 可以提高聚合物支链的迁移率，有效提高离子电导率。

　　聚醚具有—C—O—C—基团的化学结构，可顺利实现锂盐解离和络合，且主链的大分子具有灵活性，可以确保足够的离子传输动力学。其中聚环氧乙烷（PEO）作为聚合物电解质的主体被广泛应用，聚乙二醇（PEG）在化学上与 PEO 是同义的，是指低分子量的聚合物。PEO 在室温下容易形成结晶相，这会阻碍锂离子的传输，锂离子的传输依赖于聚合物链的移动，这主要发生在非晶相中。使用纳米尺寸的无机填料和嵌段或/接枝共聚物可以破坏聚合物基体的有序结构，提高非晶态结构的含量，从而促进锂离子的传输。纳米填料具有高表面积，可以有效地与电解质接触，缩短锂扩散路径，这些添加剂通常可以在相间形成离子转运途径，从而提高离子电导率。纳米颗粒（如 SiO$_2$、Al$_2$O$_3$ 和 TiO$_2$）的加入阻碍了聚合物中链的局部重组，降低了聚合物的结晶性，从而提高离子电导率。氧化石墨烯（GO）由于其独特的化学和物理性质，也被用作 PEO 基聚合物电解质的填料，在提升离子导电性的同时还可以增加机械强度。埃洛石纳米管（HNT）、金属有机骨架（MOF）等三维有序材料也常用作 PEO 基聚合物电解质的填料。嵌段/接枝共聚物电解质的结构可以抑制 PEO 的结晶性，由充当离子导体的线型 PEO 作为主链，嵌段可提供机械强度，接枝到主链上的低聚物能够增加离子迁移率。如 PS-PEO 嵌段聚合物，PEO 基聚合物溶解锂盐提供离子电导率，PS 嵌段为电解质提供支撑[166]。四乙二醇二甲醚（TEGDME）作为接枝分子，LiTFSI 作为锂盐的 PEO 基聚合物电解质表现出良好的力学性能、高柔韧性、均匀性和高无定形性[167]。锂离子迁移数也是聚合物电解质的重要参数，低锂离子迁移数可能导致浓度梯度的形成，从而产生渗透力，限制电池充放电过程中的功率传输。将阴离子锚定在单离子导电聚合物电解质的骨架上可有效增加锂离子迁移数。单离子导电聚合物电解质一般由聚阴离子构成，具有梳状/网状结构。除聚合物基体外，锂盐的性质也对固体聚合物电解质的性能有着重要影响。不同于传统锂盐，有机锂盐更适合聚合物电解质，这些盐具有更大的阴离子半径，这可能导致更高的锂离子电导率，如 LiTFSI、LiBETI、LiTNFSI 等。中国科学院崔光磊团队合成了具有氰基末端的聚（2, 2, 3, 3-四氟碳酸丁二酯）（cPTFBC）并和 PEO 基电解质复合，显示出高达 4.7 V 的电化学窗口，与锂金属有良好的相容性[168]。

聚酯基聚合物电解质由于具有强极性基团[—O—(C=O)—O—]，可以增加锂盐溶解性。常用聚酯基聚合物电解质包括聚碳酸酯（PC）、聚碳酸三甲酯（PTMC）和聚碳酸丙烯酯（PPC）。PC 作为低给体浓度的分子，可以降低聚合物骨架中聚合物链与锂离子之间的配位键强度，从而提高离子电导率。PC 和 LiFSI 的聚合物电解质表现出优异的离子电导率，且随锂盐浓度的增加而增加，同时 T_g 下降[169]。PTMC 由重复单体阳离子配位单元 $\left(\text{OCOCH}_2\text{CH}_2\text{CH}_2\text{O}\right)$ 组成，可以得到合适的离子电导率，此外，它还具有良好的热稳定性和电化学稳定性。PTMC 用作聚合物电解质时，其初始放电容量较低，随后在存储/循环过程中缓慢增加，为了解决这一问题，设计了一种高黏度乙酸端基的 PTMC 低聚物，该策略不仅在不影响界面稳定性的情况下润湿电极与电解质界面，而且很好地保持了基于 PTMC 的机械强度[170]。PPC 是由环氧丙烷和二氧化碳合成的一种生物可降解的规则交替聚酯。其化学结构与传统的碳酸基液态电解质相似，有出色的溶解锂盐的能力和良好的电极界面相容性。同时，其具有非晶特性、成本低和无污染的特点。Cui等设计了一种以无纺布纤维素为骨架，PPC 为离子传输聚合物基的聚合物电解质，这是首次使用 PPC 作为聚合物电解质，制造出了在高压下安全性更高的常温全固态锂电池。研究表明聚合物电解质的高离子电导率是聚合物电解质体系低结晶度和合适的玻璃化转变温度共同作用的结果[171]。聚偏二氟乙烯（PVDF）基聚合物电解质具有极性大、介电常数高、稳定性好等优点，不但与众多极性电解质的相容性好，其本身还具有促进锂盐解离的作用，因此是一种良好的聚合物电解质材料。此外，PVDF 具有超强的疏水性，这有利于电池内部保持干燥，不但能防止锂盐分解，还能对电池的锂负极起到保护作用。

腈类含有极性和吸电子基团 N≡C，具有高介电常数和较宽的电化学窗口。丁二腈（SN）有很好的溶解各种锂盐的能力，是一种低分子量的塑料晶体。其机械强度难以满足要求，SN 通常与聚合物基体结合以改善复合材料的力学性能，形成所谓的 SN 基聚合物电解质。Lee 等[172]设计了一种由 SN、LiTFSI 和 TPPTA 构成的可弯曲塑料结晶聚合物电解质（B-PCPE），同 ETPTA（乙氧基化三羟甲基丙烷三丙烯酸酯）聚合物网络膜相比，与锂金属电极之间的界面电阻减小，同时表现出良好的循环性能，这可能是由于其在循环过程中与电极更紧密的界面接触。腈基电解质在与锂金属阳极或锂化石墨接触时发生严重钝化，稳定性差，限制了其进一步应用。在基体框架中加入成膜填料和聚合物基体的结构设计等改性手段可以缓解这种问题。Kang 等[173]在填充有 PAN 基静电纺丝纤维膜网络的 SN 基固态电解质中原位聚合制备了氰乙基聚乙烯醇（PVA-CN），大大提高了制备的固态电解质的机械强度，即使在高于熔点的温度下也能保持准固态而无泄漏。选用 LiTFSI 为锂盐，表现出了优良的离子电导性，更重要的是提高了老化稳定性和与锂金属电极相容性。在 LiFePO$_4$/Li 电池上 100 次循环后容量保持率接近 96.7%。

对聚硅氧烷主链进行改性是提高硅氧烷基固态电解质的有效手段。通过简单的溶剂浇铸的方法制备了基于硅氧烷的三维无机-有机聚合物电解质网络，LiFePO$_4$/Li 电池在 60℃和 0.1 C 下能够实现 85～90 mA·h/g 的能量密度，循环 20 次没有容量衰减[174]。

3. 复合电解质

复合电解质是由柔性聚合物载体、溶解锂盐和刚性无机填料组成的复合电解质，复合电解质结合了聚合物电解质和无机固态电解质的优点，具有可接受的离子电导率、高机械强度和与电极良好的界面接触。聚环氧乙烷是最常用的离子导电性聚合物载体，常用的锂盐包括 LiTFSI、LiFSI 和 LiClO$_4$ 等。无机填料按照是否具有离子导电性可分为活性填料和惰性填料。惰性填料主要通过降低聚合物结晶度加速链段运动来增强离子电导率；活性填料可直接参与离子传输，提供额外的离子通道。常见的惰性填料包括氧化物（Al$_2$O$_3$、SiO$_2$、ZrO$_2$ 等）、碳材料、金属有机骨架等，活性填料包括超离子导体型（LAGP、LATP）、石榴石型（LLZO）、钙钛矿型（LLTO）等。

锂离子在无机填料体相的传输主要依赖于空位或间隙离子的运动，在聚合物基体中传输主要依赖局部链段配位键在电场下断裂和形成引起的链段的运动，一般发生在非晶相。锂离子还可以在聚合物与填料之间的界面区域进行输运，界面区域可为锂离子提供快速传输通道，因此填料的形貌特征对此有很大的影响。填料的颗粒尺寸对离子电导率有很重要的影响。一般来说，粒径越小、比表面积越大、活性位点越丰富，聚合物主体的结晶度越低，越能促进锂盐的解离，从而为锂离子提供更多的离子传导途径来提高离子电导率。但过大的表面能会引发其在聚合物基体的团聚，均一性降低。填料的形状同样对离子电导率有重大的影响，锂离子通道的方向和长度直接由其形状决定。聚合物载体中的纳米线、纳米纤维和纳米片能够提供连续的锂离子输运通道，从而获得更高的离子电导率。此外，其还可以构建三维或二维的锂离子传输通道和网络，实现高效的远程锂离子传输。填料在聚合物基质上的排列也同样影响着离子电导率，区别于填料的随机排列，如果填料沿电流方向呈线性分布，则锂离子的迁移将更有针对性和效率。人们设计了具有定向排列填料的复合电解质，实现更高效的锂离子传递。Cui 等[175]设计了 LLTO 纳米线以不同角度排列在 PAN-LiClO$_4$ 基质上的复合电解质，研究表明纳米线以 0°排列时具有最大的离子电导率，这种整齐排列不交叉的结构缩短了离子传导路径，可进一步提高离子传输效率。三维陶瓷框架不仅可以增强离子导电网络的连续性和集成性，而且可以提高系统的机械强度。但其带来的大量的空隙可能导致界面不相容、接触不良，对锂离子的转移起到阻碍作用。中国科学院陈立桅团队制备了一种基于聚偏二氟乙烯-六氟丙烯（PVDF-HFP）和具有高比表面积的多孔石墨氮化碳纳米片（PGCN）无机填料的复合电解质，多孔结构促进了 PGCN 的均匀分布，并提供了丰富的界面，有利于锂离子的传输，在 30℃可达 2.3×10^{-4} S/cm[176]。南开大学陈军团队制备了 LiClO$_4$ 为锂盐，聚（甲基丙烯酸酯）（PMA）复合聚（乙二醇）（PEG），并在其中添加 3 wt% SiO$_2$ 的复合固态电解质，在室温下具有 0.26×10^{-3} S/cm 的最佳离子电导率[177]。

　　尽管复合电解质表现出更高的离子电导率，但总离子电导率受聚合物基体的限制。要在室温下实现可接受的实际应用，仍有许多挑战。为了提高复合电解质的离子导电性，引入不同形态的陶瓷填料、降低聚合物电解质的结晶度、构建高效的离子输送通道都是有效的手段。

　　固液混合电解质可有效缓解固态电解质与电极的界面性能，是目前较为接近产业化的准固态电池体系。Gewirth 等设计了一种多孔有机笼和 LiTFSI-DME 的固液混合电解质用于锂离子电池，室温电导率可达 1×10^{-3} S/cm[178]。中国科学院陈立泉、李泓团队通过原位聚合设计了一种聚（乙烯基碳酸亚乙酯）聚合物电解质，在室温下离子电导率可达 2.1×10^{-3} S/cm，且电压窗口高达 4.5 V[179]。中国科学院郭玉国团队通过将阻燃液体磷酸盐原位封装到固体聚碳酸亚乙烯酯基质中制备固液混合电解质，在室温下离子电导率可达 4.4×10^{-3} S/cm，稳定电压窗口可达 4.9 V，且具有不可燃性[180]。

3.5.3　水系电解液

　　由于锂离子电池的电压较高，一直以来有机电解液占据主导地位，但有机电解液存在可燃性，水系电解液可有效缓解该问题，同时水系电解液的成本更低，但较窄的电化学稳定窗口（1.23 V）难以满足锂离子电池的高压环境。新兴的 WIS（water-in-salt）电解液可有效地将水系电解液的窗口增大至 3 V 左右。WIS 电解液中溶解的盐类的体积和质量都超过作为溶剂的水。WIS 电解液中所有水分子都作为锂盐的溶解的"壳"的一部分，导致水的活性大大降低，从而拓宽其电化学稳定窗口。WIS 体系中一般以 LiTFSI 作为主盐，LiTFSI 在水中溶解度较高且不水解，化学稳定性好，同时其离子电导率也较高。其他常用的有机锂盐还有 LiFSI 和三氟甲磺酸锂（LiOTF），常用的无机盐主要是硝酸锂。随着研究的进展，WIS 也由单盐体系拓展为双盐体系等。

1994 年 Dahn 教授[181]首次展示了一种锰酸锂为正极的锂离子电池，电解液为 5 mol/L LiNO$_3$ 和 0.001 mol/L LiOH 的水溶液，VO$_2$ 为负极，电池的输出电压达到 1.5 V，能量密度达到 75 W·h/kg，但是由于水溶液的窗口不够宽，会发生析氢和析氧，循环性能较差。传统水系电解液锂离子电池稳定工作电压偏低，且小倍率工况下有明显的析氢现象，从而导致循环寿命差，大大制约了水系电解质锂离子电池的发展。王春生等[182]于 2015 年报道了 21 mol/kg LiTFSI 水溶液，在超大浓度条件下，溶液中锂和水的质量比只有 1∶2.6（一般该质量比远大于 1∶4），水无法实现溶剂化电荷屏蔽作用，阴阳离子之间存在强烈的相互作用，形成了结构复杂的聚合离子对，构成了多孔的网格离子传输通道，这些网格结构被纳米水通道缠绕着，如图 3.52 所示。体系中存在两种类型的水分子：块状水分子和界面水分子。离子传输通道中的块状水分子在离子网络中纠缠在一起，作为锂离子传输的介质；界面水分子散布在多孔离子网络中并充当润滑剂，如导线般使水合锂离子穿过块状水通道。

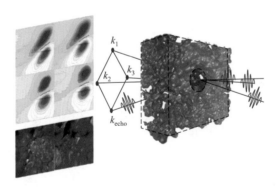

图 3.52　分子动力学模拟的 LiTFSI 溶液中的水通道（蓝色）和离子网格（红色）[183]

电解液在低温下存在离子电导率不足和冻结的问题，电解液黏度、去溶剂化、界面化学、电极材料和厚度等各种因素都会影响电池的低温性能。南开大学陈军团队[184]开发了一种水系低温电解液，在水中加入摩尔分数为 0.3 的二甲基亚砜（DMSO）可以使混合物的熔点降低至−150℃以下，DMSO 中的 S＝O 与水中的 H—O 之间形成的氢键网络阻碍了冰的四面体结构的形成，从而熔点降低，以该溶剂配制 0.5 mol/L Li$_2$SO$_4$ 电解液用于锂离子电池时，在−50℃时可实现 25℃时容量的 60%左右，该溶剂同样可用于钠离子电池和钾离子电池。

3.6　隔　膜　材　料

　　锂离子电池隔膜是一种多孔薄膜，是锂离子电池的重要组成部分。在锂离子电池中，隔膜处于正极和负极之间，其基本功能是防止正负极间直接物理接触而造成短路，同时提供锂离子在正负极间迁移的通道，保障充放电过程中的电极反应顺利发生。隔膜虽然并不直接参与电极反应，但其源于微孔的自闭保护作用可以使电池在高温或过充时避免因短路而引起爆炸，起到安全保护作用。总之，隔膜的结构与性能直接影响着锂离子电池的安全性、循环寿命、能量密度和功率密度等，研究隔膜材料对提高锂离子电池的综合性能有着积极意义。

　　随着锂离子电池能量密度和功率密度的发展，对隔膜性能提出了严峻的要求，优良的隔膜应具有如下特征：

　　(1) 良好的化学稳定性。隔膜起着防止正负极短接的作用，在电解液中长时间工作在强氧化还原条件下，必须保持良好的耐候性，不与电解质及电极材料发生反应。

　　(2) 合适的几何结构。隔膜材料的孔的情况和形貌特征影响着离子输运效率。为保持均一的界面性质和电流密度，隔膜所具有的微孔应分布均匀，孔径大小应选取恰当。不均匀的孔径分布会导致局部电流过大，影响综合性能；孔径过大可能引起正负极间短接或被锂枝晶刺穿；孔径过小则会增大内阻。同时，隔膜也应具有合适的孔隙率，大孔隙率可以容纳更多的电解液，具有更好的锂离子透过率，但过高的孔隙率会导致隔膜的热关闭性能下降，在高温时无法完全关闭微孔进而影响安全性能。

　　(3) 足够的机械强度。隔膜需要具有足够的抗拉强度来承受组装过程中的应力；需要高穿刺强度，来避免电极材料刺穿隔膜引起短路。在能够保证足够的机械强度的情况下，隔膜的厚度越小越好。

　　(4) 良好的润湿性。隔膜能够被电解液良好地润湿，有助于增大隔膜与电解液的接触面积从而增加离子导电性，降低内阻。润湿性不好可能导致锂离子通路不均匀，进而导致锂枝晶的产生带来短路的安全隐患。

　　(5) 适当的热稳定性。在电极反应过程中会伴随一定的热量释放，尤其是电池热失控时会释放大量的热量，而隔膜往往是聚合物材料，在一定温度下会明显收缩和起皱，导致正负极间直接接触带来危险，这就要求隔膜材料有热稳定性，能够在温度升高时维持原有的完整性和适当的机械强度，继续隔离电池的正负极，起到安全屏障的作用。

　　综上所述，隔膜是锂离子电池中重要组成部分，其需要有一定的孔径及孔隙率，还需要良好的润湿性，既需要良好的化学稳定性和热稳定性，又需要足够的机械强度。

　　隔膜的结构和功能性可由如下一些特性来表示。

　　(1) 厚度。隔膜厚度同时影响着机械强度和内阻。隔膜厚度越厚，机械强度越大，在电池组装和实际工作过程中耐穿刺能力也越强，但是厚度的增加会引起电池内阻的增大，降低容量。目前 25 μm 厚的隔膜是商业化锂离子电池隔膜的标准厚度。

（2）透气性。隔膜的透气性是指在一定压力下一定体积的气体通过一定面积的隔膜所需要的时间，用 Gurley 值来表示，Gurley 值越小，透气性越好，Gurley 值与隔膜的孔隙率、孔径、孔的形状及曲折程度等内部结构相关。值得注意的是，由不同方法生产制造的隔膜，其 Gurley 值的大小没有意义，不具备可比性。

（3）孔隙率。孔隙率指孔隙所占体积与隔膜所占体积的比值，孔隙率对隔膜的保液性有着极为重要的影响，通常用吸液法测量，以微孔膜所吸收的正丁醇的体积除以样品体积的百分比得到，以百分数表示。

（4）孔径大小及分布。孔径是用来表征多孔材料最常用的指标。可采用气泡法来测定，利用气体将润湿好的隔膜内部的液体挤压出来，所用气体的压强即反映材料的孔径大小，值得注意的是，这里所反映的为通孔的孔径，通孔也是隔膜中真正能够起到离子传输作用的孔。孔径分布情况可由材料的扫描电子显微镜（SEM）得出。

（5）几何输运系数。液态电解质的性质决定了离子电导率的大小，但其有效值受隔膜几何形状的影响，我们用几何输运系数来描述这种影响。曲折度是表示实际平均路径与直接距离的比值，是一个无量纲量，用于描述固相形貌对离子流动的影响。孔隙率与曲折度的比值即为几何输运系数。锂离子在电解液中的扩散系数与几何输运系数的乘积即为锂离子的有效输运系数。

（6）润湿性。隔膜的润湿性可由接触角表征，其与隔膜材料的表面能和内部微观结构密切相关。

（7）孔隙连通性。引入描述结构形状的拓扑参数 Euler-Poincaré 特征值来描述孔隙连通性。孔隙连通性可以帮助我们了解相邻的孔隙中锂离子浓度的相似程度，以及一个电极附近孔隙的局部堵塞对隔膜另一侧锂离子浓度的分布带来的影响。

经过了长期的发展，锂离子电池用隔膜主要分为微孔膜、无纺布隔膜和复合材料膜，其微观形貌如图 3.53 所示。其中微孔膜可分为单层微孔膜和多层微孔膜；复合材料膜又可分为陶瓷颗粒填充膜和陶瓷颗粒包覆膜。

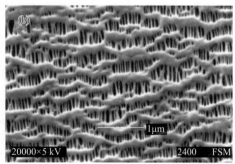

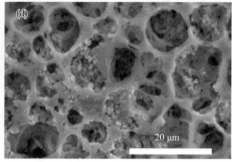

图 3.53　（a）Celgard 隔膜的数码照片；（b）聚烯烃微孔膜[185]、（c）静电纺丝 PAN 纳米纤维毡隔膜[186]和（d）Al$_2$O$_3$-PE 复合材料隔膜[187]的 SEM 图

单层微孔膜是最简单的隔膜。单层微孔膜可以由不同的聚合物材料制成，可以是单聚物，也可以是共聚物。最常见的单层聚合物微孔膜是聚烯烃，包括聚乙烯（PE）和聚丙烯（PP），这也是商业上应用最广泛的隔膜材料。聚偏二氟乙烯（PVDF）、聚丙烯腈（PAN）和聚甲基丙烯酸甲酯（PMMA）也被开发为聚合物微孔膜材料。单层聚合物微孔膜的高结晶性会引起电池内阻的增加，这是由于结晶区会阻碍离子传输，为了降低微孔膜的结晶度和提高离子导电性，许多共聚物被开发用作微孔膜，如聚偏二氟乙烯-六氟丙烯（PVDF-co-HFP）、聚丙烯酸羟乙酯-丙烯腈（PHEA-co-AN）、聚丙烯腈-甲基丙烯酸甲酯（PAN-MMA）和聚甲基丙烯酸甲酯-丙烯腈-乙酸乙烯酯（PMMA-AN-VAc）等。此外，聚合物共混膜也可减少结晶区来提高离子导电性，这些膜同时可以结合两种聚合物的优点，包括机械性能、热稳定性、润湿性和电化学稳定性，如 PVDF-co-HFP 和 PAN 共混、PVDF 和 PMMA 共混、PVC 和 PMMA 共混、PAN 和 PVP 共混等。

多层微孔膜在综合性能上较单层微孔膜有一定的提升。典型的是 PP-PE 多层膜，在多层结构中，当温度接近 PE 的熔化温度时，PE 层会熔化并阻断离子的路径。同时，PP 层仍保持其尺寸结构和机械强度，防止两电极之间的短路。这种多层结构可以在保持足够机械强度的同时提供更好的安全保障。电活性聚合物和无纺布也被用来制作多层膜。适当的电活性聚合物涂层，可在过充时由导电状态转变为绝缘状态，有效地保护电池免受电压失控的影响；无纺布的交联结构可以增加隔膜的热稳定性。多层微孔膜可以结合各分层的优点，能够一定程度上改进单层微孔膜的缺点。

无纺布隔膜具有纤维结构，通过纤维间的缠绕获得完整结构。PVDF 和 PAN 是制备锂离子电池无纺布隔膜最常用的聚合物。为了获得适当的纤维直径和孔隙情况，静电纺丝法是最常用的技术手段，由此获得的无纺布隔膜具有理想的结构和性能，但其力学性能相对较弱。同时，静电纺丝的制造过程相对缓慢,这限制了静电纺丝无纺布的生产速度,因此,静电纺丝无纺布隔膜相对昂贵。

引入陶瓷颗粒形成复合物膜是提高锂离子电池隔膜综合性能的重要方法之一。纳米级氧化铝、二氧化硅和二氧化钛等的引入可显著提高聚合物隔膜的机械强度、热稳定性和离子导电性,同时陶瓷颗粒的引入还可降低聚合物的结晶性。以亲水性聚合物为黏结剂,可将纳米陶瓷颗粒包覆在聚合物微孔膜表面。常用陶瓷颗粒有氧化铝、钛酸钡、二氧化硅、氧化镁和二氧化锆等。陶瓷颗粒包覆膜具有足够的机械强度,并具有优异的电化学性能、离子导电性和热稳定性。然而,包覆层的存在势必导致厚度的增加,而这会带来孔隙率的下降。除了用陶瓷颗粒包覆微孔膜外,也可以将其直接加入聚合物基体中,制成颗粒填充的复合隔膜,可有效降低厚度。但用这种方法制备的复合物膜大多会引起紧密聚合物相的形成。

隔膜是锂离子电池的关键部件,主要是防止电池正极和负极之间的物理接触,防止内部短路,同时作为电解质蓄水池,实现离子传输。理想的隔膜应具有较大的电解液吸收率、薄的厚度、高的机械强度、良好的电化学和结构稳定性,合理的孔径及孔径分布。另外,当电池出现过热时,隔膜应有很好的热关闭性。未来,发展新的材料体系和对现有材料的持续改性是隔膜材料发展的有力手段。国内的主要隔膜生产企业有上海恩捷新材料科技有限公司、星源材质科技股份有限公司、沧州明珠塑料股份有限公司、苏州捷力新能源材料有限公司等,海外生产企业主要有日本旭化成、美国 Celgard、韩国 SK 集团等。

3.7　集　流　体

集流体起到收集电极产生的电流并与外部电路连接的作用。集流体对电池的性能有很大的影响。提高集流体的导电性,可以降低接触电阻;提高集流体的耐腐蚀性能,有利于提高容量、倍率性能和循环稳定性。理想的集流体应具备良好的电化学稳定性;高电导率,保障电子顺利流向外电路,同时降低集流体产热;适当的机械强度,满足正负极活性材料涂布以及电池组装过程的力学要求;低密度,可以增加电池的能量密度。商业集流体分别用铝箔和铜箔作正极和负极的集流体,镍、钛、不锈钢等也被用作锂离子电池负极集流体[188]。

铝密度低,机械性能良好,电阻率低,是商业化应用的正极集流体。铝会和锂发生合金化反应,因而无法作为负极的集流体。但在铝的表面有一层致密的钝化膜,使得铝可以作为正极的集流体。铝的电化学稳定性对锂盐和溶剂都是敏感的。其在 $LiPF_6$ 和 LiBOB 作为锂盐的情况下,均可形成致密的钝化膜(氧化铝和氟化铝/硼酸锂),防止腐蚀发生。但在三氟甲磺酸锂(LiOTF)、高氯酸锂($LiClO_4$)、双三氟甲基磺酰亚胺锂(LiTFSI)等作为锂盐时,则无法形成致密的钝化膜。溶剂对铝的电化学稳定性也有影响，低介电常数的溶剂对腐蚀产物的溶解度小，可以黏附在铝表面作为保护层；高介电常数的溶剂则较快地将其溶解。同样的高介电常数有机溶剂对锂盐的解离能力也较强，有助于离子电导率的提升。铝箔、铝网、泡沫铝、刻蚀铝和镀膜铝均可应用于正极集流体。自从锂离子电池商业化应用以来，铝箔一直是正极集流体的选择。其厚度从 25 μm 逐渐降低到 10 μm，集流体厚度的降低使质量能量密度和体积能量密度均有所提升。但同时电导率和热导率随厚度的降低而降低，这牺牲了一定的功率密度。在一些研究中铝网也被用作集流体材料，但其接触电阻较高，且机械性能不如铝箔，应用远不如铝箔广泛。泡沫铝因其独特的多孔结构，可以负载更多的活性物质而被用作集流体材料。对于传统的铝箔集流体，高电极质量负载是有风险的，在循环过程中电极材料可能脱落。同时，泡沫铝还有助于降低电极/电解液界面的电荷转移阻力。通过化学刻蚀处理集流体，可以获得粗糙的表面，这种粗糙表面可以增加集流体和电极材料间的附着，降低电子转移的阻力，有利于电池在大电流下的性能发挥，但是刻蚀会使其机械强度下降。镀膜是提高铝集流器电导率以获得更好的电极性能的有效途径。如镀碳层可以除掉天然氧化物增加导电性，氧化石墨烯、石墨烯、镁铝复合氧化物等也被用作镀层材料，均可以提高导电性。

铜具有极高的电导率，在自然界仅次于银，有良好的电化学稳定性和机械性能。但铜的密度较高，几乎是铝的两倍。铜在高电势下会溶解，这阻碍了铜作为正极集流体，但铜不会和锂发生合金化反应，使得其成为负极集流体的合适选择。铜箔、铜网、泡沫铜、刻蚀铜和镀膜铜均用于锂离子电池负极集流体。目前几乎所有的商业化锂离子电池负极集流体都是铜箔，和铝相似，为了追求更高的能量密度，铜箔的厚度也逐渐降低，由于铜具有更好的延展性，铜箔的厚度已经降至 6 μm，值得注意的是，铜箔在弯曲应力下可能在循环过程中开裂。铜网也被用作锂金属电池的负极集流体，通常将铜网嵌入锂金属内实现两者的连接。网孔的存在增强了电荷转移动力学，降低了电极/电解质界面电阻；铜网集流体能在一定程度上适应锂负极在电池循环过程中的体积变化；网格的高比表面积使其区域电流密度降低，导致电荷分布均匀，从而平滑了锂沉积，阻止了锂枝晶的形成。和铜网相似，泡沫铜的多孔结构可以更好地适应锂金属阳极在循环过程中的体积变化。此外，泡沫铜有更大的表面积，这降低了局部电流密度，从而阻止了锂枝晶的形成。泡沫铜孔洞的大小和几何结构是影响性能发挥的关键因素。具有垂直排列的微通道的泡沫铜可以诱导锂优先在通道口内成核并优先沉积在微通道壁上，从而有效抑制了锂枝晶的生长[189]。除了锂金属负极，泡沫铜也适用于出现体积变化的硅负极和锡负极，用于传统石墨负极时也可以大幅提高活性物质的负载量。刻蚀铜和刻蚀铝相似，同样可获得粗糙的表面，增加和电极间的接触，提高附着力和导电性。碳是铜镀膜的常用材料，镀碳膜的铜箔除了具有更好的导电性，还表现出比传统集流体更强的表面疏水性。其他如 CuO、ZnO、Ag、Ni 甚至人工 SEI 膜均可作为铜箔的镀层。铜箔的广泛应用带来了巨大的市场，2013～2019 年锂电池铜箔产量从 4.6 万吨增长至 17.7 万吨，年复合增长率 25%以上，国内的一线铜箔企业主要有龙电华鑫、诺德股份和嘉元科技等。

镍具有优良的导电性和机械性能，导电性略逊于铝和铜。在相对锂电极 3.5 V 以下的电势是稳定的，可以用作负极集流体。镍箔的密度与铜箔接近，机械性能优于铜箔。镍集流体作为氧化镍和硫化物负极的集流器具有独特的优点，可以在镍箔上直接生长氧化镍和硫化物作为负极，使集流体和负极材料之间良好地结合，并避免了黏合剂的使用，从而提高了电极性能。镍网、泡沫镍和刻蚀镍也用作锂离子电池负极集流体，镍集流体的形状改变以及表面改性所带来的好处与铜和铝相似。

钛在相对锂电极 0～5 V 的电压范围内是稳定的，可以作为正极和负极的集流体。钛在负极不会和锂发生合金化反应，在正极则和铝类似，进一步的极化会导致钝化膜的形成，在高电势下提供相对良好的耐蚀能力。钛的密度低于铜和镍，略高于铝，其导电性不如上述金属。钛箔可以用作多种电极的集流体，如 CoO、SnO_2、$Li_4Ti_5O_{12}$ 等。钛还可以作为金属前驱体直接生长 CoO、$Li_4Ti_5O_{12}$ 等，无须使用黏结剂和导电剂。钛网和泡沫钛也被用作集流体材料，其优势和铝铜相似。

不锈钢是含有铁、铬、镍、锰等元素的合金。以 304 型不锈钢为例，其密度与铜、镍相近，电导率明显低于其他金属，也会在高电压下生成钝化膜，但不足以阻止进一步腐蚀，难以应用于正极集流体，但在低电压下可以稳定存在，因而可以用作负极集流体。不锈钢作为含铁负极的集流体具有独特优势，如 α-Fe_2O_3 和 $FeVO_4$。可在不锈钢集流体上直接制备 α-Fe_2O_3，不锈钢不仅作为集流体发挥支撑作用，还可以直接提供铁元素，避免了黏结剂和导电炭黑的使用。

碳材料广泛应用于锂离子电池的导电添加剂，说明其在正负极均有优良的稳定性，可以用作正极集流体和负极集流体。碳材料密度低，有利于增加电极上的活性物质与非活性物质的比例，多孔结构可以获得比平面金属集流体更高的活性物质载量；碳材料不仅可以作为集流体，同时还可以参与锂化和脱锂的过程，增加容量；碳材料具有独特的机械性能，抗拉强度很高，同时还兼具柔性可弯折。碳材料还可以促进离子传输，电极和集流体之间的高接触面积可以降低界面电阻。碳纤维纸、碳纳米管、多孔碳等均常用作碳质集流体。

3.8　锂离子电池制造工艺与技术

锂离子电池的生产制造是一个复杂的多工步过程，生产过程涉及许多道工序，可划分为前段工序（极片制作）、中段工序（电芯合成）、后段工序（化成封装）。具体步骤大致如图 3.54 所示。

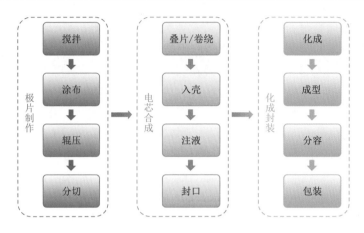

图 3.54 锂离子电池生产制造流程

1. 极片制作

如图 3.55 所示,前段工序以投入物料完成电池极片的制造为主,上承材料开发利用,下启电芯组装、测试,前段工序制造工艺及品质直接决定着电池的"先天"性能。前段工序(极片制作)细化分为搅拌、涂布、辊压和分切四个工序。

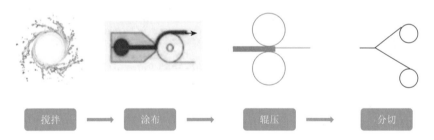

图 3.55 锂离子电池生产制造前段工序流程示意图

搅拌工序是指将正极或负极活性物质、黏结剂和导电添加剂混合均匀,调制成浆料的工序。搅拌一般使用双行星分散搅拌机提供固体粉料和液体溶剂混合的动力,通过公转桨实现物料的宏观混合,通过高速分散实现物料的微观分散,得到混合均匀的电池浆料,才能保证电池的一致性。在搅拌过程中,工序控制需进行相应的探讨,如搅拌速度、搅拌温度、搅拌时间、搅拌次序等,这是根据材料性质及浆料配比决定的。另外,电池浆料也有三个控制点需要严格把控,一是物料分散、混合均匀程度,主要指标为细度;二是物料混合配比符合设计标准,主要指标为固含量;三是成品胶液、浆料混合固液相稳定性,主要指标为黏度。

涂布工序是将浆料连续均匀地涂敷在集流体箔材（一般正极基材为铝箔，负极基材为铜箔）表面并烘干，分别制成正负极极片的工序。涂布使用涂布机进行卷对卷的涂布，涂辊转动带动浆料，通过调整刮刀间隙来调节浆料转移量，控制涂覆的厚度，并利用背辊或涂辊的转动将浆料转移到基材上，按工艺要求，控制涂布层的厚度以达到重量要求，同时，通过干燥加热除去平铺在基材上的浆料中的溶剂，使固体物质很好地黏结于基材上。在涂布过程中对环境的要求比较高，车间温度、湿度必须符合工艺要求，最好在无尘车间进行，涂布的极片也要达到质量要求，极片表面无掉料、划痕、暗痕、翘边、露箔等现象，极片面密度须符合工艺要求。

值得关注的是，极片制作除了上述的传统湿法技术外，最近干法技术备受瞩目（表 3.9），正负极干法制备工艺能够大幅度提高电极载量，是动力电池生产应用技术的新突破。干法技术是一种无溶剂的生产技术，正负极都可以应用，直接将挤出的电极材料带层压到金属箔集流体上形成成品电极。与传统湿法电极制造相比，干法技术对原有锂电池体系变化不大，由于电极制造过程没有溶剂参与的固液两相悬浮液混合及湿涂层的干燥过程，工艺更简单、灵活，活性炭颗粒之间以及与导电剂颗粒接触更为紧密，电极密度大，韧性好，循环寿命长，因此该技术是电极制备工艺的重要选择方向。

表 3.9　湿法技术与干法技术对比

对比项	NMP溶剂	黏结剂	干燥车间	流程	生产速度	成本	厚电极	能量密度	环保
湿法	需要	大量	巨大	复杂	慢	高	否	$180\sim$ $280\ \mathrm{W\cdot h/kg}$	否
干法	不需要	少量	降低1/3	简单	快	下降20%	是	$300\ \mathrm{W\cdot h/kg}$ 以上	是

随后对涂布好的极片进行辊压和分切工序，辊压工序通过调节压辊的间隙以调节压力，从而调节极片被压实的厚度和密度。辊压工序根据面密度、材料压实密度等数据计算辊压后厚度，以此为依据调节辊压机辊缝，使极片辊压厚度符合工艺标准要求，辊压后极片表面无掉料、疤痕、褶皱等现象。分切工序则根据选取卷绕工艺或叠片工艺将极片分切为不同形状。分切的极片切口平直，不允许有毛刺、掉料、白边等现象。

2. 电芯合成

中段工序以电芯组装和电池封装为主，续接前段工序即将极片、隔膜、电解质和外壳有序装配为电芯，之后再注液封口成为单体电池。中段工序（电芯合成）主要包括叠片/卷绕、入壳、注液和封口。

根据极片装配方式的不同可分为叠片工艺和卷绕工艺。叠片工艺一般用于制造软包电池，卷绕工艺一般用于制造圆柱形、方形电池。叠片工艺是将正极和负极切成小片与隔膜叠合成小电芯单体，多个小电芯叠放并联组成大电芯；卷绕工艺则是将条形的正极、负极和隔膜卷绕组合成电芯。叠片法每一个小电芯均有极耳，而卷绕法极耳数量较少，因而叠片法的电芯内阻较低，同时叠片法多极片并联的方式更容易在短时间内完成大电流的放电，倍率性能较好。另外，锂离子电池工作一段时间后，正负极极片均会出现一定程度的膨胀，卷绕法的电池在拐角处，由于膨胀程度不均一容易出现不平整的变形，使得内部结构不稳定；叠片法的电池，每层只会上下膨胀，内部结构可以保持平整，相比之下更安全。卷绕法的工艺更为简单，易于自动化，均一性好，稳定性高；而叠片法工艺烦琐，生产制造成本更高，目前市场上还是大部分采用卷绕工艺制作电芯。

如图 3.56 所示为卷绕过程示意图。卷绕时，内针夹紧隔膜、外针张开至电芯周长规定尺寸，由隔膜带入极片进行电芯卷绕；卷绕完成时，内针松开，外针内缩使卷针脱离电芯抽针下料。在卷绕过程中，车间温度、湿度也必须符合工艺要求，防止卷绕时极片吸附空气中水分，电芯卷绕完成后，除尺寸和重量要达到工艺要求外，在进行下一工序前，要放置于真空烘箱中进行电芯烘烤。

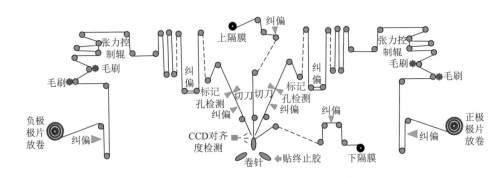

图 3.56　锂离子电池生产制造卷绕过程示意图

图 3.57 所示为叠片工艺示意图。首先将正极卷和负极卷进行裁切或模切，得到若干同样大小的正极片和负极片，在极片设计时负极片要略大于正极片，然后极片放置在自动叠片机的料槽中，通过机械臂的左右摆动吸附正负极片叠到隔膜上，隔膜"Z"字形穿行其间，正极片与负极片交错分布，被隔膜分隔开来，根据电池设计容量确定叠片极片数量，最后粘贴上终止胶带得到叠片电芯，再包上铝塑膜包装。相较于卷绕电池，叠片电池能量密度更高、内部结构更稳定、安全性更高、膨胀力更均匀、内阻较小、循环寿命更长，但是叠片工艺效率低、设备投资额高、质控较难，仍需要发展空间。

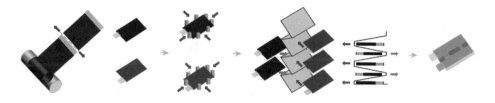

图 3.57　锂离子电池生产制造叠片工艺示意图

入壳工序是指将卷绕的电芯放入钢壳中或叠片的电芯放入铝塑膜中的过程。以软包电池叠片工艺为例,叠片后的电芯,首先在极片预留极耳处焊接上正负极耳(一般正极采用铝极耳,负极采用镍极耳),然后将整个电芯放入冲壳后的铝塑膜袋中进行顶侧封装。顶侧封是软包电芯的第一道封装工序,实际包含了顶封与侧封两个工序分别对顶部和侧边进行热封装。铝塑膜通常分三层(尼龙层、铝层、PP 层),封装时通过加热使 PP 溶化,同时加压(上下封头压合)使两层包装铝层黏合在一起,达到封装效果。入壳的电芯要保证极片无变形,隔膜无破损、脏污,极耳焊接等无漏焊、虚焊及焊穿,封装后密封达到工艺要求。

之后再进行电芯的注液工序,入壳后的电芯只留有气袋一侧开口,这个开口则用于注入电解液。电芯注液前要进行充分的烘烤除水,因为水分作为电解液中一种痕量组分,对锂离子电池 SEI 膜的形成和电池性能发挥有非常大的影响,满充状态的阳极与锂金属性质相近,可以直接与水发生反应。因此,注液工序要严格控制湿度,一般在手套箱中进行操作。在注液完成后,需要马上进行气袋一侧开口的封装,称作一封,同样要在手套箱中完成。一封封装后,电芯从理论上来说,内部就完全与外部环境隔绝,成为完全密封的整体,至此中段工序(电芯合成)组装单体电池完成。

3. 化成封装

后段工序主要是对中段工序组装的单体电池进行化成、测试等过程,包括化成、成型、分容和包装等工序。

在注液及一封完成后,首先需要将电池进行静置,静置的目的是让注入的电解液充分浸润极片,然后电池就可以进行化成工序。锂电芯的化成是电池的初始化,使电芯的活性物质激活,是一个能量转换的过程。锂电芯的化成也是一个非常复杂的过程,同时也是对电池性能影响很大的一道工序,因为在锂离子电池第一次充电时,Li^+ 第一次插入石墨中,会在电池内发生电化学反应,在电池首次充放电过程中不可避免地要在碳负极与电解液的相界面上形成覆盖在碳电极表面的钝化薄层(固态电解质相界面或 SEI 膜),而化成工序是生成稳定 SEI 膜的关键。除此之外,在这个过程中,电化学反应会产生一定量的气体,因此铝塑膜要预留一个气袋用于收集产气。例如,有些工厂的工艺会使用夹具化成,即把电芯夹在夹具中(有时用玻璃板,然后上钢夹子)再化成,这样产生的气体会被充分地挤到预留的气袋中,同时化成后的电极界面也更加稳定。

随后成型工艺通过高温老化,释放化成中产生的气体,并切掉气袋和多余的侧边,完成单体电池的最终外形(图 3.58)。因工艺原因,生产的电池实际容量不可能完全一致,通过一定的充放电测试将电池按照容量进行分类,这一工序称为电池分容。分容工序通过测试电池的实际容量,对电池进行性能筛选与分级,最后将完成分容的电池包装好即得到成品电池。

图 3.58　锂离子电池生产制造成型工序流程图

新能源汽车与电源储能行业的快速发展,极大地刺激了锂离子电池的需求,在这一轮的新技术产业增长中,东亚国家占据了绝对的优势,具体来说就是中国、日本和韩国。如表 3.10 所示。根据韩国市场研究机构 SNE Research 发布的 2022 年第一季度全球动力电池装机量排名报告,全球十大动力电池制造商均来自这三个国家。

表 3.10　全球十大动力电池制造商

排名	锂电企业	企业简介
1	宁德时代	宁德时代新能源科技股份有限公司(CATL)成立于 2011 年,公司总部位于福建宁德,是国内率先具备国际竞争力的动力电池制造商之一。公司核心技术为动力和储能电池领域,材料、电芯、电池系统、电池回收二次利用等全产业链研发及制造能力。主营业务专注于新能源汽车动力电池系统、储能系统研发、生产和销售,致力于为全球新能源应用提供一流解决方案
2	LG 新能源	LG 新能源(LG Energy Solution),隶属于韩国 LG 集团。作为全球电池技术领域的领先企业,LG 新能源业务涵盖动力电池、小型电池、储能系统三大领域。作为全球最早量产三元正极材料的公司,LG 新能源聚焦市场对高续航里程、高安全新能源车型的需求,在行业中率先实现了升镍降钴的四元锂电池(NCMA)的量产
3	比亚迪	比亚迪股份有限公司(BYD)创立于 1995 年,国内新能源汽车的领导者,拥有行业领先的汽车电池技术,形成完整的电池产业链,2020 年 3 月推出刀片电池,全方位构建新能源整体解决方案,从事电子、汽车、新能源和轨道交通等领域,主要产品为磷酸铁锂动力电池
4	日本松下	日本松下一季度的产量为 9.4 GW·h,市场份额为 9.9%,与 2 月份 10.8% 的市场份额相比略有下滑。值得一提的是,目前松下的大部分电池产品都供应给了特斯拉,与特斯拉有着长期的合作关系,此外松下还向丰田等日本汽车制造商供应电池
5	韩国 SK On	韩国 SK 集团旗下,电动汽车行业较早采用高能源密度三元系材料制造出锂离子电池的企业,已具备电极、分离膜、电池组、电池包等电池制造所需的全程价值链

续表

排名	锂电企业	企业简介
6	中航锂电	中航锂电（CALB）位于常州市金坛区江东大道 1 号，是专业从事锂离子电池动力电池、电池管理系统、储能电池及相关集成产品和锂电池材料的研制、生产、销售和市场应用开发的高科技企业，致力于为全球客户提供完整的产品解决方案和完善的全生命周期服务
7	三星 SDI	三星集团旗下，显像管生产部门，生产锂电池包，主要应用于笔记本等移动设备。三星 SDI 也将扩产重点放在圆柱电池，该工厂将生产 21700 电池，即宽 21 mm、长 70 mm 的圆柱电池，以适应目前持续增长的需求，预计新厂将作为三星 SDI 在 2030 年成为全球电池龙头的起点
8	国轩高科	国轩高科股份有限公司成立于 1995 年 1 月 23 日，位于安徽省合肥市包河区花园大道 566 号，是电池材料、电芯设计工艺等供应商和服务商，专门从事新型锂离子电池及其材料的研发、生产和经营的企业，产品涵盖磷酸铁锂和三元材料及电芯、动力电池组、电池管理系统及储能型电池组等
9	蜂巢能源	蜂巢能源科技股份有限公司（SVolt）前身是长城汽车动力电池事业部，自 2012 年起开展电芯的预研工作，2016 年 12 月成立电池事业部，2018 年成立蜂巢能源科技有限公司并从长城汽车剥离独立，2021 年改制为蜂巢能源科技股份有限公司，总部位于江苏常州，致力于下一代电池材料、电芯、模组、电池系统、BMS 储能系统和太阳能技术的研发、制造及创新
10	亿纬锂能	惠州亿纬锂能股份有限公司（EVE Energy）创立于 2001 年，国内知名的智慧互联能源方案提供商，已经形成锂原电池、锂离子电池、电源系统、电子烟等核心业务，产品覆盖智能电网、智能交通、智能安防、储能、新能源汽车、特种行业等市场

3.9　研究现状与展望

由于电动汽车、规模储能等产业发展非常迅速，对于锂离子电池的产量需求以及性能指标的提高十分迫切。为了满足产业发展的需求，研究开发高性能的锂离子电池成为锂离子电池研究的重点，同时也是我国实现产业升级的重要一环。目前，我国已拥有宁德时代、比亚迪、国轩高科、中创新航等一大批具有产业竞争力的锂离子电池生产厂家，在锂离子电池的研发与生产上取得了重大的成果，开发了"刀片电池"、"麒麟电池"、CTP（无模组）技术等，体现了向着体系扩展与电池结构优化两大方面前进的研究路线：主要包括开发高容量、高电压平台的电极材料，提升放电容量；研制适用温度宽、安全性高的电解液；组装更加简单、利用效率更高的电池结构等。通过以上方向的研究，锂离子电池的性能表现将得到进一步的提升，在未来的产业发展中发挥更大作用。

正极材料是影响锂离子电池性能表现的重要因素，常见的商用正极材料包括 $LiCoO_2$、$LiFePO_4$、$LiMn_2O_4$、三元材料等。$LiCoO_2$ 实现商业化已有二十多年，促进了锂离子电池的应用，然而，其理论比容量为 274 mA·h/g，实际比容量仅为 140 mA·h/g 左右。这是由于充放电过程中，钴离子能够迁移到锂离子所在的碱金属层，当锂离子脱出量达到一定程度时（脱锂＞55%），电极材料易发生不可逆的相变，且高脱锂态的 $LiCoO_2$ 具有强氧化性，导致电解液的分解与集流体的腐蚀，并伴随 Co 元素的溶解。因此，一般控制脱锂程度在一半左右。同时，Co 元素资源稀缺，价格较高，有毒且开采污染环境，这些特性严重限制了 $LiCoO_2$ 在电动汽车、储能电池等领域的大规模应用。

$LiFePO_4$ 是聚阴离子结构的正极材料，锂离子扩散通道是一维的，导致较小的电子电导率（$10^{-10} \sim 10^{-9}$ S/cm）及锂离子扩散系数（$10^{-14} \sim 10^{-12}$ cm²/s）。而强的 P—O 键抑制了充电时氧的释放，材料结构稳定性较好。$LiFePO_4$ 的放电平台在 3.4 V 左右，理论比容量为 170 mA·h/g，实际比容量可以达到 160 mA·h/g，同时充放电平台稳定，无记忆效应，自放电较小，原料丰富廉价，安全可靠，是兼顾性能与安全性的正极材料。然而，$LiFePO_4$ 的压实密度较低，导致电池的体积能量密度低。目前，通过对 $LiFePO_4$ 材料的不断改进，以及新型电池单体设计和成模技术（如比亚迪的刀片电池技术和宁德时代的 CTP 技术）的应用，大大提高了电池包的能量密度，使磷酸铁锂电池同样展现出良好的应用价值。

$LiMn_2O_4$ 为尖晶石型的正极材料，具有廉价易得、环境友好、倍率性能好的特点，常用于功率型锂离子电池中，但高温循环和储存性能较差是制约其规模化应用的主要障碍，一般认为主要是以下三点因素的影响：①Mn^{3+} 易于溶解；②电解液的氧化分解；③Mn^{3+} 带来的 Jahn-Teller 效应导致的材料结构劣化。为了改善这些问题，研究者采用了阳离子掺杂、降低比表面积、氧化物包覆及单晶化等方式改性 $LiMn_2O_4$，但是取得的效果有限。

三元材料是与 $LiCoO_2$ 类似的层状氧化物材料，主要包含镍钴锰三种元素，之间的比例可根据需求调整。较高镍含量的三元材料可逆比容量可达到 200 mA·h/g，由此可见，提高低镍三元材料的镍含量来提高可逆比容量是三元材料发展的必然趋势。而随着 Ni 含量的增加，Ni 的平均价态逐渐提高，材料内部的键能从低镍三元材料的 Ni^{2+}/Mn^{4+} 与 Co^{3+}/Mn^{4+} 为主变为 Ni^{3+}/Ni^{4+} 为主，键能降低；同时高价态的 Ni 具有强的氧化性，因此高镍材料的结构稳定性、热稳定性较差。通常需要通过掺杂、包覆、结构设计等方式进行改性，但依然难以完全满足实际应用的需要，这是未来三元正极材料研究的重点。

在负极方面，石墨依然是主流的负极应用材料，但是随着对电池能量密度的进一步要求，更高容量的硅负极被引入，制成复合的硅碳负极，在获得更多容量的同时将硅循环过程中体积膨胀的负面因素尽量减小。此外，随着固态电解质的开发，金属锂负极表现出了应用价值，凭借极高的理论容量可以显著提升电池的能量密度，同时固态电解质减小了锂枝晶带来的影响，但未来还需进一步解决界面接触不良的问题。

在电解液方面，目前普遍使用的是以 $LiPF_6$ 为锂盐、碳酸酯类分子为溶剂的电解液体系，虽然具有良好的化学稳定性以及锂离子的传导能力，但随着锂离子电池应用场景的增加，高温型、低温型以及安全型电解液也逐步成为研究重点。此外，电解液的添加剂同样影响着电池的性能表现，研究显示，LiBOB、LiDFOB等添加剂可有效提高电解液的稳定性。未来针对不同应用场景开发有不同功能侧重点的电解液是拓展锂离子电池应用场景的有效途径。

在电池结构的设计方面，创新设计层出不穷，动力电池朝向无模组化、集成化发展的趋势十分明显，电池结构创新成为车企和电池厂进一步提升性能和降低成本的重要手段。在电芯层面，比亚迪推出刀片电池提升空间利用率，特斯拉则推出 4680 大圆柱电池推动电池能量密度提升。在系统层面，宁德时代先后推出三代 CTP 技术，比亚迪与特斯拉则推出 CTC/CTB 电池车身一体化技术，零跑、上汽等整车厂也推出 MTC/CTP 等技术创新。未来锂离子电池将进一步走向高集成度、高能量密度的结构设计，以适应产业需求与市场需要。

参 考 文 献

[1] Yoo H D, Markevich E, Salitra G, et al. On the challenge of developing advanced technologies for electrochemical energy storage and conversion[J]. Materials Today, 2014, 17 (3): 110-121.

[2] Hong J, Selman J R. Relationship between calorimetric and structural characteristics of lithium-ion cells thermal analysis and phase diagram[J]. Journal of the Electrochemical Society, 2000, 147 (9): 3183-3189.

[3] Wang L, Maxisch T, Ceder G. A first-principles approach to studying the thermal stability of oxide cathode materials[J]. Chemistry Materials, 2007, 19 (3): 543-552.

[4] Bludská J, Vondrák J, Stopka P, et al. The increase of stability of Li_xCoO_2 electrodes of cointercalated sodium[J]. Journal of Power Sources, 1992, 39 (3): 313-322.

[5] Tomeno I, Oguchi M. NMR Study of $LiCo_{1-x}Cr_xO_2$ and $Li_{1-x}Na_xCoO_2$ ($x = 0$ and 0.05) [J]. Journal of the Physical Society of Japan, 1998, 67: 318-322.

[6] Zhu X M, Shang K H, Jiang X Y, et al. Enhanced electrochemical performance of Mg-doped $LiCoO_2$ synthesized by a polymer-pyrolysis method[J]. Ceramics International, 2014, 40 (7): 11245-11249.

[7] Yin R Z, Kim Y S, Shin S J, et al. *In situ* XRD investigation and thermal properties of Mg doped $LiCoO_2$ for lithium ion batteries[J]. Journal of the Electrochemical Society, 2012, 159 (3): A253-A258.

[8] Ceder G, Chiang Y M, Sadoway D R, et al. Identification of cathode materials for lithium batteries guided by first-principles calculations[J]. Nature, 1998, 392 (6677): 694-696.

[9] 曹景超, 胡国荣, 彭忠东, 等. 高倍率锂离子电池正极材料 $LiCo_{0.9}Ni_{0.05}Mn_{0.05}O_2$ 的合成及电化学性能[J]. 中国有色金属学报, 2014, 11 (24): 2813-2820.

[10] Jung H G, Gopal N V, Prakash J, et al. Improved electrochemical performances of $LiM_{0.05}Co_{0.95}O_{1.95}F_{0.05}$ (M = Mg, Al, Zr) at high voltage[J]. Electrochimica Acta, 2012, 68: 153-157.

[11] Zhao F, Tang Y, Wang J, et al. Vapor-assisted synthesis of Al_2O_3-coated $LiCoO_2$ for high-voltage lithium ion batteries[J]. Electrochimica Acta, 2015, 174: 384-390.

[12] Orikasa Y, Takamatsu D, Yamamoto K, et al. Origin of surface coating effect for MgO on $LiCoO_2$ to improve the interfacial reaction between electrode and electrolyte[J]. Advanced Materials Interfaces, 2014, 1 (9): 1400195.

[13] Sun Y K, Yoon C S, Myung S T, et al. Role of AlF$_3$ coating on LiCoO$_2$ particles during cycling to cutoff voltage above 4.5 V[J]. Journal of the Electrochemical Society, 2009, 156: A1005-A1010.

[14] Sun Y K, Cho S W, Myung S T, et al. Effect of AlF$_3$ coating amount on high voltage cycling performance of LiCoO$_2$[J]. Electrochimica Acta, 2007, 53 (2): 1013-1019.

[15] Bai Y, Jiang K, Sun S, et al. Performance improvement of LiCoO$_2$ by MgF$_2$ surface modification and mechanism exploration[J]. Electrochimica Acta, 2014, 134: 347-354.

[16] Cho J, Kim Y W, Kim B, et al. A breakthrough in the safety of lithium secondary batteries by coating the cathode material with AlPO$_4$ nanoparticles[J]. Angewandte Chemie International Edition, 2003, 42 (14): 1618-1621.

[17] Yang Z, Yang W, Evans D G, et al. Enhanced overcharge behavior and thermal stability of commercial LiCoO$_2$ by coating with a novel material[J]. Electrochemistry Communications, 2008, 10 (8): 1136-1139.

[18] Bianchini M, Roca-Ayats M, Hartmann P, et al. There and Back Again—The journey of LiNiO$_2$ as a cathode active material[J]. Angewandte Chemie International Edition, 2019, 58 (31): 10434-10458.

[19] Pouillerie C, Croguennec L, Delmas C. The Li$_x$Ni$_{1-y}$Mg$_y$O$_2$ ($y-0.05$, 0.10) system: structural modifications observed upon cycling[J]. Solid State Ionics, 2000, 132 (1-2): 15-29.

[20] 黄元乔, 郭文勇, 李道聪, 等. 锂离子电池正极材料 LiNi$_{1-x}$Co$_x$O$_2$ 的合成及电化学性能研究[J]. 无机化学学报, 2005, 21 (5): 736-740.

[21] Naghash A R, Lee J Y. Lithium nickel oxyfluoride (Li$_{1-z}$Ni$_{1+z}$F$_y$O$_{2-y}$) and lithium magnesium nickel oxide (Li$_{1-z}$(Mg$_x$Ni$_{1-x}$)$_{1+z}$O$_2$)cathodes for lithium rechargeable batteries: Part I. Synthesis and characterization of bulk phases[J]. Electrochimica Acta, 2001, 46 (7): 941-951.

[22] Sang H P, Sun Y K, Park K S, et al. Synthesis and electrochemical properties of lithium nickel oxysulfide (LiNiS$_y$O$_{2-y}$) material for lithium secondary batteries[J]. Electrochimica Acta, 2002, 47 (11): 1721-1726.

[23] Ding Y, Zhang P, Long Z, et al. Morphology and electrochemical properties of Al doped LiNi$_{1/3}$Co$_{1/3}$Mn$_{1/3}$O$_2$ nanofibers prepared by electrospinning[J]. Journal of Alloys and Compounds, 2009, 487 (1-2): 507-510.

[24] Gong C, Lv W, Qu L, et al. Syntheses and electrochemical properties of layered Li$_{0.95}$Na$_{0.05}$Ni$_{1/3}$Co$_{1/3}$Mn$_{1/3}$O$_2$ and LiNi$_{1/3}$Co$_{1/3}$Mn$_{1/3}$O$_2$[J]. Journal of Power Sources, 2014, 247: 151-155.

[25] Zhang Y, Xia S, Zhang Y, et al. Ce-doped LiNi$_{1/3}$Co$_{(1/3-x/3)}$Mn$_{1/3}$Ce$_{x/3}$O$_2$ cathode materials for use in lithium ion batteries[J]. Chinese Science Bulletin, 2012, 57 (32): 4181-4187.

[26] He Y S, Pei L, Liao X Z, et al. Synthesis of LiNi$_{1/3}$Co$_{1/3}$Mn$_{1/3}$O$_{2-z}$F$_z$ cathode material from oxalate precursors for lithium ion battery[J]. Journal of Fluorine Chemistry, 2007, 128 (2): 139-143.

[27] Sinha N N, Munichandraiah N. Synthesis and characterization of carbon-coated LiNi$_{1/3}$Co$_{1/3}$Mn$_{1/3}$O$_2$ in a single step by an inverse microemulsion route[J]. ACS Applied Materials and Interfaces, 2009, 1 (6): 1241-1249.

[28] Guo R, Shi P, Cheng X, et al. Effect of Ag additive on the performance of LiNi$_{1/3}$Co$_{1/3}$Mn$_{1/3}$O$_2$ cathode material for lithium ion battery[J]. Journal of Power Sources, 2009, 189 (1): 2-8.

[29] Liu X, Li H, Yoo E, et al. Fabrication of FePO$_4$ layer coated LiNi$_{1/3}$Co$_{1/3}$Mn$_{1/3}$O$_2$: Towards high-performance cathode materials for lithium ion batteries[J]. Electrochimica Acta, 2012, 83: 253-258.

[30] Noh h, Youn S, Yoon C S, et al. Comparison of the structural and electrochemical properties of layered Li[Ni$_x$Co$_y$Mn$_z$]O$_2$ ($x=1/3$, 0.5, 0.6, 0.7, 0.8 and 0.85) cathode material for lithium-ion batteries[J]. Journal of Power Sources, 2013, 233: 121-130.

[31] Liu W, Oh P, Liu X, et al. Nickel-rich layered lithium transition-metal oxide for high-energy lithium-ion batteries[J]. Angewandte Chemie International Edition, 2015, 54 (15): 4440-4457.

[32] Li H H, Yabuuchi N, Meng Y S, et al. Changes in the cation ordering of layered O3 Li$_x$Ni$_{0.5}$Mn$_{0.5}$O$_2$ during

electrochemical cycling to high voltages: an electron diffraction study[J]. Chemistry of Materials, 2007, 19 (10): 2551-2565.

[33] Jung S K, Gwon H, Hong J, et al. Understanding the degradation mechanisms of $LiNi_{0.5}Co_{0.2}Mn_{0.3}O_2$ cathode material in lithium ion batteries[J]. Advanced Energy Materials, 2014, 4 (1): 1300787.

[34] Miller D J, Proff C, Wen J G, et al. Observation of microstructural evolution in Li battery cathode oxide particles by in situ electron microscopy[J]. Advanced Energy Materials, 2013, 3 (8): 1098-1103.

[35] Watanabe S, Kinoshita M, Hosokawa T, et al. Capacity fade of $LiAl_yNi_{1-x-y}Co_xO_2$ cathode for lithium-ion batteries during accelerated calendar and cycle life tests (surface analysis of $LiAl_yNi_{1-x-y}Co_xO_2$ cathode after cycle tests in restricted depth of discharge ranges) [J]. Journal of Power Sources, 2014, 258: 210-217.

[36] Jo M, Noh M, Oh P, et al. A new high power $LiNi_{0.81}Co_{0.1}Al_{0.09}O_2$ cathode material for Lithium-ion batteries[J]. Advanced Energy Materials, 2014, 4 (13): 1301583.

[37] Lin F, Markus I M, Nordlund D, et al. Surface reconstruction and chemical evolution of stoichiometric layered cathode materials for lithium-ion batteries[J]. Nature Communications, 2014, 5 (1): 3529.

[38] Du R, Bi Y, Yang W, et al. Improved cyclic stability of $LiNi_{0.8}Co_{0.1}Mn_{0.1}O_2$ via Ti substitution with a cut-off potential of 4.5V[J]. Ceramics International, 2015, 41 (5): 7133-7139.

[39] Lee S M, Oh S H, Ahn J P, et al. Electrochemical properties of ZrO_2-coated $LiNi_{0.8}Co_{0.2}O_2$ cathode materials[J]. Journal of Power Sources, 2006, 159 (2): 1334-1339.

[40] Yoon S, Jung K-N, Yeon S-H, et al. Electrochemical properties of $LiNi_{0.8}Co_{0.15}Al_{0.05}O_2$-graphene composite as cathode materials for lithium-ion batteries[J]. Journal of Electroanalytical Chemistry, 2012, 683: 88-93.

[41] Ying J, Wan C, Jiang C. Surface treatment of $LiNi_{0.8}Co_{0.2}O_2$ cathode material for lithium secondary batteries[J]. Journal of Power Sources, 2001, 102 (1-2): 162-166.

[42] Sun Y K, Myung S T, Kim M H, et al. Synthesis and characterization of $Li[(Ni_{0.8}Co_{0.1}Mn_{0.1})_{0.8}(Ni_{0.5}Mn_{0.5})_{0.2}]O_2$ with the microscale core-shell structure as the positive electrode material for lithium batteries[J]. Journal of the American Chemical Society, 2005, 127 (38): 13411-13418.

[43] Sun Y K, Chen Z H, Noh H J, et al. Nanostructured high-energy cathode materials for advanced lithium batteries[J]. Nature Materials, 2012, 11 (11): 942-947.

[44] Rossouw M H, Liles D C, Thackeray M M. Synthesis and structural characterization of a novel layered lithium manganese oxide, $Li_{0.36}Mn_{0.91}O_2$, and its lithiated derivative, $Li_{1.09}Mn_{0.91}O_2$[J]. Journal of Solid State Chemistry, 1993, 104 (2): 464-466.

[45] Kalyani P, Chitra S, Mohan T, et al. Lithium metal rechargeable cells using Li_2MnO_3 as the positive electrode[J]. Journal of Power Sources, 1999, 80 (1-2): 103-106.

[46] Lu Z, MacNeil D D, Dahn J R. Layered cathode materials $Li[Ni_xLi_{(1/3-2x/3)}Mn_{(2/3-x/3)}]O_2$ for lithium-ion batteries[J]. Electrochemical and Solid-State Letters, 2001, 4 (11): A191-A194.

[47] Zheng J, Myeong S, Cho W, et al. Li-and Mn-rich cathode materials: challenges to commercialization[J]. Advanced Energy Materials, 2017, 7 (6): 1601284.

[48] Seo D H, Lee J, Urban A, et al. The structural and chemical origin of the oxygen redox activity in layered and cation-disordered Li-excess cathode materials[J]. Nature Chemistry, 2016, 8 (7): 692-697.

[49] Assat G, Tarascon J M. Fundamental understanding and practical challenges of anionic redox activity in Li-ion batteries[J]. Nature Energy, 2018, 3 (5): 373-386.

[50] Hu E, Yu X, Lin R, et al. Evolution of redox couples in Li-and Mn-rich cathode materials and mitigation of voltage fade by reducing oxygen release[J]. Nature Energy, 2018, 3 (8): 690-698.

[51] Nayak P K, Grinblat J, Levi M, et al. Al doping for mitigating the capacity fading and voltage decay of layered Li and Mn-rich cathodes for Li-ion batteries[J]. Advanced Energy Materials, 2016, 6 (8): 1502398.

[52] Li Q, Li G, Fu C. K^+-doped $Li_{1.2}Mn_{0.54}Co_{0.13}Ni_{0.13}O_2$: a novel cathode material with an enhanced cycling stability for lithium-ion batteries[J]. ACS Applied Materials & Interfaces, 2014, 6 (13): 10330-10341.

[53] Zheng J, Gu M, Xiao J, et al. Functioning mechanism of AlF_3 coating on the Li- and Mn-rich cathode materials[J]. Chemistry of Materials, 2014, 26 (22): 6320-6327.

[54] Zheng F, Yang C, Xiong X, et al. Nanoscale surface modification of lithium-rich layered-oxide composite cathodes for suppressing voltage fade[J]. Angewandte Chemie International Edition, 2015, 127 (44): 13058-13062.

[55] Liu W, Oh P, Liu X, et al. Countering voltage decay and capacity fading of lithium-rich cathode material at 60℃ by hybrid surface protection layers[J]. Advanced Energy Materials, 2015, 5 (13): 1500274.

[56] He X, Li J, Cai Y, et al. Preparation of spherical spinel $LiMn_2O_4$ cathode material for Li-ion batteries[J]. Materials Chemistry and Physics, 2006, 95 (1): 105-108.

[57] Thackeray M M, David W I F, Bruce P G, et al. Lithium insertion into manganese spinels[J]. Materials Research Bulletin, 1983, 18 (4): 461-472.

[58] Xiang M, Su C W, Feng L, et al. Rapid synthesis of high-cycling performance $LiMg_xMn_{2-x}O_4$ ($x\leqslant0.20$) cathode materials by a low-temperature solid-state combustion method[J]. Electrochimica Acta, 2014, 125: 524-529.

[59] Peng C, Huang J, Guo Y, et al. Electrochemical performance of spinel $LiAl_xMn_{2-x}O_4$ prepared rapidly by glucose-assisted solid-state combustion synthesis[J]. Vacuum, 2015, 120: 121-126.

[60] Xiong L, Xu Y, Zhang C, et al. Electrochemical properties of tetravalent Ti-doped spinel $LiMn_2O_4$[J]. Journal of Solid State Electrochemistry, 2010, 15 (6): 1263-1269.

[61] Ebin B, Lindbergh G, Gürmen S. Preparation and electrochemical properties of nanocrystalline $LiB_xMn_{2-x}O_4$ cathode particles for Li-ion batteries by ultrasonic spray pyrolysis method[J]. Journal of Alloys and Compounds, 2015, 620: 399-406.

[62] Zhao H, Liu S, Wang Z, et al. $LiSi_xMn_{2-x}O_4$ ($x\leqslant0.10$) cathode materials with improved electrochemical properties prepared via a simple solid-state method for high-performance lithium-ion batteries[J]. Ceramics International, 2016, 42 (12): 13442-13448.

[63] Chen M, Chen P, Yang F, et al. Ni, Mo co-doped lithium manganate with significantly enhanced discharge capacity and cycling stability[J]. Electrochimica Acta, 2016, 206: 356-365.

[64] Cho J, Kim T J, Kim Y J, et al. Complete blocking of Mn^{3+} ion dissolution from a $LiMn_2O_4$ spinel intercalation compound by Co_3O_4 coating[J]. Chemical Communications, 2001, 12: 1074-1075.

[65] Zhu Q, Zheng S, Lu X, et al. Improved cycle performance of $LiMn_2O_4$ cathode material for aqueous rechargeable lithium battery by LaF_3 coating[J]. Journal of Alloys and Compounds, 2016, 654: 384-391.

[66] Zhao H, Li F, Liu X, et al. A simple, low-cost and eco-friendly approach to synthesize single-crystalline $LiMn_2O_4$ nanorods with high electrochemical performance for lithium-ion batteries[J]. Electrochimica Acta, 2015, 166: 124-133.

[67] Jin G, Qiao H, Xie H, et al. Synthesis of single-crystalline octahedral $LiMn_2O_4$ as high performance cathode for Li-ion battery[J]. Electrochimica Acta, 2014, 150: 1-7.

[68] Liu G, Kong X, Li Y, et al. Porous $LiMn_2O_4$ with improved rate capability synthesised by facile biotemplate method[J]. Materials Technology, 2016, 31 (5): 299-306.

[69] Zhong Q M, Zhang M J, Gao Y, et al. Synthesis and electrochemistry of $LiNi_xMn_{2-x}O_4$[J]. Journal of the Electrochemical Society, 1997, 144 (1): 205-213.

[70] Kim J H, Myung S T, Yoon C S, et al. Comparative study of $LiNi_{0.5}Mn_{1.5}O_{4-\delta}$ and $LiNi_{0.5}Mn_{1.5}O_4$ cathodes having two crystallographic structures: $Fd\bar{3}m$ and $P4_332$[J]. Chemistry of Materials, 2004, 16 (5): 906-914.

[71] Chen Z J, Zhao R R, Du P, et al. Polyhedral $LiNi_{0.5}Mn_{1.5}O_4$ with excellent electrochemical properties for Li-ion batteries[J]. Journal of Materials Chemistry A, 2014, 2 (32): 12835-12848.

[72] Gao J, Li J, Song F, et al. Strategy for synthesizing spherical $LiNi_{0.5}Mn_{1.5}O_4$ cathode material for lithium ion batteries[J]. Materials Chemistry and Physics, 2015, 152: 177-182.

[73] Qian Y X, Deng Y F, Shi Z C, et al. Sub-micrometer-sized $LiMn_{1.5}Ni_{0.5}O_4$ spheres as high rate cathode materials for long-life lithium ion batteries[J]. Electrochemistry Communications, 2013, 27: 92-95.

[74] Dou S. Review and prospects of Mn-based spinel compounds as cathode materials for lithium-ion batteries[J]. Ionics, 2015, 21 (11): 3001-3030.

[75] Kim J W, Kim D H, Oh D Y, et al. Surface chemistry of $LiNi_{0.5}Mn_{1.5}O_4$ particles coated by Al_2O_3 using atomic layer deposition for lithium-ion batteries[J]. Journal of Power Sources, 2015, 274: 1254-1262.

[76] Li J, Zhang Y, Li J, et al. AlF_3 coating of $LiNi_{0.5}Mn_{1.5}O_4$ for high-performance Li-ion batteries[J]. Ionics, 2011, 17 (8): 671-675.

[77] Padhi A K, Nanjundaswamy K, Goodenough J. Phospho-olivines as positive-electrode materials for rechargeable lithium batteries[J]. Journal of the Electrochemical Society, 1997, 144 (4): 1188-1194.

[78] Chen Z Y, Zhu H L, Ji S, et al. Influence of carbon sources on electrochemical performances of $LiFePO_4$/C composites[J]. Solid State Ionics, 2008, 179 (27): 1810-1815.

[79] Gaberscek M, Dominko R, Bele M, et al. Porous, carbon-decorated $LiFePO_4$ prepared by sol-gel method based on citric acid[J]. Solid State Ionics, 2005, 176 (19): 1801-1805.

[80] Tan L, Tang Q, Chen X, et al. Mesoporous $LiFePO_4$ microspheres embedded homogeneously with 3D CNT conductive networks for enhanced electrochemical performance[J]. Electrochimica Acta, 2014, 137: 344-351.

[81] Wang B, Wang D, Wang Q. Improvement of the electrochemical performance of carbon-coated $LiFePO_4$ modified with reduced graphene oxide[J]. Journal of Materials Chemistry A, 2013, 1 (1): 135-144.

[82] Fedorková A, Oriňáková R, Oriňák A, et al. PPy doped PEG conducting polymer films synthesized on $LiFePO_4$ particles[J]. Journal of Power Sources, 2010, 195 (12): 3907-3912.

[83] Chen W M, Qie L, Yuan L X, et al. Insight into the improvement of rate capability and cyclability in $LiFePO_4$/polyaniline composite cathode[J]. Electrochimica Acta, 2011, 56 (6): 2689-2695.

[84] Chung S Y, Bloking J T, Chiang Y M. Electronically conductive phospho-olivines as lithium storage electrodes[J]. Nature Materials, 2002, 1 (2): 123-128.

[85] Ouyang C, Shi S, Wang Z, et al. First-principles study of Li ion diffusion in $LiFePO_4$[J]. Physical Review B, 2004, 69 (10): 104303.

[86] Ma J, Li B, Du H, et al. Effects of tin doping on physicochemical and electrochemical performances of $LiFe_{1-x}Sn_xPO_4$/C ($0 \leqslant x \leqslant 0.07$) composite cathode materials[J]. Electrochimica Acta, 2011, 56 (21): 7385-7391.

[87] Bilecka I, Hintennach A, Rossell M D. Microwave-assisted solution synthesis of doped $LiFePO_4$ with high specific charge and outstanding cycling performance[J]. Journal of Materials Chemistry, 2011, 21 (16): 5881-5890.

[88] Wang Z H, Yuan L X, Zhang W X, et al. $LiFe_{0.8}Mn_{0.2}PO_4$/C cathode material with high energy density for lithium-ion batteries[J]. Journal of Alloys and Compounds, 2012, 532: 25-30.

[89] Wang G, Shen X, Yao J. One-dimensional nanostructures as electrode materials for lithium-ion batteries with improved electrochemical performance[J]. Journal of Power Sources, 2009, 189 (1): 543-546.

[90] Teng F, Chen M, Li G, et al. Synergism of ionic liquid and surfactant molecules in the growth of $LiFePO_4$

nanorods and the electrochemical performances[J]. Journal of Power Sources，2012，202：384-388.

[91]　Liu H，Yang H，Li J. A novel method for preparing LiFePO$_4$ nanorods as a cathode material for lithium-ion power batteries[J]. Electrochimica Acta，2010，55（5）：1626-1629.

[92]　Rui X，Yan Q，Lim T M，et al. Li$_3$V$_2$(PO$_4$)$_3$ cathode materials for lithium-ion batteries：a review[J]. Journal of Power Sources，2014，258：19-38.

[93]　Rui X，Zhao X，Lu Z，et al. Olivine-type nanosheets for lithium ion battery cathodes[J]. ACS Nano，2013，7（6）：5637-5646.

[94]　Zhai J，Zhao M，Wang D，et al. Effect of MgO nanolayer coated on Li$_3$V$_2$(PO$_4$)$_3$/C cathode material for lithium-ion battery[J]. Journal of Alloys and Compounds，2010，502（2）：401-406.

[95]　Ren M，Zhou Z，Li Y，et al. Preparation and electrochemical studies of Fe-doped Li$_3$V$_2$(PO$_4$)$_3$ cathode materials for lithium-ion batteries[J]. Journal of Power Sources，2006，162（2）：1357-1362.

[96]　Deng C，Zhang S，Yang S Y，et al. Effects of Ti and Mg codoping on the electrochemical performance of Li$_3$V$_2$(PO$_4$)$_3$ cathode material for lithium ion batteries[J]. Journal of Physical Chemistry C，2011，115（30）：15048-15056.

[97]　Chen Q，Qiao X，Wang Y，et al. Electrochemical performance of Li$_{3-x}$Na$_x$V$_2$(PO$_4$)$_3$/C composite cathode materials for lithium ion batteries[J]. Journal of Power Sources，2012，201：267-273.

[98]　Qiao Y Q，Wang X L，Mai Y J，et al. Synthesis of plate-like Li$_3$V$_2$(PO$_4$)$_3$/C as a cathode material for Li-ion batteries[J]. Journal of Power Sources，2011，196（20）：8706-8709.

[99]　Zhang L，Xiang H，Li Z，et al. Porous Li$_3$V$_2$(PO$_4$)$_3$/C cathode with extremely high-rate capacity prepared by a sol-gel-combustion method for fast charging and discharging[J]. Journal of Power Sources，2012，203：121-125.

[100]　Lu Y，Hou X，Miao L，et al. Cyclohexanehexone with ultrahigh capacity as cathode materials for lithium-ion batteries[J]. Angewandte Chemie International Edition，2019，131（21）：7094-7098.

[101]　Zhang D，Lu Y，Wang J，et al. Revisiting the hitherto elusive cyclohexanehexone molecule：bulk synthesis，mass spectrometry，and theoretical studies[J]. Journal of Physical Chemistry Letters，2021，12（40）：9848-9852.

[102]　Bernal J D. The structure of graphite[J]. Proceedings of the Royal Society of London Series A，Containing Papers of a Mathematical and Physical Character，1924，106（740）：749-773.

[103]　Kganyago K，Ngoepe P. Structural and electronic properties of lithium intercalated graphite LiC$_6$[J]. Physical Review B，2003，68（20）：205111.

[104]　An S J，Li J，Daniel C，et al. The state of understanding of the lithium-ion-battery graphite solid electrolyte interphase（SEI）and its relationship to formation cycling[J]. Carbon，2016，105：52-76.

[105]　董桑林，罗江山，刘人敏，等. 石油焦用作锂离子电池负极[J]. 电池，1995，（6）：263-265.

[106]　邓朝阳，周志才，彭忠东，等. 热处理石油焦用作锂离子蓄电池碳负极的研究[J]. 电源技术，2000，（3）：135-138.

[107]　苏玉长，徐仲榆. 高温热处理石油焦的微观结构与其充放电性能的关系[J]. 湖南大学学报（自然科学版），2001，（4）：43-48.

[108]　王邓军，王艳莉，詹亮，等. 锂离子电池负极材料用针状焦的石墨化机理及其储锂行为[J]. 无机材料学报，2011，26（6）：619-624.

[109]　牛鹏星，王艳莉，詹亮，等. 针状焦和沥青焦用作锂离子电池负极材料的电极性能[J]. 材料科学与工程学报，2011，29（2）：204-209.

[110]　Buiel E，Dahn J. Li-insertion in hard carbon anode materials for Li-ion batteries[J]. Electrochimica Acta，1999，45（1-2）：121-130.

[111] Guo Z H，Wang C Y，Chen M M，et al. Hard carbon derived from coal tar pitch for use as the anode material in lithium ion batteries[J]. International Journal of Electrochemical Science，2013，8（2）：2702-2709.

[112] 尹鸽平，周德瑞，夏保佳，等. 掺磷碳材料的制备及其嵌锂行为 [J]. 电池，2000，（4）：147-149.

[113] Piotrowska A，Kierzek K，Rutkowski P，et al. Properties and lithium insertion behavior of hard carbons produced by pyrolysis of various polymers at 1000℃[J]. Journal of Analytical and Applied Pyrolysis，2013，102：1-6.

[114] 吴宇平，方春荣，姜长印，等. 锂离子电池用无定形碳材料容量衰减机理[J]. 电池，1999，（1）：10-12.

[115] 尹鸽平，周德瑞，程新群，等. 掺硼酚醛树脂热解碳的制备及嵌锂性能研究[J]. 高技术通讯，2001，（3）：98-100.

[116] van der Marel C，Vinke G，Van Der Lugt W. The phase diagram of the system lithium-silicon[J]. Solid State Communications，1985，54（11）：917-919.

[117] Obrovac M，Christensen L. Structural changes in silicon anodes during lithium insertion/extraction[J]. Electrochemical and Solid-State Letters，2004，7（5）：A93-A96.

[118] Lu X，Gu L，Hu Y S，et al. New insight into the atomic-scale bulk and surface structure evolution of $Li_4Ti_5O_{12}$ anode[J]. Journal of the American Chemical Society，2015，137（4）：1581-1586.

[119] Wang G，Gao J，Fu L，et al. Preparation and characteristic of carbon-coated $Li_4Ti_5O_{12}$ anode material[J]. Journal of Power Sources，2007，174（2）：1109-1112.

[120] Wang Y Q，Gu L，Guo Y G，et al. Rutile-TiO_2 nanocoating for a high-rate $Li_4Ti_5O_{12}$ anode of a lithium-ion battery[J]. Journal of the American Chemical Society，2012，134（18）：7874-7879.

[121] Zhang X Q，Cheng X B，Zhang Q. Advances in interfaces between Li metal anode and electrolyte[J]. Advanced Materials Interfaces，2018，5（2）：1701097.

[122] Lin D，Liu Y，Cui Y. Reviving the lithium metal anode for high-energy batteries[J]. Nature Nanotechnology，2017，12（3）：194-206.

[123] Cheng X B，Zhang R，Zhao C Z，et al. Toward safe lithium metal anode in rechargeable batteries：a review[J]. Chemical Reviews，2017，117（15）：10403-10473.

[124] Yang C P，Yin Y X，Zhang S F，et al. Accommodating lithium into 3D current collectors with a submicron skeleton towards long-life lithium metal anode[J]. Nature Communications，2015，6（1），8058.

[125] Xu M Q，Xiao A，Li W，et al. Investigation of lithium tetrafluorooxalatophosphate as a lithium-ion battery electrolyte[J]. Electrochemical and Solid-State Letters，2009，12（8）：A155-A158.

[126] Xu M，Xiao A，Li W，et al. Investigation of lithium tetrafluorooxalatophosphate [$LiPF_4(C_2O_4)$] as a lithium-ion battery electrolyte for elevated temperature performance[J]. Journal of The Electrochemical Society，2010，157（1）：A115-120.

[127] Zhou Z B，Takeda M，Fujii T，et al. Li [$C_2F_5BF_3$] as an electrolyte salt for 4 V class lithium-ion cells[J]. Journal of the Electrochemical Society，2005，152（2）：A351-A356.

[128] Zhang S. An unique lithium salt for the improved electrolyte of Li-ion battery[J]. Electrochemistry Communications，2006，8（9）：1423-1428.

[129] Scheers J，Johansson P，Jacobsson P. Anions for lithium battery electrolytes：a spectroscopic and theoretical study of the $B(CN)_4^-$ anion of the ionic liquid C_2^{mim} [$B(CN)_4$] [J]. Journal of The Electrochemical Society，2008，155（9）：A628-634.

[130] Arai J，Matsuo A，Fujisaki T，et al. A novel high temperature stable lithium salt（$Li_2B_{12}F_{12}$）for lithium ion batteries[J]. Journal of Power Sources，2009，193（2）：851-854.

[131] Armand M，Johansson P. Novel weakly coordinating heterocyclic anions for use in lithium batteries[J]. Journal of

Power Sources，2008，178（2）：821-825.

[132] Tokuda H，Tabata S I，Susan M，et al. Design of polymer electrolytes based on a lithium salt of a weakly coordinating anion to realize high ionic conductivity with fast charge-transfer reaction[J]. Journal of Physical Chemistry B，2004，108（32）：11995-12002.

[133] Yamada Y，Wang J，Ko S，et al. Advances and issues in developing salt-concentrated battery electrolytes[J]. Nature Energy，2019，4（4）：269-280.

[134] Kaneko F，Masuda Y，Nakayama M，et al. Electrochemical performances of lithium ion battery using alkoxides of group 13 as electrolyte solvent[J]. Electrochimica Acta，2007，53（2）：549-554.

[135] Abouimrane A，Belharouak I，Amine K. Sulfone-based electrolytes for high-voltage Li-ion batteries[J]. Electrochemistry Communications，2009，11（5）：1073-1076.

[136] Gmitter A J，Plitz I，Amatucci G G. High concentration dinitrile，3-alkoxypropionitrile，and linear carbonate electrolytes enabled by vinylene and monofluoroethylene carbonate additives[J]. Journal of the Electrochemical Society，2012，159（4）：A370-A379.

[137] Takeuchi S，Yano S，Fukutsuka T. Electrochemical intercalation/de-intercalation of lithium ions at graphite negative electrode in TMP-based electrolyte solution[J]. Journal of the Electrochemical Society，2012，159（12）：A2089-A2091.

[138] Arai J. Nonflammable methyl nonafluorobutyl ether for electrolyte used in lithium secondary batteries[J]. Journal of the Electrochemical Society，2003，150（2）：A219-A228.

[139] Naoi K，Iwama E，Ogihara N，et al. Nonflammable hydrofluoroether for lithium-ion batteries：enhanced rate capability，cyclability，and low-temperature performance[J]. Journal of the Electrochemical Society，2009，156（4）：A272-A276.

[140] Wu Q L，Lu W Q，Miranda M，et al. Effects of lithium difluoro(oxalate)borate on the performance of Li-rich composite cathode in Li-ion battery[J]. Electrochemistry Communications，2012，24：78-81.

[141] Han J G，Park I，Cha J，et al. Interfacial architectures derived by lithium difluoro(bisoxalato)phosphate for lithium-rich cathodes with superior cycling stability and rate capability[J]. ChemElectroChem，2017，4（1）：56-65.

[142] Jankowski P，Lindahl N，Weidow J，et al. Impact of sulfur-containing additives on lithium-ion battery performance：from computational predictions to full-cell assessments[J]. ACS Applied Energy Materials，2018，1（6）：2582-2591.

[143] Zuo X X，Fan C J，Liu J S，et al. Effect of tris(trimethylsilyl)borate on the high voltage capacity retention of $LiNi_{0.5}Co_{0.2}Mn_{0.3}O_2$/graphite cells[J]. Journal of Power Sources，2013，229：308-312.

[144] Li G，Liao Y，Li Z，et al. Constructing a low-impedance interface on a high-voltage $LiNi_{0.8}Co_{0.1}Mn_{0.1}O_2$ cathode with 2, 4, 6-triphenyl boroxine as a film-forming electrolyte additive for Li-ion batteries[J]. ACS Applied Materials & Interfaces，2020，12（33）：37013-37026.

[145] Sebastian L，Gopalakrishnan J. Lithium ion mobility in metal oxides：a materials chemistry perspective[J]. Journal of Materials Chemistry，2003，13（3）：433-441.

[146] Hu Z，Sheng J，Chen J，et al. Enhanced Li ion conductivity in Ge-doped $Li_{0.33}La_{0.56}TiO_3$ perovskite solid electrolytes for all-solid-state Li-ion batteries[J]. New Journal of Chemistry，2018，42（11）：9074-9079.

[147] Wu J F，Chen E Y，Yu Y，et al. Gallium-doped $Li_7La_3Zr_2O_{12}$ garnet-type electrolytes with high lithium-ion conductivity[J]. ACS Applied Materials & Interfaces，2017，9（2）：1542-1552.

[148] Chen R，Li Q，Yu X，et al. Approaching practically accessible solid-state batteries：stability issues related to solid electrolytes and interfaces[J]. Chemical Reviews，2020，120（14）：6820-6877.

[149] Aono H, Imanaka N, Adachi G. High Li$^+$conducting ceramics[J]. Accounts of Chemical Research, 1994, 27(9): 265-270.

[150] Illbeigi M, Fazlali A, Kazazi M, et al. Effect of simultaneous addition of aluminum and chromium on the lithium ionic conductivity of LiGe$_2$(PO$_4$)$_3$ NASICON-type glass-ceramics[J]. Solid State Ionics, 2016, 289: 180-187.

[151] Thangadurai V, Kaack H, Weppner W. Novel fast lithium ion conduction in garnet-type Li$_5$La$_3$M$_2$O$_{12}$ (M = Nb, Ta) [J]. Journal of the American Ceramic Society, 2003, 86 (3): 437-440.

[152] Thangadurai V, Weppner W. Li$_6$ALa$_2$Ta$_2$O$_{12}$ (A = Sr, Ba): novel garnet-like oxides for fast lithium ion conduction[J]. Advanced Functional Materials, 2005, 15 (1): 107-112.

[153] Geiger C A, Alekseev E, Lazic B, et al. Crystal chemistry and stability of "Li$_7$La$_3$Zr$_2$O$_{12}$" garnet: a fast lithium-ion conductor[J]. Inorganic Chemistry, 2011, 50 (3): 1089-1097.

[154] Inaguma Y, Liquan C, Itoh M, et al. High ionic conductivity in lithium lanthanum titanate[J]. Solid State Communications, 1993, 86 (10): 689-693.

[155] Stramare S, Thangadurai V, Weppner W. Lithium lanthanum titanates: a review[J]. Chemistry of Materials, 2003, 15 (21): 3974-3990.

[156] Kanno R, Hata T, Kawamoto Y, et al. Synthesis of a new lithium ionic conductor, thio-LISICON-lithium germanium sulfide system[J]. Solid State Ionics, 2000, 130 (1-2): 97-104.

[157] Kamaya N, Homma K, Yamakawa Y, et al. A lithium superionic conductor[J]. Nature Materials, 2011, 10(9): 682-686.

[158] Elmér A, Jannasch P. Synthesis and characterization of poly(ethylene oxide-co-ethylene carbonate)macromonomers and their use in the preparation of crosslinked polymer electrolytes[J]. Journal of Polymer Science Part A: Polymer Chemistry, 2006, 44 (7): 2195-2205.

[159] Wang H, Im D, Lee D J. A composite polymer electrolyte protect layer between lithium and water stable ceramics for aqueous lithium-air batteries[J]. Journal of the Electrochemical Society, 2013, 160 (4): A728-A733.

[160] Tominaga Y, Yamazaki K. Fast Li-ion conduction in poly(ethylene carbonate)-based electrolytes and composites filled with TiO$_2$ nanoparticles[J]. Chemical Communications, 2014, 50 (34): 4448-4450.

[161] Yu X Y, Xiao M, Wang S J, et al. Fabrication and characterization of PEO/PPC polymer electrolyte for lithium-ion battery[J]. Journal of Applied Polymer Science, 2010, 115 (5): 2718-2722.

[162] Okumura T, Nishimura S. Lithium ion conductive properties of aliphatic polycarbonate[J]. Solid State Ionics, 2014, 267: 68-73.

[163] Fonseca C P, Rosa D S, Gaboardi F, et al. Development of a biodegradable polymer electrolyte for rechargeable batteries[J]. Journal of Power Sources, 2006, 155 (2): 381-384.

[164] Ramesh S, Ng H M. An investigation on PAN-PVC-LiTFSI based polymer electrolytes system[J]. Solid State Ionics, 2011, 192 (1): 2-5.

[165] Zhou D, He Y B, Liu R, et al. In situ synthesis of a hierarchical all-solid-state electrolyte based on nitrile materials for high-performance lithium-ion batteries[J]. Advanced Energy Materials, 2015, 5 (15): 1500353.

[166] Devaux D, Glé D, Phan T, et al. Optimization of block copolymer electrolytes for lithium metal batteries[J]. Chemistry of Materials, 2015, 27 (13): 4682-4692.

[167] Porcarelli L, Gerbaldi C, Bella F, et al. Super soft all-ethylene oxide polymer electrolyte for safe all-solid lithium batteries[J]. Scientific Reports, 2016, 6 (1): 19892.

[168] Wang Q, Liu X, Cui Z, et al. A fluorinated polycarbonate based all solid state polymer electrolyte for lithium metal batteries[J]. Electrochimica Acta, 2020, 337: 135843.

[169] Tominaga Y, Yamazaki K, Nanthana V. Effect of anions on lithium ion conduction in poly(ethylene carbonate)-based polymer electrolytes[J]. Journal of the Electrochemical Society, 2015, 162 (2): A3133-A3136.

[170] Sun B, Mindemark J, Edström K, et al. Realization of high performance polycarbonate-based Li polymer batteries[J]. Electrochemistry Communications, 2015, 52: 71-74.

[171] Zhang J, Zhao J, Yue L, et al. Safety-reinforced poly(propylene carbonate)-based all-solid-state polymer electrolyte for ambient-temperature solid polymer lithium batteries[J]. Advanced Energy Materials, 2015, 5(24): 1501082.

[172] Choi K H, Kim S H, Ha H J. Compliant polymer network-mediated fabrication of a bendable plastic crystal polymer electrolyte for flexible lithium-ion batteries[J]. Journal of Materials Chemistry A, 2013, 1 (17): 5224-5231.

[173] Zhou D, He Y B, Liu R L, et al. *In situ* synthesis of a hierarchical all-solid-state electrolyte based on nitrile materials for high-performance lithium-ion batteries[J]. Advanced Energy Materials, 2015, 5 (15): 1500353.

[174] Boaretto N, Bittner A, Brinkmann C, et al. Highly conducting 3D-hybrid polymer electrolytes for lithium batteries based on siloxane networks and cross-linked organic polar interphases[J]. Chemistry of Materials, 2014, 26(22): 6339-6350.

[175] Liu W, Lee S W, Lin D, et al. Enhancing ionic conductivity in composite polymer electrolytes with well-aligned ceramic nanowires[J]. Nature Energy, 2017, 2 (5): 17035.

[176] Sun Y, Jin F, Li J, et al. Composite solid electrolyte for solid-state lithium batteries workable at room temperature[J]. ACS Applied Energy Materials, 2020, 3 (12): 12127-12133.

[177] Zhu Z, Hong M, Guo D, et al. All-solid-state lithium organic battery with composite polymer electrolyte and pillar quinone cathode[J]. Journal of the American Chemical Society, 2014, 136 (47): 16461-16464.

[178] Petronico A, Moneypenny T P, Nicolau B G, et al. Solid-liquid lithium electrolyte nanocomposites derived from porous molecular cages[J]. Journal of the American Chemical Society, 2018, 140 (24): 7504-7509.

[179] Lin Z, Guo X, Wang Z, et al. A wide-temperature superior ionic conductive polymer electrolyte for lithium metal battery[J]. Nano Energy, 2020, 73: 104786.

[180] Tan S J, Yue J, Tian Y F, et al. *In-situ* encapsulating flame-retardant phosphate into robust polymer matrix for safe and stable quasi-solid-state lithium metal batteries[J]. Energy Storage Materials, 2021, 39: 186-193.

[181] Li W, Dahn J R, Wainwright D S. Rechargeable lithium batteries with aqueous electrolytes[J]. Science, 1994, 264 (5162): 1115-1118.

[182] Suo L, Borodin O, Gao T, et al. "Water-in-salt" electrolyte enables high-voltage aqueous lithium-ion chemistries[J]. Science, 2015, 350 (6263): 938-943.

[183] Chen M, Feng G, Qiao R. Water-in-salt electrolytes: an interfacial perspective[J]. Current Opinion in Colloid & Interface Science, 2020, 47: 99-110.

[184] Nian Q S, Wang J Y, Liu S, et al. Aqueous batteries operated at −50 ℃[J]. Angewandte Chemie International Edition, 2019, 58 (47): 16994-16999.

[185] Yang M, Hou J B. Membranes in lithium ion batteries[J]. Membranes, 2012, 2 (3): 367-383.

[186] Choi S W, Kim J R, Jo S M, et al. Electrochemical and spectroscopic properties of electrospun PAN-based fibrous polymer electrolytes[J]. Journal of the Electrochemical Society, 2005, 152 (5): A989.

[187] Jeong H S, Kim D W, Jeong Y U, et al. Effect of phase inversion on microporous structure development of Al_2O_3/poly(vinylidene fluoride-hexafluoropropylene)-based ceramic composite separators for lithium-ion batteries[J]. Journal of Power Sources, 2010, 195 (18): 6116-6121.

[188] Zhu P，Gastol D，Marshall J，et al. A review of current collectors for lithium-ion batteries[J]. Journal of Power Sources，2021，485：229321.

[189] Monroe C，Newman J. Dendrite growth in lithium/polymer systems：a propagation model for liquid electrolytes under galvanostatic conditions[J]. Journal of the Electrochemical Society，2003，150（10）：A1377-A1384.

第4章 钠离子电池

4.1 概　述

1991 年，索尼公司实现了锂离子电池的商业化。自此，锂离子电池便成为便携式电子产品市场中常见的化学电源，并被认为是电化学储能的主力军。如今，随着科学技术的发展，锂离子电池已被引入汽车市场作为混合动力汽车和电动汽车的储能设备，以减少对化石能源的依赖。但是，锂元素在地壳中含量稀少且分布不均，其地壳丰度仅为 0.0017 wt%，并主要分布于北美以及澳大利亚。随着公众对锂离子电池需求的不断扩大，锂资源的价格也逐年飙升。据统计，2010 年市场上最常见的碳酸锂的价格为 4300 美元/t，到了 2020 年碳酸锂的价格便陡增为 20800 美元/t，短短 10 年价格提高了近 4 倍。虽然我国锂资源相对丰富，大约占世界锂资源储量的21%，但是我国锂资源 80%以上为难以开采的盐湖锂，绝大多数盐湖分布在青藏高原等生态脆弱区，产量有限，且一些能够提供产量的盐湖仍面临着提纯难度高、资源量少的问题。据报道，中国每年约消费全球超过 40%的锂，其中 80%需要海外进口，长此以往，未来我国锂资源必将供不应求。

钠离子电池是一种理想的锂离子电池替代品。钠与锂同处于碱金属族，具有极为相似的物理化学性质。在二次电池中钠的嵌入化学与锂的嵌入化学也非常相似，因此可以借鉴锂离子电池关键材料设计思路来构筑钠离子电池。如图 4.1 所示，除能量密度外，钠离子电池循环寿命、温度稳定性以及功率密度均优于锂离子电池。此外，钠元素地壳丰度为 2.36 wt%，排名第四，且钠元素的分布区域位于

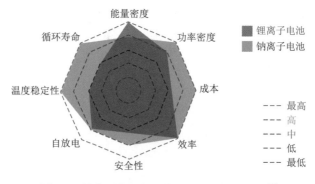

图 4.1　钠离子电池与锂离子电池的性能比较[1]

占地球面积约 70%的海洋中，非常广泛。钠盐的成本也远低于锂盐，2010 年市场上碳酸钠的价格为 134 美元/t，到了 2020 年碳酸钠的价格也仅为 149 美元/t，涨幅很小。因此，对于 80%的锂资源都依赖进口的中国而言，钠离子电池潜力巨大。

如图 4.2 所示，早在 19 世纪 70 年代，法国著名科幻作家儒勒·凡尔纳（Jules Verne）便在具有浓厚浪漫主义色彩的科幻历险名著《海底两万里》中提到以钠作为鹦鹉螺号潜水艇的电力来源。其文如下：“钠跟汞混合，成为一种合金，代替本生电池中所需要的锌。汞是不会损失的，只有钠才要消耗，但海水本身供给我所需要的钠。此外我还可以告诉您，钠电池应当是最强的，它的电动力比锌电池要强好几倍。”这一最早提出的钠电池概念虽与现今的钠离子电池不同，但是也代表了研究者对于钠电池在未来占据储能主力位置的憧憬。关于钠离子电池的研究最早可追溯到 20 世纪 70 年代，几乎与锂离子电池同时开始，但相较于 1991 年锂离子电池实现商业化而言，钠离子电池的商业化进程却显得较为曲折。近年来，国内外对钠离子电池材料的研究以及分析表征技术取得了一系列进展，为钠离子电池的商业化奠定了坚实基础。2011 年全球首家钠离子电池公司——英国 Faradion 成立，2017 年中科海钠科技有限责任公司的成立开创了中国钠离子电池商业化的先河。截至 2020 年，全球已累计二十多家企业致力于钠离子电池的研发，表明钠离子电池正向着实用化的进程迈进。2021 年 6 月 28 日，在中国科学院 A 类战略性先导科技专项大规模储能关键技术与应用示范项目的支持下，中国科学院物理研究所与中科海钠科技有限责任公司在山西太原综改区联合推出了全球首套 1 MW·h 钠离子电池光储充智能微网系统，并成功投入运行，该系统以钠离子电池为储能主体，结合市电、光伏和充电设施形成一个微网系统，可根据需求与公共电网智能互动[2]。2021 年 7 月 29 日，宁德时代举办了首场线上发布会，董事长曾毓群带来了宁德时代的第一代钠离子电池，其能量密度略低于磷酸

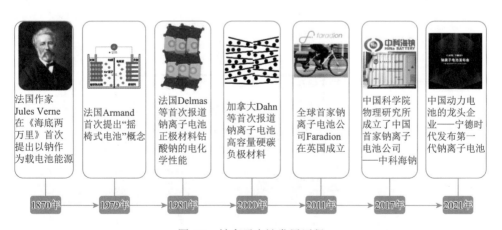

法国作家 Jules Verne 在《海底两万里》首次提出以钠作为载电池能源	法国 Armand 首次提出“摇椅式电池”概念	法国 Delmas 等首次报道钠离子电池正极材料钴酸钠的电化学性能	加拿大 Dahn 等首次报道钠离子电池高容量硬碳负极材料	全球首家钠离子电池公司 Faradion 在英国成立	中国科学院物理研究所成立了中国首家钠离子电池公司——中科海钠	中国动力电池的龙头企业——宁德时代发布第一代钠离子电池
1870年	1979年	1981年	2000年	2011年	2017年	2021年

图 4.2　钠离子电池发展历程

铁锂电池,电芯单体能量密度高达 160 W·h/kg,已是目前全球最高水平。尽管能量密度还不如技术非常成熟的锂离子电池,但在气温较低的环境下,钠离子拥有更优异的充放电表现。即便气温低至–20℃,仍能拥有 90%以上的放电保持率,系统集成效率超过 80%,解决了新能源汽车冬季续航大减的难题。这两项应用标志着我国的钠离子电池技术及其产业化走在了世界前列,同时意味着钠离子电池即将步入商业化应用新阶段。

4.2　钠离子电池的工作原理

钠离子电池和锂离子电池具有相似的结构组成以及工作原理。常见的钠离子电池主要由以下材料构成:电极材料(黏结剂、导电剂、正极材料和负极材料)、电解液(溶剂、钠盐和添加剂)、隔膜(聚合物或玻璃纤维等)、集流体(铝箔和铜箔),以及在正负极材料颗粒表面上形成的固体——电解液界面钝化膜。其中,正极材料表面上形成的膜被称为正极电解质界面(cathode electrolyte interphase,CEI),负极材料表面上形成的膜被称为固态电解质界面(solid electrolyte interphase,SEI)。钠离子电池是一种浓差电池,其中集流体用来捕获和传输电子;正负极材料能够保证钠离子在其中进行可逆地嵌入和脱出,以达到储存和释放能量的目的;隔膜处于正负极材料中间,避免电池正极与负极直接接触而发生短路,并且对电解质具有较好的浸润性,能够形成钠离子的迁移通道;浸润在隔膜中的电解液具有较高的钠离子电导率和极低的电子电导率,保证钠离子可以在电解液中快速传导。

可充电"摇椅式"钠离子电池的基本工作原理如图 4.3 所示。充电时,钠离子从正极脱出,经电解液穿过隔膜嵌入负极,使正极处于高电位的贫钠态,负极处于低电位的富钠态。放电过程则与之相反,钠离子从负极脱出,经由电解液穿

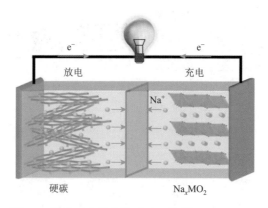

图 4.3　钠离子电池的构成及工作原理

过隔膜嵌入正极材料中，使正极恢复到富钠态。为保持电荷的平衡，充放电过程中有相同数量的电子经外电路传递，与钠离子的传输构成回路[3]。

类似于 LiCoO$_2$//石墨电池，我们以 Na$_x$TMO$_2$//石墨电池为例说明钠离子电池的工作原理，即以 Na$_x$TMO$_2$ 为正极材料，石墨为负极材料，其电极和电池反应式可分别表示为：

$$正极反应：Na_xTMO_2 \rightleftharpoons Na_{x-y}TMO_2 + yNa^+ + ye^- \qquad (4-1)$$

$$负极反应：nC + yNa^+ + ye^- \rightleftharpoons Na_yC_n \qquad (4-2)$$

$$电池总反应：Na_xTMO_2 + C \rightleftharpoons Na_{x-y}TMO_2 + Na_yC \qquad (4-3)$$

式中，正反应为充电态，逆反应为放电态。在理想的充放电情况下，钠离子在正负极材料间的嵌入和脱出不会严重破坏材料的结构，充放电过程发生的是一种可逆的电化学反应。

用来衡量电池存储能量的常见指标包括比能量和比容量，两者均可从质量和体积两个方面来评判，其常用单位分别是 W·h/kg 和 W·h/L。根据能斯特方程，在等温等压条件下，当体系发生可逆变化时，电池体系所释放的最大电能等于总的电化学反应在标准状态下的吉布斯生成能。因此，根据热力学手册计算出总反应式的吉布斯生成能后即可算出不同体系的能量密度极限，用于指导钠离子电池的开发。此外，电池的实际能量密度常用其质量比容量与反应电位的乘积来计算。电极材料质量比容量即单位质量活性材料所能储存的总电荷量，其常用单位是 mA·h/g，可通过式（4-4）计算：

$$质量比容量(mA·h/g) = nF/3.6M \qquad (4-4)$$

式中，n 为每摩尔电极材料在充放电过程中转移电子的物质的量；F 为法拉第常量；M 为电极材料的摩尔质量，g/mol。

4.3　正　极　材　料

钠离子电池正极材料主要分为层状氧化物、聚阴离子型化合物以及普鲁士蓝及其类似物，由于 Na$^+$ 尺寸（1.02 Å）相对于 Li$^+$（0.76 Å）较大，因此 Na$^+$ 在嵌入主体后更容易存在相互作用。此外，嵌钠过多的正极材料具有高度吸湿性，即使短暂暴露于空气中，也必须小心避免材料的水合作用，尤其是表面，这会导致 NaOH 的形成，并因其绝缘性而降低正极性能。因此，寻找合适的钠离子电池正极材料及其生产路线，是钠离子电池走向产业化的关键。

4.3.1　层状氧化物

层状过渡金属氧化物 Na$_x$TMO$_2$（TM 代表过渡金属）是一种嵌入或插层型化

合物。考虑到过渡金属的成本及地壳中储量丰度，目前过渡金属的选择如表 4.1 所示。Delmas 等首先提出了 Na^+ 在 TMO_6 过渡金属层间的排列方式并对其进行分类，将 Na_xTMO_2 分为 O 相和 P 相两种，如图 4.4 所示。O 或 P 后面的数字代表氧元素的堆垛排列方式，其中 O 相 Na_xTMO_2 中 Na^+ 占据 TMO_6 夹层间的八面体间隙位置，而 P 相 Na_xTMO_2 中 Na^+ 占据 TMO_6 夹层间的三棱柱位置。相对于 P 相 Na_xTMO_2 而言，O 相 Na_xTMO_2 具有更高的钠含量，这致使其结构也更不稳定，因而更难合成和储存。O 相 Na_xTMO_2 中 Na^+ 的扩散路径类似于 $LiCoO_2$，需要经历一个高能量态的四面体中间态；而 P 相 Na_xTMO_2 由于 Na^+ 在较大空间的三棱柱间直接传输，使得钠离子扩散相对容易。层状过渡金属氧化物中，随着 Na^+ 的脱出，钠层会出现钠空位且钠空位按一定有序性排列，此时其充放电曲线则呈现出多个斜坡和平台的现象，即由多个单相和两相反应组成。然而，大多数层状过渡金属氧化物对水氧敏感，难以在空气中长期保存。当其暴露于潮湿的空气中，通常晶体颗粒产生裂纹、表面生成绝缘的杂质或形成水合物，由此导致层状过渡金属氧化物的寿命缩短以及倍率性能变差。因此，空气稳定性被认为是评估 Na_xTMO_2 电极材料的重要因素。

表 4.1 Na_xTMO_2 中常见的过渡金属元素及其价态和半径

元素	Ti	V		Cr	Mn		Fe		Co		Ni		Cu	Zn
价态	+4	+3	+4	+3	+3	+4	+3	+4	+3	+4	+2	+3	+2	+2
半径/Å	0.605	0.64	0.58	0.615	0.645	0.53	0.645	—	0.545	—	0.69	0.56	0.73	0.74

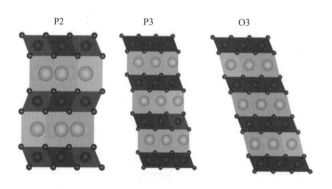

图 4.4 Na_xTMO_2 不同的相

  胡勇胜研究员团队[4]在总结不同系列层状氧化物结构参数的过程中，发现 O3 和 P2 两种结构材料的 Na 层间距 $[d_{(O-Na-O)}]$ 和 TM 层间距 $[d_{(O-TM-O)}]$ 的比值有一个临界值 1.62，比值高于 1.62 通常形成 P2 相，低于 1.62 易形成 O3 相。层间距的

变化从本质上说是 NaO_2 层和 TMO_2 层之间的静电吸引力和静电排斥力相互作用的结果，提高钠含量可增强 Na 层间的静电吸引力，使 $d_{(O-Na-O)}$ 变小，从而获得 O3 相；反之，P2 相中静电排斥力起主要作用。基于上述研究工作的思想，受离子势$[\Phi = n/R$，指离子电荷数（n）和离子半径（R）之比值]这一能够衡量离子极化能力参数的启发，如图 4.5 所示，胡勇胜研究员团队引入"阳离子势"这一变量参数，通过将 Na_xTMO_2 中过渡金属或其他掺杂元素的加权平均离子势和钠的加权平均离子势对氧阴离子势进行归一化，描述阳离子的电子云密度和极化程度，反映层状氧化物中碱金属层（O—Na—O）和过渡金属层（O—TM—O）之间的相互作用，以指示 O3 型结构和 P2 型结构之间的竞争关系。公式如下：

$$\Phi_{cation} = \frac{\overline{\Phi}_{TM}\overline{\Phi}_{Na}}{\overline{\Phi}_O} \qquad (4-5)$$

式中，Φ_{cation} 为阳离子势；$\overline{\Phi}_{TM}$、$\overline{\Phi}_{Na}$ 和 $\overline{\Phi}_O$ 分别为 TM、Na 和 O 的加权平均离子势。

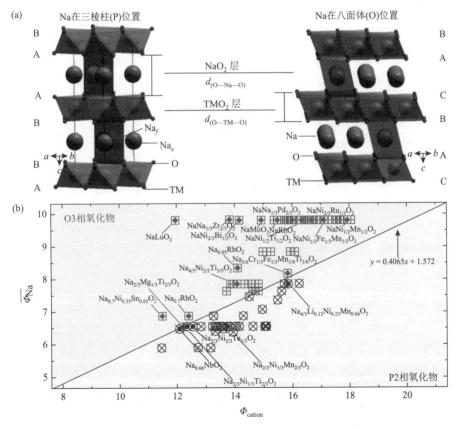

图 4.5　阳离子势及其在钠离子层状氧化物中的应用[4]

1. O3-NaTMO$_2$

20 世纪 80 年代，Delmas 等首次报道了几种 O3-NaTMO$_2$ 的电化学充放电曲线，如图 4.6 所示[5]。其中 NaFeO$_2$、NaCrO$_2$、NaCoO$_2$ 属于六方晶系，其空间群是 $R\bar{3}m$；而 Mn^{3+}、Ni^{3+} 的外层电子数分别是 3d^4、3d^7，均属于高自旋态，呈现出 Jahn-Teller 畸变，因而 NaNiO$_2$ 和 NaMnO$_2$ 的空间群变为 $C2/m$，属于单斜晶系。O3-NaFeO$_2$ 的充放电曲线呈现出典型的两相反应平台，即从 O3 相经两相反应向 O′3 转变；O3-NaCrO$_2$、O′3-NaNiO$_2$、O3-NaCoO$_2$ 的充放电曲线则是由多个平台和斜坡区域共同组成，即从 O3 相经两相反应转变成 O′3 相，再经固溶体反应和两相反应进一步转变成 P′3 或 P3 相；在较低的电压区间内，O3-NaFeO$_2$、O3-NaCrO$_2$ 能够保持可逆的充放电比容量，这不同于 LiFeO$_2$、LiCrO$_2$ 会发生过渡金属离子迁移，可能与 NaTMO$_2$ 具有较大的层间距而产生较高的过渡金属离子迁移能垒有关。但是当 O3-NaFeO$_2$、O3-NaCrO$_2$ 的充电截止电压提升至 4.5 V 时，其首次放电比容量急剧下降。这是由于 TM^{4+} 束缚的空穴被 O 2p 轨道捕获，材料表面发生晶格氧释放，过渡金属离子开始向 Na 层的四面体位置发生迁移，材料表面转变成不含钠的尖晶石结构。由于 Na$^+$ 半径较大，很难再进入四面体位置继续形成尖晶石型 NaTM$_2$O$_4$，最终导致容量损失。而 O′3-NaNiO$_2$、O3-NaCoO$_2$ 充电截止电压提升至高电压时，却未发现过渡金属离子的迁移，其首次放电比容量无明显下降；但伴随着反复的充放电过程，晶格氧也会逐渐被释放，其比容量仍会逐渐衰减。此外，O′3-NaMnO$_2$ 的充放电曲线仅呈现出多个斜坡现象，在充放电过程中也没有发现 P 相存在，比容量却衰减严重。目前其衰减机制尚未明确，可能与 MnO$_6$ 八面体的 Jahn-Teller 畸变有关。Bruce 等报道了无 Jahn-Teller 活性的 Zigzag 型层状 NaMnO$_2$ 的电化学行为，在充电过程中先发生两相反应再发生单相反应，整个充放电过程几乎完全可逆，且在 1/20C 倍率下的放电比容量可达 190 mA·h/g。然而，该材料的合成工艺相对复杂，且 Zigzag-NaMnO$_2$ 和 O′3-NaMnO$_2$ 的形成能非常接近，导致制备的 Zigzag-NaMnO$_2$ 实际上是 Zigzag 和 O′3 相的复合结果。因此，Zigzag-NaMnO$_2$ 难以作为商业钠离子电池正极材料。

2. O3-Na[TM$_{1-x}$TM′$_x$]O$_2$

一元 NaTMO$_2$ 的电化学性能普遍存在相变复杂、过渡金属迁移等问题，结合多种过渡金属元素特点的 Na[TM$_{1-x}$TM′$_x$]O$_2$ 能够有效提升材料的综合性能。O3-Na[Ni$_{0.6}$Co$_{0.4}$]O$_2$ 是最早被报道的二元 O3-Na[TM$_{1-x}$TM′$_x$]O$_2$ 正极材料[6]，得益于 Ni 和 Co 的初始价态均为 +3 价，该材料表现出 95 mA·h/g 的比容量，且在循环过程中会发生两次相变，分别在 2.25 V 和 2.4 V 左右。由于 Co 价格昂贵，Ceder 等[7, 8]在此基础上以廉价过渡金属 Fe、Mn 替代了 Co，合成了低 Co

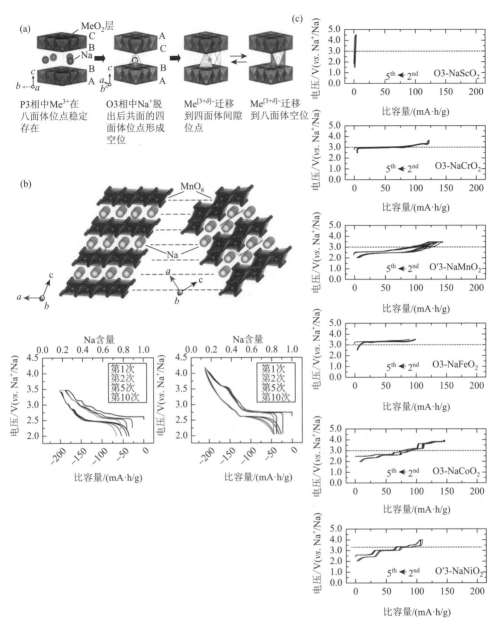

图 4.6　（a）NaTMO$_2$ 的过渡金属离子迁移路径；（b）O′3 和 Zigzag-NaMnO$_2$ 晶体结构图及充放电曲线；（c）O3 和 O′3-NaTMO$_2$ 的充放电曲线[5]

的 O3-Na[Ni$_{0.33}$Co$_{0.33}$Fe$_{0.33}$]O$_2$ 和 O3-Na[Fe$_{0.25}$Co$_{0.25}$Ni$_{0.25}$Mn$_{0.25}$]O$_2$，其脱钠量随着 Co 含量的降低而提高，因而可逆比容量分别可达 165 mA·h/g 和 180 mA·h/g，这主要是因为过渡金属 Fe 存在 Fe^{3+}/Fe^{4+} 的变价，而 Fe^{4+} 的 Jahn-Teller 效应有利于更多 Na$^+$ 脱

出。但 Fe^{4+} 更不稳定，容易从过渡金属层中脱离转移到钠层，这种情况只有 Fe 含量低于 0.3 时才可被抑制，因而 $O3\text{-}Na[Fe_{0.25}Co_{0.25}Ni_{0.25}Mn_{0.25}]O_2$ 的结构更为稳定。

部分 $O3\text{-}Na[TM_{1-x}TM'_x]O_2$ 正极材料的充放电曲线如图 4.7 所示，其中 $O3\text{-}Na[Fe_{0.5}Mn_{0.5}]O_2$ 成本低，且可以提供约 170 mA·h/g 的比容量，因而具有商业化潜质[9]。但 $O3\text{-}Na[Fe_{0.5}Mn_{0.5}]O_2$ 的晶格氧不稳定导致其存在严重的电压迟滞问题，且过渡金属 Fe 的迁移导致循环稳定性差。基于此，研究人员通过部分过渡金属取代以实现更好的循环稳定性。研究表明 Cr^{3+} 取代的 $O3\text{-}Na[Cr_{0.33}Fe_{0.33}Mn_{0.33}]O_2$ 在 2.0～4.1 V 工作电压可以实现 165 mA·h/g 的比容量，且 Cr 的存在抑制了 Fe 的迁移，因而循环性能良好[10]。此外，Cr 的迁移也因 Fe^{3+} 和 Mn^{4+} 对 Cr^{4+} 的局域环境的调节得到了有效抑制。

$O3\text{-}Na[Ni_{0.5}Mn_{0.5}]O_2$ 是一个经典的钠离子电池正极材料，最早由 Komaba 报道，在小电压范围（2.2～3.8 V）表现出 125 mA·h/g 的可逆比容量，在大电压范围（2.2～4.5 V）可逆比容量更高，可达 185 mA·h/g，但其在嵌钠/脱钠过程中结构不稳定，循环性能仍需进一步提升[11]。为改善 $O3\text{-}Na[Ni_{0.5}Mn_{0.5}]O_2$ 材料性能，开发了一系列三元、四元材料，其中较有代表性的有 $O3\text{-}Na[Ni_{0.33}Fe_{0.33}Mn_{0.33}]O_2$、$O3\text{-}Na[Ni_{0.3}Fe_{0.4}Mn_{0.3}]O_2$、$O3\text{-}Na[Ni_{0.4}Fe_{0.2}Mn_{0.2}Ti_{0.2}]O_2$[12-14]。$O3\text{-}Na[Ni_{0.33}Fe_{0.33}Mn_{0.33}]O_2$ 显示出约 140 mA·h/g 的可逆比容量，且充放电曲线中平台的减少使其表现出良好的循环稳定性；虽然调整比例后 $O3\text{-}Na[Ni_{0.3}Fe_{0.4}Mn_{0.3}]O_2$ 的可逆比容量仍为 140 mA·h/g，但能明确看出其充放电曲线没有明显的电压迟滞；虽然 Ti 属于电化学惰性元素，但用其替代电化学活性元素 Ni、Fe 和 Mn 后，$O3\text{-}Na[Ni_{0.4}Fe_{0.2}Mn_{0.2}Ti_{0.2}]O_2$ 的平均工作电压有所提升，且循环稳定性更加优异。

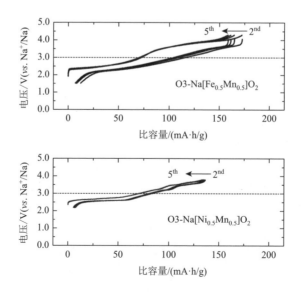

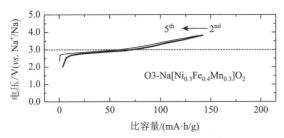

图 4.7　部分 O3-Na[TM$_{1-x}$TM$'_x$]O$_2$ 正极材料的充放电曲线[5]

3. P2-Na$_x$TMO$_2$

相较于 O3-NaTMO$_2$，P2-Na$_x$TMO$_2$ 具有开放的钠离子扩散单元，钠离子可以在相邻的三棱柱位置直接扩散，扩散速率较快，表现出优异的倍率性能，引起了研究者的广泛关注。一般来说，P2 相层状过渡金属氧化物属于六方晶系，空间群是 $P6_3/mmc$。钠离子在 P2 相中占据两种不同的三棱柱位置，一种是与 TMO$_6$ 八面体共面的 Na$_f$ 位，位于过渡金属的正下方或者正上方，另一种是与 TMO$_6$ 八面体共棱的 Na$_e$ 位，位于三个 TMO$_6$ 八面体空隙的正上方或者正下方。与 O3 相相比，P2 相为贫钠相，在碱金属层中存在钠空位，由此导致首圈充电时脱出的钠少于理论上放电时应嵌入的钠，即首周库仑效率偏低，放电比容量大于充电比容量，需寻求合适的补钠技术配合使用，以在全电池放电时提供钠源，对钠空位进行填补，由此提高后续循环的稳定性。如图 4.8（a）所示分别为 P2-Na$_{0.59}$Mn$_{0.90}$O$_2$ 和 P$'$2-Na$_{2/3}$MnO$_2$ 的充放电曲线，其中，P2-Na$_{0.59}$Mn$_{0.90}$O$_2$ 的充放电曲线较平滑，在 1.5～4.4 V 的电压区间内比容量为 198 mA·h/g，而 P$'$2-Na$_{2/3}$MnO$_2$ 充放电曲线展示出多个平台，在相同电压区间内比容量高达 216 mA·h/g[15]。当充电到高压贫钠状态，伴随着过渡金属层的滑移，P2 相会转变为 O2 相或 O 相与 P 相交替排列的 OP4 相或者 P 相与 O 相随机分布的 Z 相［图 4.8（b）和（c）］，造成比容量的衰减以及钠离子扩散受阻[16]。

在钠离子脱嵌过程中，还会发生 Na$^+$/空位有序排布的过程，本质上是形成新的超晶格相，在充放电曲线上表现为多平台特征，这个过程也会导致 Na$^+$ 扩散受阻。针对上述问题，研究人员多采用掺杂或表面修饰的方法进行改性。例如，研究表明将大离子半径的 K$^+$ 成功掺入 P2-Na$_x$MnO$_2$ 材料的 Na$_e$ 位，掺杂后材料的钠层间隙变大，Mn—O 键增强，有利于 Na$^+$ 的扩散和结构的稳定（图 4.9）。所制备的 P2-Na$_{0.612}$K$_{0.056}$MnO$_2$ 在 1.8～4.3 V 的电压范围内展示出 240.5 mA·h/g 的比容量，循环 100 次后容量保持率高达 98.2%[17]。此外，采用 Li$^+$ 部分替代 Mn^{3+}，有效地抑制了 P$'$2-Na$_{0.67}$MnO$_2$ 材料的 Jahn-Teller 效应导致的 Mn—O 键各向异性的变化，并且通过抑制 Na$^+$/空位过程，促进了 Na$^+$ 的扩散[18]。所制备的 P$'$2-Na$_{0.67}$Li$_{0.05}$Mn$_{0.95}$O$_2$ 首次充电比容量可达 192.2 mA·h/g，循环 100 次后容量保持率为 90.3%。

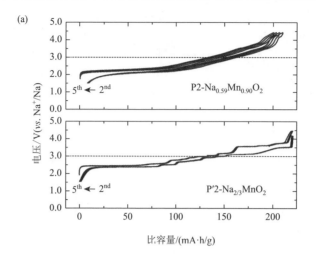

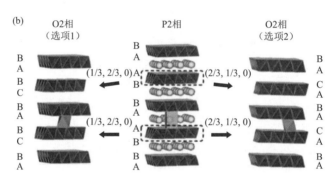

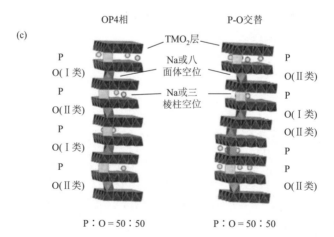

图 4.8　（a）P2-Na$_{0.59}$Mn$_{0.90}$O$_2$ 和 P′2-Na$_{2/3}$MnO$_2$ 的充放电曲线；（b）P2 相变为 O2 相的两个选择[15]；（c）OP4 相与 Z 相晶体结构示意图[16]

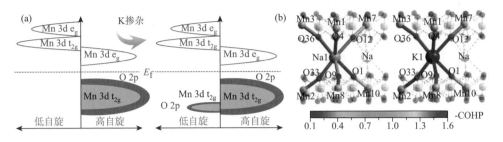

图 4.9　掺杂前后材料的 pDOS（投影态密度）（a）和 COHP（晶体轨道哈密顿布居函数）（b）
示意图[17]

4. P2-Na$_x$Mn$_y$M$_{1-y}$O$_2$

只含有单一过渡金属元素的 P2 型层状氧化物难以获得令人满意的电化学性
能，越来越多的研究者聚焦于二元过渡金属氧化物。地壳中锰元素的储量丰度较
高且 P2-Na$_x$MnO$_2$ 具有较高的可逆比容量（可达 200 mA·h/g 以上）。因此，以锰元
素为主体过渡金属的 P2-Na$_x$Mn$_y$M$_{1-y}$O$_2$（$y \geq 0.5$）受到更为广泛的关注，其中 M
代表过渡金属或者镁、锂。

P2-Na$_{2/3}$Ni$_{1/3}$Mn$_{2/3}$O$_2$ 是最常见的二元层状锰基钠离子电池正极材料之一。最初这
种材料被 Paulsen 和 Dahn 作为离子交换法制备 P2-Li$_{2/3}$Ni$_{1/3}$Mn$_{2/3}$O$_2$ 材料的前驱体。
Lu 和 Dahn 在 2001 年测试了该种材料在钠离子电池中的电化学性能以及充放电过程
中涉及的相变[19]。P2-Na$_{2/3}$Ni$_{1/3}$Mn$_{2/3}$O$_2$ 在 2.0～4.5 V 的电压区间内通过 Ni^{2+}/Ni^{4+} 和
Mn^{3+}/Mn^{4+} 发生氧化还原反应贡献容量，可以释放大约 150 mA·h/g 的可逆比容量，如
图 4.10（a）所示充放电曲线呈现出多个电压降，并且在所有的 O3 相以及 P2 相材料
平均工作电压最高（大约 3.6 V）[19]。此外，与大多数 P2 相正极材料不同，
P2-Na$_{2/3}$Ni$_{1/3}$Mn$_{2/3}$O$_2$ 材料具有空气稳定性，大大提高了其应用前景。然而，
P2-Na$_{2/3}$Ni$_{1/3}$Mn$_{2/3}$O$_2$ 材料在循环过程中也面临容量衰减的问题。主要的容量衰减机制
是充放电过程中发生不可逆相变并伴随着较大的体积变化。例如，Lu 和 Dahn 采用原
位 XRD 技术证明了 P2-Na$_{2/3}$Ni$_{1/3}$Mn$_{2/3}$O$_2$ 材料在充电到 4.1 V 时，由于 TMO$_2$ 层的滑移，
P2 相转变为 O2 相[19]。不可逆相变会导致钠离子扩散受阻甚至颗粒破碎或与极片脱离，
进而引发容量的衰减。此外，Na$^+$ 与空位有序排布过程也阻碍了 P2-Na$_{2/3}$Ni$_{1/3}$Mn$_{2/3}$O$_2$
材料中 Na$^+$ 的扩散。例如，研究人员在实验中观察到了该材料中的 Na$^+$ 与空位有序排
布过程。如图 4.10（b）～（d）所示，Na$_x$Mn$_{2/3}$Ni$_{1/3}$O$_2$ 中当 $x = 2/3$ 时，Na$_f$ 之间的距
离为 2a_{hex}，被 Meng 等命名为"大之字形"。当 $x = 1/2$ 时，这种有序排布变为一排 Na$_f$
与两排 Na$_e$ 交替排布。当 $x = 1/3$ 时，Na$^+$ 在 Na$_e$ 或 Na$_f$ 位点上单行排布。引入其他金属
（Fe、Li、Mg、Ti、Zn 等）通常可以提高 P2-Na$_{2/3}$Ni$_{1/3}$Mn$_{2/3}$O$_2$ 材料的电化学性能[20]。
例如，Guo 等将与 Ni^{2+} 半径相似的 Mg^{2+} 引入到 P2-Na$_{2/3}$Ni$_{1/3}$Mn$_{2/3}$O$_2$ 材料中有效抑

制了 P2-O2 相变[21]。所制备的 P2-$Na_{0.67}Ni_{0.28}Mn_{0.67}Mg_{0.05}O_2$ 材料平均放电电压高达 3.7 V，能量密度达到 455 W·h/kg，循环稳定性也有所提升。

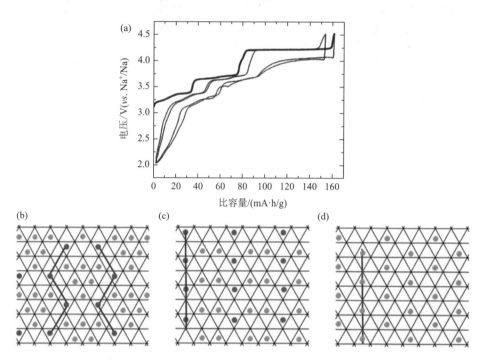

图 4.10　（a）$Na_{2/3}Ni_{1/3}Mn_{2/3}O_2$ 充放电曲线[19]；$Na_xMn_{2/3}NinO_2$ 材料在（b）$x = 2/3$、（c）$x = 1/2$ 和（d）$x = 1/3$（蓝球：Na^+ 在 Na_e 位置，粉球：Na^+ 在 Na_f 位置）时 Na^+ 与空位排布示意图[20]

与 P2-$Na_{2/3}Ni_{1/3}Mn_{2/3}O_2$ 材料相同，21 世纪初，P2-$Na_{2/3}[Mn, Fe]O_2$ 材料最初被用来离子交换合成 $Li_{2/3}Fe_{2/3}Mn_{1/3}O_2$ 材料。2012 年，Komaba 等制备了 P2-$Na_{2/3}Fe_{1/2}Mn_{1/2}O_2$，将其用作钠离子电池正极材料[22]。该材料可释放出大约 190 mA·h/g 的可逆比容量，在 1.5～4.3 V 的电压区间内展示出优异的倍率性能，但循环稳定性较差。该材料充放电曲线如图 4.11 所示，在 Na^+ 脱嵌过程中，Fe^{3+}/Fe^{4+} 和 Mn^{3+}/Mn^{4+} 发生氧化还原反应贡献容量。研究人员采用原位同步 X 射线衍射技术研究了 P2-$Na_{2/3}Fe_{1/2}Mn_{1/2}O_2$ 在 1.5～4.2 V 的电压区间内的容量衰减机制，如图 4.11 所示，结果表明该材料在充放电过程中经历了复杂的相结构演变，充电到高压区（4 V 以上）时 P2 相（$P6_3/mmc$ 空间群）变为 OP4 相（$P6_3$ 空间群），为可逆相变，放电过程中 P2 相变为 P′2 相（$Cmcm$ 空间群）[23]。此外，在 3 V 以上还观察到了电压迟滞现象。P2-OP4 相变是造成电压迟滞的主要原因，这一相变主要与 Na^+ 脱嵌过程中堆垛层错的形成以及 Fe 的迁移有关。与大多数 P2 相材料相同，P2-$Na_{2/3}Fe_{1/2}Mn_{1/2}O_2$ 材料一般也具有吸湿性。通过在 P2-$Na_{2/3}[Mn, Fe]O_2$ 材料中掺杂

Cu 可得到具有空气稳定性的材料[24]。将电压窗口缩减到 2.0～4.0 V 可有效抑制 P2-OP4 相变以及 Fe 的迁移，使循环稳定性提高 25%[25]。调整 Fe/Mn 值也可以改善 P2-Na$_x$Fe$_y$Mn$_{1-y}$O$_2$ 材料的电化学性能，研究表明电化学性能与钠含量和 Fe/Mn 值密切相关，而晶体结构对其影响较小。低钠含量以及低 Fe/Mn 值的材料释放出较高的比容量，并且循环稳定性以及倍率性能也较好[26]。所以，降低 Fe/Mn 值、引入外部元素可以有效地抑制 Fe 的迁移，改善电化学性能。例如，Ni 掺杂的 Na$_{0.67}$Fe$_{0.2}$Ni$_{0.15}$Mn$_{0.65}$O$_2$ 材料表现出高于未掺杂材料 25%的能量密度，循环 150 次后能量密度保持率高达 80%[27]。这是由于部分 Fe^{3+} 被 Mn^{4+}/Ni^{2+}取代，表现出平滑的充放电曲线，高压相变也得到抑制。此外，三元和四元的 Fe-Mn 基 P2 型材料（如 P2-Na$_x$[Fe, Mn, Ti]O$_2$、P2-Na$_x$[Fe, Mn, Co]O$_2$、P2-Na$_x$[Fe, Mn, Cu]O$_2$ 以及 P2-Na$_x$[Fe, Mn, Co, Ni]O$_2$）也被广泛报道[28, 29]。虽然金属掺杂的 P2-Na$_x$[Mn, Fe]O$_2$ 可以抑制电压衰减以及相变，但该类材料仍面临着首次库仑效率低以及工作电压低等挑战。

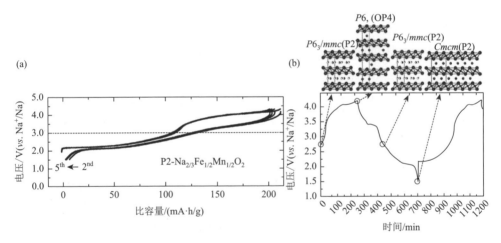

图 4.11　（a）P2-Na$_{2/3}$Fe$_{1/2}$Mn$_{1/2}$O$_2$ 的充放电曲线；（b）P2-Na$_{2/3}$Fe$_{1/2}$Mn$_{1/2}$O$_2$ 在充放电过程中经历的相变[22, 23]

胡勇胜等在 2014 年首次报道了基于 Cu^{3+}/Cu^{2+}氧化还原电对的钠离子电池层状氧化物材料[30]，由于 Cu 元素成本低廉、环境友好，P2-Na$_{2/3}$[Cu$_{1/3}$Mn$_{2/3}$]O$_2$ 展现出良好的应用前景。该材料平均工作电压高达 3.7 V，在 2.0～4.2 V 电压范围内具有约 70 mA·h/g 的可逆比容量。为了进一步提高比容量，该团队在铜锰基材料中引入更为廉价的 Fe，合成了 P2-Na$_{7/9}$[Cu$_{2/9}$Fe$_{1/9}$Mn$_{2/3}$]O$_2$ 正极氧化物（图 4.12）[24]。该材料在 2.5～4.2 V 电压区间内可逆比容量约为 90 mA·h/g，并且循环过程中不发生相变，1 C 下循环 150 次后容量保持率为 85%。另外，该材料具有良好的水/氧稳定性，经泡水烘干后结构仍保持不变。将 P2-Na$_{7/9}$[Cu$_{2/9}$Fe$_{1/9}$Mn$_{2/3}$]O$_2$ 正极与硬碳负极组装成全电池，其首次库仑效率达 79%，能量密度为 195 W·h/kg，电化学综合性能优异使其成为规模储能材料的理想候选。

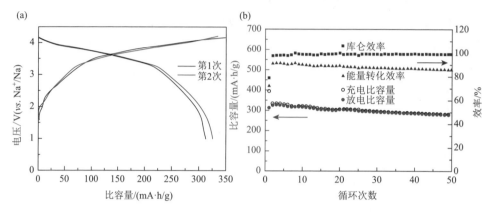

图 4.12　　P2-Na$_{7/9}$[Cu$_{2/9}$Fe$_{1/9}$Mn$_{2/3}$]O$_2$/硬碳全电池在 0.2 C 下（a）前两次充放电曲线以及（b）循环性能[24]

近年来，为了提高层状过渡金属物的容量，关于阴离子氧化还原反应的研究已成为钠离子电池的关注热点之一。不同于锂离子电池中的 Li$_2$MnO$_3$，钠离子半径较大很难进入过渡金属层，因而越来越多的人将目光投向于具有更高阴离子反应活性的缺钠型 P2-Na$_x$[Li$_{1-y}$Mn$_y$]O$_2$。Yabuuchi 等合成了 Na$_{5/6}$[Li$_{1/4}$Mn$_{3/4}$]O$_2$ 材料并将其用作钠离子电池正极材料，由于氧离子参与氧化还原反应，该材料表现出接近 200 mA·h/g 的比容量[31]。此后，一系列具备阴离子氧化还原反应的类似物，如 Na$_{0.72}$[Li$_{0.24}$Mn$_{0.76}$]O$_2$、Na[Li$_{0.2}$Mn$_{0.8}$]O$_2$ 等相继被报道[32, 33]。Bruce 等分别研究了 P2-Na$_{0.78}$[Li$_{0.25}$Mn$_{0.75}$]O$_2$ 和 P2-Na$_{0.6}$[Li$_{0.2}$Mn$_{0.8}$]O$_2$ 的电化学性能，其中 P2-Na$_{0.78}$[Li$_{0.25}$Mn$_{0.75}$]O$_2$ 是一种典型的过渡金属层呈蜂窝型排列的层状氧化物，其首次放电曲线出现了电压滞后现象[33]。而 P2-Na$_{0.6}$[Li$_{0.2}$Mn$_{0.8}$]O$_2$ 中过渡金属层呈独特的丝带状结构排列，这种独特的过渡金属层排列方式有效抑制了首次充放电过程中的电压迟滞现象，其电化学行为类似于 Na$_{4/7-x}$[□$_{1/7}$Mn$_{6/7}$]O$_2$。Hu 等报道的 P2-Na$_{0.72}$[Li$_{0.24}$Mn$_{0.76}$]O$_2$ 可逆比容量高达 270 mA·h/g，在该材料中大约有 0.93 个 Na$^+$ 参与了脱出/嵌入过程，通过原位同步辐射技术发现整个阴离子反应过程几乎都是以 P2 相形式存在（图 4.13）[32]。这是由于充电过程中氧的价态升高会导致氧层电荷数量降低，从而降低了过渡金属层与层之间的静电排斥力，减小了晶胞体积变化。不难看出，伴随着阴/阳离子共同参与反应，层状过渡金属氧化物可以输出更多的容量。

2014 年，Yabuuchi 等发现 Na$_{2/3}$[Mg$_{0.28}$Mn$_{0.72}$]O$_2$ 材料在 1.5～4.4 V 的电压区间内放电比容量达到了 220 mA·h/g，超过了 Mn^{3+}/Mn^{4+} 发生氧化还原反应贡献的理论比

容量[34]。随后，Bruce 等证实了该材料会发生阴离子氧化还原反应[35]。如图 4.14（a）所示，过渡金属层中的 Mg 和 Mn 呈蜂窝状排列。在充电过程中，充电曲线的斜坡与平台打破了人们对于额外的碱金属离子存在才可以引发阴离子氧化还原反应的认知。Yang 等合成的 P2-Na$_{2/3}$Mg$_{1/3}$Mn$_{2/3}$O$_2$ 材料初始充电比容量为 162 mA·h/g。由于 Mn 以四价的形式存在，总容量大多来源于氧的氧化还原反应[36]。他们设计了一台处的容量贡献分别来自 Mn^{3+}/Mn^{4+} 和 O 的氧化还原反应［如图 4.14（b）］。该种超高效软 X 射线共振非弹性散射全域映射方法量化晶格氧化还原的可逆性。

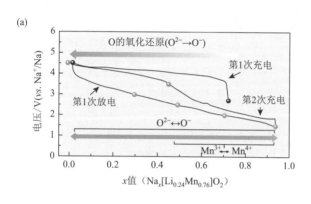

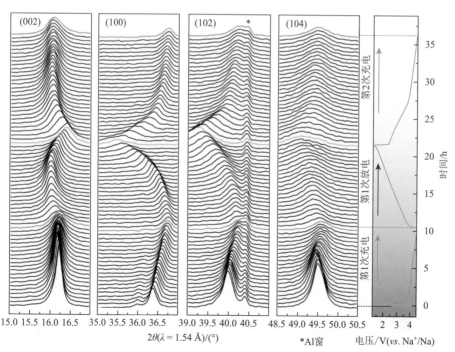

图 4.13　（a）P2-Na$_{0.72}$[Li$_{0.24}$Mn$_{0.76}$]O$_2$ 的充放电曲线；（b）P2-Na$_{0.72}$[Li$_{0.24}$Mn$_{0.76}$]O$_2$ 的原位 XRD 图[31]

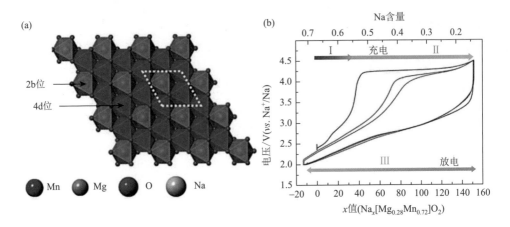

图4.14　（a）$Na_{2/3}[Mg_{0.28}Mn_{0.72}]O_2$ 中 Mg 与 Mn 在过渡金属层中呈蜂窝状排列；（b）$Na_{2/3}[Mg_{0.28}Mn_{0.72}]O_2$ 的充放电曲线[35]

结果表明首次循环中 79% 的晶格氧的氧化还原是可逆的，并且循环 100 次后与晶格氧有关的容量可以保持 87%。Song 等制备了 P3-$Na_{2/3}Mg_{1/3}Mn_{2/3}O_2$ 材料，由于不可逆的 P3-O3 相变，该材料在首次充放电过程中存在较大的电压迟滞现象，降低了材料的能量转化效率[37]。因此，避免相变的发生是充分利用晶格氧参与氧化还原反应的前提。Myung 等制备的 P2-$Na_{0.6}[Mg_{0.2}Mn_{0.6}Co_{0.2}]O_2$ 由于引入了 Co^{3+}，在 5 C 倍率下循环 1000 圈后容量保持率高达 72%。DFT 计算结果表明 Co 的引入显著降低了 O 2p、Mn 3d 和 Co 3d 的禁带宽度，提高了电子和离子电导率[38]。同时，Co 3d 与 O 2p 轨道重叠有利于稳定晶格氧，也解释了该材料的长循环稳定性。

5. P3-Na_xTMO_2

P3 相 Na_xTMO_2 具有类似于 P2 相层状氧化物的结构，其中氧原子为最紧密堆积，按照 ABCACB 顺序堆积。研究表明，过渡金属氧化物材料的结构不仅取决于元素组成，还与其合成方法和条件息息相关。通常，P3 相材料的合成温度比 P2 相材料的更低。2016 年，Yabuuchi 等合成了一系列 $Na_{0.58}[Cr_{0.58}Ti_{0.42}]O_2$ 氧化物，发现只有在钠含量为 0.6 以下，合成温度在 850℃ 左右才可以成功合成 P3 相结构，该 P3 相材料在 2.5～3.7 V 工作电压区间的可逆比容量为 60 mA·h/g，平均电压约为 3.5 V[39]。2018 年，胡勇胜等研究了 P3 相 $Na_{0.6}[Li_{0.2}Mn_{0.8}]O_2$ 材料充放电过程中的电荷补偿，结果表明电压区间为 3～4.5 V，材料的容量仅由氧的氧化还原提供，而不发生 Mn 的电荷补偿，如图 4.15 所示[40]。整体而言，目前报道的 P3 相层状氧化物材料相对较少，更多材料和性质正在研究中。

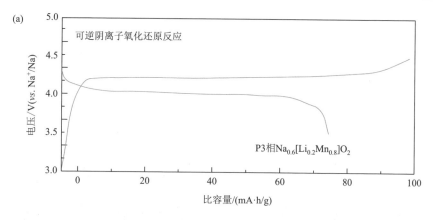

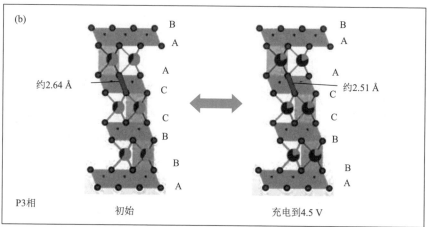

图 4.15　P3 相 $Na_{0.6}[Li_{0.2}Mn_{0.8}]O_2$ 材料的首次充放电曲线（a）以及充电到 4.5 V 时 O—O 键长的变化（b）[40]

6. 高熵 Na_xTMO_2

O3 或 P2-Na_xTMO_2 均表现出复杂的多个相变,这对电极材料的循环稳定性和离子扩散是不利的。为了使 O3 或 P2 相层状金属氧化物在充放电过程中实现更宽电压范围的单相反应，通常可以通过制备多元素或高熵金属氧化物来抑制过渡金属有序、电荷有序及 Na^+/空位有序性。高熵氧化物指可以结晶为单相的多元素金属氧化物系统，其中不同的组分可以是不同的晶体结构。近期，胡勇胜等报道了 $O3$-$NaNi_{0.12}Cu_{0.12}Mg_{0.12}Fe_{0.15}Co_{0.15}Mn_{0.1}Ti_{0.1}Sn_{0.1}Sb_{0.04}O_2$ 材料的电化学行为，结果显示该高熵金属氧化物在 3 C 倍率下循环 500 次的容量保持率高达 83%[41]。从图 4.16 中可以看出，在传统层状过渡金属氧化物中，活性较高的过渡金属发生氧化还原反应时，其附近的 Na^+ 优先脱嵌，形成 Na^+/空位有序，此时氧层产生滑移，易发生相变。而层状高熵金属氧化物由于过渡金属层无序化，具有氧化还原活性的过渡金属元素更趋于随机升降价态，不易形成 Na^+/空位有序，可以延缓或抑制相变的形成，使电极材料具有更好的倍率性能和循环稳定性。

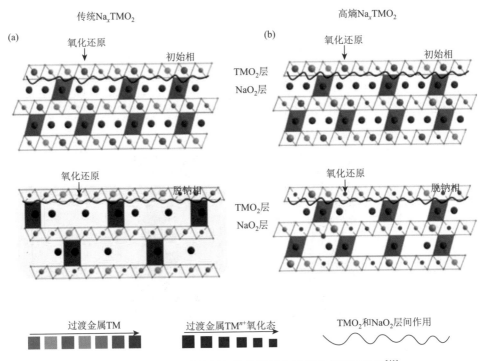

图 4.16　传统和高熵金属氧化物的氧化还原反应机理对比[41]

7. 两相/多相 Na_xTMO_2

O3 型层状正极材料具有较高的理论容量，但在循环过程中存在多次相变，结构稳定性较差；P2 型正极材料具有较好的倍率性能和结构稳定性，但 P2 型层状材料的能量密度不高，首次库仑效率需要优化。层状氧化物材料的这两种相结构各有优缺点，因此一些研究人员尝试合成含有两相混合结构的正极材料，来进一步提高材料的电化学性能。Zhang 等设计合成了一种具有长循环性能的 P2/O3 混相的 $Na_{2/3}Ni_{1/3}Mn_{1/3}Ti_{1/3}O_2$ 材料，由于充放电过程中高度可逆结构演化，该材料在 1 C 倍率下循环 2000 次的容量保持为 68.7%[42]。此外，Passerini 等利用固相法，并通过调整 Mn^{4+} 和 Ni^{2+} 的比例，设计合成了一种具有 P3/P2/O3 混合结构的 $Na_{0.76}Mn_{0.5}Ni_{0.3}Fe_{0.1}Mg_{0.1}O_2$ 材料，该材料在 1 C 倍率下循环 600 次的容量保持率为 90.2%，平均电压为 3.4 V[43]。因此，混相的结构设计为构建高性能钠离子电池正极材料提供了一条可行的途径。

4.3.2 聚阴离子型化合物

聚阴离子型化合物的化学通式可以写作 $Na_xM_y[(XO_m)_n]_zF_t$，其中 M 一般为过渡金属元素，X 则为磷、硫等元素，t 可等于 0。在该类化合物中，M 与 X 的氧多面体通过共点或共边的方式形成稳定的框架结构，钠离子能够存储在这些稳定的框架中。这种稳定的多面体框架赋予了这类电极材料许多优点，例如，其开放性框架能快速进行钠离子脱嵌；再者，由于与电负性强的氧原子作用形成了共价键，进一步加强了结构的稳定性，其热稳定性也有所提高。此外，聚阴离子型化合物可通过改变聚阴离子集团（如 XO_4，X = P、S、B 等）调控材料的输出电压。一般地，X 的电负性越强，材料的输出电压越高。综上所述，聚阴离子型正极材料优异的特性使这类材料一直是钠离子电池正极材料研究领域的热门课题。聚阴离子型化合物主要包括橄榄石（olivine）结构的 $NaFePO_4$、钠超离子导体（NASICON）结构的 $Na_3V_2(PO_4)_3$、氟磷酸盐类材料 $NaMPO_4F$、焦磷酸盐类化合物 $Na_2MP_2O_7$ 和硫酸盐 $Na_2Fe_2(SO_4)_3$ 等（其中，M 为 Fe 和 Mn 等过渡金属）。

1. 橄榄石结构类

磷酸铁钠（$NaFePO_4$）有两种不同的结构，分别是橄榄石结构和磷铁钠矿（maricite）结构，如图 4.17 所示。磷铁钠矿结构中 Fe^{2+} 和 Na^+ 分别占据 4a 和 4c 位置，而橄榄石型结构中正好相反，Na^+ 和 Fe^{2+} 占据 4a 和 4c 位置，与橄榄石型磷酸铁锂类似，橄榄石型 $NaFePO_4$ 具有阳离子通道，能够发生 Na^+ 交换可以作为 Na^+ 扩散通道，故而可用作正极材料。然而，由于 Na^+ 所占位置的差异，磷铁钠矿结构中没有 Na^+ 脱嵌的通道，妨碍了材料结构中 Na^+ 的脱嵌，不具有电化学活性，因此不能直接作为钠离子电池正极材料。橄榄石型 $NaFePO_4$ 的电势差平台在 3.0 V 左右，理论上，橄榄石型 $NaFePO_4$ 的可逆比容量可达 154 mA·h/g。虽然这种晶体结构的 $NaFePO_4$ 电化学性质良好，但其合成方法比较复杂，目前不能用常规合成方法制备橄榄石型 $NaFePO_4$。因此，目前这种材料的研究主要集中在如何解决合成方法比较困难的问题。直接高温固相法制备得到的 $NaFePO_4$ 为不具有电化学活性的磷铁钠矿型 $NaFePO_4$。在制得 $LiFePO_4$ 的基础上，通过阳离子交换可以获得高纯的橄榄石型 $NaFePO_4$。Le Poul 等通过离子交换法率先制得了橄榄石型 $Na_{0.65}FePO_4$，在 0.1 C 倍率下可以实现 0.65 个 Na^+ 的可逆脱嵌[45]。Oh 等[46]利用离子交换法成功制得橄榄石型 $NaFePO_4$，经过 50 次循环之后，材料仍具有 125 mA·h/g 的可逆比容量，证实了橄榄石型 $NaFePO_4$ 具有良好的储钠性能。

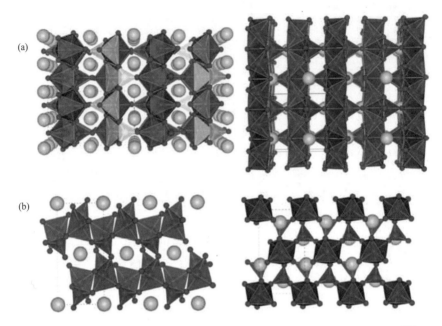

图 4.17　（a）橄榄石结构和（b）磷铁钠矿结构的 NaFePO$_4$ 晶体示意图[44]

Kim 课题组对纳米结构的磷铁钠矿型 NaFePO$_4$ 进行了研究，发现通过首次预脱钠形成无定形的 NaFePO$_4$ 具有电化学活性，这主要通过将纳米相的 NaFePO$_4$ 晶体转变成无定形的 FePO$_4$ 材料后，材料得到活化，钠离子的迁移活性增加[47]。研究表明 50 nm 的 NaFePO$_4$ 纳米颗粒在 1.5～4.5 V 的电压范围内可以实现 142 mA·h/g 的可逆比容量，同时循环 200 次依然拥有 95%的容量保持率。如图 4.18 所示，Liu 课题组通过静电纺丝的方法合成出碳包覆的 NaFePO$_4$ 纳米颗粒，

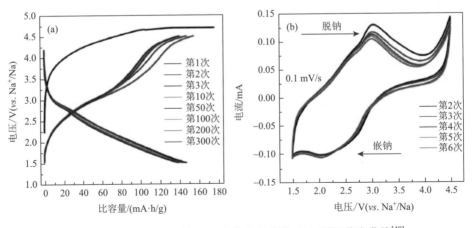

图 4.18　NaFePO$_4$@C 的（a）充放电曲线和（b）循环伏安曲线[48]

经过电化学性能测试，该材料在 0.2 C 倍率下实现 145 mA·h/g 的可逆比容量，即使在 50 C 的超高倍率下，依然有 61 mA·h/g 的比容量，同时表现出很好的循环稳定性（6300 次循环后容量保持率为 89%）[48]。尽管该类材料具有很高的比容量，较低的输出电压（2.4 V）无法满足作为高能量密度储能正极材料的要求。

2. 钠超离子导体结构类

钠超离子导体（NASICON）电极材料是一类具有优异稳定性、高离子导电率的材料，其晶体结构如图 4.19 所示。NASICON 结构的 $Na_{1+x}Zr_2P_{3-x}Si_xO_{12}$（$0 \leqslant x \leqslant 3$）最早由 Goodenough 等研究人员在 20 世纪 60 年代提出来，主要用于电解质材料。由于 $Na_{1+x}Zr_2P_{3-x}Si_xO_{12}$ 具有稳定框架结构，可以容纳碱金属离子，因而被认为是有前景的电极储能材料。NASICON 结构材料一般可以定义为 $Na_xM_2(XO_4)_3$（其中 $1 \leqslant x \leqslant 4$，M 为 V、Fe、Ni、Mn、Ti、Cr、Zr 等，X 为 P、S、Si、Se、Mo 等），每个 MO_6 八面体与三个 XO_4 四面体相连接，形成"灯笼"结构的三维框架结构，可以为离子的传输提供较大的空间与通道。由于 M 和 X 元素可以被其他元素调节和代替，因此可以灵活设计出多种功能性材料。基于以上优点，近年来，研究人员对 NASICON 结构的材料进行了深入研究，该类材料展现出很好的电化学性能和应用潜力。

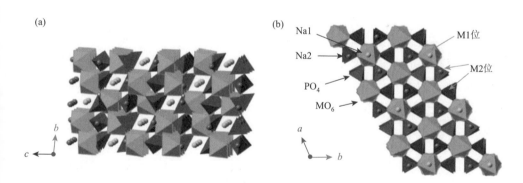

图 4.19　NASICON 材料晶体结构示意图[49]

$Na_3V_2(PO_4)_3$ 是单金属型的 NASICON 结构的材料，它属于六方结构的 $R\bar{3}c$ 空间群，其中 VO_6 八面体与 PO_4 四面体通过共顶点相连，形成三维的[$V_2(PO_4)_3$]框架结构。晶体结构中存在两种不同的钠，其中 Na1 占据 6b 位置，Na 占据 18e 位置。一般认为占据 Na2 位置的 Na^+ 容易脱出。$Na_3V_2(PO_4)_3$ 材料具有 117 mA·h/g 的理论比容量和 3.3～3.4 V 的电压平台。$Na_3V_2(PO_4)_3$ 常见的制备方法主要有高温固相法、溶胶凝胶法、水热法、静电纺丝法和碳热还原法等。Pivko 等利用 X 射线吸收谱，证实该材料产生 V^{3+}/V^{4+} 的价态转变，通过傅里叶转换后的扩展边吸收谱发现 V—O 键在充放电的过程中的变化较小，这与 $Na_3V_2(PO_4)_3$ 稳定的刚性结构有密切关系，同时也表明 $Na_3V_2(PO_4)_3$ 在充放电过程中较好的结构稳定性[50]。由于 Na1 很难脱出，因而 V^{4+}/V^{5+} 通常被认为很难反应，然而，额外的 Na^+ 可以嵌入 Na2 的位置，形成 1.6 V 左右的低电压平台，对应于 V^{3+}/V^{2+} 的化合价变化，由于 V 可以实现许多价态的变化，因此 $Na_3V_2(PO_4)_3$ 被报道为正负极双功能材料。$Na_3V_2(PO_4)_3$ 具有与 $LiFePO_4$ 类似的结构，电子导电率低（$< 10^{-4}$ S/cm^2），进行碳包覆和纳米化，以提升其电子导电率。此外，该材料具有较好的低温性能，有望在低温电子器件上得到应用。

3. 氟磷酸盐类

氟磷酸盐类正极材料的化学通式为 Na_2MPO_4F，其中 M 一般代表铁、锰、钒等过渡金属元素。由于氟原子的引入，一方面需要引入一个 Na^+ 进行电荷补偿，另一方面氟较更高氧更大的电负性导致化学键的离子性更强及氧化还原电位更高，因此这类材料具有高比容量、较高工作电压的特点。氟磷酸盐常见的制备方法主要有高温固相法、溶胶凝胶法、离子热法、喷雾造粒法等。目前，被广泛关注的氟磷酸盐主要包括钒基碱金属氟磷酸盐、锰基碱金属氟磷酸盐和铁基碱金属氟磷酸盐。这类材料由于合成成本较低、安全性高、工作电压高以及理论比容量高等优点而备受研究者关注。

1）钒基氟磷酸钠盐

钒基氟磷酸钠盐主要包括 $NaVPO_4FO_2$ 和 $Na_3V_2(PO_4)_2F_3$，它们的晶体结构与充放电曲线如图 4.20 所示。其中，$NaVPO_4FO_2$ 和 $Na_3V_2(PO_4)_2F_3$ 均为四方晶系，相对于 $NaVPO_4FO_2$，$Na_3V_2(PO_4)_2F_3$ 有着更高的比容量，在电压为 2.5～4.25 V 范围内，电流密度为 0.1 C 时，作为电池正极材料的 $NaVPO_4FO_2$ 的容量能够稳定在 110 mA·h/g，但是循环能力不够稳定，在 30 个循环后容量衰减较快[52]。在 $Na_3V_2(PO_4)_2F_3$ 材料中，VO_4F_2 八面体以共用顶点方式连接成 $V_2O_8F_3$ 二聚体，二聚体的八个 O 顶点与 8 个 PO_4 四面体相连形成隧道结构。在 3.0～4.6 V 电压区间内存在两个碱金属离子的嵌入脱出，对应的比容量为 120 mA·h/g，平均放电电压约为 4.1 V；当充电到 5 V 时，$Na_3V_2(PO_4)_2F_3$ 中的 3 个 Na^+ 能够完全脱出，但会引起一定程度的结构坍塌[53]。

2）铁基氟磷酸钠盐

Na_2FePO_4F 最早在 2007 年被加拿大的研究学者 Nazar 等最先提出，具有 *Pbcn* 结构。在 2.5～4.0 V 的电压范围内，可以实现一个钠离子的完全脱嵌，完全脱嵌一个钠离子时，对应 124 mA·h/g 的高理论比容量。此外，二维钠离子通道结

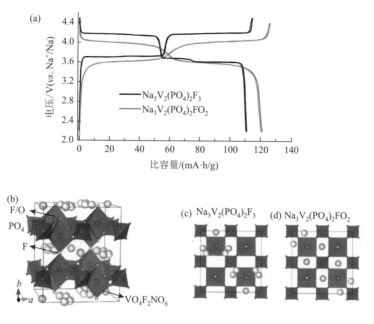

图 4.20　$Na_3V_2(PO_4)_2F_3$ 和 $Na_3V_2(PO_4)_2FO_2$ 材料充放电曲线与晶体结构示意图[51]

构使得 Na_2FePO_4F 具有高安全性，因此，Na_2FePO_4F 理论上具有潜在的应用价值。但是 Na_2FePO_4F 的电子电导率低，致使其高倍率性能不佳，限制了其电化学性能。

3）锰基氟磷酸钠盐

Na_2MnPO_4F 属于单斜结构，在 Na_2MnPO_4F 的结构中，由 MnO_4F_2 形成隧道结构，其中，Mn 八面体只共享一个 F 顶点形成平行于 b 轴的 $Mn_2F_2O_8$ 单斜晶胞链。这些链是沿 PO_4 相连四面体中 a 和 c 方向组成三维交叉隧道结构，因此钠离子能在这种隧道结构中传输。Na_2MnPO_4F 具有较高的理论比容量（124 mA·h/g）和较高的电压平台（3.66 V），二者是构建高能量密度电池的重要参数。但 Na_2MnPO_4F 较低的电子和离子电导率限制了其电化学性能。

4. 焦磷酸盐类

目前对于焦磷酸盐的研究较少，主要是 $Na_2MP_2O_7$（M = Fe、Co、Mn）以及混合磷酸盐 $Na_4M_3(PO_4)_2P_2O_7$（M = Fe、Co、Mn）。如图 4.21 所示，Choi 课题组报道了 $Na_2FeP_2O_7$ 储钠行为研究，发现该材料可以基于 Fe^{2+}/Fe^{3+} 反应脱出一个钠，实现 90 mA·h/g 的比容量和 3.0 V 的平均电压[54]。Chen 等采用双包碳优化方法在 50 C 的大倍率下实现很高的比容量，同时第一性原理表明沿着 a 轴、b 轴、c 轴的钠离子迁移活化能都小于 0.5 eV，有利于钠离子在三维方向上实现快速扩散。值得注意的是，较低的能量密度可能会阻碍 $Na_2FeP_2O_7$ 的实际应用[55]。此外，相对于 Fe^{2+}/Fe^{3+} 较低的反应电位，Mn^{2+}/Mn^{3+} 拥有高的工作电压，$Na_2FeP_2O_7$ 属于三斜结构 $P\bar{1}$ 空间群，共顶点相连 MnO_6-MnO_5 形成的 $[Mn_2O_{10}]$ 交替与 PO_4 或者 P_2O_7 连接形成框架结构，为钠离子的扩散创造较大的空间。

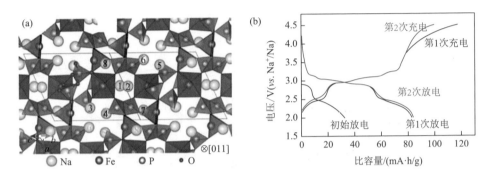

图 4.21　$Na_2FeP_2O_7$ 材料晶体结构示意图与充放电曲线[54]

相比于 $Na_2MP_2O_7$，$Na_4M_3(PO_4)_2P_2O_7$ 具有较高的工作电压、较小的体积应变，以及由 PO_4 与 P_2O_7 基团相连接形成的稳定三维框架结构。Kim 等首先研究了 $Na_4Fe_3(PO_4)_2P_2O_7$ 作为钠离子电池正极材料，结合第一性原理计算和电化学实验测试分析表明该材料的结构应变小于 4%，同时可以展现出 129 mA·h/g 的理论比容量和 3.2 V 的工作电压[56]。由于该材料电子导电率较低，目前很多研究工作都聚焦于碳包覆工艺。焦磷酸盐类材料的缺点为理论比容量比较低（<100 mA·h/g），能量密度较低，改进空间有限。

5. 硫酸盐

相对于其他聚阴离子，SO_4^{2-} 具有更强的电负性，因而硫酸盐的输出电压普遍比较高，目前研究最多的主要是铁基硫酸盐，然而其他过渡金属硫酸盐普遍无电化学活性。Yamada 课题组首先报道了磷锰钠铁石结构的 $Na_2Fe_2(SO_4)_3$ 材料的电化学性能，发现其可以实现 3.8 V 的输出电压和 100 mA·h/g 的比容量，这也是目前最高的 Fe^{2+}/Fe^{3+} 氧化还原反应电位[57]。Goodenough 课题组通过低温反应制备出 $NaFe(SO_4)_2$ 钠离子电池正极材料，材料在 0.1 C 倍率下的可逆比容量达到 80 mA·h/g，平均放电电压为 3.0 V[58]。铁基硫酸盐以其低廉的成本和丰富的原料资源引起了研究者的广泛关注，然而热稳定性差、对水敏感、电导率差等不利因素阻碍了它们的发展和应用。虽然各种策略（如形貌调控、碳包覆）已被用来改善硫酸盐的性能，为满足实际的应用需要，仍有很多方面需要完善。

4.3.3　普鲁士蓝及其类似物

普鲁士蓝（PB）是人类历史上第一个人工合成的配位化合物。1706 年，Johann Conrad Dippel[59]首次合成普鲁士蓝并将其作为染料，但是直到 1724 年 John Woodward 才公布普鲁士蓝的详细合成过程。随着研究的深入，对普鲁士蓝进行取代和间隙改性得到一系列新化合物，通常称为普鲁士蓝类化合物（PBAs），并将其广泛应用于各个领域，如储氢、治疗肿瘤、净化环境等。1978 年 Neff 首次报道了普鲁士蓝类化合物的电沉积，自此普鲁士蓝类化合物在电化学领域崭露头角，并逐渐应用于电分析、电催化等方向。在电化学储能方面，普鲁士蓝类化合物的开放框架提供了丰富的 3D 扩散通道，且普鲁士蓝类化合物与间隙阳离子间微小的作用力适合各种碱金属离子的迁移和储存。普鲁士蓝类化合物稳定的开放框架结构使普鲁士蓝类化合物在脱嵌碱金属离子时难以发生相变，并且易适应温度的变化，因此表现出良好的循环稳定性以及低温性能。此外，普鲁士蓝类化合物成本低廉，极为适合应用于大规模储能。基于上述优点，普鲁士蓝类化合物已成为新兴钠离子电池正极材料。

普鲁士蓝类化合物，又被称为六氰合过渡金属酸盐，分子式为 $A_xM[M'(CN)_6]_{1-y}\square_y\cdot zH_2O$（$0\leqslant x\leqslant 2$，$0\leqslant y\leqslant 1$）。A 是碱金属离子，通常为 Li、Na 或 K，其下标 x 代表普鲁士蓝中 A 含量，范围通常在 0～2 之间，晶体结构如图 4.22 所示。有趣的是，随着 A 含量的增加，普鲁士蓝类化合物的颜色会从柏林绿向普鲁士蓝再到普鲁士白转变，这主要是由于 A 含量的增减会引起晶体结构的变化，由此导致氰基阴离子改变了伸展模式频率。其中高 A 含量的普鲁士蓝类化合物称为普鲁士白，是一类具有应用前景的正极材料，并被中国宁德时代以及美国 Natron Energy 公司作为重点开发对象。M 和 M'是过渡金属离子，可以相同也可以不同，其本质区别在于它们拥有不同的自旋状态，而自旋状态则是由中心离子周围的配体强度决定的。MN_6 八面体中 N 为弱配体，导致其中心离子 M 为高自旋（HS），而 $M'C_6$ 八面体中 C 为强配体，导致其中心离子 M'为低自旋（LS）。这两类八面体由氰根桥联，交替排布，形成了立方的开放框架结构。根据前驱体和制备条件的不同，M 和 M'可以呈现出多种价态的组合。然而，普鲁士蓝类化合物的空间群一般为面心立方的 $Fm\overline{3}m$，因此其结构中往往会存在随机分布的 $M'(CN)_6$ 八面体空位，用□表示。□的数量取决于 M 和 M'的价态。在普鲁士蓝类化合物中，□会被所谓的结晶水 H_2O 占据，其中包括沸石水、间隙水或配位水。例如，普鲁士蓝 $Fe_4[Fe(CN)_6]_3\cdot zH_2O$（$z = 6～14$）是典型的混合价态化合物，其中 Fe^{3+} 为高自旋，被 N 包围形成 FeN_6 八面体；Fe^{2+} 为低自旋，被 C 包围形成 FeC_6 八面体。Fe^{2+} 与 Fe^{3+} 的比例约为 3∶4，根据电中性原则，$[Fe(CN)_6]^{4-}$ 中存在约 25%

的空位□。普鲁士蓝中存在两种结构的水分子：一种是在空氮位点与 Fe^{3+} 配位的水分子，这种水分子有 6 个；另一种则包含多达 8 个填隙水，它们都填充在晶胞中心，通过氢键或与氢键相连的配位键进行连接。因此，在两种水分子同时存在的情况下，单个普鲁士蓝单元最多可包含 14 个水分子。

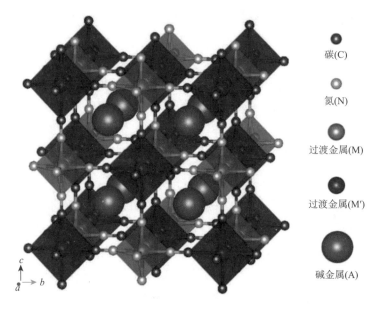

碳(C)

氮(N)

过渡金属(M)

过渡金属(M′)

碱金属(A)

图 4.22　完美普鲁士蓝的晶体结构

在普鲁士蓝类似物中，插入的碱金属离子始终位于立方体晶格中心。在充放电过程中碱金属离子始终沿[100]方向从大间隙的立方体通道中脱出/嵌入，因此具有较大的离子扩散系数（$10^{-9} \sim 10^{-8}$ cm²/s），即较快的离子扩散能力。在此过程中将引起晶体结构的几何变化，如从立方到菱形或单斜等，甚至伴随着 Jahn-Teller 畸变，这将降低离子电导率并抑制充放电循环的可逆性，从而导致较差的倍率性能和循环稳定性。理论上，若 M 和 M′ 元素都具有活性，普鲁士蓝类似物可以允许两个 Na^+ 的插入，这使其具有超过 170 mA·h/g 的理论比容量，与其他种类的钠离子电池正极材料相当。不过，在空位和结构水存在的情况下普鲁士蓝类似物的实际比容量难以达到如此之高。在空位处与暴露的 M′ 配位的水（通常在空氮位置的被称为配位水）有助于屏蔽暴露的过渡金属离子所携带的大量的正电荷，但当大量的水占据储钠活性位时比容量将会降低。其中沸石水（填充在晶胞中心或通过氢键与间隙水配位）会驻留在储钠活性位及其周围，与插入的 Na^+ 竞争，从而严重削弱了普鲁士蓝类似物的电化学性能。例如，当 Fe(III)[Fe(III)(CN)₆] 中空位含量从 29%降低到 13%，Na^+ 存储的初始比容量将从 87 mA·h/g 增加到 120 mA·h/g。

甚至空位降低到 6%时 Fe(III)[Fe(III)(CN)$_6$]的比容量达到 160 mA·h/g，相当于每分子式含有 1.8 mol 的 Na。在空位低至 1%的 Na$_2$Co(II)[Fe(II)(CN)$_6$]纳米晶体中可逆比容量高达 150 mA·h/g，对于 Na$^+$ 的存储量接近理论值。在 Na$_x$Mn(II)[Fe(II)(CN)$_6$]·zH$_2$O 中存在 Fe(II)/Fe(III)和 Mn(II)/Mn(II)的氧化还原反应，当间隙水存在时它们在不同的电压下反应，导致电化学曲线中呈现出两个电压平台，如图 4.23 所示[60]。同时，在脱水体系中观察到 Fe(II)/Fe(III)和 Mn(II)/Mn(III)的氧化还原反应处于相同电压范围，由此在电化学曲线中显示出单一的电压平台。因此，调节普鲁士蓝类似物的晶体结构和配位水含量对于提升其电化学性能至关重要。

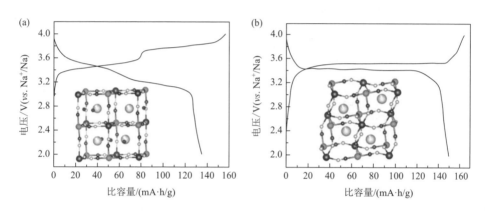

图 4.23　含水（a）以及脱水（b）的 Na$_x$Mn(II)[Fe(II)(CN)$_6$]·zH$_2$O 的充放电曲线[60]

　　通常，普鲁士蓝类似物的合成方法主要分为三种：共沉淀法、水热法以及电沉积法。共沉淀法是通过将含有金属离子的溶液与含有亚铁氰化物配体的溶液混合，金属离子与亚铁氰化物共沉淀生成普鲁士蓝，虽然能够大规模制备，但得到的普鲁士蓝呈现随机形态。水热法是制备普鲁士蓝微粒的常用方法[61]，利用 [Fe(CN)$_6$]$^{4-}$ 在酸溶液中分解为 Fe^{3+}/Fe^{2+} 与残留的[Fe(CN)$_6$]$^{x-}$（$x=4$ 或 3）反应形成普鲁士蓝，此法可以通过调节 H$_2$O 与表面活性剂的摩尔比以获得各种形态的普鲁士蓝（纳米立方体、纳米棒、纳米多面体等）。电沉积法是通过 Fe^{3+}和[Fe(CN)$_6$]$^{4-}$ 酸性溶液的电化学反应制备普鲁士蓝，由于此法主要在水溶液中制备，因此获得的普鲁士蓝不可避免地在骨架中含有结晶或配位水和缺陷。

　　普鲁士蓝类似物存在三种类型的晶体结构，即立方、菱方和单斜，如图 4.24 所示。通常，普鲁士蓝类似物的晶体结构可以通过改变元素组成进行调节，如表 4.2 所示。普鲁士蓝类似物的结构和性质可以在保持其开放框架结构的前提下通过选择不同的过渡金属元素进行调节。例如，使用 Ni 或 Co 取代

FeHCF 中的 Fe 会导致电化学性能的改变，将 Fe 替换成 Ni 可以提高普鲁士蓝类似物的循环稳定性，而将 Fe 替换成 Co 则可以提高其工作电压。普鲁士蓝类似物在循环过程中往往会经历容量衰减，这主要和钠离子嵌入/脱出过程中普鲁士蓝类化合物结构演变有关，因此理解这一过程对提升其电化学性能至关重要。

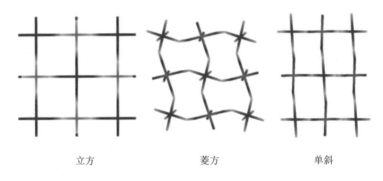

立方　　　　　　　　　　菱方　　　　　　　　　　单斜

图 4.24　普鲁士蓝类化合物不同类型的晶体结构示意图

表 4.2　常见普鲁士蓝类化合物的典型晶体结构和空间群

空间群	MnHCF	FeHCF	CoHCF	NiHCF	CuHCF	ZnHCF
立方（$Fm\bar{3}m$）	√	√	√	√	√	√
菱方（$R\bar{3}$，$R\bar{3}c$）	√	√	√	√		√
单斜（$P2_1/n$）	√	√				

注：HCF：$[Fe(CN)_6]^{x-}$（$x=4$ 或 3）。

在所有普鲁士蓝类化合物中，MnHCF 在高电压下均显示出高比容量和高氧化还原电位。但是严重的 Jahn-Teller 效应限制了其循环寿命。MnHCF 充电相和放电相之间的体积变化会导致容量衰减，这可以在合成过程中调节晶体结构、减少结构水含量、过渡金属取代等手段来抑制。研究人员利用泰勒-库特反应器在不同干燥条件和温度下制备立方、单斜、菱方相的 MnHCF，其中菱方相的 MnHCF 显示出最高的比容量（150 mA·h/g）[62]。研究表明去除结构水有利于 $Na_{2-\delta}MnHCF$ 的电极性能[60]。如图 4.25 所示，通过过渡金属 Ni 浓度梯度掺杂 $Na_xNi_yMn_{1-y}[Fe(CN)_6]\cdot nH_2O$ 在颗粒表面提高 Ni 含量，由此改性所得的正极材料在 0.2 C 下具有 110 mA·h/g 的高可逆比容量，并具有出色的循环稳定性[63]。此外，具有富 Na 立方结构和双金属活性氧化还原对的 $Na_{1.60}Mn_{0.833}Fe_{0.167}[Fe(CN)_6]$ 在 1 mol/L $NaClO_4$

电解液中 0.1 C 倍率下表现出 121 mA·h/g 的可逆比容量，由于循环过程中的应力变化较小，使其循环性能良好[64]。

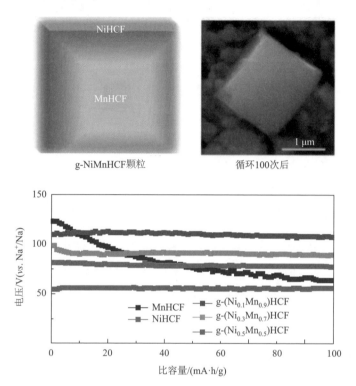

g-NiMnHCF颗粒　　　　　　　循环100次后

图 4.25　Ni 浓度梯度掺杂 $Na_xNi_yMn_{1-y}[Fe(CN)_6]\cdot nH_2O$ 的颗粒示意图及放电循环稳定性[63]

　　FeHCF 是所有普鲁士蓝类化合物中研究最为广泛的一种。Fe^{LS} 和 Fe^{HS} 在不同电位下的氧化还原反应都可以提供储钠的活性位点，使其理论比容量高达 170 mA·h/g。不过，Fe^{LS} 活性较低，导致其容量和电位平台都较低。由于晶格中的缺陷以及其与电解液在 4 V 左右发生副反应，循环寿命同样是 FeHCF 需要面临的挑战。另外，FeHCF 的钠含量与其结晶性高度相关。研究人员提出一种大规模制备低缺陷单晶 FeHCF 的方法，所得 FeHCF 在 0.5 C 倍率下显示出 120 mA·h/g 的比容量，并在循环 500 次后比容量仍可保留 87%，但是该材料由于要保持立方结构，不可避免地带有结构水[65]。如图 4.26 所示，研究人员以 $Na_4Fe(CN)_6$ 作为唯一铁源合成了 FeHCF，在酸性环境中，$[Fe(CN)_6]^{4-}$ 会缓慢释放 Fe^{2+}，由于 Fe^{2+} 在含氧含水的环境中不稳定，它会被进一步氧化为 Fe^{3+}。之后 Fe^{2+}/Fe^{3+} 与未分解的 $[Fe(CN)_6]^{4-}$ 反应形成 FeHCF 纳米晶核并随着反应进行而长大，最终形成低空位含量和低水含量的立方、高结晶度 FeHCF，从而具有高比容量和优异的循环稳定性[66]。

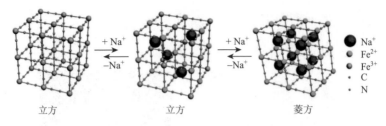

图 4.26　FeHCF 在充放电过程中的结构变化[66]

CoHCF 具有对应于高旋转 Co^{HS} 和低自旋 Fe^{LS} 的两个平台。但由于钴的价格昂贵限制了 CoHCF 的应用，因此对于 CoHCF 的报道较少。研究表明在 CoHCF 中引入惰性金属 Ni 可以抑制由于过度晶格畸变而导致的容量衰减，因而 $Na_{1.68}Ni_{0.14}Co_{0.86}[Fe(CN)_6]_{0.84}$ 显现出最佳的可逆储钠行为，比容量约为 145 mA·h/g，且具有优异的循环性能[67]。如图 4.27 所示，以柠檬酸作为缓释剂能够获得低空位的 CoHCF，大大提升了其储钠容量和循环稳定性[68]。在柠檬酸作为缓释剂的情况下，CoHCF 的结晶动力学性能显著降低，CoHCF 的可逆比容量在 200 次循环后从 128 mA·h/g 减少到了 114 mA·h/g，容量保持率约为 90%，远超用传统共沉淀法制备的对比样（在 200 次循环后容量保持率仅有 30%）。研究人员制备了粒径为 30～40 nm 的 CoHCF 纳米颗粒并用其作为钠电池正极，在 200 mA/g 的电流密度下循环 50 次后具有 75.2%的容量保持率[69]。研究表明高钠含量的 CoHCF（每个分子式含有 1.87 个钠）更适于在全电池中的应用[70]。

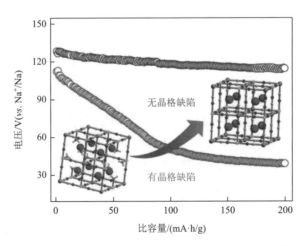

图 4.27　晶格缺陷对 CoHCF 放电循环稳定性的影响[68]

NiHCF 通常为立方结构，仅存在一个电压平台，约在 3.07 V，这归因于

$[Fe(CN)_6]^{4-}/[Fe(CN)_6]^{3-}$氧化还原对。由此可见镍离子在 NiHCF 是电化学惰性的，因此可逆比容量仅为 65 mA·h/g。但镍离子却能使 NiHCF 的框架结构非常稳定，即成为零应变电极材料，也就是循环过程中体积变化小于 1% 的材料。零应变特性能够消除结构变化引起的容量衰减，使其显示出出色的倍率性能以及循环稳定性，这对于延长二次电池的使用寿命具有重要意义。如图 4.28 所示，研究表明通过刻蚀策略获得了具有快速 Na^+ 扩散能力的表面活化 NiHCF 正极，其中存在一种缺陷诱导的从纳米立方体到纳米花的形态演化机制，其中 NiHCF 刻蚀克服了未充分利用的 Fe^{LS} 氧化还原位点的问题，因而获得了 90 mA·h/g 的比容量，且在 5.5 C 的高倍率下仍能保持 71 mA·h/g 的比容量，以及超过 5000 次的循环寿命[71]。此外，通过扩散图结合计算分析已经很好地理解了 NiHCF 刻蚀的结构-性质关系，这表明表面活化能够大大改善 Na^+ 扩散动力学性能。预计这种新的表面活化策略也可用于构建具有更快离子迁移率的其他材料。研究表明 NiHCF 在循环过程中几乎可忽略不计的体积变化不仅有利于结构的稳定，也保证了钠离子和电子通路的稳定。该工作引起了研究者对 NiHCF 的广泛关注，此后镍元素作为最常用的掺杂元素广泛地应用于其他普鲁士蓝类化合物的改性[72]。

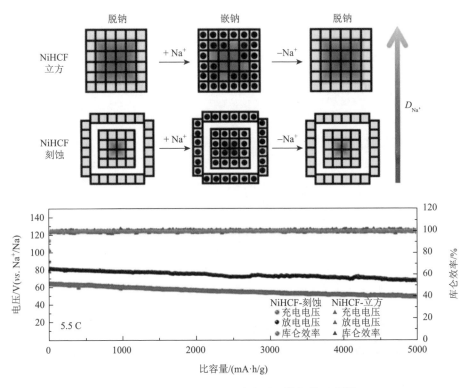

图 4.28　刻蚀对 NiHCF 放电循环性能的影响[71]

除以上四种常见的普鲁士蓝类化合物外，还有 CuHCF、TiHCF 等被研究作为钠离子电池/超级电容器中的正极。CuHCF 仅有 44 mA·h/g 的比容量，50 次循环后容量保持率只有 57.1%，其稳定性不佳的原因为材料缺陷较多[73]。研究人员开发了一种新型的普鲁士蓝类似物六氰合铁酸钛钠（TiHCF），其中 Fe^{LS} 和 Ti^{HS} 离子提供了两种储钠位点，因而其比容量超过 90 mA·h/g，且分别在 3.0 V/2.6 V 和 3.4 V/3.2 V 时显现出两对清晰的充电/放电平台，这拓宽了普鲁士蓝类化合物中过渡金属的种类[74]。一种新型的 $Mn_3[Co(CN)_6]$（MnHCC）纳米晶体被用在柔性固态电化学储能装置中，其体积能量密度在 10 mA/cm^2 电流密度下为 4.69 mW·h/cm^3，功率密度在 20 mA/cm^2 电流密度下为 177.1 mW/cm^3[75]。研究人员制备了具有由非线型 Mn—N≡C—Mn 键组成的单斜晶体结构并包含 8 个被 Na^+ 占据的大间隙位点的 $Na_2Mn[Mn(CN)_6]$ 作为钠电正极材料，这种开放框架结构可容纳多个 Na^+，且存在三个不同的 Na^+ 嵌入过程，$Na(0)Mn(III)[Mn(III)(CN)_6]$ 在此过程中氧化为 $Na_3Mn(II)[Mn(I)(CN)_6]$，从而在 0.2 C 倍率下达到了 209 mA·h/g 的比容量[76]。总之，普鲁士蓝类化合物作为钠离子电池正极材料是实现快充的最好选择之一。然而，目前普鲁士蓝类化合物的开发仍处于早期阶段，需要进行大量研究以设计和制造特定结构和形态的普鲁士蓝类化合物，使其拥有优异的储钠性能。

4.3.4　其他正极材料

钠离子电池正极材料还有转换型正极和有机正极材料。转换型正极是典型的离子型化合物，主要包括金属氟化物、硫化物和硒化物，其作为钠离子电池正极材料具有成本低廉、无毒害、安全性好以及能量密度高等优点[77-80]。有机正极材料具有来源丰富、比容量高、结构可设计性强、绿色环保、可循环利用等优点，受到了研究者的广泛关注，其最显著的特征是其种类丰富，包含各种单双键、官能团、杂原子等；同时聚合反应可以连接小分子合成高分子材料[81-87]。新型电极材料不断被开发，进一步促进了钠离子电池电极材料的发展。

4.4　负 极 材 料

为了提高电池的能量密度，需要开发具有高比容量和低电位的负极材料。从热力学的观点来看，最适合作负极的材料是具有最低电位 [−2.71V（*vs.* SHE）]、高理论比容量（1165 mA·h/g）的金属钠，但是使用金属钠作为负极在安全性方面目前还没有达到要求。迄今为止，研究较为广泛的钠离子电池负极材料包括碳基负极材料、钛基负极材料、合金型负极材料以及转化类负极材料。

4.4.1　碳基负极材料

碳基负极材料由于来源广泛、价格低廉、易于制备，在锂离子电池负极材料中已占据非常重要的地位，成为钠离子电池负极材料的首选。根据材料微观结构不同，碳基负极材料主要分为石墨化碳和非石墨化碳。不同于锂离子电池，钠离子难以嵌入石墨化碳中，因此，拥有更大比表面积和更多表面缺陷的非石墨化碳成为钠离子电池碳基负极材料的研究焦点。目前，最理想的碳基负极材料是硬碳材料，拥有较高的容量和较低工作电位，但其储钠机制暂不明晰，还需进一步深入探究。

1. 石墨

石墨价格便宜，用途广泛，其外形为灰黑色固体，质软，耐酸碱腐蚀，化学性质较为稳定。石墨作为电池负极材料在锂离子电池中的理论比容量可达 372 mA·h/g，而根据钠-石墨层间化合物形成能的第一性原理计算结果，由于离子键的逐渐减弱，同族内从 Cs 到 Na，碱金属-石墨插层化合物的形成能逐渐增加以至于 NaC_6 形成能达到正值，Na 和石墨的一阶插层化合物极不稳定，这意味着钠在石墨层间很不稳定，钠离子难以嵌入，石墨嵌钠容量非常低。已有报道的石墨储钠为 NaC_{70}，理论比容量仅有 31 mA·h/g。近期，科研人员研究发现，使用醚基电解液时，溶剂化的 Na^+ 可以通过共插层（Na-溶剂分子-石墨）这种一阶三元插层化合物来提高石墨储钠性能，Adelhelm 等[88]通过加入二甘醇二甲醚（diglyme）电解液，形成 $[Na(diglyme)_2C_{20}]$ 化合物，达到了 100 mA·h/g 的可逆比容量，并具有良好的循环和倍率性能。随后，Kang 等[89]通过理论计算详细研究了客体离子（Li^+、Na^+、K^+、Rb^+、Cs^+）和溶剂种类（线型醚、环醚、线型碳酸酯和环状碳酸酯）在石墨宿主中的插层行为，其研究结果表明 Na^+ 与溶剂分子间的溶剂化能和溶剂化离子的 LUMO 值是决定溶剂化离子能否在石墨中稳定插层的主要因素。尽管如此，石墨储钠的性能还是远不及储锂性能，同时溶剂化钠与石墨之间较高的储钠电势以及醚基电解液本身低耐氧化性，限制了其作为钠离子电池负极材料的应用。将石墨制成石墨烯能够有效应对电化学过程中的电极材料膨胀，显著提升了电池的循环性能，但石墨烯的制备过程复杂，成本高昂，同时高表面积带来的较多缺陷导致库仑效率低，均使得石墨烯负极难以实现产业化[90]。

2. 软碳

软碳和硬碳同属于非石墨化碳，均为无定形结构。软碳这种短程有序-长程无序的堆积方式使其导电性优于硬碳，同时内部的乱层堆积会形成孔道以及缺陷，提供了更多的位点储钠。1993 年，Doeff 等首次利用石油焦炭制备了内部局部有序-整体无序的软碳结构，并测试了其储钠性能。2000 年，Stevens 和 Dahn[91]研究了不同碳材料的钠储存行为和性能，证明了钠在碳材料中的嵌入机制（图 4.29）。该研究观察到沥青衍生碳的充放电曲线中的倾斜区域，其比容量随电压改变逐渐变化，这是典型的软碳储钠行为。当电池放电时，观察到层间距增加，这归因于钠离子插入到无序的碳层之间。但这种软碳微观堆层取向在高温下趋向一致，原本的无规则堆垛形成的孔道结构迅速减少，导致产物的储钠位点并不丰富。2011 年，Wenzel 等[92]以中间相沥青作为碳前体，分级多孔二氧化硅作为模板，使用纳米铸造工艺制备了多孔碳。所得碳材料展现出 346 m^2/g 的高比表面积以及互连的多孔结构。在 0.2 C 倍率下，其可逆比容量约为 130 mA·h/g。这种分级多孔性使得软碳负极的性能显著提升，在 5 C 倍率下，可逆比容量仍然超过 100 mA·h/g。类似地，Wang[93]等使用煤焦油沥青和聚丙烯腈（PAN）的混合物（质量比 1∶1）作为前驱体，同时用 NH_3 处理，制备氮掺杂、自立、柔性碳纳米纤维膜（CNFs），利用 NH_3 刻蚀纳米纤维，得到更多的表面孔隙和缺陷。该方法得到的纳米碳纤维的直径为 400 nm，氮含量为 5.7 at%，比表面积达 531 m^2/g，碳框架中既有无序区域，也有有序区域，有望提高纳米存储性能。这种纳米碳纤维可以直接自支撑作为钠离子电池负极，在电流密度为 0.1 A/g 时可逆比容量为 345 mA·h/g，该纳米碳纤维膜有着优异的倍率性能，在 5 A/g 时仍有 156 mA·h/g 的可逆比容量，在 2 A/g 电流密度下循环 10000 次后仍能达到 220 mA·h/g 左右的可逆比容量，显示出出色的循环稳定性和倍率性能。

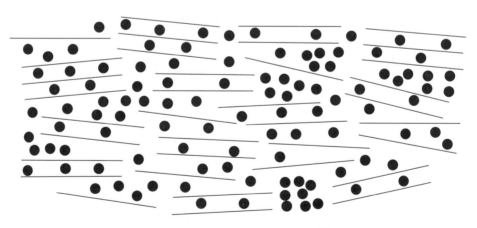

图 4.29　软碳储钠时的结构示意图[91]

除了增加碳材料的孔隙面积外，杂原子掺杂（如氮、磷、硫、硼、氟）也是改善碳材料电化学性能的有效方法，它可以通过引入缺陷来增加活性位点，提高电导率。掺杂的杂原子中，氮是碳材料中常用的掺杂元素，已被广泛研究。掺杂

的氮原子具有较高的电负性，在碳骨架中可分为三种形式（图 4.30）：吡啶氮（N6）、
吡咯氮（N5）和石墨氮（N3），N6 和 N5 位于碳骨架的缺陷或边缘的位点，而石
墨氮是指取代六角环中的碳原子。根据密度泛函理论计算 N5 的配位能量为
−6.45 eV，N6 为−9.26 eV，均低于 N3 的−4.33 eV，表明处在边缘的氮（N5 和 N6）
在能量上更有利于钠离子的储存[94]。因此，通过氮掺杂可以在提高电导率的同时，
提供更多的储钠位点，提高材料中的赝电容容量贡献，并促进离子传输。除了前
面 Wang 等所做工作，Hao 及其同事[95]以煤焦油沥青为前驱体，氯化钠为模板，
通过两步碳化（700℃/Ar 气氛及 1000℃/NH$_3$ 与 Ar 混合气氛），制备了氮掺杂的
多孔碳纳米片（PCNS1000），利用 NH$_3$ 刻蚀使得纳米晶团簇减少，导致碳层无序
化，同时将氮原子引入碳框架。PCNS1000 氮含量为 4.17 wt%，层间距为 0.382 nm，
在 0.1 A/g 电流密度下能提供 296 mA·h/g 的可逆比容量，ICE 为 66%。PCNS1000
导电率的提高促进了离子扩散，在 10 A/g 电流密度下仍能保持 124 mA·h/g 的可逆
比容量，并在 2 A/g 的电流密度下循环 10000 次后仍有 123.8 mA·h/g 的可逆比容
量。与碳（75 pm）、硫（103 pm）、氮（71 pm）和氧（63 pm）相比，磷原子的
半径更大，为 111 pm。因此，磷掺杂可以显著增加碳材料的层间距，这有利于钠离
子的传输。此外，理论模拟表明磷掺杂可以增强钠离子的吸附，提高电子电导率，
降低扩散势垒，并促进钠离子吸收的电荷转移。Miao 等[96]以煤焦油沥青（CTP）
为碳前驱体，与 H$_3$PO$_4$ 混合，制备了掺磷量为 3.42 at%的掺磷软碳（PSC）。PSC 在
100 mA/g 电流密度下表现出 251 mA·h/g 的高可逆比容量，相比于未掺杂样品，比
容量有显著提升，同时也展现出优异的循环和倍率能力（图 4.31）。

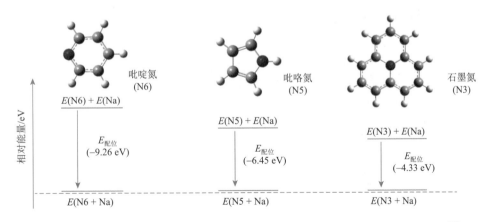

图 4.30　吡啶氮（N6）、吡咯氮（N5）和石墨氮（N3）与 Na$^+$配位 DFT 计算结果[94]

与单原子掺杂相比，双、多原子掺杂可以结合不同掺杂原子的特性，产生协
同耦合效应，从而提升电化学性能。例如，氮、磷掺杂引入了大量的缺陷并扩展

了碳层平面，从而增加了钠离子储存的活性位点，并促进了钠的扩散/运输。最近，Xiong 等[97]提出了在电极表面建立富电子区的新概念，氮、磷原子掺杂形成的富电子区对阳离子有很强的吸引力，加速了电荷转移，因此，碳材料可以在不牺牲整个电极的密度、导电性和稳定性的前提下增加容量。室温下，三聚氰胺和植酸在水中可协同组装形成含氮和磷原子的三聚氰胺-植酸超分子聚集体（MPSA），可用作氮、磷掺杂剂。Gao 等[98]通过碳化石油沥青、三聚氰胺和 MPSA 的混合物来制备氮、磷共掺杂碳纳米片（NP-CNSs）。利用氮（11.2 at%）和磷（5.8 at%）的共掺杂，形成了富电子区，碳层间距从 0.34 nm 增加到 0.41 nm。该材料作为钠离子电池负极时，其可逆钠离子存储比容量在 200 mA/g 电流密度下最高可达 285 mA·h/g。此外，NP-CNSs 表现出优异的循环稳定性，在 1 A/g 电流密度下可以保持 187 mA·h/g 的可逆比容量循环超过 4000 次。总之，杂原子掺杂，尤其是共掺杂或多掺杂策略，在改善软碳材料性能方面具有巨大潜力。

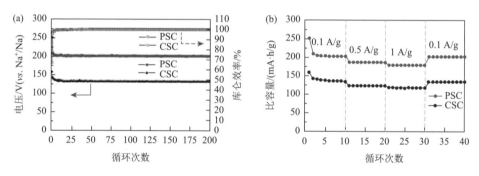

图 4.31　PSC 与 CSC（商业软碳）在 100 mA/g 电流密度下循环性能和倍率性能对比[96]

3. 硬碳

硬碳的储钠比容量在 300 mA·h/g 以上，且在低电势范围（0.1 V）内有着较高的储钠容量，使得硬碳极具商业化价值。目前，被广泛认同的硬碳结构模型是由 Dahn 等[99]提出的"纸牌屋"（falling cards）模型，即碳片层如同自由掉落堆积的小卡片式无序化堆叠。同时硬碳的形态继承于其制备的前驱体，拥有线型、球状或三维多孔状。

现有的钠离子在硬碳中的储存机制主要分两种，即"嵌入-吸附"机制[图 4.32（a）]和"吸附-嵌入"机制 [图 4.32（b）]。离位 XRD 测试发现，硬碳作为电池负极时，电极电势为 2.0~0.1 V 的放电过程中，代表碳片层间距的（002）峰向更小的角度移动，当充电回到 2.0 V 时，峰恢复到原来位置。这意味着层间距可逆扩大和缩小，钠离子在这个过程中可逆地嵌入石墨层中。然而，通过对硬碳电极的离位和原位拉曼分析表明，充放电曲线中的斜坡区比容量与碳原子的原子晶格缺陷的强度占比成正比 [图 4.32 (c)]，这表明斜坡区比容量与缺陷数量相关，同时，曲线中的平台区比容量随着 I_G/I_D 的增加而增加 [图 4.32 (d)]，表明更少的缺陷时钠离子嵌入碳片层间的占比更多。因此，通过硬碳负极的恒流间歇滴定技术（GITT）曲线中的三个区域 [图 4.32 (e)] 可以合理地推断，这三个区域应分

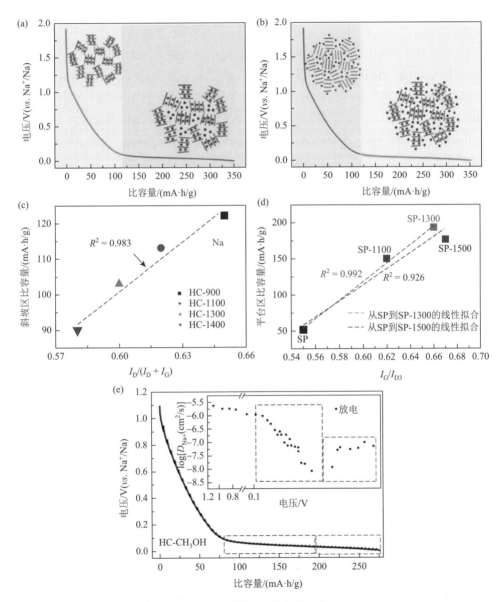

图 4.32 Na$^+$在硬碳中的储存机理

（a）"嵌入-吸附"曲线及机理；（b）"吸附-嵌入"曲线及机理；（c）斜坡区比容量和 $I_D/(I_D+I_G)$ 线性回归线；（d）平台区比容量和 I_G/I_D 线性回归线；（e）硬碳负极的 GITT 曲线及放电过程中 Na$^+$扩散系数与电池电压的关系[100]

别对应钠离子在硬碳中储存的三个不同阶段。在 1.0～0.1 V 区间，钠离子扩散系数很高，这意味着钠离子来自如缺陷这种易插入脱嵌的位点，而这些斜率容量随着热解温度的升高而降低，这可能是由于在热处理过程中，缺陷数量逐渐减少。在 0.1～0.03 V 区间，钠离子扩散系数随着电压降低而降低，意味着这部分容量可能源于钠离子嵌入石墨畴。此外，在放电过程中，0.03～0 V 区间中的钠离子扩散速率随电压降低反向提升，这被认为是由于钠团簇填充了孔隙。

虽然金属钠、锂或钾在碳负极上的镀覆电压通常低于 0 V，但是含钠插入的硬碳材料在 0.02～0.00 V 电压区间可能存在钠的类金属团簇。基于对碳氢化合物样品的 X 射线小角散射（SAXS）分析的早期研究表明，当在 0.20～0.00 V 区间放电时，$q \approx 0.03 \sim 0.07/\text{Å}$，即对应的约为 14 Å 的纳米孔尺寸的信号强度可逆下降，这表明纳米孔可逆填充。后来的一项研究也将平台比容量归因于"孔隙填充"，因为当硬碳的孔隙被硫填充时，低电压平台消失了。此外，高温（>2000℃）时产生的硬碳拥有大量孔隙，在 $U \approx 0.1$ V 时提供长的电压平台和可忽略的斜率容量，这表明电压平台与硬碳中的孔隙数量相关。Morikawa 等[101]对在不同温度下合成的硬碳进行了离位广角 X 射线散射（WAXS）分析，当硬碳嵌钠量超过 50%～60%时，在 $q \approx 2.0 \sim 2.1/\text{Å}$ 处出现一个宽峰，并且该峰随着嵌钠程度的增加而增强。当暴露于痕量的 H_2O、O_2 或 CO_2 时，硬碳中储钠的宽峰消失，这是钠金属的典型特征。而宽峰不同于过度钠化时形成的大块钠金属的尖锐峰，而被认为来自沉积在硬碳纳米孔中的准金属钠团簇，该观点由 Wu 等[102]提出，计算模拟显示准金属钠与碳之间的转移电荷量为 0.58 e，形成了准离子键，与此同时，位于费米能级附近的 Na 2s 自由电子数为 0.42，表现出一定的金属性，因而认为这种状态下的钠团簇为准金属团簇。因此，提出了钠离子在硬碳中的"吸附-插层-孔隙填充"三阶段储存机制。综上所述，钠离子在电压斜率处的吸附和钠离子在电压平台处的嵌入已经被各种表征所证实，硬碳的孔隙填充可能发生在电压平台的后期，同时准金属钠团簇的存在仍然需要更多可靠的证据。"吸附-插层-孔隙填充"三阶段机制可以很好地解释大多数实验结果，是当前最具说服力的理论模型。

考虑到硬碳储钠性能与结构形貌相关紧密，而硬碳又大多在制备过程中保留了前驱体碳源的形貌，因此，通过合理的结构设计，硬碳可以从前驱体中继承优化过的高级结构。对前驱体进行必要的预处理可以消除杂质，提高硬碳结构的有序性。热解过程对硬碳的结构至关重要，在此过程中，随着热解温度的升高，结构会发生演变。可以通过各种方法将杂原子引入硬碳中，以提高它们的性能。通过不同技术对表层进行涂层修饰，以实现减小的比表面积、改善的 ICE 和增强的循环性能，使得硬碳负极在实际生活中更具商业化应用价值。

前驱体的选择是影响合成硬碳的结构、产率、孔隙率和杂质含量的主要因素之一。特别是，从前驱体继承的具有改善电解质浸润性和减小离子转移距离的理想线型或多孔形态可以显著提高硬碳负极的性能。生物质材料资源丰富、价格低廉、环境友好、易于加工，是制备硬碳最受欢迎的前驱体。Wu 等[103]报道了一种由薄纸直接热解合成的独立式硬碳电极，该电极保留了纸的自交织微带结构。他们还证明了硬碳可以通过热解复制棉花的中空纤维结构，使得棉花衍生出的硬碳负极在离子扩散距离上得以减小，进而在钠的储存上提供了高可逆比容量。而酚醛树脂（PFR）、聚丙烯腈（PAN）、聚氯乙烯、聚苯胺、橡胶和纤维素等工业生成材料同样被众多研究用作制备硬碳的聚合物前驱体。通过易于加工的、具有不同结构的各种聚合物前驱体，可以实现对合成硬碳的精细微结构控制。纳米线微结构可以增强电解质浸润性并减小离子转移距离，从而导致倍率性能增强。表面积减小的纳米球可以防止 SEI 层的过度形成并导致高 ICE。这种方法的潜力在于源自聚合物基前驱体的硬碳结构可以按需求人为地设计合成。例如，用二氧化硅球模板热解制备了直径约为 200 nm 的硫接枝硬碳空心球，具有较高的比容量。最近，Ding 等[104]报道了具有可控密度和高机械强度的超弹性硬碳气凝胶的合成，有望在钠离子柔性电池中作为负极材料。

将硬碳与其他含碳材料结合是减轻诸如导电性不足和高表面积等固有缺点的有效方法。据报道，石墨、软碳、rGO 和 CNTs 在一定程度上提高了硬碳负极的性能。据报道，软碳可有效填充开孔，减小表面积，并提高硬碳储钠时的倍率性能。Hu 等[105]报道了以沥青和酚醛树脂混合物为前驱体的硬碳/软碳复合材料的合成，该复合材料在 SIBs 中提供了令人印象深刻的 88% 的高 ICE 和 284 mA·h/g 的高可逆比容量。同软碳类似，另一种提高硬碳负极电化学性能的可行方法是杂原子掺杂，Zhao 等[106]报道了通过热解和使用 KOH 活化含氮聚合物，成功合成拥有均质缺陷的氮掺杂硬碳。该硬碳负极受益于其结构中离子转移距离缩短、离子电导率增加，具有出色的倍率性能和高比容量。不仅如此，氮掺杂也可以通过前驱体与含氮盐如氯化铵、$(NH_4)_2SO_4$、尿素、硝酸镍等水热或热解来实现。例如，Gao 等[107]报道了尿素浸泡的生物质的热解，合成了氮掺杂的分级多孔硬碳。由于更多的活性位点和扩展的层间距，该氮掺杂硬碳负极表现出高可逆比容量和高 ICE。最近，对硼、磷和硫掺杂的硬碳材料的研究同样有显著进展。硫和磷掺杂的硬碳增加了 d_{002} 层间距并增强了电化学性能。掺杂的硬碳负极的电化学阻抗低于未掺杂硬碳负极，这可能是掺杂杂原子后缺陷含量增加所致。掺硼硬碳负极提供了 23% 的低 ICE 和 147 mA·h/g 的低可逆比容量，这归因于掺硼后面内缺陷的形成。与之相反，磷掺杂硬碳提供了 323 mA·h/g 的高可逆比容量，200 次循环后容量保持率为 98%[108]。静电纺丝合成并热解聚丙烯前驱体，产生了相互连接的磷掺杂硬碳纳米纤维，在钠离子电池中获得了 393.4 mA·h/g 的优异可逆比容量，100 次循环后容量保持率高达 98.2%。

目前，硬碳中钠离子的存储机理仍存有争议，有待进一步的理论和实验研究来证实和改进现有理论模型。同时，硬碳负极在实际应用中仍存在许多挑战，硬碳中的孔隙表面和缺陷都大大提高了硬碳材料中钠离子的储存性能，然而，这些储钠位点往往是不可逆的，硬碳材料的 ICE 降低。掺杂元素的引入，进一步增加了硬碳中的孔隙缺陷数量，并支撑着更大的层间距，这有利于更多的钠离子进行更快速的脱出/嵌入，有效改善了碳基负极材料的电化学性能。此外，对于硬碳材料中非晶孔隙结构的认识与调控，是硬碳材料发展中的关键性问题，针对孔结构的理解直接关系到储钠机理，还需广大科技工作者的进一步探究。

4.4.2　钛基负极材料

钛基化合物因其工作电位合适、成本低、稳定性好等优点，已被广泛用作钠离子电池的负极材料。其中，二氧化钛（TiO_2）因具有结构多样性（图 4.33）[109]和足够的位点容纳钠离子，并且在合理的嵌入电位 [约为 0.7 V（$vs.$ Na^+/Na）] 下可以提供 335 mA·h/g 的理论比容量，被认为是具有发展潜力的钠离子电池负极材料。TiO_2 的各种晶体形态主要取决于 TiO_6 八面体不同的连接方式。锐钛矿相 TiO_2的三维网状结构为钠的扩散提供了合适的通道，因此成为钠离子电池中研究最为广泛的 TiO_2 晶体形式[109]。近年来，研究者们发现通过结构纳米化、与碳材料复

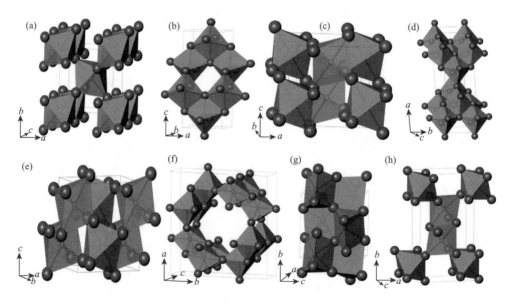

图 4.33　（a）金红石相、（b）锐钛矿相、（c）青铜矿相、（d）板钛矿相、（e）铌铁矿相、（f）锰钡矿相、（g）斜锆石相、（h）斜方锰矿相二氧化钛晶体结构示意图[109]

合、元素掺杂和引入缺陷等方法可以有效提高 TiO_2 材料的电化学性能[110]。例如，Ni 等制备的硫掺杂 TiO_2 纳米管阵列在 10 C（3350 mA/g）的电流密度下循环 4400 次后比容量仍保持在 237.1 mA·h/g[111]。然而，TiO_2 的结晶性较差、离子扩散效率低、导电性差等缺点，限制了 TiO_2 在钠离子电池中的发展。

钛酸钠，特别是 $Na_2Ti_3O_7$，由于较低的钠离子嵌入电压和开放的层状结构（可容纳 3.5 个 Na^+，比容量为 310 mA·h/g），在近几年来受到越来越多的关注。然而，$Na_2Ti_3O_7$ 带隙高达 3.7 eV，低电子电导率导致了电荷的无效传输，从而限制了 $Na_2Ti_3O_7$ 的倍率性能；且 $Na_2Ti_3O_7$ 的循环寿命问题也亟待解决。为了解决这些问题，研究者们制定了一系列有效的策略，包括拓宽 $Na_2Ti_3O_7$ 的层间距、调节纳米尺度下的形貌以及使用碳质材料作为导电基质。

Dou 等制备了掺杂硫的二维超薄纳米薄片双壳型钛酸钠微球（S-NTO）。其独特的双层纳米结构与硫掺杂的协同作用不仅稳定了循环过程中的 $Na_2Ti_3O_7$ 电极，而且通过缩小 $Na_2Ti_3O_7$ 的带隙改善了 Na^+ 插入/脱出动力学性能，S-NTO 能够在 20 C 下循环 15000 次后保持 162 mA·h/g 的比容量[112]。

4.4.3　转化类负极材料

转化类钠离子电池负极材料通常具有较高的理论比容量，如部分金属氧化物、金属硫化物、金属硒化物、金属磷化物等。然而，转化反应很少是排他性的，而且在大多数情况下，在 Na^+ 的插入过程中伴随着插入反应或合金反应。一般情况下，转化反应是插入机制的一个包含部分。因此，钠离子电池转化类负极材料的电化学反应过程通常可以写作：$M_aX_b + (bc)Na \rightleftharpoons aM + bNa_cX$，其中 M 表示过渡金属，X 表示非金属元素，$a$、$b$ 和 c 分别是起始物质和形成的含钠化合物的化学计量组成。

过渡金属氧化物因种类繁多、成本低廉、环境友好、氧化还原位点丰富、理论比容量高（>600 mA·h/g）等优点，引起了人们的关注。金属氧化物转化反应的反应途径取决于金属 M 是否具有电化学活性。对于没有电化学活性的金属，如 Fe、Co、Ni、Mn、Cu 金属氧化物与 Na^+ 反应为一步转化反应：$MO_x + 2xNa^+ + 2xe^- \longrightarrow xNa_2O + M$。而对于电化学活性的金属，如 Sb 则会发生进一步的合金化反应：$xNa_2O + M + yNa^+ + ye^- \longrightarrow xNa_2O + Na_yM$。由于具有多重电荷转移反应，这种反应机理具有较高的比容量。但是，由于框架结构的解构和重构，转化反应在充放电循环中具有相当大的电压滞后。极化范围为 0.7~1.0 V（取决于充电/放电倍率），是非常普遍的。这些影响不利于电池的能效。此外，由于体积的巨大变化，倍率性能和循环性能也不可观。

与金属氧化物相比较，过渡金属硫化物具有更强的导电性，且 M—S 之间的化学键较弱，可以在动力学上促进转化反应的发生，且过渡金属硫化物具有更加合适的层间距存储钠离子，更加丰富的活性位点有利于转化反应的进行，因此过渡金属硫化物在钠离子电池能量存储与转化中发挥了重要作用。就过渡金属硫化物（MS）而言，首先钠插入形成 Na_xMS_α，进一步插入通过转化反应分解成 Na_2S 和 M。由于转化反应伴随着缓慢的动力学和大体积膨胀，通过电压控制可以完全避免转化步骤。

相比于金属氧化物和金属硫化物，硒化物因形貌的多样性、高导电性和高的理论比容量，在储钠方面展现出了应用潜力。早在 1996 年，金属硒化物就被研究应用于钠离子电池负极材料。Morakes 等最初研究了 $MoSe_2$ 作为钠离子电池的负极材料，研究了其在充放电过程中的结构变化和电化学性能[113]。近年来对于硒化物的研究逐渐增多，包括 $FeSe_2$[114]、$MoSe_2$[115]、$NiSe_2$[116]等金属硒化物逐渐出现在人们的视野中，金属硒化物的转化反应机理与金属硫化物的类似。

在转化类钠离子电池负极材料中，充放电的极化电压 ΔU 从氧化物（约 0.9 V）、硫化物（约 0.7 V）到磷化物（0.4 V）呈现依次减小的趋势，而这一现象刚好与 M—P 是 M—X 中成键强度最弱相关，磷化物呈现出更低的存储电位，有利于钠离子存储[117]。如 Zhang 等进一步将 CoP 与氮杂碳复合，合成 CoP/CNS 钠离子电池负极材料，其 CoP 储钠比容量提升至 831 mA·h/g，该材料在低成本、长循环的钠离子电池负极材料中表现出一定的应用潜力[118]。

4.4.4　合金型负极材料

理论计算表明，ⅣA 和Ⅴ A 族的金属能够通过合金化反应机理形成富含钠的金属间化合物（如 $Na_{15}Sn_4$ 和 Na_3Sb）来展现高容量。例如，Sn 的理论比容量为 847 mA·h/g（基于 $Na_{15}Sn_4$ 计算），红磷的理论比容量高达 2596 mA·h/g，是钠离子电池潜在的最高比容量负极材料。尽管具有较高的理论比容量，但这些合金型负极材料的实际应用仍面临巨大的挑战。阻碍这些合金型负极材料商业化的一个关键因素是，它们在循环过程中存在严重的容量衰减[119]。其原因主要归为两类，一个众所周知的原因是剧烈的体积变化导致活性物质的聚集（导致动力学变慢）和粉碎（无法电接触）。例如，锡电极在生成 $Na_{15}Sn_4$ 时体积膨胀率为 420%，在充放电过程中会迅速粉化（图 4.34）。此外，第二个原因是伴随着活性材料的新暴露表面，SEI 膜在循环过程中不断形成。由此产生的厚 SEI 膜会明显阻碍电荷转移，导致容量快速衰减。到目前为止，科学工作者已经投入大量的研究以解决这些与合金型负极材料相关的内在难题，并取得了重大进展。提高合金型负极材料性能的策略主要集中在设计高效的纳米结构和引入导电碳基底（如碳纳米纤维、石墨烯），两者都能有效加快反应动力学，减缓容量衰减[120]。

图 4.34　金属 Sn 电极的粉化失活问题[120]

然而，由于金属纳米颗粒在循环过程中不断团聚，仅通过减小纳米颗粒尺寸，在电化学反应过程中的不稳定性并不能完全解决。通过将金属纳米粒子均匀分布在碳网络中（如多孔碳球），制备碳质纳米复合材料是一种很有前途的策略。例如，Liu 等[121]将超小 Sn 纳米颗粒（约 8 nm）嵌入多孔碳球中（8-Sn@C），并实现均匀分布。电化学特征表明，8-Sn@C 负极展现出优异的倍率性能（在 4000 mA/g 下比容量为 349 mA·h/g），在各个电流密度下比容量均高于 50-Sn@C。

4.5　电解液（质）

4.5.1　非水系电解液

1. 电解质盐

电解质盐主要由钠离子和阴离子基团组成，是电解液的主要组成成分。钠离子电池中的电解质钠盐应该具有以下几点特性：①溶解度高，在溶剂中易解离，保证较高的载流子浓度；②化学性质稳定，不腐蚀集流体等非活性物质；③电化学性质稳定，解离后的阴离子具有合适的氧化还原电势，不易被氧化或者还原；④热稳定性好，保证电池安全性；⑤环境友好、价格低廉。

根据钠盐中阴离子基团的结构，可将钠盐分为无机钠盐、有机钠盐及具有潜在应用价值的新型钠盐。表 4.3 较为详细地列出了常见钠盐的物理化学性质。

表 4.3　常见钠盐的物理化学性质

钠盐	阴离子结构	分子量/(g/mol)	分解温度/℃	电导率/(mS/cm)	毒性
NaClO₄	$\left[\begin{array}{c} O \\ O = Cl = O \\ O \end{array}\right]^-$	122.4	480	6.4	高
NaPF₆	$\left[\begin{array}{c} F \\ F\ P\ F \\ F\ \ F \end{array}\right]^-$	167.9	300	7.98	低

钠盐	阴离子结构	分子量/(g/mol)	分解温度/℃	电导率/(mS/cm)	毒性
NaBF₄		109.8	384	—	高
NaFSI		203.3	118	—	无
NaTFSI		303.1	257	6.2	无
NaDFOB		159.8	—	−7	无
NaTDI		208	—	4.47	无
NaPDI		258	—	4.65	无
NaBOB		209.8	345	0.256	无
NaBSB		263	353	0.239	无
NaBDSB		247	304	0.071	无

1）无机钠盐

高氯酸钠（NaClO₄）是目前实验室正负极性能测试中最常用的一类钠盐，这主要得益于 NaClO₄ 溶解后具有较快的离子迁移速率、低廉的价格、较好的兼容性以及对水分的敏感性低。此外，由于 ClO₄⁻ 较强的抗氧化能力，NaClO₄ 可适用于高电压电解液体系。然而，处于最高氧化态的氯元素氧化性较强，会存在一定的安全隐患，加之高水含量、高毒性等不利因素严重阻碍了 $NaClO_4$ 的实际应用。

六氟磷酸钠（$NaPF_6$）为无色立方晶体，极易溶于水，能溶于醚、醇、酮及酯类。在同一溶剂匹配的条件下，$NaPF_6$ 作为钠盐的电解液体系往往具有最高的电导率。然而，$NaPF_6$ 的稳定性较差，在有机溶剂中易分解为 NaF 和 PF_5，制约了其在实际应用中的发展。一方面，分解产物 NaF 随着充放电的进行会逐渐堆积，阻碍 Na^+ 的传导进而影响电化学性能；另一方面，PF_5 属于强路易斯酸，易与溶剂中的孤对电子作用，促进溶剂的分解和聚合，生成气体，从而导致其安全性较差。另外，PF_5 是活性极大的化合物，会与溶剂中的痕量水发生水解反应生成 HF，HF 进一步与界面膜及电极材料反应破坏其原有结构，最终导致电池性能衰减。$NaPF_6$ 较高的价格也限制了其大规模应用。

四氟硼酸钠（$NaBF_4$）的热稳定性较好，对溶剂水含量的敏感性较低，在安全性方面要优于以上两者。但是该电解液体系中阴阳离子较强的相互作用使得其在溶剂中不易解离，并且和常用有机溶剂匹配后与电极兼容性不好，因此 $NaBF_4$ 很难得到实际应用。

2）有机钠盐

氟磺酰亚胺盐是一类经典有机钠盐，其中，双（氟代磺酰基）亚胺钠（NaFSI）和双（三氟甲基磺酰）亚胺钠（NaTFSI）较为常见。NaFSI 价格昂贵，容易腐蚀铝箔集流体，并且在电池测试中性能一般，通常只能与昂贵的离子液体一起匹配使用。NaTFSI 具有与 $NaPF_6$ 相近的较高的离子电导率，但相比于 $NaPF_6$，其对水稳定性更好。NaTFSI 浓度较低时也会腐蚀铝箔集流体，因此常采用 $TFSI^-$ 基的离子液体电解液或者高浓度电解液，以减弱对铝箔的腐蚀。

3）其他钠盐

除以上详细介绍的几种钠盐外，近些年来还有一些新型钠盐因热稳定性好和电化学窗口宽等优势被开发出来，具有代表性的主要包括：二氟草酸硼酸钠（NaDFOB），具有较好的电导率并且与多种不同溶剂之间都具有良好的相容性，可以获得更好的循环稳定性和更高的比容量；4, 5-二氰基-2-（三氟甲基）咪唑钠（NaTDI）和 4, 5-二氰基-2-（五氟乙基）咪唑钠（NaPDI），热稳定性优异，能够在铝箔上形成钝化层以防止进一步的腐蚀反应；作为无卤钠盐，双草酸硼酸钠（NaBOB）、钠双水杨酸硼酸盐（NaBSB）和水杨酸苯二酚硼酸钠（NaBDSB）等新型钠盐仍存在溶解度不高等问题。

2. 有机溶剂

与锂离子电池电解液体系类似，目前应用于钠离子电池的有机溶剂主要为碳酸酯类和醚类溶剂，该部分内容已在本书 3.5.1 节详细介绍。

3. 有机电解液添加剂

添加剂是指电解液含量较少（一般在 5% 以下）的组分，具有针对性强、用量小的特点，可以在不大幅提高生产成本、不改变生产工艺的情况下，明显优化电池某一方面的性能。按照添加剂功能特性的不同，钠离子电解液的添加剂主要分为成膜添加剂、阻燃添加剂、过充保护添加剂等（图 4.35）。成膜添加剂主要用于增强 SEI 膜和 CEI 膜的稳定性，典型的添加剂主要有碳酸亚乙烯酯（VC）、氟代碳酸乙烯酯（FEC）、1,3-丙烷磺酸内酯（PS）、丙烯基-1,3-磺酸内酯（PST）、硫酸乙烯酯（DTD）等；阻燃添加剂可以降低电解液的可燃性，包括甲基膦酸二甲酯（DMMP）、三（2,2,2-三氟乙基）亚磷酸盐（TTFP）、乙氧基（五氟）环三磷腈（EFPN）、甲基九氟丁醚（MFE）、全氟（2-甲基-3-戊酮）（PFMP）等；过充保护添加剂可以在过充时防止电池燃烧、爆炸，联苯（BP）是钠离子电池中被报道的唯一保护添加剂。下面将详细介绍以上三类添加剂。

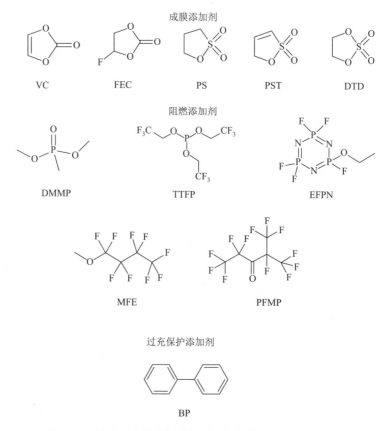

图 4.35　钠离子电池电解液典型添加剂的分类及其结构式

1）成膜添加剂

成膜添加剂一般会优先发生反应，在正负极表面形成致密且均一的 SEI/CEI 膜，有效保护内部的电极材料，从而使电解液的实际电化学窗口得到拓宽。FEC 作为典型的卤代碳酸乙烯酯，可以借助氟原子的吸电子效应提高中心原子的得电子能力，在相对较高的电势下在负极表面还原并生成稳定的 SEI 膜。研究表明，将 2%（体积比）的 FEC 添加到 1 mol/L NaClO$_4$|PC 电解液中，电池循环稳定性得到明显改善，如图 4.36[122]所示。对于无 FEC 添加的电解液，PC 在电极表面分解为可溶性产物，该产物会降低电解液的电化学窗口，引发不可逆的副反应，最终降低整个体系的比容量和循环稳定性；而 FEC 添加剂则能够在首次充放电过程中在约 0.7 V 左右分解成膜并附着于电极表面，阻止 PC 在电极表面分解，从而避免一系列的不可逆反应。需要注意的是，当 FEC 添加过量时，可能会因成膜过厚而导致界面阻抗和电荷转移阻抗变大，影响钠离子的传导，进而降低库仑效率，并增大极化。

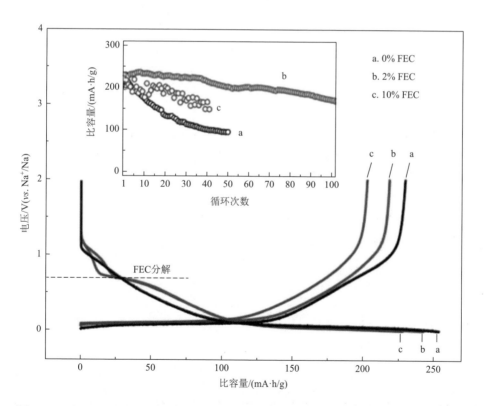

图 4.36　不同 FEC 添加量 1 mol/L NaClO$_4$|PC 电解液中首次充放电和循环稳定性对比[122]

2）阻燃添加剂

有机液体电解液的可燃性是目前钠离子电池面临的关键问题，有机电解液之所以会发生燃烧，普遍认可的观点是电解液在高温下发生了链式反应[123]。

以碳酸酯溶剂为例，高温气态的碳酸酯溶剂 RH 发生化学键断裂，生成了 H·自由基：

$$RH \longrightarrow R· + H· \tag{4-6}$$

H·自由基与正极材料或电解液在高温下分解产生的 O_2 发生反应，产生 HO·和 O·自由基：

$$H· + O_2 \longrightarrow HO· + O· \tag{4-7}$$

HO·和 O·又继续与电解液或电解液中的痕量水被还原产生的 H_2 反应，产生更多的 H·，推动链式反应持续进行：

$$HO· + H_2 \longrightarrow H· + H_2O \tag{4-8}$$

$$O· + H_2 \longrightarrow HO· + H· \tag{4-9}$$

因此，通过使用添加剂有效地抑制以上链式反应，是提高钠离子电池安全性能的重中之重。其中有机磷系阻燃添加剂是近年来研究最多的添加剂。磷酸酯类如甲基膦酸二甲酯（DMMP）、亚磷酸盐类如三（2, 2, 2-三氟乙基）亚磷酸盐（TTFP）、环状磷腈类如乙氧基（五氟）环三磷腈（EFPN）等在常温下大多为液态，与有机溶剂有一定互溶性。其阻燃机制为当该类添加剂受热时，释放出具有阻燃性能的含 P 自由基[P]·，[P]·再捕获有机物自由基链式燃烧反应中的 H·，终止链式反应，使得有机电解液的燃烧难以进行。

如图 4.37 所示，添加 5%的 EFPN 可以使 $NaPF_6$ 的 EC + DEC 电解液不可燃，并且能够提高 $Na_{0.44}MnO_2$ 正极和乙炔黑负极的循环稳定性[124]。但是，有机磷系溶剂的黏度通常较大，加入电解液中会降低电导率，且电化学稳定性较差，所以添加量不宜过多。

3）过充保护添加剂

电池过充时，电压持续升高，化学反应加剧，温度升高，此时即使停止充电，电池温度也会由于化学反应产热而不断上升，从而引发燃烧爆炸。过充保护添加剂一般分为氧化还原穿梭剂和电化学聚合添加剂两种，对应两种不同的机理。前者先在正极氧化，然后穿梭到负极被还原，通过在正负极间来回穿梭以防止过充，从而减小过大的电流，稳定电池电压。后者则在电池电压超过添加剂的电化学聚合电压时发生聚合反应，在正极表面和隔膜形成聚合物膜，同时释放出质子。聚合物膜会增加电池内阻，减缓或阻止电解液的进一步分解，防止热失控；而质子到达负极后还原生成的氢气超过一定压力时可以激活电流切

图 4.37　EFPN 添加前（难燃烧）后（易燃烧）电解液可燃性对比[124]

断装置或者冲开释压阀（对于某些形态的电池）。一般而言，氧化还原穿梭剂对电池的保护属于可逆保护，而电化学聚合添加剂的保护是不可逆的，一旦触发就将终止电池寿命[125]。

钠离子电池过充保护添加剂一般需要满足氧化电势在正极材料充电截止电压之上以及氧化反应速率要快且在没有启动过充保护机制之前不能严重影响电池体系的充放电循环性能两个条件。迄今为止，钠离子电池中仅报道了联苯（BP）这一种过充保护添加剂[126]。该添加剂可以在电压超过 4.3 V 时 $Na_{0.44}MnO_2$ 正极和隔膜表面发生电化学聚合（图 4.38），通过上述电化学聚合保护机理保障电池安全，可以有效耐受 800%的过充量，且对电池性能的影响几乎可以忽略不计。

4. 新型电解液体系

1）水系电解液

当前研究的水系电解液一般以 1 mol/L Na_2SO_4 或 $NaNO_3$ 为钠盐，去离子水为溶剂，组成的电解液具有离子电导率高、不易燃烧等优点。然而水系电池的电极材料受到水析氢和析氧电位的限制，并且金属钠与水之间反应剧烈，很难组装半电池对电极电化学性能进行研究。因此在水系钠离子电池中，通常使用铂、活性炭和 $NaTi_2(PO_4)_3$ 作为对电极或负极，隧道结构的锰基氧化物、普鲁士蓝及其类似物以及聚阴离子型化合物作为正极，但整体能量密度普遍偏低。

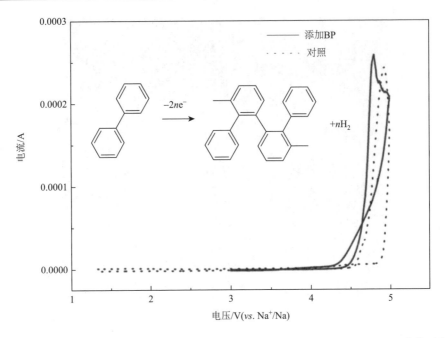

图 4.38　添加 3% BP 的 1 mol/L NaPF$_4$|EC + DMC（体积比 1∶1）电解液前后 CV 曲线对比和 BP 过充聚合机理[126]

2）高盐浓度电解液

电解质盐的浓度在液态电解质的电化学性质中起关键作用，高盐浓度电解液最早由胡勇胜等在锂金属电池中提出。一般认为浓度为 2 mol/L 以上，溶液黏度明显增加、离子电导率明显下降的电解液称为高盐浓度电解液体系。高盐浓度电解液可以形成独特的溶剂化结构，减少游离溶剂分子的量，削弱钠金属和有机溶剂之间的副反应；另外当溶剂相对减少后电解液的挥发能力减弱，热力学稳定性增强，安全性得到提升，尤其是当浓度增加到一定程度时可以成为不可燃电解液。Choi 等利用由 1, 2-二甲氧基乙烷和 5 mol/L 双（氟磺酰基）酰亚胺钠组成的高盐浓度电解液，在不锈钢基底上重复沉积/剥离 Na$^+$/Na，获得了约 99%的高库仑效率[127]。然而，较高的钠盐浓度使得阴阳离子间的相互作用增大，离子电导率下降的同时黏度增大，从而使得电解液对电极的浸润性变差。同时，由于钠盐含量的增大，电池的整体成本也会上升。

3）低盐浓度电解液

尽管低盐浓度电解液一直没有得到系统的研究，但钠离子较小的斯托克斯的（Stokes）半径和脱溶剂化能，理论上使得较低的钠盐浓度可以实现较好的动力学性能。另外，的成本通常是溶剂的十倍以上，减少钠盐使用可以有效降低钠离子电池的成本，从而有利于钠离子电池在储能领域的大规模应用。胡勇胜等将 NaPF$_6$

溶解于 EC 和 PC 中，首次设计了一种可应用到钠离子全电池的低盐浓度电解液（0.3 mol/L）[128]。得益于电解液的低黏度、低氢氟酸腐蚀以及形成的富含有机成分固体电解质中间相等，电池工作温度窗口得到明显拓宽（−30～55℃），这为可充式电池在极端条件下稳定运行提供了新思路。低盐浓度电解液有望扩展到其他电解液体系及其他低成本储能电池。

4.5.2　无机固态钠离子电解质

1. 离子输运机理

在无机电解质材料中，离子输运通常取决于单位体积内可移动 Na$^+$的数量和结构缺陷，空位（缺失离子）和间隙离子是常见的结构缺陷。载流子在相邻位点之间的跃迁需要克服相应的能垒，其对传输离子的移动能力和电导率有非常大的影响。基于 Schottky 和 Frenkel 两种缺陷模型的离子扩散可以通过空位之间的随机跃迁、直接间隙跃迁或间隙置换交换发生。无机固态电解质中的离子电导率遵循阿伦尼乌斯方程：

$$\sigma = \sigma_0 e^{-E_A/k_B T} \tag{4-10}$$

式中，σ 为离子电导率，σ_0 为阿伦尼乌斯指数前因子，T 为热力学温度，E_A 为扩散活化能，k_B 为玻尔兹曼常数。从式（4-10）中可知，总电导率取决于扩散势垒、温度和指数前因子（即电荷载流子密度等参数）。扩散能量屏障通常反映跨越瓶颈所需的能量。同时，Na$^+$在迁移过程中会与结构骨架相互作用，而结构骨架的运动通常与温度有关。因此，增加可移动钠离子的浓度，降低空间位阻，构建连续扩散途径以降低扩散势垒，是获得较高离子电导率的根本条件。

2. β-Al$_2$O$_3$ 固态电解质

β-Al$_2$O$_3$ 于 1967 年被发现，是历史上第一个用于商业化钠硫电池的快离子导体。载 Na 之后的 Na-β-Al$_2$O$_3$ 的离子电导率随温度升高而增加，在 300℃下，离子电导率可达 1 S/cm，极大地促进了高温钠硫电池的商业化发展。β-Al$_2$O$_3$ 有两种不同的晶体结构：六方晶系 $P6_3/mmc$ 和菱形 $R\overline{3}m$，分别称为 β-Al$_2$O$_3$ 和 β″-Al$_2$O$_3$（图 4.39）[130]。β 相结构式为 Na$_2$O·(8～11)Al$_2$O$_3$，β″相为 Na$_2$O·(5～7)Al$_2$O$_3$，β 相和 β″相均由[AlO$_4$]四面体和[AlO$_6$]八面体尖晶石结构堆垛而成，相邻结构之间通过氧原子连接，钠离子在 β-和 β″-Al$_2$O$_3$ 的层间 2D 平面上移动，而不同之处在于传导层中氧离子的化学计量和堆叠顺序。β 相的每个晶胞沿 c 轴方向每三层尖晶石结构堆叠之间有一层 Na$^+$传导层，每层传导层有一个 Na$^+$。而 β″相结构堆叠顺序稍有不同，每三层尖晶石堆叠之间的钠离子传导层上有两个 Na^+。随着不同氧堆积顺序的导电平面上 Na^+ 浓度的增加，β''-Al_2O_3 比 β-Al_2O_3 拥有更高的离子电导率，单晶 Na-β''-Al_2O_3 在室温下可达到 100 mS/cm，而多晶 Na-β''-Al_2O_3 仅有 2 mS/cm，这种差距在高温下有所改善，但 β'' 相是热力学亚稳相，在高温下 (1500℃) 通常会分解为 Al_2O_3 和 Na-β-Al_2O_3。因此，所合成的材料一般是 β 和 β'' 的混合相，离子电导率与两相的比例密切相关。室温下利用火花等离子烧结（SPS）方法可以制备电导率达 19 mS/cm 的固态电解质[129]。另外，一般通过掺杂引入其他离子来稳定 β'' 相，同样可以得到较高的离子电导率[130]。常见的掺杂离子有 Li^+ 和 Mg^{2+}，大多数也都以 $Na_{1.67}Al_{10.67}Li_{0.33}O_{17}$ 和 $Na_{1.67}Al_{10.33}Mg_{0.67}O_{17}$ 这两种化学计量比进行元素掺杂为基础继续研究[131, 132]。另外，其他元素如 Nb^{5+}、Zr^{4+}、Ti^{4+} 等元素的掺杂也能有效提高 Na^+ 浓度以提高 β''-Al_2O_3 的离子电导率。此外，优化 β-Al_2O_3 和 β''-Al_2O_3 的比例以及调整其微观结构也是提高离子电导率的有效途径。

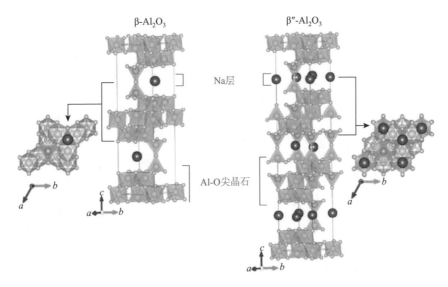

图 4.39　β-Al_2O_3 的两种晶体结构图

3. NASICON 型氧化物固态电解质

与 Na^+ 在层状 β-Al_2O_3 二维平面上的迁移不同，钠超离子导体（NASICON）的结构通式为 $Na_{1+x}Zr_2Si_xP_{3-x}O_{12}$（$0 \leqslant x \leqslant 3$），一般可以认为是 $NaZr_2P_3O_{12}$ 与 $Na_4Zr_2Si_3O_{12}$ 两种陶瓷的固溶体。最初由 Goodenough 和 Hong 于 1976 年报道，NASICON 有两种构型：菱形结构和单斜结构（图 4.40）[133]，其中单斜结构的 NASICON 离子通道路径更宽，具有更高的离子电导率，NASICON 构型可以进一步概述为具有 AMP_3O_{12} 组成构式的特殊晶体，A 对应于不同电池载荷子（如 Li^+、

K^+、Na^+），M 可由二价元素（Mg^{2+}、Cu^{2+}、Co^{2+}、Zn^{2+}、Mn^{2+}、Fe^{2+}等）、三价元素（Al^{3+}、Cr^{3+}、Sc^{3+}、Y^{3+}、La^{3+}等）、四价元素（Ti^{4+}、Sn^{4+}、Nb^{4+}等）以及五价元素（V^{5+}、Nb^{5+}、Ta^{5+}等）替代，甚至 P 也可以通过 Ge^{4+}或者 As^{5+}替代。但是，与 $Na_{1+x}Zr_2Si_xP_{3-x}O_{12}$ 相比，其他体系的离子电导率普遍较低。室温下 NASICON 的离子电导率为 $10^{-4} \sim 10^{-3}$ S/cm，而 NASICON 的离子电导率与结构中 Na^+ 浓度和框架离子半径息息相关，研究表明[134]，当 Na 化学计量数约为 3，框架离子半径接近 0.72 Å 时，NASICON 具有最好的离子电导率，实验也证实[135]，$Na_3Zr_2PSi_2O_{12}$ 在室温下有最高 6.7×10^{-4} S/cm 的离子电导率，并且在 300℃下离子电导率可以提升至 0.2 S/cm。元素掺杂可进一步提高电导率，Sc 掺杂的 $Na_{3.4}Sc_{0.4}Zr_{1.6}(SiO_4)_2(PO_4)$在室温下的离子电导率可以达到 4×10^{-3} S/cm。陈立泉等[136]引入了 La^+，由于低固溶度的影响，在晶界处形成了导电第二相 $Na_3La(PO_4)_2$，有效改善了晶界处导电性，将离子电导率提高到 3.4×10^{-3} S/cm。通过调控 Si 和 P 的比例[137]，部分单斜构型 $Na_3Zr_2Si_2PO_{12}$ 向菱形结构转变，离子电导率提高到 2.7×10^{-3} S/cm。

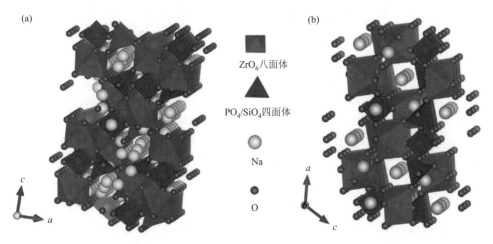

图 4.40　NASICON 晶体结构的（a）菱形结构和（b）单斜结构[133]

在合成方法上，钠超离子导体与大部分无机氧化物相同，可以通过固相法、溶胶-凝胶法、水热法等方法合成。其中溶胶-凝胶法和水热法合成的产物更加均匀，ZrO_2 杂质含量更低，易制备高密度、高纯度的 NASICON 微球。此外，通过 SPS 方法，合成了高离子电导率的全致密陶瓷颗粒[138]，最大离子电导率可达 1.8×10^{-3} S/cm。另外，通过较低的烧结温度（900℃）和较短的烧结时间（10 min），制备了 90 wt% NASICON 和 10 wt% $60Na_2O\text{-}10Nb_2O_5\text{-}30P_2O_5$的玻璃陶瓷复合固态电解质，离子电导率达到 1.2×10^{-4} S/cm[139]。

4. 硫化物固态电解质

相较于氧化物固态电解质，硫化物固态电解质无晶界电阻，离子电导率无各向异性，比氧化物固态电解质的离子电导率更高。氧化物固态电解质往往需要长时间的高温处理，而硫化物只需要冷压处理，相比之下，硫化物固态电解质的杨氏模量低于氧化物，这意味着它们更容易与电极紧密接触，在抑制充放电过程中电极的体积膨胀方面具有很大优势。尽管如此，硫化物固态电解质在空气中的化学稳定性较低，易和水分发生反应，生成 H_2S，往往需要在惰性气体气氛下使用。硫化物固态电解质中最典型的为玻璃陶瓷 Na_3PS_4，有两种空间构型（图 4.41）：立方相（$I\bar{4}3m$）和四方相（$P42_1c$）。

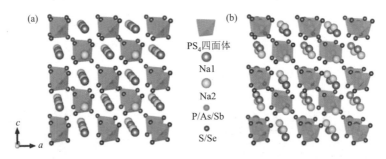

图 4.41　Na_3PS_4 结构示意图[139]

（a）立方相 Na_3PS_4；（b）四方相 Na_3PS_4

掺杂是提高硫化物固态电解质离子电导率的常用方法（图 4.42）。Hayashi 等[140, 141]使用高纯 Na_2S 将硫化物的离子电导率从 2.0×10^{-4} S/cm 升到 4.6×10^{-4} S/cm，这可能是由杂质阴离子对钠离子的捕获导致。通过低价杂原子掺杂，将 Na_3PS_4 的离子电导率提高了一倍，证明了增加载流子浓度和拥挤度有利于提高离子电导率[142]。用更大原子半径的 Se 取代 Na_3PS_4 中的 S 可以进一步提高离子电导率，这主要是因为 Se 可以拓宽离子迁移途径，削弱阴离子骨架结构与钠离子的结合能力[143]。元素替换不仅可以控制电解液的离子导电性，还可以通过用 Sb 和 Sn 代替 P 改善由磷引起的硫化物电解质在空气中的不稳定性。Hong 等合成了四方结构的 Na_3SbS_4，根据软硬酸碱理论，Sb 是比 P 更软的酸，其与氧（硬碱）的亲和力更低，在空气中更加稳定[144]。同时，四方相的 Na_3SbS_4 可以提供 3D 的钠离子扩散通道，其离子电导率在室温下可达 1.1 mS/cm。除此之外，对于不同晶体结构的筛选可以进一步优化固态电解质的离子电导率。对于 Na_3SbS_4，立方相结构比四方相结构的离子电导率更高，可达 2.8 mS/cm。硫化物固态电解质的制备方法一般为机械球磨和前驱体的低温加热，如立方相和

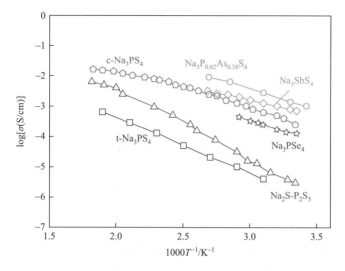

图 4.42　以 Na$_3$PS$_4$ 为框架的掺杂替换固态电解质离子电导率与温度的关系[133]

四方相的 Na$_3$PS$_4$，先将硫化物混合球磨，再将前驱体分别在 270℃和 420℃下加热得到，由于在空气中不稳定，加热过程均在惰性气体保护的环境下进行。

4.5.3　聚合物电解质

聚合物电解质是一类盐与聚合物之间通过配位作用而形成的复合物，主要由聚合物基体和电解质盐组成。聚环氧乙烷（polyethylene oxide，PEO）作为最早且种类最多的聚合物基体，在 1973 年就被 Wright 课题组[145]作为离子导体首次报道。随着对聚环氧乙烷的深入研究，1975 年 Wright[146]报道了 NaSCN/PEO 和 NaI/PEO 复合物的离子电导特性，至此开启了钠离子聚合物电解质的研究。至今，聚合物电解质得到了长足的发展，聚合物基体也不再局限于聚环氧乙烷类，还发展出聚碳酸酯类以及其他聚合物电解质。聚合物电解质柔韧性好，易于加工，有利于大规模生产，电极界面可控，因此由聚合物电解质组装的电池可以承受在处理、使用过程中的撞击、变形、振动以及电池内部温度和压力的变化。根据聚合物电解质的组成和物理形态可以分为两大类：固体聚合物电解质和凝胶聚合物电解质。固体聚合物电解质不含有机溶剂，安全性高，但其成膜性较差，室温离子电导较低。凝胶聚合物电解质是一种凝胶状态的半固态（准固态）电解质，由于含有一定量的溶剂，其室温离子电导率比固体聚合物电解质高，但是有机溶剂的存在导致其安全性较差。

1. 离子传输机理

固态电解质中的聚合物通常包含醚基（—O—）、硫醚（—S—）、氰基（—C≡N）等极性基团，通过这些基团上的孤对电子对阳离子的配位作用来实现对盐的溶剂化，一般聚合物介电常数越高，越有利于盐的解离。盐的晶格能越低，越容易在聚合物基体中发生解离，其解离程度越高，可自由移动的阳离子就越多，也越能够提高离子电导率。如图 4.43 所示，迁移离子的移动主要依靠与聚合物链段上的基团不断地络合与解离。迁移离子与聚合物链上的极性基团进行原子配位，之后聚合物分子链段发生振动为离子提供传输路径，在电场的作用下，阳离子沿传输路径发生跃迁，与下一个基团络合/解离，不断重复此过程，从而实现离子转移。

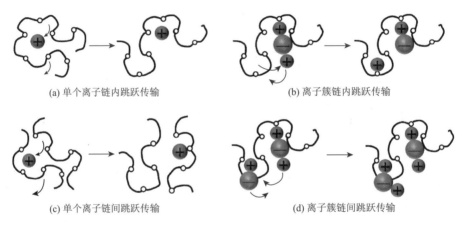

(a) 单个离子链内跳跃传输   (b) 离子簇链内跳跃传输

(c) 单个离子链间跳跃传输   (d) 离子簇链间跳跃传输

图 4.43　聚合物电解质中离子传输机理[147]

2. 凝胶聚合物电解质

凝胶聚合物电解质（gel polymer electrolyte，GPE）是一类介于固体电解质和液态电解质之间的半固态电解质，是含有一定量液体增塑剂和/或溶剂的聚合物-盐复合物。凝胶聚合物电解质结合了液态电解质的高离子电导率和固体聚合物电解质的安全性（离子电导率和安全性介于两者之间）。凝胶聚合物电解质包含聚合物基体和增塑剂，以及溶解在其中的盐。常见的凝胶聚合物电解质基体有聚环氧乙烷（PEO）、聚偏二氟乙烯（PVDF）、聚甲基丙烯酸甲酯（PMMA）和氰基高分子。凝胶电解质中的增塑剂通常是介电常数高、挥发性低、对聚合物复合物具有相容性且对盐具有良好溶解性的有机溶剂，常用的有碳酸乙烯酯（EC）、聚碳酸酯（PC）、碳酸二甲酯（DMC）、N-甲基吡咯烷酮（NMP）和 N, N-二甲基甲酰胺（DMF）等。同时，为了避免上述列举的增塑剂挥发，也常使用中低极性的聚醚和离子液体等，可以提高电解质的热稳定性以及拓宽电化学窗口，即提升电解质的电化学稳定性。

3. PEO 基固体聚合物电解质

在众多聚合物电解质体系中，PEO 基固体聚合物电解质是研究最早且最多的体系。PEO 的主要优点是其溶剂化能力强，它可以很容易地与许多碱金属盐形成络合物，并且由于聚合物主链中 $\left(\text{CH}_2\text{—CH}_2\text{—O}\right)_n$ 的存在，可以为阳离子迁移提供直接路径。PEO 是一种聚醚类化合物，其化学结构如图 4.44 所示。PEO 可分别由环氧乙烷经过阳离子或阴离子开环聚合而成。

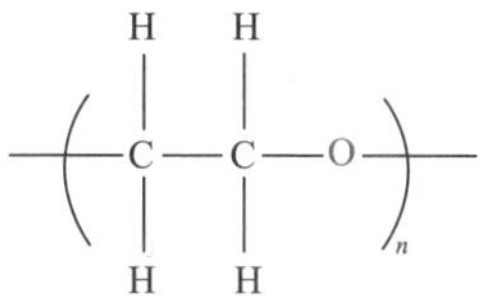

PEO 是一种半结晶材料，具有结晶相和非晶相。PEO 的结晶相由于分子的无定形排列缺乏长程有序，它降低了支持快速离子传输的链重组趋势，导致离子难以迁移。PEO 离子传输主要发生在高于玻璃化转变温度（T_g）的非晶态区，在此温度下 PEO 从结晶相变为非晶相，从而增强了 PEO 链段的柔韧性，因而非晶相下电池能正常工作，其离子电导率达到 10^{-3} S/cm 量级（结晶相下离子电导率为 $10^{-7}\sim10^{-6}$ S/cm）。PEO 可以与碱金属络合形成聚合物电解质，它的醚氧基（EO）具有高的阳离子溶剂化能力和较高的柔韧性，对促进离子的输运具有重要作用。此外，PEO 具有较高的介电常数和较强的 Na^+ 溶解能力。因此，PEO 基固体聚合物电解质是目前研究得最广泛的体系。

图 4.44　PEO 基固体聚合物电解质的化学结构

PEO 基固体聚合物电解质的优点在于：化学稳定性好、与碱金属负极兼容性较好、柔韧性好、成膜性好以及水溶性好，可以采取绿色无污染的制备工艺来制备 PEO 基固体聚合物电解质。其缺点在于：PEO 室温结晶程度比较高，导致室温离子电导率低（-10^{-8} S/cm），因此需要在较高的温度（60～80℃，即高于其软化点）下工作，电化学稳定电势上限较低 [$\leqslant 4.2$ V（$vs.$ Na^+/Na）]，因此无法采用高电压正极材料；尺寸热稳定性较差（软化点为 55～64℃）；机械强度不高（$\leqslant 10$ MPa）。为了克服这些缺点，最常见的方法是改变形态，使用纳米填料、增塑剂或离子液体以及在聚合物基质中添加具有大阴离子的钠盐。聚合物共混是两种单独聚合物的物理混合，是改善主体聚合物性能的最佳方法之一，这提供了优于单个聚合物的性能，并且可以通过改变聚合物的组成轻松控制。通过添加纳米填料和增塑剂可以进一步提高电气和机械性能。另一种方法是使用有机溶剂，但所得电解质膜的挥发性高，因此溶剂具有易燃性，并且与锂金属电极发生反应，这限制了它在高效能量存储设备中的使用。

4. 非 PEO 基固体聚合物电解质

PEO 是目前锂离子电池中已经产业化的聚合物电解质材料，其综合性能较优。除此之外，各种新型的聚合物基体也逐渐被应用于固体电解质体系。其中主要有聚碳酸酯基聚合物、聚丙烯腈基聚合物以及硅基聚合物。

聚碳酸酯是一种新型的聚合物电解质主体。一般来说，聚碳酸酯基聚合物电解质具有无定形结构、链段柔性好和介电常数高，因而在离子电导率、电化学稳定性和热稳定性方面性能优异。迄今为止，已发现多种类型的脂肪族聚碳酸酯基固体聚合物电解质，如聚碳酸亚乙烯酯（PVC）、聚碳酸亚乙酯（PEC）、聚碳酸丙烯酯（PPC）和聚三亚甲基碳酸酯（PTMC）等。聚碳酸酯基聚合物的应用研究较为广泛，其分子结构中含有强极性碳酸酯基团，介电常数高，可以有效减弱盐中阴阳离子之间的相互作用，有助于提高离子传导能力。碳酸酯基固体聚合物电解质相对于 PEO 体系来说，优点在于：聚碳酸酯类无定形程度较高，高分子链段柔顺性较高，因此更有利于传输离子，具有更高的室温离子电导率。此外，其电化学稳定电势上限较高，尺寸热稳定性较好（≥150℃）。缺点在于：与碱性电极材料的兼容性和稳定性较差，成膜性和机械性能较差。

聚丙烯腈（polyacrylonitrile，PAN）是一种合成有机聚合物树脂，广泛应用于纺织纤维、反渗透中空纤维膜和优质碳纤维等多种产品。丙烯腈是一些重要共聚物中的共聚单体，如苯乙烯-丙烯腈（SAN）塑料和丙烯腈丁二烯苯乙烯（ABS）树脂，得益于其优异的抗氧化特性。PAN 基聚合物电解质因优异的性能，如高离子电导率、高热稳定性、宽电化学窗口、良好的电解质相容性等，在聚合物电解质中得到了广泛的应用。PAN 基聚合物电解质的电导率与混合膜中增塑剂和盐的摩尔比相关，在室温下含盐和增塑剂的电解质的离子电导率可达 10^{-3} S/cm。尽管 PAN 基聚合物电解质优点众多，但仍有不可避免的缺点，例如，由于加工能力差及与锂金属负极接触时钝化无法形成独立的薄膜。这些问题可以通过新的聚合物基体设计或功能添加剂来解决。

硅基聚合物具有较好的热稳定性、较高的离子电导率、较低的可燃性、较低的玻璃化转变温度和无毒性等优点，有望成为固体聚合物电解质的基体。但由于主链是聚硅氧烷链，离子传输能力较差。在侧链接入聚硅氧烷会提升链的柔顺性，加上空间位阻效应的影响，会大大提升聚硅氧烷基固体聚合物电解质的离子电导率。然而，较窄的电化学窗口、较差的成膜性限制了其应用，使硅基固体聚合物电解质的研究相对较少。目前研究的硅基固态聚合物电解质主要分为聚硅氧烷、聚倍半硅氧烷和硅烷三类。在钠离子电解质中，硅基固体聚合物电解质尚待开发。

4.5.4　复合固态电解质

无机固态电解质表现出极为优异的离子电导率和机械性能，但存在界面电阻大和可加工性差的问题。相比之下，聚合物电解质具有形状通用、结构灵活和加工成本低等优势。因此，无机和聚合物电解质协同整合构建的复合固态电解质能够有效平衡离子电导率、机械强度和界面稳定性，是全面提高固态电解质性能的一种有前景的策略。通常，聚合物/无机复合电解质包含聚合物基质（如 PEO、PVDF-HFP 等）和无机填料（如 Al_2O_3、SiO_2、MgO、TiO_2、$Na_3Zr_2Si_2PO_{12}$ 等）。在此，聚合物基质用于提高机械柔韧性和加工能力，同时有助于电解质和电极之间的良好物理接触，消除界面电阻；无机填料在聚合物基质中分散会产生表面相互作用，从而降低聚合物的结晶趋势并促进钠盐的解离，由于介电常数增加，可降低电解质结晶度并增强离子传输性能。

4.6　隔膜材料

隔膜作为电池系统中不可或缺的部分，对电池的电化学性能和安全性起到关键作用。钠离子电池中，隔膜材料主要起到阻隔正负极的直接接触，避免短路，保证离子正常传输的作用；在固态钠电池中，通常不需要隔膜这一组成部分。

隔膜必须能够稳定存在于电池电解液中，隔膜和电解液需要有好的亲和力和孔隙率来保证一定的吸液率，同时良好的机械性能和热稳定性也是必需的。除此之外，隔膜的其他特性也是很重要的，如隔膜孔径、隔膜厚度、成本等。然而，相对于锂离子电池隔膜来讲，由于钠离子的离子半径较大，钠离子电池隔膜的孔径理应比锂离子电池隔膜的孔径大，才能有利于钠离子的传输。因此，钠离子隔膜材料需要具备以下物理、（电）化学性质，即：机械稳定性高且厚度尽可能小，极端温度条件耐受性，高度电子绝缘，离子电阻较小，耐高电压且对溶剂以及钠盐表现出惰性[148]。

随着材料科学的不断进步，近些年来一些新型隔膜材料也涌现出来。俞书宏等[149]通过自组装制备的甲壳素纳米纤维膜（图 4.45），具有优良的润湿特性，能够稳定存在于 150℃ 的高温下，同时能够在锂离子电池和钠离子电池中表现出良好的电化学性能。

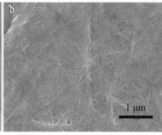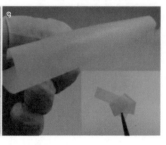

图 4.45 （a）甲壳素纳米纤维悬浮液的照片；（b）甲壳素纳米纤维膜的 SEM 图；（c）真空干燥后的甲壳素纳米纤维膜的 SEM 图[149]

综上所述，为了满足钠离子电池的实际应用需求，需要制备具有良好机械强度、热稳定性和电解液润湿性的隔膜，并且制造过程需高效环保[150]。新型隔膜还有很大的开发空间，一方面隔膜的原材料大多来自高分子类有机材料，未来需利用更高效的合成工艺；另一方面成本问题对钠离子电池隔膜来讲是必须考虑的问题，因为钠离子电池发展的目标是服务于大规模、低成本储能市场。钠离子电池中，隔膜大约占整个电池成本的 15%。因此，发展低成本、高安全性、可大规模生产的钠离子电池隔膜是必要的。

4.7 钠离子全电池的构筑

在已报道的基于有机电解液的钠离子全电池中，正极材料主要为层状氧化物与聚阴离子化合物，负极材料主要为碳基材料。基于 P2 和 O3 层状氧化物正极的钠离子全电池可展现出高能量密度（表 4.4），但其循环稳定性和倍率性能方面稍有不足，如正极章节所述，掺杂、界面修饰和多相混合是解决上述问题的有效策略。

表 4.4　层状氧化物正极及和特定负极匹配的全电池性能

正极	负极	平均电压/V	电池比容量/(mA·h/g)	能量密度/(W·h/kg)	文献
$NaNi_{1/3}Mn_{1/3}Fe_{1/3}O_2$	SnSb/C	3	48.32（10 mA/g）	145	[151]
$P2\text{-}Na_{2/3}Ni_{1/3}Mn_{7/12}Fe_{1/12}O_2$	Sb@C	2.83	91.7（0.2 C）	259.5	[152]
$P2\text{-}Na_{0.6}Ni_{0.22}Fe_{0.11}Mn_{0.66}O_2$	Sb-C	2.7	68.57（15 mA/g）	185	[153]
$O3\text{-}NaNi_{0.5}Mn_{0.3}Ti_{0.2}O_2$	HC	3	47.6（0.1 C）	142.8	[154]
$P2\text{-}Na_{2/3}Ni_{1/3}Mn_{1/2}Ti_{1/6}O_2$	SnS/MWCNT	2.62	100（0.1 C）	262	[155]

正极	负极	平均电压/V	电池比容量/(mA·h/g)	能量密度/(W·h/kg)	文献
Al_2O_3 coated O3-Na[Ni$_{0.6}$Co$_{0.2}$Mn$_{0.2}$]O$_2$	HC	2.7	80 （15 mA/g）	216	[156]
NaNi$_{0.5}$Ti$_{0.5}$O$_2$	HC	3	61.5（10 mA/g）	184.5	[157]

对于全电池而言，与半电池最大差距是电池中钠含量有限，由于 SEI/CEI 的形成和副反应，钠离子的消耗是不可避免的，而有着高能量密度的层状氧化物正极的钠含量严重不足，因此，与 LIBs 类似，钠补偿也是缓解钠离子全电池性能退化的重要途径之一。较为成熟的补钠方式是在正极添加自我牺牲添加剂。目前报道的自牺牲电极材料包括 NaN_3、Na_3P、Na_2CO_3、$Na_2C_4O_4$ 和 Na_2NiO_2。Singh 等[158]于 2013 年首次提出将 NaN_3 用作钠补偿的 P2-Na$_{2/3}$[Fe$_{1/2}$Mn$_{1/2}$]O$_2$ 正极添加剂。四年后，Otaegui 等[159]将这一想法付诸实践。通过对未处理硬碳负极组装的全电池的研究发现，与不含 NaN_3 的全电池相比，当 NaN_3 在 P2-Na$_{2/3}$[Fe$_{1/2}$Mn$_{1/2}$]O$_2$ 中的添加量达到 20%时，全电池的氧化还原特性变得更加明显。充放电曲线之间的电压滞后被显著抑制，稳定的可逆比容量从 50 mA·h/g 增加到 110 mA·h/g，进一步表明 NaN_3 添加剂对提高全电池的能量密度具有积极作用。然而，由于 NaN_3 在电化学分解过程中的产物为 N_2 和 Na，分解过程中气体的产生会使电极表面出现空隙，这将对电子/离子导电路径产生极大的影响。因此，优化 NaN_3 的装填方式和粒径是实际应用中必须考虑的问题。不仅如此，就 NaN_3 本身而言，其剧毒性和爆炸性足以使钠金属相形见绌。因此，寻找环保的自我牺牲添加剂是可持续发展的必然选择。Armand 等[160]通过简单的溶液法合成了一种环境友好且价格低廉的 $Na_2C_4O_4$ 用作正极添加剂时，其不可逆比容量超过 230 mA·h/g（理论比容量为 339 mA·h/g），氧化电位约为 3.6 V，并伴随着 CO_2、C 和 Na 的形成。在半电池中，$Na_2C_4O_4$ 的加入使得电池放电比容量从 105 mA·h/g 增加到了 135 mA·h/g，效果远超过 NaN_3 的 115 mA·h/g。此外，自我牺牲添加剂还有 Na_2CO_3，以及 Na_3P、Na_2NiO_2 等分解产物无气体的钠盐添加剂，添加剂的加入事实上在电极中发生了新的化学反应，因此其理化性质对电池性能有着深刻影响，同时，从商业化角度考虑，添加剂的加入方式、剂量，以及其利用率和残留量的影响都有所空缺，还需要更加深入的研究。

4.8　研究现状与展望

钠离子电池作为一种十分重要的储能技术，在电化学规模储能方面展现出良好的应用前景，有望促进能源互联网的建成，并广泛应用于人们日常生活和生产实践。在我国，从事钠离子电池工程化探索的公司正在逐年壮大，相继取得了阶段性的进展。现如今，世界能源格局在科学技术的引领下悄然发生变化，提前布局钠离子储能电池将有助于我国在能源领域占据主动地位。为了提高钠离子电池的市场竞争力，需要开发更具有高性价比的产品和更高稳定性的电极材料，提升循环寿命的同时降低成本。此外，有效减少非活性物质（导电剂、黏结剂、隔膜、电解液、集流体等）在电池总质量中的占比，开发新工艺，以降低生产制造成本，这些将是钠离子电池未来在基础研究和大规模应用方面的重要突破方向。

具体而言，应用前景较好的正极材料主要有层状氧化物、普鲁士蓝（或普鲁士白）和磷酸盐化合物。层状氧化物又可分为 O3 和 P2 两条发展路线，O3 型层状氧化物首次库仑效率较高，但钠离子扩散速率相对迟缓；P2 型层状氧化物输出容量较高，但首次充电比容量远少于放电比容量，需配合补钠技术。无论是 O3 型还是 P2 型氧化物正极材料在充放电过程中均存在一定程度的不可逆相变，且大部分对水氧敏感，难以在空气中长期保存。上述问题虽然可通过离子掺杂和表面包覆等部分解决，但仍然缺乏普适的改性策略以及可规模化生产的合成路线。

普鲁士蓝（或普鲁士白）虽然具有较快的离子扩散能力和良好的低温性能，但是该化合物含有氰根，在制备以及未来的电池回收过程中，废液和废固的处理是一个比较棘手的问题。另外，多数普鲁士蓝（或普鲁士白）含有少量的结晶水，在电池循环过程中若发生结晶水的脱出，将会造成重大安全隐患。普鲁士白的空气稳定性不如普鲁士蓝，在材料储存成本上也会有所增加。

磷酸盐化合物中，目前 $Na_3V_2(PO_4)_3$ 普遍被人们看好，与锂离子电池的 $LiFePO_4$ 正极相似，$Na_3V_2(PO_4)_3$ 也需要进行碳包覆和纳米化，以提升其电子导电率。$Na_3V_2(PO_4)_3$ 正极的倍率性能和低温性能较好，有望提升钠离子电池的快充性能与工作温度窗口，但其 3.4 V（相对于金属 Na 电极）的电压平台和 117.6 mA·h/g 的理论比容量，导致其理论能量密度不如层状氧化物。氟化磷酸盐 $[NaVPO_4F$ 和 $Na_3(VO_{1-x}PO_4)_2F_{1+2x}（0 \leqslant x \leqslant 2）]$ 可有效提升工作电位，但其合成条件相对苛刻，电化学稳定性也不如磷酸盐，因此商业化前景仍不明朗。

在负极方面，目前广泛应用的是硬碳材料，相对于锂离子电池的石墨负极，硬碳的合成成本较高，如何降低硬碳制备过程中所产生的资本投入与能耗是未来研究的重点。锂离子电池在追求高能量密度时，形成以硅碳负极为主的发展路线。如果单纯追求体积能量密度，铋碳则是一个不错的选择。

在电解液方面，目前普遍使用的是以 $NaPF_6$ 为钠盐、碳酸酯类分子为溶剂的电解液体系。醚类电解液虽然具有较好的快充能力和负极兼容性，但难以兼容高电压正极材料。在电解液添加剂方面，含 F 溶剂分子以及含 B、F 元素的钠盐有利于形成稳定的电极|电解质界面膜，提升钠离子电池循环性能，但上述溶剂与钠盐的成本相对较高，未来还需开发更为廉价的添加剂。

在导电剂、黏结剂、隔膜等方面，钠离子电池可借鉴锂离子电池发展进程中的先进经验；在集流体方面，钠离子电池正负极均可使用铝箔作为集流体，一定程度上解决了负极过放的问题，可将放电态的电池进行长途运输，提升了电池在转运过程中的安全性。另外，可以设计双极结构，对于大尺寸（大容量）电池可实现结构紧凑，减少导电连接，同时减少了工艺过程，并降低了成本。未来，随着钠离子电池的兴起，8 μm 的铝箔市场需求也将逐步扩大。

在电池制造工艺方面，钠离子电池也可充分借鉴锂离子电池，各工序均可使用锂离子电池现有设备。在单体电池结构设计方面，特斯拉在 2020 年推出了无极耳 4680 电池（锂离子电池），钠离子电池也可效仿该结构或开发出更适合自身特征的电池结构，在材料体系没有重大突破的情况下，通过开发单体电池新结构来提升电池能量密度和散热性能，并降低电池生产成本。

参 考 文 献

[1] Liu T F, Zhang Y P, Jiang Z G, et al. Exploring competitive features of stationary sodium ion batteries for electrochemical energy storage[J]. Energy & Environmental Science, 2019, 12（5）: 1512-1533.

[2] 中科海钠, 众位储能专家齐聚太原, 只为 "钠" 件事[E].https://www.hinabattery.com/index.php?id=155. 2021.

[3] Pan H L, Hu Y S, Chen L Q. Room-temperature stationary sodium-ion batteries for large-scale electric energy storge[J]. Energy & Environmental Science, 2013, 6（8）: 2338-2360.

[4] Zhao C L, Wang Q D, Yao Z P, et al. Rational design of layered oxide materials for sodium-ion batteries[J]. Science, 2020, 370（6517）: 708-711.

[5] Kubota K, Kumakura S, Yoda Y, et al. Electrochemistry and solid-state chemistry of $NaMeO_2$（Me = 3d transition metals）[J]. Advanced Energy Materials, 2018, 8（17）: 1703415.

[6] Saadoune I, Maazaz A, Menetrier M, et al. On the $Na_xNi_{0.6}Co_{0.4}O_2$ system: physical and electrochemical studies[J]. Journal of Solid State Chemistry, 1996, 122（1）: 111-117.

[7] Li X, Wu D, Zhou Y N, et al. O3-type Na（$Mn_{0.25}Fe_{0.25}Co_{0.25}Ni_{0.25}$）$O_2$: a quaternary layered cathode compound for rechargeable Na ion batteries[J]. Electrochemistry Communications, 2014, 49: 51-54.

[8] Vassilaras P, Toumar A J, Ceder G. Electrochemical properties of $NaNi_{1/3}Co_{1/3}Fe_{1/3}O_2$ as a cathode material for Na-ion batteries[J]. Electrochemistry Communications, 2014, 38: 79-81.

[9] Yabuuchi N, Kajiyama M, Iwatate J, et al. P2-type $Na_x[Fe_{1/2}Mn_{1/2}]O_2$ made from earth-abundant elements for rechargeable Na batteries[J]. Nature Materials, 2012, 11（6）: 512-517.

[10] Cao M H, Wang Y, Shadike Z, et al. Suppressing the chromium disproportionation reaction in O3-type layered cathode materials for high capacity sodium-ion batteries[J]. Journal of Materials Chemistry A, 2017, 5（11）: 5442-5448.

[11] Nanba Y, Iwao T, Boisse, et al. Redox potential paradox in Na_xMO_2 for sodium-ion battery cathodes[J]. Chemistry of Materials, 2016, 28（4）: 1058-1065.

[12] Kim D, Lee E, Slater M, et al. Layered $Na[Ni_{1/3}Fe_{1/3}Mn_{1/3}]O_2$ cathodes for Na-ion battery application[J]. Electrochemistry Communications, 2012, 18: 66-69.

[13] Yabuuchi N, Yano M, Yoshida H, et al. Synthesis and electrode performance of O3-type $NaFeO_2$-$NaNi_{1/2}Mn_{1/2}O_2$

solid solution for rechargeable sodium batteries[J]. Journal of the Electrochemical Society, 2013, 160 (5): A3131.

[14] Sun X, Jin Y, Zhang C Y, et al. Na[Ni$_{0.4}$Fe$_{0.2}$Mn$_{0.4-x}$Ti$_x$]O$_2$: a cathode of high capacity and superior cyclability for Na-ion batteries[J]. Journal of Materials Chemistry A, 2014, 2 (41): 17268-17271.

[15] Guignard M, Didier C, Darriet J, et al. P2-Na$_x$VO$_2$ system as electrodes for batteries and electron-correlated materials[J]. Nature Materials. 2013, 12 (1): 74-80.

[16] Kubota K, Yoda Y, Komaba S, Origin of enhanced capacity retention of P2-type Na$_{2/3}$Ni$_{1/3-x}$Mn$_{2/3}$Cu$_x$O$_2$ for Na-ion batteries[J]. Journal of the Electrochemical Society, 2017, 164 (12): A2368-A2373.

[17] Wang C C, Liu L J, Zhao S, et al. Tuning local chemistry of P2 layered-oxide cathode for high energy and long cycles of sodium-ion battery[J]. Nature Communications, 2021, 12: 2256.

[18] Liu Y C, Wang C C, Zhao S, et al. Mitigation of Jahn-Teller distortion and Na$^+$/vacancy ordering in a distorted manganese oxide cathode material by Li substitution[J]. Chemical Science. 2020, 12 (3): 1062-1067.

[19] Lu Z, Dahn J R. *In situ* X-ray diffraction study of P2-Na$_{2/3}$[Ni$_{1/3}$Mn$_{2/3}$]O$_2$[J]. Journal of the Electrochemical Society, 2001, 148 (11): A1225-A1229.

[20] Lee D H, Xu J, Meng Y S. An advanced cathode for Na-ion batteries with high rate and excellent structural stability[J]. Physical Chemistry Chemical Physics, 2013, 15 (9): 3304-3312.

[21] Wang P F, You Y, Yin Y X, et al. Suppressing the P2-O2 Phase transition of Na$_{0.67}$Mn$_{0.67}$ Ni$_{0.33}$O$_2$ by magnesium substitution for improved sodium-ion batteries[J]. Angewandte Chemie International Edition, 2016, 128 (26): 7571-7575.

[22] Yabuuchi N, Kajiyama M, Iwatate J, et al. P2-type Na$_x$[Fe$_{1/2}$Mn$_{1/2}$]O$_2$ made from earth-abundant elements for rechargeable Na batteries[J]. Natature Materials, 2012, 11 (6): 512-517.

[23] Pang W K, Kalluri S, Peterson V K, et al. Interplay between electrochemistry and phase evolution of the P2-type Na$_x$ (Fe$_{1/2}$Mn$_{1/2}$) O$_2$ cathode for use in sodium-ion batteries[J]. Chemistry of Materials, 2015, 27 (8): 3150-3158.

[24] Li Y M, Yang Z Z, Xu S Y, et al. Air-stable copper-based P2-Na$_{7/9}$Cu$_{2/9}$Fe$_{1/9}$Mn$_{2/3}$O$_2$ as a new positive electrode material for sodium-ion batteries[J]. Advanced Science, 2015, 2 (6): 1500031.

[25] Li Y J, Gao Y R, Wang X F, et al. Iron migration and oxygen oxidation during sodium extraction from NaFeO$_2$[J]. Nano Energy, 2018, 47: 519-526.

[26] Birgisson S, Christiansen T L, Iversen B B. Exploration of phase compositions, crystal structures, and electrochemical properties of Na$_x$Fe$_y$Mn$_{1-y}$O$_2$ sodium ion battery materials[J]. Chemistry of Materials, 2018, 30 (19): 6636-6645.

[27] Talaie E, Duffort V, Smith H L, et al. Structure of the high voltage phase of layered P2-Na$_{2/3-z}$[Mn$_{1/2}$Fe$_{1/2}$]O$_2$ and the positive effect of Ni substitution on its stability[J]. Energy & Environmental Science, 2015. 8 (8): 2512-2523.

[28] Thorne J S, Dunlap R A, Obrovac M N. Investigation of P2-Na$_{2/3}$Mn$_{1/3}$Fe$_{1/3}$Co$_{1/3}$O$_2$ for Na-ion battery positive electrodes[J]. Journal of the Electrochemical Society, 2014, 161 (14): A2232-A2236.

[29] Han M H, Sharma N, Gonzalo E, et al. Moisture exposed layered oxide electrodes as Na-ion battery cathodes[J]. Journal of Materials Chemistry A, 2016, 4 (48): 18963-18975.

[30] Xu S Y, Gonzalo E, et al. Novel copper redox-based cathode materials for room-temperature sodium-ion batteries[J]. Chinese Physics B, 2014, 23 (11): 118202.

[31] Yabuuchi N, Hara R, Kajiyama M, et al. New O2/P2-type Li-excess layered manganese oxides as promising multi-functional electrode materials for rechargeable Li/Na batteries[J]. Advanced Energy Materials, 2014, 4(13): 1-23.

[32] Rong X H, Hu E Y, Lu Y X, et al. Anionic redox reaction-induced high-capacity and low-strain cathode with

suppressed phase transition[J]. Joule，2019，3（2）：503-517.

[33]　de la Llave E，Talaie E，Levi E，et al. Improving energy density and structural stability of manganese oxide cathodes for Na-ion batteries by structural lithium substitution[J]. Chemistry of Materials，2016，28（24）：9064-9076.

[34]　Yabuuchi N，Hara R，Kubota K. A new electrode material for rechargeable sodium batteries：P2-type $Na_{2/3}[Mg_{0.28}Mn_{0.72}]O_2$ with anomalously high reversible capacity[J]. Journal of Materials Chemistry A，2014，2（40）：16851-16855.

[35]　Maitra U，House R A，Somerville J W，et al. Oxygen redox chemistry without excess alkali-metal ions in $Na_{2/3}[Mg_{0.28}Mn_{0.72}]O_2$[J]. Nature Chemistry，2018，10（3）：288-295.

[36]　Dai K，Wu J，Zhuo Z，et al. High reversibility of lattice oxygen redox quantified by direct bulk probes of both anionic and cationic redox reactions[J]. Joule，2019，3（2）：518-541.

[37]　Song B H，Hu E Y，Liu J，et al. A novel P3-type $Na_{2/3}Mg_{1/3}Mn_{2/3}O_2$ as high capacity sodium-ion cathode using reversible oxygen redox[J]. Journal of Materials Chemistry A，2019，7（4）：1491-1498.

[38]　Kim H J，Konarov A，Jo J H. Controlled oxygen redox for ecellent power capability in layered sodium-based compounds[J]. Advanced Energy Materials，2019，9（32）：1901181.

[39]　Tsuchiya Y，Takanashi K，Nishinobo T，et al. Layered $Na_xCr_xTi_{1-x}O_2$ as bifunctional electrode materials for rechargeable sodium batteries[J]. Chemistry of Materials，2016，28（19）：7006-7016.

[40]　Rong X H，Liu J，Hu E Y，et al. Structure-induced reversible anionic redox activity in Na layered oxide cathode[J]. Joule，2018，2（1）：125-140.

[41]　Zhao C L，Ding F X，Lu Y X，et al. High-entropy layered oxide cathodes for sodium-ion batteries[J]. Angewandte Chemie International Edition，2020，59（1）：264-269.

[42]　Zhang S Y，Guo Y J，Zhou Y N，et al. P3/O3 Integrated layered oxide as high-power and long-life cathode toward Na-ion batteries[J]. Small，2021，17（10）：2007236.

[43]　Keller M，Buchholz D，Passerini S. Layered Na-ion cathodes with outstanding performance resulting from the synergetic effect of mixed P- and O-type phases[J]. Advanced Energy Materials，2016，6（3）：1501555.

[44]　Avdeev M，Mohamed Z，Ling C D，et al. Magnetic structures of $NaFePO_4$ maricite and triphylite polymorphs for sodium-ion batteries[J]. Inorganic Chemistry，2013，52（15）：8685-8693.

[45]　le Poul N. Development of potentiometric ion sensors based on insertion materials as sensitive element[J]. Solid State Ionics，2003，159（1-2）：149-158.

[46]　Oh S M，Myung S T，Hassoun J，et al. Reversible $NaFePO_4$ electrode for sodium secondary batteries[J]. Electrochemistry Communications，2012，（22）：149-152.

[47]　Kim J，Seo D H，Kim H，et al. Unexpected discovery of low-cost maricite $NaFePO_4$ as a high-performance electrode for Na-ion batteries[J]. Energy & Environmental Science，2015，8（2）：540-545.

[48]　Liu Y C，Zhang N，Wang F F，et al. Approaching the downsizing limit of maricite $NaFePO_4$ toward high-performance cathode for sodium-ion batteries[J]. Advanced Functional Materials，2018，28（30）：1801917.

[49]　Fang Y J，Zhang J X，Xiao L F，et al. Phosphate framework electrode materials for sodium ion batteries[J]. Advanced Science，2017，4（5）：1600392.

[50]　Pivko M，Arcon I，Bele M，et al. $A_3V_2(PO_4)_3$（A = Na or Li）probed by *in situ* X-ray absorption spectroscopy[J]. Journal of Power Sources，2012，216：145-151.

[51]　Bianchini M，Xiao P，Wang Y，et al. Additional sodium insertion into polyanionic cathodes for higher-energy Na-ion batteries[J]. Advanced Energy Materials，2017，7（18）：1700514.

[52]　Park Y U，Seo D H，Kim H，et al. A Family of high-performance cathode materials for Na-ion Batteries，Na$_3$ (VO$_{1-x}$PO$_4$)$_2$ F$_{1-2x}$(0≤x≤1): combined first‐principles and experimental study[J]. Advanced Functional Materials, 2014, 24(29): 4603-4614.

[53]　Gover R，Bryan A，Burns P，et al. The electrochemical insertion properties of sodium vanadium fluorophosphate，Na$_3$V$_2$(PO$_4$)$_2$F$_3$[J]. Solid State Ionics, 2006, 177 (17-18): 1495-1500.

[54]　Kim H，Shakoor R A，Park C，et al. Na$_2$FeP$_2$O$_7$ as a promising iron-based pyrophosphate cathode for sodium rechargeable natteries: a combined experimental and theoretical study[J]. Advanced Functional Materials, 2013, 23 (9): 1147-1155.

[55]　Chen X B，Du K，Lai Y Q，et al. *In-situ* carbon-coated Na$_2$FeP$_2$O$_7$ anchored in three-dimensional reduced graphene oxide framework as a durable and high-rate sodium-ion battery cathode[J]. Journal of Power Sources, 2017, 357: 164-172.

[56]　Kim H，Park I，Seo D H，et al. New iron-based mixed-polyanion cathodes for lithium and sodium rechargeable batteries: combined first principles calculations and experimental study[J]. Journal of the American Chemical Society, 2012, 134 (25): 10369-10372.

[57]　Barpanda P，Oyama G，Nishimura S，et al. A 3.8-V earth-abundant sodium battery electrode[J]. Nature Communications, 2014, 5 (1): 4358.

[58]　Singh P，Shiva K，Celio H，et al. NaFe(SO$_4$)$_2$: an intercalation cathode host for low-cost Na-ion batteries[J]. Energy & Environmental Science, 2015, 8 (10): 3000-3005.

[59]　Coleby L. A history of Prussian blue[J]. Annals of Science, 1939, 4 (2): 206-211.

[60]　Song J，Wang L，Lu Y H，et al. Removal of interstitial H$_2$O in hexacyanometallates for a superior cathode of a sodium-ion battery[J]. Journal of the American Chemical Society, 2015, 137 (7): 2658-2664.

[61]　Li W J，Han C，Cheng G，et al. Chemical properties，structural properties，and energy storage applications of Prussian blue analogues[J]. Small, 2019, 15 (32): 1900470.

[62]　Jo I H，Lee S M，Kim H S，et al. Electrochemical properties of Na$_x$MnFe(CN)$_6$·zH$_2$O synthesized in a Taylor-Couette reactor as a Na-ion battery cathode material[J]. Journal of Alloys and Compounds, 2017, 729: 590-596.

[63]　Hu P，Peng W B，Wang B，et al. Concentration-gradient Prussian blue cathodes for Na-ion batteries[J]. ACS Energy Letters, 2019, 5 (1): 100-108.

[64]　Li W J，Han C，Wang W L，et al. Stress distortion restraint to boost the sodium ion storage performance of a novel binary hexacyanoferrate[J]. Advanced Energy Materials, 2020, 10 (4): 1903006.

[65]　Wu X Y，Deng W W，Qian J F. Single-crystal FeFe(CN)$_6$ nanoparticles: a high capacity and high rate cathode for Na-ion batteries[J]. Journal of Materials Chemistry A, 2013, 1 (35): 10130-10134.

[66]　You Y，Wu X L，Yin Y X，et al. High-quality Prussian blue crystals as superior cathode materials for room-temperature sodium-ion batteries[J]. Energy & Environmental Science, 2014, 7 (5): 1643-1647.

[67]　Peng J，Wang J S，Yi H C，et al. A dual-insertion type sodium-ion full cell based on high-quality ternary-metal Prussian blue analogs[J]. Advanced Energy Materials, 2018, 8 (11): 1702856.

[68]　Wu X Y，Wu C H，Wei C X，et al. Highly crystallized Na$_2$CoFe(CN)$_6$ with suppressed lattice defects as superior cathode material for sodium-ion batteries[J]. ACS Applied Materials & Interfaces, 2016, 8 (8): 5393-5399.

[69]　Yuan Y，Wang J X，Hu Z Q，et al. Na$_2$Co$_3$[Fe(CN)$_6$]$_2$: a promising cathode material for lithium-ion and sodium-ion batteries[J]. Journal of Alloys and Compounds, 2016, 685: 344-349.

[70]　Li C，Zang R，Li P X，et al. High crystalline Prussian white nanocubes as a promising cathode for sodium-ion

batteries[J]. Chemistry: An Asian Journal，2018，13（3）：342-349.

[71]　Ren W H，Qin M S，Zhu Z X，et al. Activation of sodium storage sites in Prussian blue analogues via surface etching[J]. Nano Letters，2017，17（8）：4713-4718.

[72]　You Y，Wu X L，Yin Y X. A zero-strain insertion cathode material of nickel ferricyanide for sodium-ion batteries[J]. Journal of Materials Chemistry A，2013，1（45）：14061-14065.

[73]　Jiao S Q，Tuo J J，Xie H L，et al. The electrochemical performance of $Cu_3[Fe(CN)_6]_2$ as a cathode material for sodium-ion batteries[J]. Materials Research Bulletin，2017，86：194-200.

[74]　Xie M，Huang Y X，Xu M H，et al. Sodium titanium hexacyanoferrate as an environmentally friendly and low-cost cathode material for sodium-ion batteries[J]. Journal of Power Sources，2016，302：7-12.

[75]　Zhao Q X，Zhao M M，Qiu J Q. Facile synthesis of $Mn_3[Co(CN)_6]_2 \cdot nH_2O$ nanocrystals for high-performance electrochemical energy storage devices[J]. Inorganic Chemistry Frontiers，2017，4（3）：442-449.

[76]　Lee H W，Wang R Y，Pasta M，et al. Manganese hexacyanomanganate open framework as a high-capacity positive electrode material for sodium-ion batteries[J]. Nature Communications，2014，5（1）：5280.

[77]　Kim J，Kim H，Kang K. Conversion-based cathode materials for rechargeable sodium batteries[J]. Advanced Energy Materials，2018，8（17）：1702646.

[78]　Wei S Y，Wang X Y，Jiang M L，et al. The $FeF_3 \cdot 0.33H_2O/C$ nanocomposite with open mesoporous structure as high-capacity cathode material for lithium/sodium ion batteries[J]. Journal of Alloys and Compounds，2016，689：945-951.

[79]　Xiao Y，Hwang J Y，Belharouak I，et al. Superior Li/Na-storage capability of a carbon-free hierarchical CoS_x hollow nanostructure[J]. Nano Energy，2017，32：320-328.

[80]　Li Y F，Liang Y L，Hernandez F C R，et al. Enhancing sodium-ion battery performance with interlayer-expanded MoS_2-PEO nanocomposites[J]. Nano Energy，2015，15：453-461.

[81]　Kim J-K，Kim Y，Park S，et al. Encapsulation of organic active materials in carbon nanotubes for application to high-electrochemical-performance sodium batteries[J]. Energy & Environmental Science，2016，9（4）：1264-1269.

[82]　Zhou M，Zhu L M，Cao Y L，et al. $Fe(CN)_6^{4-}$-doped polypyrrole: a high-capacity and high-rate cathode material for sodium-ion batteries[J]. RSC Advances，2012，2（13）：5495-5498.

[83]　Zhu L M，Shen Y F，Sun M Y，et al. Self-doped polypyrrole with ionizable sodium sulfonate as a renewable cathode material for sodium ion batteries[J]. Chemical Communications，2013，49（97）：11370-11372.

[84]　Zhao R R，Zhu L M，Cao Y L，et al. An aniline-nitroaniline copolymer as a high capacity cathode for Na-ion batteries[J]. Electrochemistry Communications，2012，21：36-38.

[85]　Shi R J，Liu L J，Lu Y，et al. Nitrogen-rich covalent organic frameworks with multiple carbonyls for high-performance sodium batteries[J]. Nature Communications，2020，11：178.

[86]　Wang L B，Ni Y X，Hou X S，et al. A two-dimensional metal-organic polymer enabled by robust nickel-nitrogen and hydrogen bonds for exceptional sodium-ion storage[J]. Angewandte Chemie International Edition，2020，59（49）：22126-22131.

[87]　Chen Y，Zhu Q，Fan K，et al. Successive storage of cations and anions by ligands of π-d-conjugated coordination polymers enabling robust sodium-ion batteries[J]. Angewandte Chemie International Edition，2021，60（34）：18769-18776.

[88]　Jache B，Adelhelm P. Use of graphite as a highly reversible electrode with superior cycle life for sodium-ion batteries by making use of co-intercalation phenomena[J]. Angewandte Chemie International Edition，2014，53（38）：10169-10173.

[89] Yoon G, Kim H, Park I, et al. Conditions for reversible Na intercalation in graphite: theoretical studies on the interplay among guest ions, solvent, and graphite host[J]. Advanced Energy Materials, 2017, 7 (2): 1601519.

[90] Luo X F, Yang C H, Peng Y Y, et al. Graphene nanosheets, carbon nanotubes, graphite, and activated carbon as anode materials for sodium-ion batteries[J]. Journal of Materials Chemistry A, 2015, 3 (19): 10320-10326.

[91] Stevens D A, Dahn J R. High capacity anode materials for rechargeable sodium-ion batteriers[J]. Journal of the Electrochemical Society, 2000, 147 (4): 1271.

[92] Wenzel S, Hara T, Janek J, et al. Room-temperature sodium-ion batteries: improving the rate capability of carbon anode materials by templating strategies[J]. Energy & Environmental Science, 2011, 4 (9): 3342-3345.

[93] Wang Y W, Xiao N, Wang Z Y, et al. Ultrastable and high-capacity carbon nanofiber anodes derived from pitch/polyacrylonitrile for flexible sodium-ion batteries[J]. Carbon, 2018, 135: 187-194.

[94] Liu Z, Zhang L H, Sheng L Z, et al. Edge-nitrogen-rich carbon dots pillared graphene blocks with ultrahigh volumetric/gravimetric capacities and ultralong life for sodium-ion storage[J]. Advanced Energy Materials, 2018, 8 (30): 1802042.

[95] Hao M Y, Xiao N, Wang Y W, et al. Pitch-derived N-doped porous carbon nanosheets with expanded interlayer distance as high-performance sodium-ion battery anodes[J]. Fuel Processing Technology, 2018, 177: 328-335.

[96] Miao Y L, Zong J, Liu X J. Phosphorus-doped pitch-derived soft carbon as an anode material for sodium ion batteries[J]. Materials Letters, 2017, 188: 355-358.

[97] Wei J S, Ding C, Zhang P, et al. Robust negative electrode materials derived from carbon dots and porous hydrogels for high-performance hybrid supercapacitors[J]. Advanced Materials, 2019, 31 (5): e1806197.

[98] Lai Q X, Su Q, Gao Q W, et al. *In situ* self-sacrificed template synthesis of Fe-N/G catalysts for enhanced oxygen reduction[J]. ACS Applied Materials & Interfaces, 2015, 7 (32): 18170-18178.

[99] Dahn J R, Xing W, Gao Y. The 'falling cards model' for the structure of microporous carbons[J]. Carbon, 1997, 35 (6): 825-830.

[100] Zhao L F, Hu Z, Lai W H, et al. Hard carbon anodes: fundamental understanding and commercial perspectives for Na-ion batteries beyond Li-ion and K-ion counterparts[J]. Advanced Energy Materials, 2020, 11 (1): 2002704.

[101] Morikawa Y, Nishimura S, Hashimoto R, et al. Mechanism of sodium storage in hard carbon: an X-ray scattering analysis[J]. Advanced Energy Materials, 2020, 10 (3): 1903176.

[102] Wang Z H, Feng X, Bai Y, et al. Probing the energy storage mechanism of quasi-metallic Na in hard carbon for sodium-ion batteries[J]. Advanced Energy Materials, 2021, 11 (11): 2003854.

[103] Wu Z R, Wang LP, Huang J, et al. Loofah-derived carbon as an anode material for potassium ion and lithium ion batteries[J]. Electrochimica Acta, 2019, 306: 446-453.

[104] Ding C F, Huang L B, Yan X D, et al. Robust, Superelastic hard carbon with *in situ* ultrafine crystals[J]. Advanced Functional Materials, 2020, 30 (3): 1907486.

[105] Li Y M, Mu L Q, Hu Y S, et al. Pitch-derived amorphous carbon as high performance anode for sodium-ion batteries[J]. Energy Storage Materials, 2016, 2: 139-145.

[106] Huang S F, Li Z P, Wang B, et al. N-doping and defective nanographitic domain coupled hard carbon nanoshells for high performance lithium/sodium storage[J]. Advanced Functional Materials, 2018, 28 (10): 1706294.

[107] Gao C L, Wang Q, Luo S H, et al. High performance potassium-ion battery anode based on biomorphic N-doped carbon derived from walnut septum[J]. Journal of Power Sources, 2019, 415: 165-171.

[108] Li Y, Yuan Y F, Bai Y, et al. Insights into the Na$^+$storage mechanism of phosphorus-functionalized hard carbon as ultrahigh capacity anodes[J]. Advanced Energy Materials, 2018, 8 (18): 1702781.

[109] Aravindan V，Lee Y S，Yazami R，et al. TiO$_2$ polymorphs in 'rocking-chair' Li-ion batteries[J]. Materials Today，2015，18（6）：274-281.

[110] Peng P P，Wu Y R，Li X Z，et al. Toward superior lithium/sodium storage performance：design and construction of novel TiO$_2$-based anode materials[J]. Rare Metals，2021，40：3049-3075.

[111] Ni J F，Fu S D，Wu C，et al. Self-supported nanotube arrays of sulfur-doped TiO$_2$ enabling ultrastable and robust sodium storage[J]. Advanced Materials，2016，28（11）：2259-2265.

[112] Wang N N，Xu X，Liao T，et al. Boosting sodium storage of double-shell sodium titanate microspheres constructed from 2D ultrathin nanosheets via sulfur doping[J]. Advanced Materials，2018，30（49）：1804157.

[113] Chayambuka K，Mulder G，Danilov D L，et al. Sodium-ion battery materials and electrochemical properties reviewed[J]. Advanced Energy Materials，2018，8（16）：1800079.

[114] Zhang K，Hu Z，Liu X，et al. FeSe$_2$ Microspheres as a high-performance anode material for Na-ion batteries[J]. Advanced Materials，2015，27（21）：3305.

[115] Morales J，Santos J，Tirado J L. Electrochemical studies of lithium and sodium intercalation in MoSe$_2$[J]. Solid State Ionics，1996，83（1-2）：57-64.

[116] Li H，He Y Y，Wang Q，et al. SnSe$_2$/NiSe$_2$@N-doped carbon yolk-shell heterostructure construction and selenium vacancies engineering for ultrastable sodium-ion storage[J]. Advanced Energy Materials，2015，13（47）：2302901.

[117] Xia Q B，Li W J，Miao Z C，et al. Phosphorus and phosphide nanomaterials for sodium-ion batteries[J]. Nano Research，2017，10：4055-4081.

[118] Zhang K，Park M，Zhang J，et al. Cobalt phosphide nanoparticles embedded in nitrogen-doped carbon nanosheets：promising anode material with high rate capability and long cycle life for sodium-ion batteries[J]. Nano Research，2017，10（12）：4337-4350.

[119] Qiao S Y，Zhou Q W，Ma M，et al. Advanced anode materials for rechargeable sodium-ion batteries[J]. ACS Nano，2023，17（12）：11220-11252.

[120] Li X，Wang X Y，Sun J，et al. Recent progress in the carbon-based frameworks for high specific capacity anodes/cathode in lithium/sodium ion batteries[J]. New Carbon Materials，2021，36（1）：106-116.

[121] Liu Y C，Zhang N，Jiao L F，et al. Ultrasmall Sn nanoparticles embedded in carbon as high-performance anode for sodium-ion batteries[J]. Advanced Functional Materials，2015，25（2）：214-220.

[122] Komaba S，Ishikawa T，Yabuuchi N，et al. Fluorinated ethylene carbonate as electrolyte additive for rechargeable Na batteries[J]. ACS Applied Materials & Interfaces，2011，3（11）：4165-4168.

[123] 胡勇胜，陆雅翔，陈立泉. 钠离子电池科学与技术[M]. 北京：科学出版社，2020：196-197.

[124] Feng J K，An Y L，Ci L J，et al. Nonflammable electrolyte for safer non-aqueous sodium batteries[J]. Journal of Materials Chemistry A，2015，3（28）：14539-14544.

[125] Li M，Wang C S，Chen Z W，et al. New concepts in electrolytes[J]. Chemical Reviews，2020，120（14）：6783-6819.

[126] Feng J K，Ci L J，Xiong S L. Biphenyl as overcharge protection additive for nonaqueous sodium batteries[J]. RSC Advances，2015，5（117）：96649-96652.

[127] Lee J，Lee Y，Lee J，et al. Ultraconcentrated sodium bis(fluorosulfonyl)imide-based electrolytes for high-performance sodium metal batteries[J]. ACS Applied Materials & Interfaces，2017，9（4）：3723-3732.

[128] Li Y Q，Yang Y，Lu Y K，et al. Ultralow-concentration electrolyte for Na-ion batteries[J]. ACS Energy Letters，2020，5（4）：1156-1158.

[129] Koganei K，Oyama T，Inada M，et al. C-axis oriented β″-alumina ceramics with anisotropic ionic conductivity prepared by spark plasma sintering[J]. Solid State Ionics，2014，267：22-26.

[130] Chi C, Katsui H, Goto T, et al. Effect of Li addition on the formation of Na-β/β″-alumina film by laser chemical vapor deposition[J]. Ceramics International, 2017, 43: 1278-1283.

[131] Hou W R, Guo X W, Shen X Y, et al. Solid electrolytes and interfaces in all-solid-state sodium batteries: progress and perspective[J]. Nano Energy, 2018, 52: 279-291.

[132] Lu Y, Li L, Zhang Q, et al. Electrolyte and interface engineering for solid-state sodium batteries[J]. Joule, 2018, 2 (9): 1747-1770.

[133] Hou W R, Guo X W, Shen X Y, et al. Solid electrolytes and interfaces in all-solid-state sodium batteries: progress and perspective[J]. Nano Energy, 2018, 52: 279-291.

[134] Guin M, Tietz F. Survey of the transport properties of sodium superionic conductor materials for use in sodium batteries[J]. Journal of Power Sources, 2015, 273: 1056-1064.

[135] Hong H P. Crystal structures and crystal chemistry in the system $Na_{1+x}Zr_2Si_xP_{3-x}O_{12}$[J]. Materials Research Bulletin, 1976, 11 (2): 173-182.

[136] Zhang Z Z, Zhang Q II, Shi J N, et al. A self-formingcomposite electrolyte for solid-state sodium battery with ultralong cycle life[J]. Advanced Energy Materials, 2017, 7 (4): 1601196.

[137] Samiee M, Radhakrishnan B, Rice Z, et al. Divalent-doped $Na_3Zr_2Si_2PO_{12}$ natrium superionic conductor: improving the ionic conductivity via simultaneously optimizing the phase and chemistry of the primary and secondary phases[J]. Journal of Power Sources, 2017, 347: 229-237.

[138] Lee J S, Chang C M, Lee Y I, et al. Spark plasma sintering (SPS) of NASCION ceramics[J]. Journal of the American Ceramic Society, 2004, 87 (2): 305-307.

[139] Honma T, Okamoto M, Togashi T, et al. Electrical conductivity of $Na_2O-Nb_2O_5-P_2O_5$ glass and fabrication of glass–ceramic composites with NASICON type $Na_3Zr_2Si_2PO_{12}$[J]. Solid State Ionics, 2015, 269: 19-23.

[140] Hayashi A, Noi K, Sakuda A, et al. Superionic glass-ceramic electrolytes for room-temperature rechargeable sodium batteries[J]. Nature Communications, 2012, 3 (1): 856.

[141] Hayashi A, Noi K, Tanibata N, et al. High sodium ion conductivity of glass-ceramic electrolytes with cubic Na_3PS_4[J]. Journal of Power Sources, 2014, 258: 420-423.

[142] Rao R P, Chen H, Wong L L, et al. $Na_{3+x}M_xP_{1-x}S_4$ (M = Ge^{4+}, Ti^{4+}, Sn^{4+}) enables high rate all-solid-state Na-ion batteries $Na_{2+2\delta}Fe_{2-\delta}(SO_4)_3|Na_{3+x}M_xP_{1-x}S_4|Na_2Ti_3O_7$[J]. Journal of Materials Chemistry A, 2017, 5 (7): 3377-3388.

[143] Zhang L, Yang K, Mi J L, et al. Na_3PSe_4: a novel chalcogenide solid electrolyte with high ionic conductivity[J]. Advanced Energy Materials, 2015, 5 (24): 1501294.

[144] Banerjee A, Park K H, Heo J W, et al. Na_3SbS_4: a solution processable sodium superionic conductor for all-solid-state sodium-ion batteries[J]. Angewandte Chemie International Edition, 2016, 55 (33): 9634-9638.

[145] Fenton D E, Parker J M, Wright P V. Complexes of alkali metal ions with poly(ethylene oxide)[J]. Polymer, 1973, 14 (11): 589.

[146] Wright P V. Electrical conductivity in ionic complexes of poly(ethylene oxide)[J]. British Polymer Journal, 1975, 7 (5): 319-327.

[147] Xue Z G, He D, Xie X L. Poly(ethylene oxide)-based electrolytes for lithium-ion batteries[J]. Journal of Materials Chemistry A, 2015, 3 (38): 19218-19253.

[148] Suharto Y, Lee Y, Yu J, et al. Microporous ceramic coated separators with superior wettability for enhancing the electrochemical performance of sodium-ion batteries[J]. Journal of Power Sources, 2018, 376: 184-190.

[149] Zhang T W, Shen B, Yao H B, et al. Prawn shell derived chitin nanofiber membranes as advanced sustainable separators for Li/Na-ion batteries[J]. Nano Letters, 2017, 17 (8): 4894-4901.

[150] Chen W H，Zhang L P，Liu C T，et al. Electrospun flexible cellulose acetate-based separators for sodium-ion batteries with ultralong cycle stability and excellent wettability：the role of interface chemical groups[J]. ACS Applied Materials & Interfaces，2018，10（28）：23883-23890.

[151] Zhou D H，Slater M，Kim D，et al. SnSb carbon composite anode in a SnSb-C/NaNi$_{1/3}$Mn$_{1/3}$Fe$_{1/3}$O$_2$ Na-ion battery[J]. ECS Transactions，2014，58（12）：59.

[152] Yang Q，Wang P F，Guo J Z，et al. Advanced P2-Na$_{2/3}$Ni$_{1/3}$Mn$_{7/12}$Fe$_{1/12}$O$_2$ cathode material with suppressed P2-O2 phase transition toward high-performance sodium-ion battery[J]. ACS Applied Materials & Interfaces，2018，10（40）：34272-34282.

[153] Hasa I，Passerini S，Hassoun J.A rechargeable sodium-ion battery using a nanostructured Sb-C anode and P2-type layered Na$_{0.6}$Ni$_{0.22}$Fe$_{0.11}$Mn$_{0.66}$O$_2$ cathode[J]. RSC Advances，2015，5（60）：48928-48934.

[154] Wang H B，Gu M Y，Jiang J Y，et al. An O3-Type NaNi$_{0.5}$Mn$_{0.3}$Ti$_{0.2}$O$_2$ compound as new cathode material for room-temperature sodium-ion batteries[J]. Journal of Power Sources，2016，327：653-657.

[155] Wang W H，Shi L，Lan D N，et al. Improving cycle stability of SnS anode for sodium-ion batteries by limiting Sn agglomeration[J]. Journal of Power Sources，2018，377：1-6.

[156] Hwang J Y，Myung S T，Choi J U，et al. Resolving the degradation pathways of the O3-type layered oxide cathode surface through the nano-scale aluminum oxide coating for high-energy density sodium-ion batteries[J]. Journal of Materials Chemistry A，2017，5（45）：23671-23680.

[157] Wang H B，Xiao Y Z，Sun C，et al. A type of sodium-ion full-cell with a layered NaNi$_{0.5}$Ti$_{0.5}$O$_2$ cathode and a pre-sodiated hard carbon anode[J]. RSC Advances，2015，5（129）：106519-106522.

[158] Singh G，Acebedo B，Cabanas M C，et al. An approach to overcome first cycle irreversible capacity in P2-Na$_{2/3}$[Fe$_{1/2}$Mn$_{1/2}$]O$_2$[J]. Electrochemistry Communications，2013，37：61-63.

[159] Martinez De Ilarduya J，Otaegui L，López del Amo J M，et al. NaN$_3$ addition，a strategy to overcome the problem of sodium deficiency in P2-Na$_{0.67}$[Fe$_{0.5}$Mn$_{0.5}$]O$_2$ cathode for sodium-ion battery[J]. Journal of Power Sources，2017，337：197-203.

[160] Shanmukaraj D，Kretschmer K，Sahu T，et al. Highly efficient，cost effective，and safe sodiation agent for high-performance sodium-ion batteries[J]. ChemSusChem，2018，11（18）：3286-3291.

第 5 章　锌离子电池

5.1　概　　述

由于锌具有高储量、廉价易得、多电子氧化还原等优点，锌离子电池在大规模储能领域具有良好的应用前景。相比于锂、钠、钾碱金属低的氧化还原电势 [分别为–3.04 V、–2.71 V、–2.93 V（$vs.$ SHE）]，锌具有更高的氧化还原电势 [–0.76 V（$vs.$ SHE）]。更高的氧化还原电势会导致更低的能量密度。因此，相比于传统基于有机电解液的碱金属离子电池，锌离子电池的能量密度更低。这导致目前基于有机电解液的锌离子电池研究较少。但是，高的氧化还原电势使得金属锌在空气和水体系中稳定。因此，可以直接利用金属锌作为负极，以水溶液为电解液，从而发展本征安全的水系锌离子电池。其在大规模储能领域比基于有机电解液的碱金属离子电池更有应用前景。另外，锌负极具有高理论比容量（820 mA·h/g、5855 mA·h/cm^3），远高于其他水系电池电极的比容量[1]。因此，相比于其他水系电池，水系锌离子电池理论上具有更高的能量密度。

锌基电池的研究可以追溯至以 MnO_2 为正极，Zn 为负极，KOH 水溶液为电解液的碱性锌锰一次电池，至今仍然被广泛应用于一次电池领域。为了实现资源的有效利用，可充碱性 Zn/MnO_2 电池逐渐得到了发展[2]。但是，在碱性 Zn/MnO_2 电池的充放电过程中，正负极存在严重的副反应，如正极生成的 Mn_2O_3、$Mn(OH)_2$ 等，负极生成的 $Zn(OH)_2$、ZnO 等，限制了其循环稳定性[3]。直到近年来，研究者们逐渐将目光转移到弱酸性电解液上，如 $ZnSO_4$ 电解液。相比于碱性体系的锌电池，基于弱酸性电解液的锌离子电池展现了显著提高的稳定性。锌离子电池的工作原理完全不同于传统碱性锌电池，主要是一种"摇椅式"的机理，即通过 Zn^{2+} 在正负极间来回穿梭实现能量的储存与释放（图 5.1）[4]。

Zn^{2+} 具有电荷高、原子量大且在电解液中形成大体积溶剂化离子等特点，导致能够有效储存 Zn^{2+} 的活性材料较少。已报道的锌离子电池正极活性材料主要集中于以下四类：锰氧化物、钒基化合物、普鲁士蓝及其衍生物和有机化合物（图 5.2）[2]。MnO_2 普遍展现出高比容量（300 mA·h/g）和高平均工作电压（1.3 V），但是，在充放电过程中，MnO_2 会发生复杂的、不可逆的相变，同时 Mn^{3+} 的歧化反应会造成锰的溶解，导致 MnO_2 正极的循环性能普遍较差[5]。钒基化合物的比容量普遍大于 300 mA·h/g，同时具有优异的倍率性能和循环性能，但是其

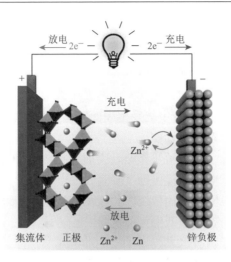

图 5.1　水系锌离子电池结构示意图[4]

工作电压较低（0.8 V）[6]。普鲁士蓝类似物具有较大的三维通道，有利于 Zn^{2+} 的储存和迁移，展现出较高的工作电压（1.8 V），但是这一类材料最大的问题是比容量较低（不足 100 mA·h/g）[7]。有机材料具有结构可调、廉价易得、资源丰富等优点，其比容量目前可达 300 mA·h/g 且工作电压适中（1.1 V），但是该类材料普遍面临着材料本身或放电产物易溶于水系电解液等问题，而且有机材料导电性普遍较差，在电极制备过程中需要添加大量导电添加剂[8]。

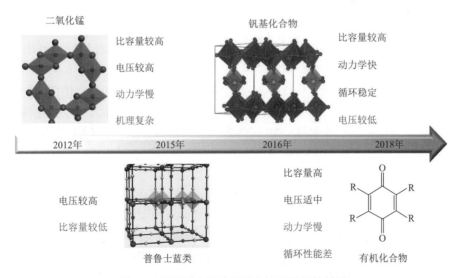

图 5.2　常用的水系锌离子电池正极活性材料

除了正极活性材料以外，负极材料对水系锌离子电池的电化学性能也起着至关重要的作用。目前水系锌离子电池主要以金属锌为负极。但是，锌负极面临着一些关键问题：①在锌反复析出/沉积过程中，容易形成锌枝晶，从而导致容量衰减、甚至电池短路；②锌在水系电解液中会发生腐蚀，导致锌利用率低以及产生危险的氢气；③锌在水系电解液中会发生表面钝化形成不溶的 ZnO 或者 $Zn(OH)_2$，影响电解液与负极的接触，从而影响电池性能，甚至引起电池失效[9]。为了解决上述问题，目前已提出了多种解决策略，主要包括锌负极与电解液之间的界面修饰、锌负极结构设计、电解液优化以及隔膜改性[10]。除此之外，研究人员也开发了在低电势储锌的材料用来替代传统锌负极，从而避免锌负极的各种问题。但是，此策略牺牲了锌负极高容量、低电势的优势[11]。

此外，电解液也影响着水系锌离子电池的电化学性能。电解液需要主要考虑其电化学稳定窗口、离子电导率、锌在其中的沉积/析出效率等。由于金属锌负极在碱性或强酸性电解液中会发生不可逆反应，所以目前水系锌离子电池的电解液主要为弱酸性或中性水溶液，如氯化锌（$ZnCl_2$）、硝酸锌[$Zn(NO_3)_2$]、$ZnSO_4$、三氟甲磺酸锌[$Zn(CF_3SO_3)_2$]等盐的水溶液[12]。其中应用最为广泛的电解液是 $ZnSO_4$、$Zn(CF_3SO_3)_2$ 水溶液。它们不仅具有宽的电化学稳定窗口和高的离子电导率，而且锌在其中展示出高的沉积/析出效率。二者相比，由于三氟甲磺酸根离子（$CF_3SO_3^-$）较硫酸根离子（SO_4^{2-}）具有更大的体积，能够有效降低锌离子的水合化程度，从而提高其离子电导率，因此基于 $Zn(CF_3SO_3)_2$ 电解液的电池通常展现出更为优异的电化学性能[13]。但是 $Zn(CF_3SO_3)_2$ 盐较 $ZnSO_4$ 盐具有更高的成本。除了传统的液态电解液以外，研究者们基于高分子聚合物，如 PVA、PAM、明胶等，还开发了众多水凝胶电解质[14]。

本章将分别介绍锌离子电池的工作原理、正极材料、负极材料以及电解液（质）。工作原理主要包括 Zn^{2+}嵌入机理、H^+嵌入机理、Zn^{2+}/H^+共嵌入机理以及沉积/溶解机理。锌离子电池正极活性材料主要集中于锰氧化物、钒基化合物、普鲁士蓝及其衍生物和有机化合物。负极材料包括金属锌负极材料、锌合金材料和锌离子嵌入型负极材料。电解液（质）分为水系电解液、有机电解液、离子液体/共晶溶剂基电解质、固态电解质和凝胶/准固态电解质。

5.2　锌离子电池工作原理

水系锌离子电池的储能机理比较复杂。传统的储能机理类似于锂离子电池的储能机理，是基于锌离子在正极材料中的嵌入/脱出和在负极上的沉积/溶解实现能量的释放与储存。在放电过程中，电解液中的锌离子嵌入正极材料中，锌负极则失去电子产生锌离子进入电解液。在充电的过程中，正极被氧化失去电子，锌离子从正极脱出进入电解液，电解液中的锌离子回到负极，并与正极流出的电子结合被还原为锌。除此之外，氢离子也被检测到可以作为电荷载体参与电化学反应，从而实现氢离子在正极中的嵌入/脱出。另外，氢离子和锌离子共嵌入正极也有报道。除了锌负极的沉积/溶解机理，MnO_2 正极也被报道可以通过沉积/溶解机理实现能量的释放与储存。

5.2.1　Zn^{2+}嵌入机理

Zn^{2+}嵌入是最常见的锌离子电池储能机理。2012 年，在 $Zn/\alpha\text{-}MnO_2$ 体系中首次提出了 Zn^{2+} 嵌入机理（图 5.3）[15]。此机理类似于锂离子电池的"摇椅式"机理，即在放电过程中金属锌负极发生氧化反应，失去电子产生 Zn^{2+} 进入电解液，正极 $\alpha\text{-}MnO_2$ 发生还原反应得到电子，同时电解液中的 Zn^{2+} 嵌入 $\alpha\text{-}MnO_2$ 正极平衡其得到的电子。具体反应如式（5-1）所示：

$$Zn^{2+} + 2e^- + 2MnO_2 \rightleftharpoons ZnMn_2O_4 \tag{5-1}$$

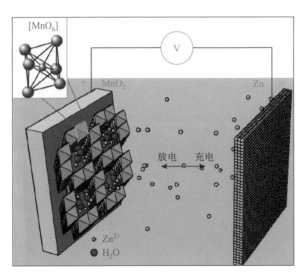

图 5.3　Zn/MnO_2 电池的 Zn^{2+} 嵌入机理[15]

Zn^{2+}嵌入 β、γ、T、δ、λ 等其他晶型 MnO_2 也逐渐被报道。通常在 Zn^{2+} 嵌入过程中，MnO_2 会发生复杂的相变。例如，在 $Zn/\gamma\text{-}MnO_2$ 体系中，最初的 Zn^{2+} 嵌入导致隧道型 γ-MnO_2 转变为尖晶石型 $ZnMn_2O_4$，随后 Zn^{2+} 嵌入剩余的 γ-MnO_2 形成隧道型 Zn_xMnO_2，Zn^{2+} 的进一步嵌入导致部分隧道型 Zn_xMnO_2 转变为层状 Zn_yMnO_2[16]。最终尖晶石型 $ZnMn_2O_4$、隧道型 Zn_xMnO_2 和层状 Zn_yMnO_2 三相共存。

Zn^{2+}嵌入机理在钒氧化物正极中也较常见。首次报道的水系锌离子电池钒氧化物正极 $Zn_{0.25}V_2O_5 \cdot nH_2O$ 通过 Zn^{2+} 的嵌入和脱出实现能量的释放与储存[17]:

$$1.1Zn^{2+} + 2.2e^- + Zn_{0.25}V_2O_5 \cdot nH_2O \rightleftharpoons Zn_{1.35}V_2O_5 \cdot nH_2O \qquad (5\text{-}2)$$

不同于 MnO_2 复杂的相转变过程，大部分钒氧化物在 Zn^{2+} 嵌入过程中晶体结构不会发生明显的转变。另外，水分子普遍会和 Zn^{2+} 共同嵌入钒氧化物，水分子的共嵌入能够有效屏蔽 Zn^{2+} 的正电荷，从而降低 Zn^{2+} 与骨架的静电作用，进而促进 Zn^{2+} 传输[18]。除此之外，钒氧化物中除了传统的离子扩散过程，还包括赝电容过程，这进一步提高了 Zn^{2+} 传输动力学[19]。因此，钒氧化物普遍展现出优于其他正极(如 MnO_2、普鲁士蓝、有机化合物)的电化学性能。

不同于无机材料中的 Zn^{2+} 嵌入晶格，在有机材料中，Zn^{2+} 一般与活性官能团(如 C=O 和 C=N)结合[20]。醌类材料由于具有高电压和高容量，被认为是有前景的有机正极活性材料。在放电过程中，C=O 基团得到电子被还原为 $C-O^-$，$C-O^-$ 作为活性位点结合 Zn^{2+}。在充电过程中，$C-O^-$ 失去电子被氧化为 C=O，同时失去 Zn^{2+}。

5.2.2　H^+嵌入机理

除了 Zn^{2+} 嵌入以外，H^+ 嵌入也被广泛报道。水系电解液中的 Zn^{2+} 具有较大的极性，能够诱导水分子解离，从而产生 H^+。H^+ 的产生可以用以下反应式描述:

$$[Zn(H_2O)_6]^{2+} + xH_2O \rightleftharpoons [Zn(H_2O)_{6-x}(OH)_x]^{(2-x)+} + xH_3O^+ \qquad (5\text{-}3)$$

$$xH_3O^+ \rightleftharpoons xH^+ + xH_2O \qquad (5\text{-}4)$$

和 Zn^{2+} 相比，H^+ 具有更小的尺寸和更轻的质量。因此，H^+ 理论上比 Zn^{2+} 更容易嵌入活性材料。例如，在 Zn/VO_2 体系中，当电解液为 $ZnSO_4$ 时，在放电过程中 H^+ 嵌入 VO_2，而无 Zn^{2+} 嵌入[21]。具体反应过程如下:

$$H_2O \rightleftharpoons H^+ + OH^- \qquad (5\text{-}5)$$

$$\frac{1}{2}Zn^{2+} + OH^- + \frac{1}{6}ZnSO_4 + \frac{5}{6}H_2O \rightleftharpoons \frac{1}{6}ZnSO_4[Zn(OH)_2]_3 \cdot 5H_2O \qquad (5\text{-}6)$$

$$H^+ + e^- + VO_2 \rightleftharpoons HVO_2 \qquad (5\text{-}7)$$

在放电过程中，水分子分解为 H^+ 和 OH^-，H^+ 嵌入 VO_2，OH^- 与电解液反应生成碱式硫酸锌。在充电过程中，碱式硫酸锌分解产生 OH^-，与活性材料中脱出的 H^+ 结合生成水(图 5.4)。

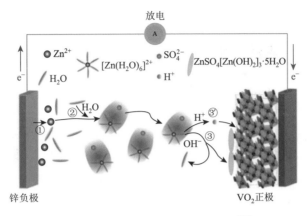

图 5.4 Zn/VO$_2$ 电池的 H$^+$ 嵌入机理[21]

5.2.3 Zn^{2+}/H$^+$共嵌入机理

除了上述 Zn^{2+}嵌入和 H$^+$嵌入以外，Zn^{2+}/H$^+$共嵌入在氧化锰、氧化钒以及有机材料也被报道。首例 Zn^{2+}/H$^+$共嵌入机理在基于 ZnSO$_4$/MnSO$_4$ 水系电解液的 Zn/α-MnO$_2$ 体系中被报道[22]。随着放电电流的增加，α-MnO$_2$ 高电压处的放电平台的容量没有明显衰减，但是低电压处的放电平台的容量衰减很快。进一步通过 GITT 和电化学阻抗谱（EIS）表明低电压放电平台相比于高电压放电平台具有更慢的动力学。考虑到 H$^+$具有明显小于 Zn^{2+}的离子半径，因此猜想高电压放电平台对应于 H$^+$的嵌入，而低电压放电平台对应于 Zn^{2+}的嵌入。为了进一步证实此猜想，利用 MnSO$_4$ 水溶液作为电解液，只观察到了一个高电压放电平台。而且通过 XRD 在放电产物中检测到了 MnOOH。因此，此体系中的 α-MnO$_2$ 在高电压放电平台为 H$^+$的嵌入，而在低电压放电平台为 Zn^{2+}的嵌入。

Zn^{2+}/H$^+$共嵌入钒基化合物在 Zn/NaV$_3$O$_8$·1.5H$_2$O 体系中首次实现[23]。和上述 H$^+$嵌入类似，在放电过程中正极表面会逐渐生成水合碱式硫酸锌。而不同于上述 α-MnO$_2$ 中 Zn^{2+}、H$^+$分步嵌入，Zn/NaV$_3$O$_8$·1.5H$_2$O 体系中实现了整个放电过程 Zn^{2+}/H$^+$共嵌入（图 5.5）。在放电过程中，非原位的 FTIR 和 XRD 检测到正极侧有 ZnSO$_4$[Zn(OH)$_2$]$_3$·4H$_2$O 形成，而充电过程中会逐渐消失，表明其良好的可逆性。另外，H$^+$的嵌入还直接通过固体核磁得到了证实。该体系的具体反应如下：

$$3.9H_2O \Longrightarrow 3.9H^+ + 3.9OH^- \tag{5-8}$$

$$1.95Zn^{2+} + 3.9OH^- + 0.65ZnSO_4 + 2.6H_2O \Longrightarrow 0.65ZnSO_4[Zn(OH)_2]_3 \cdot 4H_2O \tag{5-9}$$

$$NaZn_{0.1}V_3O_8 \cdot 1.5H_2O + 3.9H^+ + 0.4Zn^{2+} + 4.7e^- \Longrightarrow H_{3.9}NaZn_{0.5}V_3O_8 \cdot 1.5H_2O \tag{5-10}$$

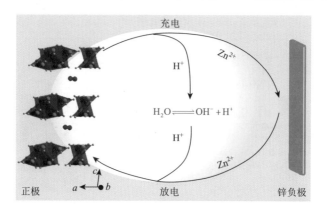

图 5.5　Zn/NaV$_3$O$_8$·1.5H$_2$O 电池的 Zn^{2+}/H$^+$嵌入机理[6]

　　有机材料也能实现 Zn^{2+}/H$^+$的共嵌入。类似地,在放电过程中也会形成碱式盐,在充电过程分解。不同于无机材料中离子嵌入晶格,Zn^{2+}和 H$^+$是与有机活性官能团(如 C=N、C=O 等)结合。例如,邻二氮杂菲共价有机框架(PA-COF)正极,在放电过程中,其中的活性官能团 C=N 得到电子变为负电的 C—N$^-$,Zn^{2+}和 H$^+$则与 C—N$^-$结合[24]。在充电过程中,Zn^{2+}和 H$^+$与 C—N$^-$分离,C—N$^-$失去电子被氧化为 C=N。

5.2.4　MnO$_2$ 沉积/溶解机理

　　MnO$_2$ 的沉积/溶解通常是在酸性电解液中实现。反应方程式如下:

$$MnO_2 + 4H^+ + 2e^- \rightleftharpoons Mn^{2+} + 2H_2O \quad E_0 = 1.22 \text{ V}（vs. \text{ SHE}） \quad （5\text{-}11）$$

此反应转移两个电子,理论比容量可以达到 616 mA·h/g,远高于传统机理中的基于 Mn^{3+}/Mn^{4+}的理论比容量(308 mA·h/g)。而且 MnO$_2$/Mn^{2+}的电势高达 1.22 V(vs. SHE)。当其与金属 Zn [−0.76 V(vs. SHE)] 负极匹配时,所构成的电池电压可以达到 1.98 V,明显高于传统 Zn/MnO$_2$ 的电压(1.3 V)。基于 MnO$_2$ 沉积/溶解的锌电池首先由 Qiao 课题组设计,通过在电解液中加入 MnSO$_4$ 和 H$_2$SO$_4$,首次充电过程中电解液中的 Mn^{2+}被氧化沉积在碳布基底上得到 MnO$_2$,放电过程中 MnO$_2$得到电子并与电解液的酸反应,生成 Mn^{2+}溶解于电解液中[25]。MnO$_2$ 和 Zn 负极的总反应可表述为:

$$Zn + MnO_2 + 4H^+ \rightleftharpoons Zn^{2+} + Mn^{2+} + 2H_2O \quad （5\text{-}12）$$

　　此电池体系展现出 570 mA·h/g 的高比容量和 1.95 V 的高电压,非常接近于理论比容量和理论电压。

为了进一步提高电池的输出电压,将 MnO_2/Mn^{2+} 与 $[Zn(OH)_4]^{2-}/Zn[-1.2\ V\ (vs.\ SHE)]$ 配对组装电池。正极发生 MnO_2 的沉积/溶解,负极则发生如下反应:

$$Zn + 4OH^- \Longleftrightarrow [Zn(OH)_4]^{2-} + 2e^-\quad E_0 = -1.20\ V\ (vs.\ SHE)\qquad (5\text{-}13)$$

此体系输出电压理论上可以达到 2.42 V。实现此体系的关键在于如何将正极的酸性电解液与负极的碱性电解液分开,并能进行良好的离子传输。2020 年,研究者使用离子交换膜成功构建了此体系:酸性电解液和碱性电解液分别置于不同的池中,将装有 K_2SO_4 中性电解液的池置于酸性池和碱性池之间,中性池与酸性池之间用阴离子交换膜隔开,中性池与碱性池之间则用阳离子交换膜隔开(图 5.6)[26]。在放电过程中,正极侧酸性电解液中的 H^+ 被消耗,负极侧碱性电解液中 OH^- 被消耗。为了保持正极侧和负极侧电解液的电荷平衡,正极侧酸性电解液中多余的 SO_4^{2-} 通过阴离子交换膜进入中性池,而负极侧碱性电解液中多余的 K^+ 通过阳离子交换膜进入中性池,从而实现了整个电解液体系的电荷平衡。

离子选择透过膜

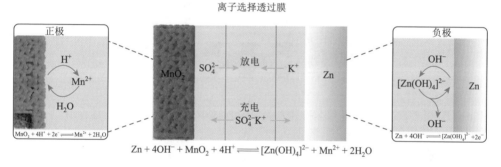

图 5.6 酸碱解耦电解液的 Zn/MnO_2 电池的工作机制[26]

5.3 正 极 材 料

通常水系锌离子电池的电荷载体锌离子具有高电荷(+2)、大原子量(65.38 g/mol)的特点,而且水合锌离子具有大的半径(4.2 Å),这导致能够嵌入锌离子的正极材料种类较少。另外,水系电解液窄的电化学窗口进一步限制了高电压正极材料的发展。目前水系锌离子电池的正极材料主要包括锰氧化物、钒基化合物、普鲁士蓝及其衍生物和有机化合物。本节将分别详细介绍这四类材料。

5.3.1 锰氧化物

锰氧化物具有资源丰富、廉价易得、环境友好、毒性低等优势,作为储能材料在储能器件中得到了广泛的应用。基于各种价态的锰氧化物在水系锌离子电池中均得到应用，如 MnO、Mn_2O_3、Mn_3O_4 以及各种晶型的 MnO_2。其中研究最为广泛的是各种晶型的 MnO_2，它基于一电子反应（Mn^{4+}/Mn^{3+}），理论比容量高达 308 mA·h/g。通常低价态的 MnO、Mn_2O_3、Mn_3O_4 在充电过程中会被逐渐氧化为四价的锰氧化物，最终也是基于一电子的反应（Mn^{4+}/Mn^{3+}）。下面将主要介绍各种晶型的 MnO_2 在水系锌离子电池中的应用。MnO_2 的基本构筑单元为 MnO_6 八面体，MnO_6 八面体通过不同的连接方式形成不同晶型的 MnO_2：α-MnO_2、β-MnO_2、γ-MnO_2、δ-MnO_2、T-MnO_2、R-MnO_2、λ-MnO_2 以及 ε-MnO_2（图 5.7）。

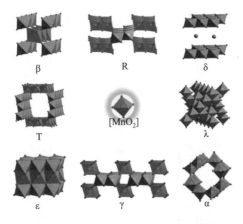

图 5.7　不同晶型 MnO_2 的结构图[1]

在众多晶型的 MnO_2 中，α-MnO_2 具有大的 2×2 隧道结构（4.6 Å），得到了广泛的关注。α-MnO_2 普遍具有大于 200 mA·h/g 的比容量和 1.3 V 的平均放电电压[27]。但是通常 α-MnO_2 容量衰减较快，倍率性能较差。这主要是由于充放电过程中 Mn^{3+} 发生歧化反应生成 Mn^{2+} 并溶于电解液以及 α-MnO_2 本身低的导电性和缓慢的离子迁移动力学。另外，α-MnO_2 储能机理复杂多变，如 Zn^{2+} 嵌入、H^+ 嵌入以及 Zn^{2+}/H^+ 共嵌入均有报道。这可能取决于 α-MnO_2 的微观形貌以及电解液组分和浓度等，目前还未完全明确。

β-MnO_2 是所有晶型 MnO_2 中最稳定的，具有较小的 1×1 隧道结构。狭小的隧道结构导致 Zn^{2+} 难以嵌入其中。目前通过不同的策略使 Zn^{2+} 嵌入成为可能。例如，将 β-MnO_2 纳米化，提供大量的活性位点，从而实现了高达 270 mA·h/g 的比容量[28]。另外，也有研究者通过调节电解液实现了 Zn^{2+} 的嵌入，将传统 $ZnSO_4$ 电解液换成 $Zn(CF_3SO_3)_2/Mn(CF_3SO_3)_2$ 电解液后，β-MnO_2 展示出 225 mA·h/g 的比容量[29]。这主要是因为经过第一次循环后，β-MnO_2 不可逆地转变为层状的 Zn-布鲁塞尔矿型 MnO_2。后面的循环是 Zn^{2+} 在 Zn-布鲁塞尔矿型 MnO_2 中的可逆嵌入与脱出。也有研究者通过调控材料制备过程中暴露 β-MnO_2 的优势晶面（101）面，从

而实现了 Zn^{2+} 嵌入[28]。但是经过初始循环后，β-MnO_2 转变为 $ZnMn_2O_4$，因此在随后的循环过程中实际上是 Zn^{2+} 在 $ZnMn_2O_4$ 中的可逆嵌入/脱出。

γ-MnO_2 由自由排列的 1×1 和 2×2 隧道结构组成，通常可以认为是 α-MnO_2 和 β-MnO_2 的共生相。Zn^{2+} 嵌入 γ-MnO_2 首先由 Alfaruqi 等[16]报道。在最初的放电过程，部分 γ-MnO_2 转变为尖晶石结构的 Mn^{3+} 相（$ZnMn_2O_4$）。随着放电深度的加深，Zn^{2+} 嵌入残余隧道结构的 γ-MnO_2，形成隧道结构的 Mn^{2+} 相（γ-Zn_xMnO_2）。在进一步的放电过程中，Zn^{2+} 会嵌入部分隧道结构的 γ-Zn_xMnO_2，导致其隧道结构的扩大和坍塌，最终演变为层状结构的 L-Zn_yMnO_2。当完成放电，Zn^{2+} 完全嵌入后，尖晶石结构的 $ZnMn_2O_4$、隧道结构的 γ-Zn_xMnO_2、层状结构的 L-Zn_yMnO_2 三相共存。在随后的充电过程中，原始 γ-MnO_2 的隧道结构得到了完全的恢复。

除了上述隧道结构的 MnO_2，层状结构的 δ-MnO_2 由于具有大的层间距（7.0 Å），作为水系锌离子电池正极活性材料展现出良好的应用前景。但是在循环过程中，δ-MnO_2 的容量会逐渐衰减，这主要是由于层状结构的坍塌，相转变形成大量非活性的尖晶石结构 $ZnMn_2O_4$[30]。另外，也有研究者认为氢离子嵌入导致表面形成大量非活性的水合碱式硫酸锌，同时氢离子嵌入形成的 MnOOH 会进一步得到电子并与氢离子反应生成 Mn^{2+} 溶于电解液，从而造成容量的快速衰减[31]。针对层状结构坍塌的问题，研究者通常在层间引入金属离子、聚合物等客体物种，通过它们与 Mn_xO_y 层上氧的强相互作用力维持层状结构的稳定性[32]。而对于溶解问题，通常在电解液中加入一定量的二价锰盐，利用同离子效应抑制二价锰的溶解[33]。

Todorokite-MnO_2 拥有 3×3 的隧道结构。理论上可以储存更多的锌离子以及具有更快的离子转移动力学。但是，这种隧道结构中边共享的 MnO_6 八面体通常是不稳定的。为了稳定这种 3×3 的隧道结构，各种金属离子和水分子通常被引入隧道中来稳定其结构。结晶水还可以部分屏蔽嵌入锌离子的正电荷，从而减小锌离子与 MnO_6 八面体的静电吸引。理论上 Todorokite-MnO_2 相比于其他晶型的 MnO_2 具有更优的电化学性能。但是，通常其比容量不足 $100\ mA\cdot h/g$[34]。这可能是由于引入的金属离子和水分子占据了锌离子储存位点。

λ-MnO_2 具有尖晶石结构，相比于其他 MnO_2 而言，λ-MnO_2 具有非孔的特性，因此其比表面积通常较小（$5.2\ m^2/g$）[35]。这导致其电化学性能不尽如人意。$LiMn_2O_4$ 在锂离子电池中已经得到了良好的应用。因此，其类似物 $ZnMn_2O_4$ 最先进入研究者的视野[36]。但是研究表明完美的 $ZnMn_2O_4$ 晶体表现出近乎非活性的特性，这主要是由于锌离子在其中的迁移能垒较大。为了激发其电化学活性，不同的策略被提出。例如，在 $ZnMn_2O_4$ 中引入阳离子（Mn）缺陷以降低晶格对锌离子的排斥力，从而提高锌离子转移动力学[13]。因此，具有阳离子缺陷的 $ZnMn_2O_4$

展现出 150 mA·h/g 的比容量。另外，制备具有纳米结构的 $ZnMn_2O_4$ 也能激发其电化学活性，这主要是因为纳米结构不仅增加了材料的活性位点，而且有效缩短了锌离子在其中的迁移路径。

ε-MnO_2 具有紧密堆积的结构，一般认为其难以作为水系锌离子的电极材料。但是，近年来 ε-MnO_2 的沉积/溶解过程赋予了其良好的应用前景。正如前面储能机理部分介绍，ε-MnO_2 的沉积/溶解提供了两电子的反应（Mn^{4+}/Mn^{2+}），理论比容量高达 616 mA·h/g，输出电压能够达到 2 V 左右，远远高于通常 MnO_2（308 mA·h/g，1.3 V）。在 2.2 V 恒压充电过程中，电解液中的锌离子和二价锰离子分别沉积在负极和正极集流体上[25]。通过在电解液中加入 0.1 mol/L H_2SO_4，电池电压窗口可以拓宽至 2.4 V。通过在锌负极侧使用碱性电解液，电池的窗口可以得到进一步拓宽[26]。

5.3.2　钒基化合物

钒基化合物由于钒具有氧化态丰富（V^{2+}、V^{3+}、V^{4+}、V^{5+}）、资源丰富、廉价易得、结构多样等优势，近些年作为水系锌离子电池正极活性材料得到了广泛的研究。总体来讲，虽然钒基化合物平均充放电电压比 MnO_2 低，但是其具有理论比容量高、倍率性能好、循环稳定等优点。目前，各种各样的钒基化合物被报道用作水系锌离子电池正极活性材料，如钒氧化物、钒酸盐、磷酸钒基化合物等。

在众多的钒基化合物中，V_2O_5 具有高的理论比容量（589 mA·h/g，基于 V^{5+}/V^{3+}）。在 V_2O_5 中，V 与 O 形成 VO_5 四方锥，VO_5 四方锥通过边或角共享的形式形成 V_4O_{10} 层［图 5.8（a）］，层间距达到 0.577 nm，远大于 Zn^{2+} 半径（0.074 nm）。但是，Zn^{2+} 通常以水合离子的形式嵌入。这就导致其在 V_2O_5 的层间传输受阻，同时会导致 V_2O_5 的层状结构遭到一定程度的破坏。因此，V_2O_5 难以发挥出优异的电化学性能（包括容量、倍率和循环寿命）。为了提高 Zn^{2+} 嵌入动力学，各种客体物种如金属离子、水分子、有机分子等通常被引入 V_2O_5 的层间，以此来扩大 V_2O_5 的层间距[1]。另外，这些客体物种的引入还可以为邻近的钒氧层提供支柱的作用，从而稳定 V_2O_5 的层状结构。例如，当在 V_2O_5 层间引入 Na^+ 后，其循环性能得到了极大的提升，即使经过 1000 次循环后，其容量保持率仍高达 93%[37]。另外，研究发现结晶水对于 Zn^{2+} 传输动力学有明显的提升[37]。因为结晶水可以屏蔽 Zn^{2+} 的部分正电荷，Zn^{2+} 的有效电荷数减少，从而减小 Zn^{2+} 与钒氧层之间的吸引力。结晶水就类似于润滑剂促进 Zn^{2+} 扩散。因此，$V_2O_5 \cdot nH_2O$ 电池展示出高达 372 mA·h/g 的比容量以及优异的倍率性能（在 30 A/g 的电流密度下，比容量仍有 248 mA·h/g）。

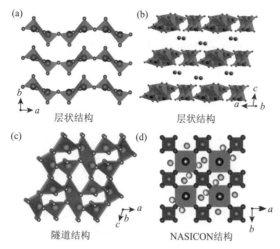

图 5.8　（a）层状 V_2O_5；（b）层状 $M_xV_3O_8 \cdot nH_2O$；（c）隧道 VO_2；
（d）NASICON 型 $Na_3V_2(PO_4)_3$ 的晶体结构图

　　另一类典型的层状钒酸盐 $M_xV_3O_8$（M 为金属或氢）在水系锌离子电池中也得到了广泛的研究。V_3O_8 层由 VO_6 八面体和 VO_5 四方锥单元组成［图 5.8（b）］。不同于 V_2O_5 中靠弱的范德华力维持层状结构，在 $H_2V_3O_8$ 中相邻 V_3O_8 层被氢键连接。因此，$H_2V_3O_8$ 相比于 V_2O_5 具有更高的结构稳定性。另外，$H_2V_3O_8$ 层间距达到 0.846 nm。归功于其优异的结构稳定性和大的层间距，$H_2V_3O_8$ 作为水系锌离子电池正极活性材料展示出 423.8 mA·h/g 的高比容量[38]。而且经过 1000 次循环后，其容量保持率高达 94.3%。不同于 $H_2V_3O_8$，在 $M_xV_3O_8$ 中相邻 V_3O_8 层主要依靠金属离子的正电荷与 V_3O_8 层的强静电引力保持稳定。但是 $M_xV_3O_8$ 的电化学性能普遍较差，这可能是由于锌离子强的正电荷导致其与 V_3O_8 层上的氧静电引力太强，从而造成锌离子传输困难。为了降低锌离子的有效正电荷，水分子通常被引入 $M_xV_3O_8$ 的层间，以此提高锌离子传输动力学，从而提高其电化学性能。例如，$Na_2V_6O_{16} \cdot 2.14H_2O$ 展现出 466 mA·h/g 的比容量，在 20 A/g 的电流密度下循环 2000 次后，容量保持率高达 90%[39]。

　　除了层状结构的钒基化合物，隧道结构的 VO_2 也被报道用作水系锌离子电池正极活性材料。VO_2 隧道结构由扭曲的 VO_6 八面体通过共享边和角形成［图 5.8（c）］，具有大的尺寸。这种大且稳定的隧道结构有利于锌离子快速转移，同时确保锌离子嵌入与脱出时结构的稳定性。VO_2 作为水系锌离子电池正极展示了 357 mA·h/g 比容量、优异的倍率性能（在 300 C 倍率下，比容量还能保持 171 mA·h/g）和循环稳定性（300 次循环后，容量保持率为 91.2%）[40]。值得注意的是，当充电电压扩大到 1.7 V 后，经过一次循环后，VO_2 转变为 $V_2O_5 \cdot nH_2O$[41]。

　　上述介绍的钒基化合物放电电压都较低（0.8 V）。这极大地减小了其能量密度以及制约了实际应用。因此，提高钒基化合物的工作电压显得尤为重要。为了提高其工作电压，就必须改变氧化还原活性中心的电子结构。相比于上述钒基化合物，锂离子电池常用的 NASICON 结构的 $Na_3V_2(PO_4)_3$ 中，PO_4^{3-} 聚阴离子的吸电子效应明显提高了钒基化合物的工作电压。$Na_3V_2(PO_4)_3$ 具有 3D 开放式的 $[V_2(PO_4)_3]^{3-}$ 结构，其中 VO_6 八面体和 PO_4 四面体共享角，3 个钠离子占据通道中两种不同的位点 [图 5.8（d）]。当将其作为水系锌离子电池正极时，其工作电压达到 1 V 以上，此值明显高于上述钒基化合物的平均电压[42]。在 0.5 C 倍率下，其比容量为 97 mA·h/g。因此，$Na_3V_2(PO_4)_3$ 在其他单价金属离子电池中展现出优异的循环性能。但是，$Na_3V_2(PO_4)_3$ 在水系锌离子电池中表现出比较差的循环性能（在 0.5 C 倍率下，经过 100 次循环后，容量保持率为 74%）。这主要是因为锌离子具有大的质量和高的电荷。另外，NASICON 结构的 $Na_3V_2(PO_4)_2F_3$ 也被报道用于水系锌离子电池正极活性材料[43]。相比于 $Na_3V_2(PO_4)_3$，$Na_3V_2(PO_4)_2F_3$ 额外引入的 F^- 进一步提高了工作电压（达到 1.65 V）。而且由于 F^- 的引入，其结构稳定性得到了提高，因此其展现出稳定的循环性能（经过 4000 次循环后，容量保持率高达 95%）。但是由于其具有更大的分子量，在 0.2 A/g 的低电流密度下，其比容量只有 60 mA·h/g。

5.3.3 普鲁士蓝及其衍生物

金属铁氰化物（MeHCF）也称普鲁士蓝衍生物，普鲁士蓝分子式为 $Fe_4^{III}[Fe^{II}(CN)_6]_3·nH_2O$，具有面心立方结构，Fe(III) 和 Fe(II) 在立方基元的角上交替排列，并通过 C≡N 相连（图 5.9）。Fe(II) 通过八面体配位的形式与 C≡N 中的 C 配位，Fe(III) 则和 N 相连接。Fe(III) 和 Fe(II) 均可以部分或者完全被其他金属离子所取代，从而形成普鲁士蓝衍生物。普鲁士蓝由于具有开放的 3D 通道、两个氧化还原活性中心、可调节的氧化还原中心元素等，在金属离子电池中得到了广泛的应用。

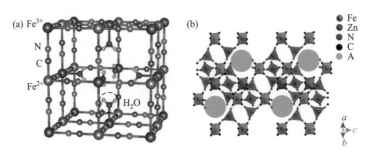

图 5.9　（a）$Fe_4^{III}[Fe^{II}(CN)_6]_3·nH_2O$[44] 和（b）$ZnHCF$[7] 的晶体结构

A = Na，K，Cs

　　不同于在锂/钠离子电池中，普鲁士蓝 FeFe(CN)$_6$（FeHCF）在水系锌离子电池中的研究较少。锌离子在 FeHCF 中的嵌入在离子液体中得以实现，其放电电压为 1.1 V[45]。随着锌离子的嵌入，三价铁逐渐转变为二价铁。但是，随着锌离子的嵌入，其晶体结构会逐渐收缩，这主要是因为[Fe^{III}(CN)$_6$]$^{3-}$的半径比[Fe^{II}(CN)$_6$]$^{4-}$大。

　　锌离子在 CuHCF 中的可逆嵌入/脱出可以达到 1.73 V 的平均电压[46]。虽然其电压很高，但是其比容量比较低（在 60 mA/g 的电流密度下，比容量只有 53 mA·h/g）。锌离子在 CuHCF 中的嵌入/脱出是一个固相扩散过程。在 KCuFe(CN)$_6$ 中，一半的大空隙位点被 K 占据[47]。在放电过程中，锌离子嵌入未被占据的大空隙位点，随后从此位点沿（100）方向扩散到下一个位点。这种锌离子传输机理允许其快速的嵌入与脱出，而且不会对晶体结构造成太大的损害。但是在最初的几次循环中，其库仑效率和比容量都较低。这可能是由于部分大空隙位点被水分子占据并逐渐脱出。因此，在随后的循环中，由于水分子脱出后给锌离子嵌入提供了更多的位点，其比容量逐渐升高。另外，CuHCF 的循环性能较差，主要是由于锌离子嵌入导致 CuHCF 发生相变。相变导致 CuHCF 中的大空隙活性位点减少，从而造成容量的衰减。相比于纯 CuHCF，CuZnHCF（Cu∶Zn = 93∶7）由于具有更少的相变，其循环性能得到了明显的提升[48]。

　　不同于立方结构的 CuHCF，斜方六面体结构的 ZnHCF 由 FeC$_6$ 八面体和 ZnN$_4$ 四面体通过 C≡N 桥联而成，形成三维多孔结构［图 5.9（b）］。这是因为原始面心结构的 Zn$_3$[Fe(CN)$_6$]$_2$·H$_2$O 中有 1/3 的[Fe(CN)$_6$]$^{3-}$空位被水分子占据。在加热去水的过程中，面心结构变为斜方结构。当将其用作水系锌离子电池正极活性材料时，其可逆比容量达到 65.4 mA·h/g，平均电压高达 1.7V[7]。另外，ZnHCF 的锌离子储存性能及其形貌与晶面取向有很大的关系。研究表明立方八面体结构的 ZnHCF 比截面八面体和八面体结构的 ZnHCF 具有更优的电化学性能[49]。这主要是因为 F(111)晶面更易和电解液相互作用，促进 ZnHCF 溶解，而在立方八面体结构的 ZnHCF 中，其表面暴露出更少的 F(111)晶面，保证 ZnHCF 在电解液中的稳定性。因此，ZnHCF 展现出 66.5 mA·h/g 的可逆比容量、1.7 V 的平均电压、优异的循环性能（循环 200 次后，容量保持率为 80%）。

5.3.4　有机化合物

　　与无机材料相比，有机材料具有廉价易得、质量轻、结构可调性强、资源可再生性好、环境友好等优势。基于 C=O 以及 C=N 的有机材料作为电极活性材料已经在锂/钠离子电池中得到了广泛的应用。目前，各种各样的有机分子作为水系锌离子电池正极活性材料也逐渐得到了关注[8]。

　　在各种各样的有机材料中，羰基化合物（特别是醌类化合物）通常具有高的锌离子存储活性。而且部分羧基化合物本身在水中的溶解度很低。因此，羧基化合物作为水系锌离子电池正极活性材料得到了广泛的研究。但是，一些羧基化合物的放电产物易溶于电解液，从而引起容量的衰减。同时，羧基化合物普遍导电性较差，这限制了其倍率性能。不同于单价态的锂/钠离子，二价的锌离子需要和一对氧化还原位点通过配位的方式结合。常见的羧基正极活性材料包括醌类、酮类和酰亚胺类。近些年，一系列醌类化合物被报道用于水系锌离子电池。其中，杯[4]醌（C4Q）由于空间位阻效应，锌离子与其顶部的两个羧基和底部的四个羧基均有强的相互作用[20]。因此，杯[4]醌展现出 335 mA·h/g 的高比容量，对应于六个羧基的反应，其 CV 曲线与恒流充放电曲线如图 5.10 所示。但是，杯[4]醌的放电产物易溶于电解液，导致其循环性能差。为了抑制其放电产物的溶解，Nafion膜（阳离子交换膜）被用作隔膜，以抑制放电阴离子产物的透过。因此，基于杯[4]醌正极和 Nafion 隔膜的水系锌离子电池在经过 1000 次循环后，容量保持率可以维持在 87%。不同于杯[4]醌，芘-4, 5, 9, 10-四酮放电产物不溶于电解液，经过1000 次循环后容量保持率可以达到 70%[50]。与醌类和酮类相比，酰亚胺类材料中的羧基旁边具有亚胺官能团。亚胺官能团中氮的孤对电子可以提高羧基的氧化还原活性。而且 π 共轭芳香结构可以加强分子间的 π-π 相互作用，从而抑制其在电解液中的溶解。例如，1, 4, 5, 8-萘四碳二酰亚胺由于具有亚胺官能团和 π 共轭芳香结构，其展现出 240 mA·h/g 的比容量，而且经过 2000 次循环后其容量保持率为 73.7%[51]。另外，将羧基化合物聚合也可以明显抑制羧基化合物及其放电产物的溶解。但是聚合通常需要引入额外的碳骨架，这必将增加材料的整体质量，从而造成比容量的降低。

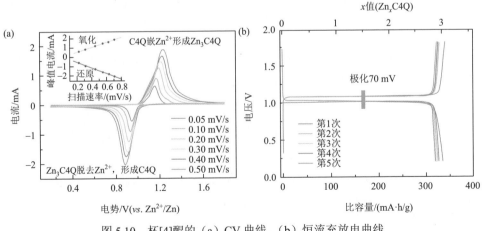

图 5.10　杯[4]醌的（a）CV 曲线、（b）恒流充放电曲线

基于 C═N 活性官能团的亚胺类有机材料也可以用作水系锌离子电池正极材

料。放电时，C=N 得到电子变为带负电荷的 C—N⁻，可以与锌离子或氢离子结合。例如，二喹喔啉并[2, 3-a:2′, 3′-c]吩嗪（HATN）是一种具有亚胺基（C=N）活性官能团的 π 共轭芳香有机碱化合物，其分子中的 C=N 不仅在配位反应过程中具有螯合质子的能力，而且 C=N 官能团中的孤对电子使得这种 π 共轭芳香化合物具有较高的氧化还原活性[52]。FTIR、XPS、固体 ^{1}H NMR、XRD、拉曼光谱及 DFT 计算结果表明，这种水系 Zn/HATN 电池在充放电过程中展现出 H⁺的嵌入/脱出行为。在放电过程中，电解液中的水分解产生的 H⁺嵌入 HATN，多余的 OH⁻与 ZnSO₄ 电解液反应生成 Zn₄SO₄(OH)₆·5H₂O 来维持体系 pH 平衡。而且，该反应在随后的充电过程中是可逆的。由于 6 个 H⁺的嵌入反应，水系 Zn/HATN 电池表现出首次循环高达 405 mA·h/g（0.1 A/g）的放电比容量及 370 mA·h/g（0.1 A/g）的可逆比容量。由于 H⁺快速的嵌入/脱出的反应动力学，水系 Zn/HATN 电池展现出优异的倍率性能。即使在 20 A/g 的电流密度下，Zn/HATN 电池还有 123 mA·h/g 的比容量。此外，HATN 分子 π 共轭的芳香结构，加强了 π-π 分子间的相互作用，抑制了其在水系电解液中的溶解。在 5 A/g 的电流密度下，Zn/HATN 电池循环 5000 次仍具有 93.3%的高容量保持率。

导电聚合物具有长程的 π 电子共轭体系，使得其导电性良好，这为有机材料的电导率低的问题提供了一种解决思路。聚苯胺、聚吡咯以及聚 3, 4-乙烯二氧噻吩均被用于水系锌离子电池正极材料。以聚苯胺为例，其在水系 Zn(CF₃SO₃)₂ 电解液中同时表现出 Zn²⁺嵌入/脱出机理和双离子机理[53]。在放电过程中，首先—NH⁺ = 得到电子变为—NH—，与其结合的阴离子脱出，随后—N = 得到电子变为—N⁻—，并与 Zn²⁺结合。充电过程则相反，首先—N⁻—失去电子变为—N = ，与之结合的 Zn²⁺脱出，随后—NH—失去电子变为—NH⁺ = ，并结合阴离子。这种类似于电容器的混合机理有利于离子的快速传输，同时有助于保持活性材料在充放电过程中的结构与形貌稳定性。因此，聚苯胺展现了 200 mA·h/g 的比容量及优异的倍率性能（在 5 A/g 的电流密度下，比容量高达 95 mA·h/g）和循环稳定性（在 5 A/g 的电流密度下，3000 次循环后，容量保持率高达 92%）。

5.4　负　极　材　料

5.4.1　金属锌负极材料

锌是一种具有六方紧密堆积结构的金属材料，原子序数为 30，位于元素周期表中第四周期、ⅡB 族。锌具有超高的理论质量比容量（820 mA·h/g）和体积比容量（5854 mA·h/cm³）、较低的氧化还原电势 [−0.762 V（$vs.$ SHE）]、高丰度（地壳中含量为 70 ppm①）、低毒性，并且易被加工，被认为是适用于水系锌离子电池的最理想的负极材料之一[54]。

金属锌负极在水系锌离子电池中的反应机理与金属锂负极和金属钠负极类似，反应方程式如下：

$$Zn^{2+} + 2e^- \rightleftharpoons Zn \tag{5-14}$$

如图 5.11 所示，负极侧由集流体、金属锌负极和电解液组成。当电池充电时，锌离子在集流体/金属锌上还原生成锌，而放电时，金属锌失去电子氧化为锌离子进入电解液中。

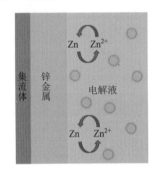

图 5.11　锌离子电池负极侧示意图

锌离子在负极上的沉积主要包括初始成核和后续沉积，其中初始成核行为决定着后续的沉积行为。在沉积的初始阶段，锌离子通过克服能量势垒形成临界晶核，在负极表面形成随机突起。如图 5.12 所示，由于尖端效应，电子和离子将聚集在这些突起周围，使得电场和离子分布不均匀，锌离子加速在此沉积，逐渐形成枝晶[55]。而金属锌的杨氏模量（108 GPa）远远高于金属锂（5 GPa）和金属钠的杨氏模量（10 GPa），因此更容易刺穿隔膜，导致电池短路和失效[56]。

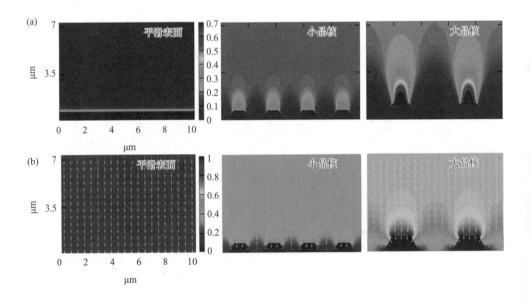

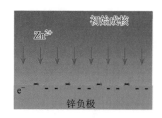

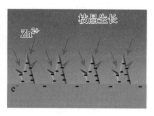

图 5.12　（a）离子浓度分布受初始成核的影响；（b）电场受初始成核的影响；（c）锌枝晶生长过程示意图[55]

锌离子在负极处的传质过程可用能斯特-普朗克（Nernst-Planck）公式表示[55]

$$J = -\frac{qCD}{kT}\frac{\mathrm{d}V}{\mathrm{d}x} - D\frac{\mathrm{d}C}{\mathrm{d}x} + Cv_x \tag{5-15}$$

式中，J、q、C、D、k、T、V、x 和 v_x 分别表示扩散通量、单位电荷、离子浓度、扩散系数、玻尔兹曼常数、温度、电势、传质距离和对流速度。对于一个确定的体系而言，只有三个变量影响锌离子沉积和溶解过程，即离子的浓度梯度、电势梯度和对流强度。其中对流强度主要是由电极上发生化学反应时的浓度梯度、温度变化和气体逸出引起的。因此，锌的沉积可以概括为一个受电场分布和离子分布两个因素影响的扩散控制过程。

综上所述，锌的沉积行为主要受到初始成核、电场分布和离子分布的控制。为解决枝晶问题，一般围绕以上三个因素进行展开。

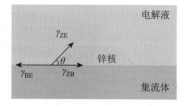

图 5.13　基于经典非均相成核模型的集流体上锌成核示意图

锌的初始成核过程遵循经典的非均相成核理论，如图 5.13 所示。锌在不同的集流体上具有不同的成核势垒，即非均相成核势垒，其与均相成核势垒满足以下关系：

$$\Delta G_{\mathrm{het}} = S(\theta)\Delta G_{\mathrm{hom}} \tag{5-16}$$

$$S(\theta) = (2+\cos\theta)(1-\cos\theta)^2/4 \tag{5-17}$$

$$\cos\theta = (\gamma_{\mathrm{BE}} - \gamma_{\mathrm{ZB}})/\gamma_{\mathrm{ZE}} \tag{5-18}$$

其中，ΔG_{het} 是非均相成核势垒；ΔG_{hom} 是均相成核势垒；γ_{ZB} 是锌与电解液之间的界面自由能；γ_{ZB} 是锌与集流体之间的界面自由能；γ_{BE} 是集流体与电解液之间的界面自由能[57]。在固定的体系中，锌的均相成核势垒为定值，当锌与集流体之间的结合能增大时，γ_{ZB} 减小，$\cos\theta$ 增大，$S(\theta)$ 减小，使得锌在集流体上的成核势垒降低。

因此，提高集流体与锌的结合能可以有效地降低锌的成核势垒，与锌结合能较大的集流体被称为亲锌集流体。如图 5.14 所示，锌在疏锌集流体（与锌的结合能极低）沉积时，成核势垒高，锌离子在集流体表面进行二维扩散，在局部电子浓度、离子浓度较高的位置成核，成核密度小。基于初始成核行为，后续生长为枝晶。而当锌在亲锌集流体上沉积时，集流体与锌的结合能较大，具有更多的成核位点，锌离子与集流体接触后更易被锚定并发生成核，其成核密度大并且成核均匀，使得锌的后续生长形态趋于平滑，大大减少枝晶的形成。常见的亲锌集流体为两类：金属集流体和非金属集流体。亲锌金属集流体以铜为主，锌在铜集流体表面沉积时倾向于反应生成金属固溶体，往往会迅速反应后指导后续的锌沉积行为。而非金属集流体以碳基材料为主。氧、氮、硫、硼等杂原子掺杂后，碳材料与锌的结合能会大幅度提高。此外，杂原子掺杂往往会提高电解液在碳基集流体表面的浸润性，有利于减少离子的浓差极化，进一步减少枝晶的生成。

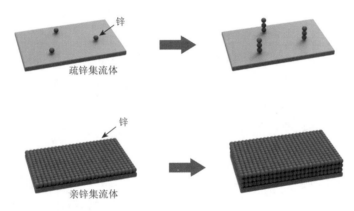

图 5.14　锌在不同集流体上沉积行为示意图

锌枝晶的生长还遵循 Sand 公式[58]：

$$t_{Sand} = \pi D \frac{(z_c c_0 F)^2}{4(J t_a)^2} \tag{5-19}$$

式中，z_c 是阳离子的电荷数（对于锌离子来说，z_c 等于 2）；c_0 是阳离子浓度；F 是法拉第常数；J 是电流密度；t_a 是阳离子迁移数；D 是阳离子的扩散系数；t_{Sand} 是枝晶开始生长的时间。由式（5-19）可知，在电解液一定的情况下，t_{Sand} 与电流密度 J 呈负相关，即电流密度越小，枝晶开始生长的时间则越推迟。在不改变整体充放电电流密度的前提下，减小局部电流密度可以减少枝晶的形成。采用三维集流体，如泡沫铜、泡沫镍、碳纸等，可以有效地减小局部电流密度，电场分布均匀，减少枝晶的形成。此外，降低局部电流密度往往与增加锌的成核位点策略相结合，即三维亲锌集流体。如图 5.15 所示，在常规集流体上，锌往往因成核不均匀、局部电流密度过高而产生枝晶；采用三维集流体有效地均匀电场，降低局部电流密度，可以使缓解枝晶的形成和生长；在三维集流体上引入锌的成核位点，则枝晶的形成和生长被进一步抑制[59]。此外，商用电池往往要求高的电极材料负载，而高的锌沉积量往往会加剧枝晶的形成，三维集流体在降低局部电流密度的同时，可以降低单位面积的锌金属负载量，进一步减少枝晶的形成。

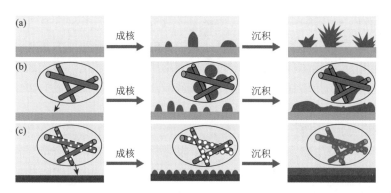

图 5.15　锌在常规集流体（a）、三维集流体（b）和三维亲锌集流体（c）上沉积行为示意图[59]

　　此外，锌金属沉积行为还与集流体晶格匹配度相关。如图 5.16 所示，当锌金属与集流体晶格匹配度低时，锌不均匀成核，形成枝晶；当匹配度高时，锌的新沉积相会根据集流体的晶格调整晶体取向，通过消除残余应力达到稳定的微观结构，一旦异相成核阶段形成有序的成核，后续的锌金属层将能够实现同质外延沉积，形成均一的锌金属镀层。目前已知的与锌金属晶格匹配度较高的材料为石墨烯、钴、钛等。

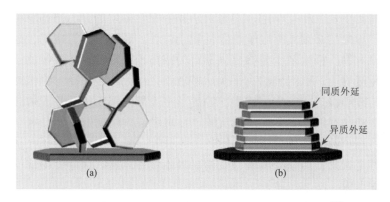

图 5.16　锌自由沉积（a）和外延沉积（b）行为示意图[56]

　　以上策略均聚焦于集流体/锌金属界面，而聚焦于锌金属/电解液界面，在锌金属表面构筑界面修饰层也是抑制枝晶的有效策略。一般而言，有效的界面修饰层必须具备以下特点：①具有化学和电化学惰性，避免与电解质发生反应；②具有足够的机械强度来抵抗体积变化和枝晶生长。根据功能层是否与电子和离子发生相互作用，可以将界面修饰层分为隔离层、电子导向层和离子导向层。

（1）既不与电子发生相互作用，也不与离子发生相互作用的界面修饰层称为隔离层。除了直接阻断锌枝晶，依靠机械强度来抵抗枝晶向隔膜生长外，隔离层还可以引导锌均匀沉积以缓解枝晶的形成。隔离层往往对电解液具有良好的浸润性，在不参与任何反应的情况下，通过其较高的孔隙率或独特的离子通道，引导相对均匀的电解液流向负极表面。同时，隔离层使锌离子在负极表面附近的狭窄范围内渗透富集，并限制锌离子的反向渗透，从而提高沉积区域的锌离子浓度，有利于锌的均匀沉积，减少枝晶的生成。常见的隔离层包括二氧化钛、二氧化锆、三氧化二铝、高岭土等。

（2）与电子发生相互作用，不与离子发生相互作用的界面修饰层称为电子导向层。电子导向层通过均匀负极表面电场使锌均匀沉积，其与锌阳极的紧密接触是实现界面电荷均匀化的关键因素。当导电体上有电子流动时，锌离子一旦与其接触将立即沉积。因此，当界面层同时具有导电性和亲锌性时，锌倾向于在界面层上沉积，保护作用失效。电子导向层必须具有良好的导电性和较差的亲锌性，以避免锌在电子导向层上选择性生长。一般认为，在锌失电子溶解的过程中，在枝晶底部的金属能够接受电子并优先溶解，使得枝晶断裂，形成"死锌"，库仑效率迅速下降，阻抗不断增加，导致电池失效。电子导向层可以通过优化锌溶解反应界面上的电子分布，改变锌的溶解优先顺序，消除"死锌"的影响。无缺陷碳材料如石墨烯、碳纳米管等具有比缺陷碳更优异的导电性和较差的亲锌性，且具有多孔结构不会对离子的扩散造成严重的阻碍，是电子导向层最佳的选择。

（3）与离子发生相互作用，不与电子发生相互作用的界面修饰层称为离子导向层。离子导向层必须具有电子绝缘性和亲锌性，通常是具有羧基、酰胺基等极性基团的聚合物。极性基团能够提供丰富的锌离子吸附位点，使锌离子沿聚合物链转移到反应界面。所得到的离子快速扩散路径可以减少锌离子的浓差极化，促进界面层与锌阳极之间的均匀沉积。锌离子在无界面层保护的集流体或锌表面二维扩散，在能垒最低处聚集并还原沉积。而离子导向层与锌离子紧密结合，使得锌离子的二维扩散受到横向运动的额外能垒限制。由于锌离子必须在初始吸附位点成核而不是在最低能垒处成核，且初始吸附位点丰富，因而使得锌均匀沉积，减少枝晶的形成。

枝晶问题还可以通过电解液工程进行解决，将在5.5节进行详细介绍。

除枝晶问题以外，析氢问题是锌金属负极大规模应用的另一挑战。在锌沉积/溶解过程中，析氢反应作为主要的寄生反应不可避免地存在。在密封的环境中，析氢反应产生的氢气不断积累，导致电池内部压力增加，当压力积累到一定程度后，电池内部将膨胀，造成电解液泄漏。析氢反应发生的同时会在局部增加氢氧根的浓度，促进氢氧化锌、氧化锌或碱式硫酸锌（$ZnSO_4[Zn(OH)_2]_3 \cdot xH_2O$）等钝化产物的形成，堆积在锌金属负极表面，降低锌金属负极反应表面积，使电极失活。因此，析氢反应消耗锌阳极和电解液，导致严重的容量衰减和较低的库仑效率。析氢反应可分为自腐蚀析氢和电化学析氢，如图 5.17 所示。

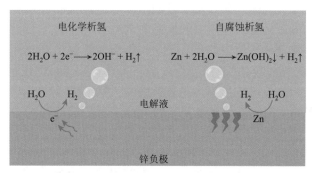

图 5.17　锌金属负极与电解液界面处析氢反应示意图[55]

　　由于锌比氢具有更高的反应活性，在弱酸性或中性电解液中自腐蚀析氢反应是不可避免的。此外，锌阳极的非均质表面将锌阳极划分为不同的电势区，可以认为是无数个腐蚀微孔，进一步促进了锌的腐蚀。锌的自腐蚀是一种自发的反应，因此在电池中，锌与电解液接触即会发生自腐蚀。自腐蚀析氢反应方程式如下：

$$Zn + 2H_2O \Longrightarrow Zn(OH)_2\downarrow + H_2\uparrow \tag{5-20}$$

锌沉积和析氢反应的方程式及标准电势如下式所示：

$$Zn^{2+} + 2e^- \Longrightarrow Zn \quad \Delta E^\ominus = -0.76\ V(vs.\ SHE) \tag{5-21}$$

$$2H^+ + 2e^- \Longrightarrow H_2 \quad \Delta E^\ominus = 0\ V(vs.\ SHE) \tag{5-22}$$

由反应方程式可知，Zn^{2+}/Zn 的标准还原电势 [$-0.76\ V$（$vs.\ SHE$）] 远低于析氢电势，这意味着氢的析出在热力学上比金属锌的沉积更有利，但在动力学上则不然。实际上，由于锌在水系电解液环境中具有较高的析氢超电势，因此析氢反应并不像数值上显示得那么严重。析氢超电势 n 可以用塔费尔（Tafel）公式来阐明：

$$n = a + b\lg i \tag{5-23}$$

其中，i 是电流密度，a 为常数，当 i 是单位电流密度时，a 即等于超电势，b 为塔费尔斜率，在室温下值几乎相等（约为 $0.12\ V$）[60]。锌的 a 值较高（0.72），使得其具有较高的析氢超电势。当电流密度 i 为 $1\ mA/cm^2$ 时，锌阳极的析氢超电势为 $-0.72\ V$，仅比锌沉积的理论电势高 $0.04\ V$。从塔费尔公式可以明显看出，增大电流密度可以获得更高的析氢超电势，使 Zn 沉积成为可能。

　　析氢问题的本质可以概括为活性金属负极与电解液中水的直接接触。因此，析氢问题主要通过三种策略解决：减少锌金属负极与电解液中水的直接接触；提高锌金属负极的析氢超电势；电解液工程。

电解液中水具有两种存在形式：游离的水分子和锌离子溶剂化鞘层中的水分子。锌金属负极与游离水接触即发生自腐蚀析氢反应，在充放电过程中游离水也会发生一定程度的电化学析氢反应。因此，在锌金属负极和电解液的组成一定的情况下，减少锌金属负极与电解液中水的直接接触有利于减少析氢反应的发生，为解决枝晶问题设计的隔离层、电子导向层和离子导向层均可减少锌金属负极与电解液的直接接触，有效地减少析氢反应的发生。

处于锌离子溶剂化鞘层中的水分子，相较于其他水分子而言，更优先进入内亥姆霍兹层，优先发生电化学析氢反应。若能减少锌离子溶剂化鞘层中的水分子，则可以有效减少析氢反应的发生。由聚酰胺和三氟甲基磺酸锌构成界面修饰层具有丰富的氢键网络，在隔离游离水分子的同时，可以破坏$[Zn(H_2O)_6]^{2+}$的溶剂化鞘层，减少溶剂化鞘层中的水分子，从而减少析氢反应的发生。以具有小尺寸离子通道的材料为界面修饰层也可以减少锌离子溶剂化鞘层中的水分子。ZIF-7 具有亚纳米孔道，$[Zn(H_2O)_6]^{2+}$在通过其孔道时受到孔道尺寸的限制，在与锌金属负极接触前即部分完成去溶剂化，脱去部分水分子，从而减少电化学析氢反应的发生。萘酚和 Zn-X 沸石可构成桥联杂化界面修饰层，具有负电荷骨架性质和有限的孔径，阻止阴离子和水分子在功能层中的迁移，仅允许锌离子通过，从而减少电化学析氢反应的发生。

提高锌金属负极的析氢超电势以减少析氢反应，主要可以通过与其他高析氢超电势的金属构建锌合金负极材料实现，具体将在 5.4.2 节进行详细介绍。电解液工程抑制析氢将在 5.5 节进行详细介绍。

5.4.2　锌合金负极材料

锌合金是指将锌与另一种或几种金属或非金属经过混合熔化，冷却凝固后得到的具有金属性质的固体产物。锌金属通过与其他金属形成合金可以提升其机械强度和抗腐蚀性。

在弱酸性电解液中，铅（–0.1262 V）和镉（–0.4086 V）的标准电极电势比锌（–0.76 V）高，因此与锌形成合金后能够提高锌的析氢超电势，降低析氢腐蚀速度，增加化学稳定性。其中，铅的引入能提高锌的机械强度，特别是延展性和可加工性，而镉可以提高锌的硬度。但镉的毒性较大，基本被禁止使用，目前往往使用镁代替镉来提升锌的硬度。铁元素也可以提升锌的硬度，但含铁量略高时易造成点蚀和穿孔漏液。

锌铋合金、锌锡合金和锌铟合金均可以降低锌金属的自腐蚀速度，但也会降低合金的可加工性。其中锌铋合金在轧板时易侧裂，锌锡合金在加工过程中易产生热裂纹，而锌铟合金硬度较大，轧板难度较大，因此三者主要用作合金粉末负极。

5.4.3　锌离子嵌入型负极材料

与其他嵌入型电极材料类似，锌离子嵌入型负极材料是一种基于锌离子嵌入/脱出机理的负极材料。充电过程中，锌离子嵌入材料中；放电过程中，锌离子从负极材料中脱出，作为电荷载体在正负极之间穿梭。锌金属负极材料受到枝晶和析氢等问题的影响使其进一步发展受到限制，而锌离子嵌入型负极材料中几乎不存在枝晶和析氢问题，因此锌离子嵌入型负极材料在水系锌离子电池的大规模应用中具有巨大的潜力。对于高性能嵌入型负极材料，适当的电压和容量、较高的初始库仑效率和倍率性能、稳定的循环能力和良好的倍率性能是重要的因素。受到不同正极材料中锌离子嵌入/脱出电化学行为的启发，采用合适的隧道结构或层间距大的负极材料是合理的策略。目前，锌离子嵌入型负极材料主要以硫化物和钼-钒氧化物为主。

Chevrel 相 Mo_6S_8 是一种具有晶体结构的钼硫化合物，它由一个 Mo_6S_8 单元的三维阵列组成，每个单元中由 6 个钼原子组成一个八面体 6-Mo 簇。簇与簇之间的大空间为锌离子提供了理想的嵌入位置，具有显著的锌离子嵌入潜力。

$Mo_{2.5+x}VO_{9+y}$ 是一种钼-钒氧化物，具有 Mo_6 八面体（M/$Mo^{5+/6+}$ 或 $V^{4+/5+}$）的三元环、六元环和七元环的开放性孔道。

TiS_2 是一种具有良好可塑性的材料，其稳定性和能带结构具有可调节性。TiS_2 具有层状结构，层间距大，适用于二价碱土金属离子的嵌入与脱出。

嵌入型负极材料的研究和开发不够广泛，需要在锌离子嵌入型负极材料领域进行更多的研究，探究其在水系锌离子电池中的应用。虽然不存在枝晶生长和析氢副反应的困扰，但锌离子嵌入型负极材料仍存在很多不足。首先，锌离子在负极材料中往往具有缓慢的嵌入/脱出动力学，降低了电池的性能。虽然具有较大空间的锌离子嵌入型负极为锌离子提供了理想的主体，并改善了嵌入/脱出动力学，但具有这种空间内部结构的材料往往具有较低的机械强度。经过长时间充放电循环后，结构容易坍塌，其与电解液的直接接触不可避免地导致材料溶解，严重影响电池的性能和寿命。此外，相较于锌金属负极材料和锌合金负极材料，锌离子嵌入型负极材料的反应电势更高，电导率和质量比容量更低，使得电池的能量密度大幅度下降，倍率性能受到一定的负面影响。

5.5　电解液（质）

电解液（质）与正负极的相容性以及锌离子的配位情况是影响电池性能的关

键因素之一。锌离子的配位情况是由阴离子和溶剂分子的性质决定的。因此，不同种类的锌盐和溶剂组合会显示出不同的性能。

常规的锌盐有 $ZnSO_4$、$Zn(NO_3)_2$、$ZnCl_2$、$Zn(ClO_4)_2$、$Zn(CF_3SO_3)_2$、$Zn(TFSI)_2$、$Zn(CH_3COO)_2$ 等。其中 NO_3^- 具有强氧化性，会使锌金属负极和锌合金负极氧化，导致金属电极的严重腐蚀，导致局部及整个电解质体系的 pH 值急剧升高；ClO_4^- 可以减轻金属负极的腐蚀，但在充放电过程中易在金属负极表面生成 ZnO 钝化层，导致锌离子溶解/沉积势垒的增加，反应动力学减慢。Cl^- 具有较低的氧化性，但在常规浓度下的 $ZnCl_2$ 水系电解液在较高电压下会持续分解，限制其实际应用。

相比之下，$ZnSO_4$ 使用最为广泛。SO_4^{2-} 具有较为稳定的结构及与锌金属负极优越的相容性，但仍然面临析氢和副产物的形成，降低电池的库仑效率与循环稳定性，阻碍其进一步发展。有机锌盐 $Zn(CF_3SO_3)_2$ 具有相对于 SO_4^{2-} 尺寸更大的 $CF_3SO_3^-$，可以减少锌离子周围水分子的数量，降低溶剂化效应，将锌离子从溶剂化鞘层中释放出来，促进锌离子的迁移和电荷转移速率。因此与 $ZnSO_4$ 水系电解质相比，$Zn(CF_3SO_3)_2$ 水系电解质能加速锌沉积/溶解动力学，有效地抑制锌枝晶的形成。此外，$Zn(CF_3SO_3)_2$ 水系电解质具有较 $ZnSO_4$ 水系电解质更宽的电化学窗口，扩大电池的应用范围。

而根据溶剂不同，将电解液（质）分为水系电解液、有机电解液、凝胶电解质、共晶电解质和固态电解质。

5.5.1　水系电解液

一般来说，水系电解液具有成本低、安全和生态友好等固有优点，但其电化学窗口相对较窄（约 1.23 V），且与金属锌负极界面不稳定，在长期循环过程中易引发枝晶的生长和析氢反应的发生，导致库仑效率低和循环性能不理想。为解决这些问题，在电解质中加入不同功能的添加剂或提高盐的浓度形成高浓度电解液。

用于提高正极材料循环性能的添加剂通常以金属离子为主，其选择主要取决于正极材料和锌盐阴离子的类型。例如，对于锰基正极材料而言，向电解质中添加额外的带有 Mn^{2+} 的盐可以导致 Mn^{2+} 与正极的溶解平衡，从而保证活性材料的完整存在并实现良好的循环性能。添加剂的阴离子与锌盐的阴离子一致，通常为 $MnSO_4$ 或 $Mn(CF_3SO_3)_2$。类似地，向 $Zn-Co_3O_4$ 电池的电解质中加入含 Co^{2+} 添加剂，向 $Zn-Na_3O_8$ 电池的电解质中加入含 Na^+ 添加剂均可减少正极材料在电解液中的溶解性，提高循环稳定性。

用于提高锌金属负极沉积/溶解效率，减少枝晶生长的添加剂可分为三类：聚合物、表面活性剂和金属离子。

聚合物添加剂可以吸附在锌金属负极表面，调节锌金属负极尖端附近的局部电流分布，增加锌离子还原的极化，从而使锌均匀平滑地沉积，抑制枝晶的形成。常见的聚合物添加剂为聚乙二醇。在一定范围内，聚乙二醇在电解质中的浓度越高，交换电流密度越低，对枝晶生长的抑制效率越高。

表面活性剂与聚合物添加剂类似，吸附在锌金属负极表面，增大极化，抑制枝晶的形成。以四丁基溴化铵为添加剂时，阳离子吸附在锌金属负极表面。当水合锌离子通过四丁基铵阳离子层向锌表面移动时，具有高达 0.55 eV 的能垒，明显高于未添加四丁基溴化铵的电解质。除抑制枝晶的生长外，表面活性剂还可以抑制析氢反应。采用十二烷基硫酸钠作添加剂可以通过静电吸附作用吸附在锌金属负极表面，形成疏水层，阻止锌金属负极与水的直接接触，并可有效地抑制水分子在锌金属负极表面的释放，抑制析氢反应的发生，延长电池的循环寿命。总体而言，富含极性基团的有机表面活性剂更能有助于抑制枝晶的生长，而极性基团较少的有机表面活性剂更能有效缓解析氢。

金属离子作为添加剂的作用原理同锂金属负极中的静电屏蔽策略类似。锌金属负极表面的尖端具有强电场，倾向于吸引更多的锌离子，从而导致枝晶的形成。改变电场并调节尖端周围的局部电流分布已被证明是消除锌枝晶的可行方法。使用电势低于锌离子的金属离子作为添加剂，可以在充电过程中在锌金属负极尖端周围形成正电荷静电屏蔽，抑制锌的沉积，从而抑制枝晶的形成。此外，与金属离子的作用原理相似，某些有机分子如乙醚用作水系电解液添加剂时，可在局部电场的驱动下吸附在锌金属负极尖端，充当静电屏蔽层，从而抑制枝晶的形成。

然而，物质都有两面性，电解质添加剂也不例外。例如，添加剂在锌金属负极表面的过度吸附将不可避免地增加电极的极化，降低电极的电导率，甚至可能导致电池中能量转换效率降低。因此，添加剂的用量应适当并严格控制。

与锂离子电池电解质中的高浓度策略类似，提高水系电解质中盐的浓度，可以有效扩大电解质的电化学稳定窗口，提升正负极材料的电化学性能。在常规浓度的水系电解质中，每个锌离子与 6 个水分子形成初级溶剂化鞘层结构，即$[Zn(H_2O)_6]^{2+}$。由于这种结构的存在，溶剂化的锌离子必须克服高能量势垒后才能在正极发生嵌入反应或在负极发生沉积反应，这在一定程度上降低了正极的倍率性能，促进了负极的不可逆问题。增加盐的浓度以减少锌离子周围的溶剂分子可以改变其溶剂化结构和阴阳离子的传输行为。

对于正极而言，增加盐的浓度后，锌离子周围水分子减少，去溶剂化能降低，可以提高其倍率性能。此外，高浓度电解质可以降低水的活性，减轻正极活性材料的溶解，从而提高其循环稳定性。

对于锌金属负极而言，增加盐的浓度可以抑制锌枝晶的生长和析氢副反应的发生。根据 Sand 公式，在其他条件一定的情况下，枝晶开始生长的时间随离子浓度的增加而后延。此外，锌金属负极/电解质界面上的析氢副反应将由于活性水分子的减少而减少。析氢副反应的减少使得负极/电解质界面不稳定性降低，从而进一步抑制枝晶的生长。

为了进一步减少电解质中锌离子周围的水分子数目，采用进一步提高盐的浓度的方法，得到"盐中水"电解质，被定义为溶解盐的体积和质量都大于水的电解质体系。在室温下，$ZnSO_4$ 电解质的浓度最高为 3 mol/L，$Zn(CF_3SO_3)_2$ 电解质的浓度最高为 4 mol/L，不足以满足"盐中水"电解质的要求。氯化锌电解质在室温下的浓度最高可达 30 mol/L，是"盐中水"电解质的最佳选择之一。随着氯化锌电解质浓度的增加，锌离子的溶剂化结构转变为 $[ZnCl_4]^{2-}$、$[ZnCl]^+$ 和 $[Zn(H_2O)_2Cl_4]^{2-}$ 等结构，抑制了电化学非活性副产物氢氧化锌和氧化锌的生成，析氢反应电势被推到较低位置，锌沉积电势上升，从而抑制枝晶的产生和析氢副反应的发生，有助于提高锌沉积/溶解可逆性。此外，氯化锌电解质在常规浓度下电化学窗口仅约为 1.2 V，难以满足实际应用的需求。高浓度氯化锌电解质因活性水分子的减少，电化学窗口随浓度的增加而拓宽，在 20 mol/L 的浓度下窗口可达 1.9 V。调节氯化锌电解质至适当的浓度如 7 mol/L，还可以破坏水分子之间原始的氢键结构，降低水的凝固点，增强离子的相互作用，提高水系电解质的低温性能[61]。对于溶解度不高的锌盐，可以通过添加其他高溶解度盐得到"盐中水"电解质，如在 1 mol/L $Zn(TFSI)_2$ 电解质中加入高溶解度的 LiTFSI，构筑 1 mol/L $Zn(TFSI)_2$-20 mol/L LiTFSI 水系电解液，随着 LiTFSI 的加入，TFSI⁻逐渐富集，锌离子溶剂化鞘层中的水分子逐渐被取代并形成紧密的 $(Zn-TFSI)^+$ 离子对，溶剂化鞘层中水分子减少，则可有效地抑制枝晶的生长和析氢反应的发生[62]。

高浓度电解质虽然可以有效地改善正负极性能，尤其是为实现高度可逆的锌金属负极提供了一条可行的途径，但仍然存在一些不足。首先，当浓度超过临界浓度后，电解质黏度将逐渐提高，离子电导率逐渐降低，使得极化增加，倍率性能变差。其次，水系电解质成本主要在于盐，高浓度电解质的成本远高于常规浓度电解质，在性能与成本之间需要权衡与考量。

5.5.2　离子液体/共晶溶剂基电解质

离子液体是传统水系电解质的另一种有前途的替代物，因为它可以避免与析氢反应及其他水诱导的副反应相关的问题。此外，离子液体通常是非挥发性和热稳定的。与有机电解质相比，即使在高温下离子液体也不会产生有害蒸气，具有安全性。离子液体基电解质主要由锌离子、阴离子和离子液体阳离子组成，其中离子液体中的阳离子和阴离子都对锌的氧化还原反应有影响，而锌的动力学行为主要受阴离子类型的控制。尽管基于不同阴离子的锌盐都可以用于离子液体基电解质，但关于 Zn(TFSI)$_2$ 的研究最为广泛。在由 *N*-烷基咪唑-TFSI 离子液体和 Zn(TFSI)$_2$ 构成的离子液体基电解质中，即使在高电流密度下，仍可实现高度可逆的锌沉积/溶解行为，并没有枝晶的生长和析氢反应的发生。

离子液体经常被制造过程中产生的水污染。在某些情况下，水被认为是一种杂质，会破坏离子液体的电化学窗口。然而，控制水的加入量可以降低溶液的黏度，提高电导率，从而改变金属沉积行为。在吡咯烷镓-二氰酰胺离子液体中引入少量水，可使锌的沉积/溶解反应获得更高的响应电流密度，锌的沉积形貌更加致密，枝晶抑制效果更好。在烷氧基氨基离子液体中引入少量水，使得锌的沉积势垒降低，进一步改善锌沉积/溶解可逆性。离子液体基电解质-水混合物的溶剂化结构和电化学性质强烈地依赖于离子液体组分和水分子之间的相互作用。当逐渐引入水时，电解质的性质从离子液体体系性质逐渐转变为类离子液体体系性质，进而转变为水系电解质性质。

目前的离子液体通常成本较高且具有毒性，这限制了它们的商业发展。

共晶溶剂，最早由 Abbott 在 2003 年提出，即将两种或多种不同的氢键受体（季铵盐类，如氯化胆碱等）和氢键供体（多元醇、尿素和羧酸等）以一定的摩尔比例在一定温度下混合，最终形成的均匀透明液体[63]。共晶溶剂最显著的物理性质就是具有比单体成分更低的熔点，成分摩尔比不同，所得到的共晶溶剂的熔点不同。共晶溶剂具有与离子液体类似的性质且成本较低，可生物降解，被认为是有望替代离子液体的绿色试剂。

共晶溶剂被开发用于锌离子电解质，抑制枝晶的生长和析氢反应的发生。如乙酰胺（acetamide，Ace）、TFSI$^-$ 和 Zn^{2+} 构成的共晶溶剂基电解质[ZnTFSI$_2$(Ace)$_2$]，可以诱导 TFSI$^-$优先还原分解，并在初始循环过程中在锌金属负极表面产生阴离子衍生的 SEI 层[64]。这种明确定义的 SEI 层可以消除锌金属负极和电解质之间的直接接触，从而有效抑制析氢等界面副反应。此外，SEI 通过稳定均匀的 Zn^{2+} 传输，使得锌沉积均匀，无枝晶的生长。然而纯共晶溶剂基电解质的离子电导率往往较低。

与离子液体类似，以水为添加剂的共晶溶剂基电解质可以保持共晶溶剂优势的同时降低黏度，增加离子电导率。此外，存在的水分子还可以优化界面电荷转移，降低锌沉积/溶解反应的极化。然而，与水系电解质相比，共晶溶剂基电解质仍存在很多不足，如离子电导率不足及成本较高等。

5.6　研究现状与展望

水系锌离子电池因高安全性和低成本被认为是在大规模储能领域非常有潜力的体系。目前，以电池整体质量为基础，水系锌离子电池的能量密度可高达约 80 W·h/kg，远远高于铅酸电池（30～50 W·h/kg）。随着进一步的研究，该值还会进一步增大，这与锌离子电池正极材料、负极材料以及电解液组成等密切相关。在本章中，我们介绍并讨论了水系锌离子电池的正极材料、负极材料和电解液的基本组成和化学原理等。水系锌离子电池在蓬勃发展的同时，也仍然存在一些问题。

对于正极材料而言，从能量密度来看，锰氧化物和钒基化合物是很有前途的无机锌离子电池正极材料。二价锌离子的嵌入，使得电子构型、配位环境和键长发生了剧烈的转变，这在很多情况下是热力学不利的。这导致锌离子迁移率降低，相变不可逆。然而，关于这些现象的潜在化学成分仍未被探索，需要进行进一步探索。对于 MnO_2 正极材料，在放电过程中，常有 Mn^{3+} 的歧化反应导致 Mn^{2+} 的溶解。然而，溶解机理包括结构变化和 Mn^{2+} 运移途径尚不明确，有待进一步深入研究。对于钒基氧化物正极材料，在高成本的 $Zn(CF_3SO_3)_2$ 电解液中比在低成本的 $ZnSO_4$ 电解液中具有更良好的循环稳定性，根本原因仍不清楚。因此，在低成本 $ZnSO_4$ 电解液中探索钒基氧化物正极潜在的化学性质，从而提高其循环性能是值得关注的。目前正极材料的比容量远比负极材料的比容量低，因此仍需开发比容量更高、循环稳定性更好的正极材料，以满足大规模储能的需求。

此外，正极的化学反应机理较为复杂，主要集中在 H^+ 或 Zn^{2+} 的嵌入与脱出。根据目前的研究表明，氧化物主要经历 H^+ 的嵌入，而非氧化物则经历 Zn^{2+} 的嵌入过程，这是因为氧化物中端羟基的氧化物能够稳定 H^+，从而促进 H^+ 的嵌入。然而，一部分正极材料中存在 H^+/Zn^{2+} 共嵌入的根本原因尚不清楚。此外，有些二氧化锰正极材料进行锌离子嵌入，而有些二氧化锰进行氢离子嵌入或双离子共嵌入。类似的现象在钒基化合物和有机化合物中同样也会出现。因此，正极的化学反应机理也应给予关注，进一步探明其反应机理，对正极材料获得更为深入的认识，从而指导高性能水系锌离子电池正极材料的开发。

对于负极材料而言，虽然当前锌离子电池中广泛使用的材料是锌金属箔负极，但其在充放电过程中难以避免的枝晶生长和析氢副反应等使其大规模使用受限。目前已经提出了一些解决枝晶与析氢问题的策略，但仍不能完全解决。三维导电亲锌集流体通过均匀电场分布、降低局部电流密度、提供丰富的成核位点可以实现锌的均匀沉积，抑制枝晶的形成。但集流体上锌金属仍与电解质直接接触，且仍然受到析氢问题的影响。因此，还需要引入界面修饰层以及电解质工程等策略抑制析氢。界面修饰层可以防止锌金属负极与电解液的直接接触，甚至减少活性水分子数量从而抑制析氢。但在高充放电深度时，锌金属体积变化较大，往往会破坏界面修饰层，使保护作用失效。锌金属负极的枝晶和析氢问题是相互影响的，枝晶的生长会增加电极与电解质的接触面积，从而加剧析氢副反应；析氢副反应会导致离子分布不均匀，从而促进枝晶的生长。因此，未来高性能锌金属负极的设计策略应同时考虑多种因素的影响，将不同的优化策略组合在一起有望同时解决枝晶和析氢问题。

锌合金负极具有相较于锌金属负极提高的机械强度等物理性质，同时可以在一定程度上抑制枝晶生长和析氢反应的发生。目前锌合金负极材料种类较少，主要由锌镍合金、锌铜合金、锌铝合金等。在这种合金化策略的启发下，其他种类的二元锌合金、三元锌合金甚至多元锌合金值得被探索。这类锌合金负极的设计为长寿命无枝晶锌阳极材料的制备提供了灵感和思路，有望取代锌金属负极。

嵌入型负极是基于锌离子嵌入/脱出机理的负极材料。与锌金属负极相比，嵌入型负极材料可以有效避免枝晶、析氢等问题，是锌金属负极材料的潜在替代者。然而该类负极与锌金属负极相比，存在导电性差、锌离子嵌入/脱出动力学缓慢、能量密度低、结构坍塌、材料溶解等问题。通过引入导电剂可以提高材料的导电性，采用合适的隧道结构或更大层间距的负极材料，以及通过离子掺杂或引入结晶水改变材料的晶体结构，可提高锌离子嵌入/脱出动力学，小尺寸的纳米材料和良好的结晶有利于锌离子的嵌入/脱出行为，缓解结构垮塌和材料溶解。如果嵌入型负极的容量及电势与锌阳极相当，嵌入型负极在未来有很大的潜力取代目前的锌金属负极。

电解液（质）组成的优化是目前锌离子电池电解质开发的关键。锌离子电池不仅会由于锌枝晶的生长而造成短路，而且会由于析氢等副反应消耗电解质导致容量衰减和失效。因此，开发高库仑效率、抑制枝晶和析氢反应的电解质是电解质工程的未来发展方向。水系电解质离子电导率高、无毒、成本低，但本征含水使其不可避免地造成枝晶和析氢问题。而后开发了多种类型的电解质，如有机电解质、固态电解质、凝胶电解质、离子液体基电解质和共晶溶剂基电解质等，虽然可以有效地缓解枝晶和析氢问题，但与此同时带来其他问题：有机电解质使锌离子电池失去了环保、安全等优势；固态电解质、凝胶电解质的离子电导率较低；离子液体基电解质和共晶溶剂基电解质的成本较高。

此外，电解质的性能与锌盐的种类密切相关。对于广泛研究的水系电解质而言，常用盐为 $ZnSO_4$ 和 $Zn(CF_3SO_3)_2$。与 $ZnSO_4$ 电解质相比，$Zn(CF_3SO_3)_2$ 水系电解质往往表现出更好的电化学性能，但 $Zn(CF_3SO_3)_2$ 电解质成本远远高于 $ZnSO_4$ 电解质。对于大规模储能而言，考虑到成本，$ZnSO_4$ 水系电解质更有前景。$ZnSO_4$ 电解质中的锌离子一般以 $[Zn(H_2O)_6]^{2+}$ 形式存在。当它们嵌入正极或沉积在负极上时，存在去溶剂化过程，这将影响锌离子电池的电化学性能。然而目前对于此去溶剂化过程的认识仍然不足，因此，今后的研究中应当对锌离子电解质中溶剂化和去溶剂化过程进行深入的探索，以指导高性能锌离子电池电解质的开发。

参 考 文 献

[1]　Jia X，Liu C，Neale Z G，et al. Active materials for aqueous zinc ion batteries：synthesis，crystal structure，morphology，and electrochemistry[J]. Chemical Reviews，2020，120（15）：7795-7866.

[2]　McLarnon F R，Cairns E J. The secondary alkaline zinc electrode[J]. Journal of the Electrochemical Society，1991，138（2）：645-656.

[3]　Shen Y，Kordesch K. The mechanism of capacity fade of rechargeable alkaline manganese dioxide zinc cells[J]. Journal of Power Sources，2000，87（1）：162-166.

[4]　Zhang N，Chen X，Yu M，et al. Materials chemistry for rechargeable zinc-ion batteries[J]. Chemical Society Reviews，2020，49（13）：4203-4219.

[5]　Mathew V，Sambandam B，Kim S，et al. Manganese and vanadium oxide cathodes for aqueous rechargeable zinc-ion batteries：a focused view on performance，mechanism and developments[J]. ACS Energy Letters，2020，5（7）：2376-2400.

[6]　Wan F，Niu Z. Design strategies for vanadium-based aqueous zinc-ion batteries[J]. Angewandte Chemie International Edition，2019，58（46）：16358-16367.

[7]　Zhang L，Chen L，Zhou X，et al. Towards high-voltage aqueous metal-Ion batteries beyond 1.5 V：the zinc/zinc hexacyanoferrate system[J]. Advanced Energy Materials，2015，5（2）：1400930.

[8]　Tie Z，Niu Z. Design strategies for high-performance aqueous Zn/organic batteries[J]. Angewandte Chemie International Edition，2020，59（48）：21293-21303.

[9]　Wan F，Zhou X，Lu Y，et al. Energy storage chemistry in aqueous zinc metal batteries[J]. ACS Energy Letters，2020，5（11）：3569-3590.

[10]　Zhang Q，Luan J，Tang Y，et al. Interfacial design of dendrite-free zinc anodes for aqueous zinc-ion batteries[J]. Angewandte Chemie International Edition，2020，59（32）：13180-13191.

[11]　Li W，Wang K，Cheng S，et al. An ultrastable presodiated titanium disulfide anode for aqueous "rocking-chair" zinc ion battery[J]. Advanced Energy Materials，2019，9（27）：1900993.

[12]　Huang S，Zhu J，Tian J，et al. Recent progress in the electrolytes of aqueous zinc-ion batteries[J]. Chemistry：A European Journal，2019，25（64）：14480-14494.

[13]　Zhang N，Cheng F，Liu Y，et al. Cation-deficient spinel $ZnMn_2O_4$ vathode in $Zn(CF_3SO_3)_2$ electrolyte for rechargeable aqueous Zn-ion battery[J]. Journal of the American Chemical Society，2016，138（39）：12894-12901.

[14]　Wang Z，Li H，Tang Z，et al. Hydrogel electrolytes for flexible aqueous energy storage devices[J]. Advanced Functional Materials，2018，28（48）：1804560.

[15]　Xu C，Li B，Du H，et al. Energetic zinc ion chemistry：the rechargeable zinc ion battery[J]. Angewandte Chemie International Edition，2012，51（4）：933-935.

[16]　Alfaruqi M H，Mathew V，Gim J，et al. Electrochemically induced structural transformation in a γ-MnO_2 cathode of a high capacity zinc-ion battery system[J]. Chemistry of Materials，2015，27（10）：3609-3620.

[17]　Kundu D，Adams B D，Duffort V，et al. A high-capacity and long-life aqueous rechargeable zinc battery using a metal oxide intercalation cathode[J]. Nature Energy，2016，1（10）：16119.

[18]　Yan M，He P，Chen Y，et al. Water-lubricated intercalation in $V_2O_5 \cdot nH_2O$ for high-capacity and high-rate aqueous rechargeable zinc batteries[J]. Advanced Materials，2018，30（1）：1703725.

[19]　Liu S，Kang L，Kim J M，et al. Recent advances in vanadium-based aqueous rechargeable zinc-ion batteries[J].

Advanced Energy Materials，2020，10（25）：2000477.

[20]　Zhao Q，Huang W，Luo Z，et al. High-capacity aqueous zinc batteries using sustainable quinone electrodes[J]. Science Advances，2018，4（3）：eaao1761.

[21]　Hu X，Joo P H，Wang H，et al. Nip the sodium dendrites in the bud on planar doped graphene in liquid/gel electrolytes[J]. Advanced Functional Materials，2019，29（9）：1807974.

[22]　Sun W，Wang F，Hou S，et al. Zn/MnO_2 Battery chemistry with H^+ and Zn^{2+} coinsertion[J]. Journal of the American Chemical Society，2017，139（29）：9775-9778.

[23]　Wan F，Zhang L，Dai X，et al. Aqueous rechargeable zinc/sodium vanadate batteries with enhanced performance from simultaneous insertion of dual carriers[J]. Nature Communications，2018，9（1）：1656.

[24]　Wang W，Kale V S，Cao Z，et al. Phenanthroline covalent organic framework electrodes for high-performance zinc-ion supercapattery[J]. ACS Energy Letters，2020，5（7）：2256-2264.

[25]　Chao d，Zhou W，Ye C，et al. An electrolytic Zn-MnO_2 battery demonstrated for high-voltage and scalable energy storage[J]. Angewandte Chemie International Edition，2019，58（23）：7823-7828.

[26]　Zhong C，Liu B，Ding J，et al. Decoupling electrolytes towards stable and high-energy rechargeable aqueous zinc-manganese dioxide batteries[J]. Nature Energy，2020，5：440-449.

[27]　Xiong T，Zhang Y，Lee W S V，et al. Defect engineering in manganese-based oxides for aqueous rechargeable zinc-ion batteries：a review[J]. Advanced Energy Materials，2020，10（34）：2001769.

[28]　Islam S，Alfaruqi M H，Mathew V，et al. Facile synthesis and the exploration of the zinc storage mechanism of β-MnO_2 nanorods with exposed（101）planes as a novel cathode material for high performance eco-friendly zinc-ion batteries[J]. Journal of Materials Chemistry A，2017，5（44）：23299-23309.

[29]　Zhang N，Cheng F，Liu J，et al. Rechargeable aqueous zinc-manganese dioxide batteries with high energy and power densities[J]. Nature Communications，2017，8（1）：405.

[30]　Alfaruqi M H，Gim J，Kim S，et al. A layered δ-MnO_2 nanoflake cathode with high zinc-storage capacities for eco-friendly battery applications[J]. Electrochemistry Communications，2015，60：121-125.

[31]　Kim S H，Oh S M. Degradation mechanism of layered MnO_2 cathodes in Zn/$ZnSO_4$/MnO_2 rechargeable cells[J]. Journal of Power Sources，1998，72（2）：150-158.

[32]　Sun T，Nian Q，Zheng S，et al. Layered $Ca_{0.28}$ MnO_2·$0.5H_2O$ as a high performance cathode for aqueous zinc-ion battery[J]. Small，2020，16（17）：e2000597.

[33]　Pan H，Shao Y，Yan P，et al. Reversible aqueous zinc/manganese oxide energy storage from conversion reactions[J]. Nature Energy，2016，1（5）：16039.

[34]　Lee J，Ju J B，Cho W I，et al. Todorokite-type MnO_2 as a zinc-ion intercalating material. electrochim[J]. Electrochimica Acta，2013，112：138-143.

[35]　Devaraj S，Munichandraiah N. Effect of crystallographic structure of MnO_2 on its electrochemical capacitance properties[J]. Journal of Physical Chemistry C，2008，112（11）：4406-4417.

[36]　Wu X，Xiang Y，Peng Q，et al. Green-low-cost rechargeable aqueous zinc-ion batteries using hollow porous spinel $ZnMn_2O_4$ as the cathode material[J]. Journal of Materials Chemistry A，2017，5（34）：17990-17997.

[37]　He P，Zhang G，Liao X，et al. Sodium ion stabilized vanadium oxide nanowire cathode for high-performance zinc-ion batteries[J]. Advanced Energy Materials，2018，8（10）：1702463.

[38]　He P，Quan Y，Xu X，et al. High-performance aqueous zinc-ion battery based on layered $H_2V_3O_8$ nanowire cathode[J]. Small，2017，13（47）：1702551.

[39]　Hu F，Xie D，Zhao D，et al. $Na_2V_6O_{16}$·$2.14H_2O$ nanobelts as a stable cathode for aqueous zinc-ion batteries with

long-term cycling performance[J]. Journal of Energy Chemistry, 2019, 38: 185-191.

[40] Ding J, Du Z, Gu L, et al. Ultrafast Zn^{2+} intercalation and deintercalation in vanadium dioxide[J]. Advanced Materials, 2018, 30 (26): 1800762.

[41] Wei T, Li Q, Yang G, et al. An electrochemically-induced bilayered structure facilitates long-life zinc storage of vanadium dioxide[J]. Journal of Materials Chemistry A, 2018, 6 (17): 8006-8012.

[42] Li G, Yang Z, Jiang Y, et al. Towards polyvalent ion batteries: a zinc-ion battery based on NASICON structured $Na_3V_2(PO_4)_3$[J]. Nano Energy, 2016, 25: 211-217.

[43] Li W, Wang K, Cheng S, et al. A long-life aqueous Zn-ion battery based on $Na_3V_2(PO_4)_2F_3$ cathode[J]. Energy Storage Materials, 2018, 15: 14-21.

[44] Paolella A, Faure C, Timoshevskii V, et al. A review on hexacyanoferrate-based materials for energy storage and smart windows: challenges and perspectives[J]. Journal of Materials Chemistry A, 2017, 5 (36): 18919-18932.

[45] Liu Z, Pulletikurthi G, Endres F. A Prussian blue/zinc secondary battery with a bio-ionic liquid-water mixture as electrolyte[J]. ACS Applied Materials & Interfaces, 2016, 8 (19): 12158-12164.

[46] Trócoli R, La Mantia F. An aqueous zinc-ion battery based on copper hexacyanoferrate[J]. ChemSusChem, 2015, 8 (3): 481-485.

[47] Jia Z, Wang B, Wang Y. Copper hexacyanoferrate with a well-defined open framework as a positive electrode for aqueous zinc ion batteries[J]. Materials Chemistry and Physics, 2015, 149-150: 601-606.

[48] Kasiri G, Glenneberg J, Bani Hashemi A, et al. Mixed copper-zinc hexacyanoferrates as cathode materials for aqueous zinc-ion batteries[J]. Energy Storage Materials, 2019, 19: 360-369.

[49] Zhang L, Chen L, Zhou X, et al. Morphology-dependent electrochemical performance of zinc hexacyanoferrate cathode for zinc-ion battery[J]. Scientific Reports, 2015, 5 (1): 18263.

[50] Guo Z, Ma Y, Dong X, et al. An environment-friendly and flexible aqueous zinc battery using an organic cathode[J]. Angewandte Chemie International Edition, 2018, 57 (36): 11737-11741.

[51] Wang X, Chen L, Lu F, et al. Boosting aqueous Zn^{2+} storage in 1, 4, 5, 8-naphthalenetetracarboxylic dianhydride through nitrogen substitution[J]. ChemElectroChem, 2019, 6 (14): 3644-3647.

[52] Tie Z W, Liu L J, Deng S Z, et al. Proton insertion chemistry of a zinc-organic battery[J]. Angewandte Chemie International Edition, 2020, 59 (12): 4920-4924.

[53] Wan F, Zhang L, Wang X, et al. An aqueous rechargeable zinc-organic battery with hybrid mechanism[J]. Advanced Functional Materials, 2018, 28 (45): 1804975.

[54] Higashi S, Lee S W, Lee J S, et al. Avoiding short circuits from zinc metal dendrites in anode by backside-plating configuration[J]. Nature Communications, 2016, 7: 11801.

[55] Wan F, Zhou X, Lu Y, et al. Energy storage chemistry in aqueous zinc metal batteries[J]. ACS Energy Letters, 2020, 5 (11): 3569-3590.

[56] Zheng J, Zhao Q, Tang T, et al. Reversible epitaxial electrodeposition of metals in battery anodes[J]. Science, 2019, 366 (6465): 645-648.

[57] Chen X, Chen X R, Hou T Z, et al. Lithiophilicity chemistry of heteroatom-doped carbon to guide uniform lithium nucleation in lithium metal anodes[J]. Science Advances, 2019, 5 (2): eaau7728.

[58] Chen X R, Zhao B C, Yan C, et al. Review on Li deposition in working batteries: from nucleation to early growth[J]. Advanced Materials, 2021, 33 (8): e2004128.

[59] Luo L, Li J, Asl H Y, et al. A 3D lithiophilic Mo_2N-modified carbon nanofiber architecture for dendrite-free lithium-metal anodes in a full cell[J]. Advanced Materials, 2019, 31 (48): e1904537.

[60] Shen L，Wu H B，Liu F，et al. Creating lithium-ion electrolytes with biomimetic ionic channels in metal-organic frameworks[J]. Advanced Materials，2018，30（23）：e1707476.

[61] Zhang Q，Ma Y，Lu Y，et al. Modulating electrolyte structure for ultralow temperature aqueous zinc batteries[J]. Nature Communications，2020，11（1）：4463.

[62] Wang F，Borodin O，Gao T，et al. Highly reversible zinc metal anode for aqueous batteries[J]. Nature Materials，2018，17（6）：543-549.

[63] Zhao J，Zhang J，Yang W，et al. "Water-in-deep eutectic solvent" electrolytes enable zinc metal anodes for rechargeable aqueous batteries[J]. Nano Energy，2019，57：625-634.

[64] Qiu H，Du X，Zhao J，et al. Zinc anode-compatible in-situ solid electrolyte interphase via cation solvation modulation[J]. Nature Communications，2019，10（1）：5374.

第6章 其他金属离子电池体系

6.1 钾离子电池

钾作为碱金属元素，具有资源丰富（2.09 wt%）、成本低等优点，另外相比 Na^+/Na 不利的高氧化还原电势，K^+/K 氧化还原电势更接近 Li^+/Li [0.1 V（$vs.$ Li^+/Li）]。同时，由于标准电极电势对金属离子的溶剂化状态具有高度依赖性，在碳酸丙烯酯（PC）[−0.09 V（$vs.$ Li^+/Li）] 和碳酸乙烯（EC）：碳酸二乙酯（DEC）[−0.12 V（$vs.$ Li^+/Li）] 等酯类溶剂中，钾的标准电极电势 $E^\ominus$ 比 Li^+/Li 的标准电极电势 $E^\ominus$ 低[1]。因而钾离子电池（PIBs）具有相当高的能量密度（图 6.1）。此外，钾离子的路易斯酸性较弱，去溶剂能较低，使得钾基电解液的电导率比同类型的锂基电解液高，电荷转移速度快，有利于实现高功率运行。这些优点使得 PIBs 在未来的大规模应用中成为 LIBs 的有力竞争对手。

2004 年，美国俄亥俄州理工学院的 Eftekhari 等首次利用钾金属作负极与普鲁士蓝作为正极组装成半电池[2]，该半电池放电比容量高，电化学性能稳定。2015 年，Ji 和 Komaba 等发现钾离子在石墨材料中可以很好地脱出/嵌入，可

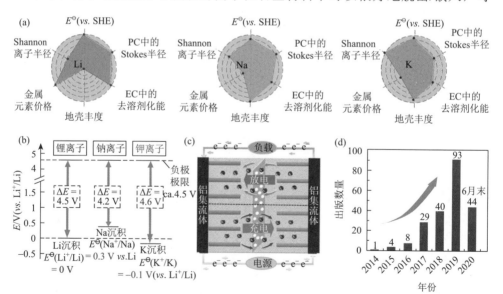

图 6.1 （a）摇椅电池充电载体 Li^+、Na^+、K^+ 的性质及相应金属的价格[5]；（b）锂、钠和钾基电池的可用电化学窗口，假设使用碳酸酯溶剂的非水电解质[6]；（c）PIBs "摇椅" 示意图[5]；（d）2024 年 1 月从 Web of Science 收集的可充电钾离子电池的出版数量[5]

提供约 250 mA·h/g 的比容量,十分接近理论比容量[3]。2017 年,Kim 等将 $K_{0.6}CoO_2$ 匹配石墨负极,首次报道了钾离子全电池,在 0.5~4 V 的电压区间,以 3 mA/g 的电流密度进行充放电循环,比容量约为 53 mA·h/g[4]。此后 LIBs 受到了广泛关注,日益成为研究热点。

6.1.1　钾离子电池正极材料

正极材料的比容量通常低于 150 mA·h/g,要实现 PIBs 的实用化,合适的正极材料应满足以下要求:①比容量高;②倍率性能良好,电子传输与 K^+ 扩散快;③循环时结构稳定性好,寿命长;④氧化还原电势高,工作电压宽;⑤安全性好,包括化学和热稳定性,以及与电解质的高度相容性;⑥商业化可行,具有成本效益、生态友好性和可持续性。基于以上因素,PIBs 的正极材料主要可分为金属六氰酸盐、层状金属氧化物、聚阴离子化合物和有机化合物。

图 6.2(a)为不同类型的 PIBs 正极材料的比容量与氧化还原电压的数据。而图 6.2(b)~(e)的雷达图展示了不同正极材料的优缺点。具体来说,金属六氰酸盐的独特 3D 开放框架结构倾向于支持更高的离子电导率,从而确保高倍率性能和循环性能,但是金属六氰酸盐的热稳定性需要进一步提高。层状金属氧化物,特别是层状钒氧化物,具有相对较高的工作电压。然而,其较高的分子量导致其容量较低。此外,与其他类型的正极材料相比,有机正极材料由于具有多电子反应而具有更高的理论比容量,性能受 K^+ 半径的影响较小,同时具有生产成本较低的潜在优势。但是,它们的低工作电压和较差的热稳定性严重影响了倍率性能和结构稳定性。总体而言,每种类型的正极材料在实际应用方面都面临着严峻的挑战。另外,除了正极材料出色的电化学性能外,还需考虑成本、生态友好性和材料丰度等因素,以满足未来规模化的要求。

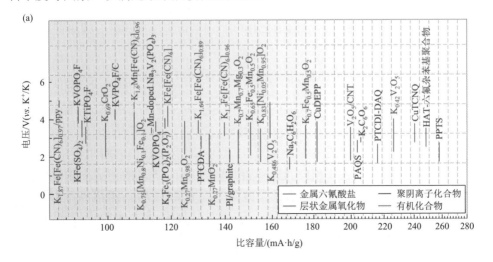

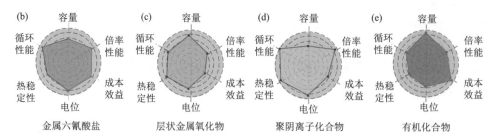

图 6.2　（a）比较各种报道的正极材料的比容量和平均放电氧化还原电压[5]；雷达图绘制了有用的指标，以评估金属六氰酸盐（b）、层状金属氧化物（c）、聚阴离子化合物（d）；有机化合物（e）正极材料

1. 金属六氰酸盐

1）K⁺插层/脱插层的结构优势

过渡金属六氰酸盐又称普鲁士蓝类似物（PBAs），是由金属离子与过渡金属氰酸盐反应生成的氰桥配位聚合物，具有面心立方结构（空间群 $Fm\overline{3}m$），通式为 $A_xM[M'(CN)_6]_{1-\gamma}\cdot zH_2O(0\leqslant x\leqslant2)$，$0\leqslant\gamma<1$，其中 A 表示碱金属阳离子（如 Li、Na 或 K），M 和 M′表示与氰基配位的过渡金属离子（如 Mn、Fe 或 Co），M 和 M′位都是氧化还原活性中心，γ 是$[M'(CN)_6]$空位的分数。可通过选择不同的过渡金属 M 和 M′组合，以及间隙碱离子的浓度和类型调节结构进而调节电化学性能。

在 PBAs 中，六氰基铁酸盐（M′= Fe）是目前最重要的，因为它们氧化还原电势较高、原料成本较低。典型的六氰基亚铁酸盐的晶体结构如图 6.3（a）和（b）所示，在这样的立方晶格中，M 和 Fe 离子分别与 CN 配体的 N 和 C 八面体配位以形成 3D 开放骨架结构。该结构具有开放的〈100〉通道（直径 3.2 Å）和间隙位置（直径 4.6 Å），使得插入的碱离子能够快速固态扩散。在无空位 $K_2Fe^{II}[Fe^{II}(CN)_6]$的情况下，储 K⁺理论容量为 155 mA·h/g[7]，相应的 K⁺插层/脱插层过程如式（6-1）、式（6-2）所示，$K_{1.64}Fe[Fe(CN)_6]_{0.89}\cdot0.15H_2O$ 报道的恒电流充放电曲线如图 6.3（c）所示。

$$K_2Fe^{II}[Fe^{II}(CN)_6]\Longleftrightarrow KFe^{III}[Fe^{II}(CN)_6]+K^++e^- \tag{6-1}$$

$$KFe^{III}[Fe^{II}(CN)_6]\Longleftrightarrow Fe^{III}[Fe^{III}(CN)_6]+K^++e^- \tag{6-2}$$

2）金属六氰酸盐存在的挑战及优化策略

目前，PBAs 仍然存在晶体缺陷浓度高（如空位和间隙水）和导电性差的问题，这导致其电化学性能较差。相应的策略如调整结晶度、形态控制、元素取代、钾含量调节和纳米复合材料设计。有助于改善电荷传输动力学，并提高每个分子式单位的电子存储量。考虑到比容量、环境友好性和成本效益，双氧化还原 KFeFe-PBA 和 KMnFe-PBA 是最有希望应用的六氰金属盐正极。

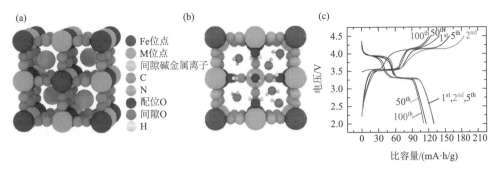

图 6.3 （a）"理想" PBAs 的晶体结构示意图；（b）典型 PBAs 的主要结构缺陷是空位（高达 33%）[R(CN)₆]。水存在于两种不同键合环境的结构中[8]；（c）$K_{1.64}Fe[Fe(CN)_6]_{0.89}\cdot 0.15H_2O$ 的恒电流充放电曲线[7]

2. 层状金属氧化物

层状金属氧化物电极具有较高的理论容量和中等的工作电压，被认为是先进 PIBs 的理想正极选择。

1）K_xMO_2

受启发于具有高理论容量和高锂离子扩散系数的 Li_xCoO_2，人们对应开发了 K_xMO_2（$x\leqslant 1$，M = 过渡金属，Fe、Co、Ni、Mn 等）作为 PIBs 的正极材料。

层状 K_xMO_2 中，共边的 MO_6 八面体形成 $(MO_2)_n$ 层，K^+ 位于四面体（T）、八面体（O）和棱柱（P）环境中的层之间。层状 K_xMO_2 可以进一步分为 T1、O3、P2 和 P3，其中字母表示由氧位置 A、B 和 C 确定的 K 的位点，数字表示单位晶胞中 MO_2 数量，如图 6.4 所示。在各种 K_xMO_2 中，层状 K_xMnO_2 因具有可容纳大

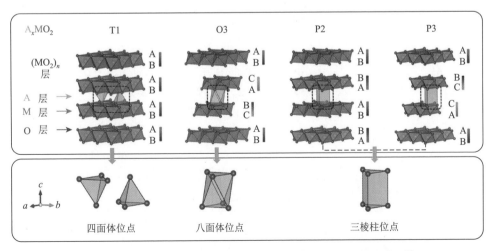

图 6.4 各种类型的层状 K_xMO_2 如 T1、O3、P2 和 P3 的示意图[9]

M: 过渡金属离子，O: 氧离子

离子的二维结构，成本低、天然丰度高、毒性低、氧化还原电势相对较高而备受关注。

2）层状钒氧化物

近几十年来，层状钒氧化物因结构多样、价态多样、储量丰富、理论容量高等优点而备受关注。层状钒酸钾 $K_2V_3O_8$，沿 c 轴具有交替的 K-O 和 V-O 层，已报道用作 PIBs 的正极材料[10]，其反应方程式如式（6-3）和式（6-4）所示。其恒流充放电曲线如图 6.5（a）所示。结果表明，$K_2V_3O_8$ 伴随着 $K_2V_3O_8$ 和 KV_3O_8 之间可逆相变的高平均放电电势，在 10 mA/g 电流密度时实现了 100 mA·h/g 的可逆比容量。

$$K_2V_3O_8 \xrightarrow{\text{充电}} KV_3O_8 + K^+ + e^- \qquad (6\text{-}3)$$

$$KV_3O_8 + 1.47K^+ + 1.47e^- \underset{\text{充电}}{\overset{\text{放电}}{\rightleftharpoons}} K_{2.47}V_3O_8 \qquad (6\text{-}4)$$

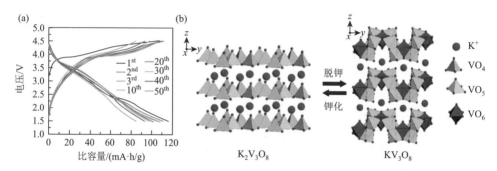

图 6.5 （a）$K_2V_3O_8$ 的恒电流充放电曲线；（b）$K_2V_3O_8$ 和 KV_3O_8 之间的相变示意图[10]

3）层状金属氧化物存在的挑战及优化策略

目前的层状金属氧化物正极材料仍然存在固有的低电导率、K^+ 连续嵌入/脱嵌对结构的破坏以及有限的 K^+ 扩散路径等问题。因此，需要进一步设计具有快速电荷转移动力学和高结构稳定性的层状氧化物结构，对应策略如下：

一是合理的成分设计。K_xMO_2 的主要优化策略是在晶体骨架中进行取代，并在其表面涂覆保护层（碳、Al_2O_3 和 TiO_2）。尽管层状 K_xMO_2 元素组成选择广泛，但铁和锰基富钾化合物因成本较低与环境友好，仍最具开发前景。为了避免不利的相变，考虑到 K^+—K^+ 的距离由 K_xMO_2 中 M 原子的大小决定，在铁基和锰基 K_xMO_2 中引入大的阳离子（如 Sc^{3+} 和 Y^{3+}）可以稳定层状 K_xMO_2 的骨架[11]。二是改善层状钒氧化物电化学性能。有效策略包括 K^+ 的预插入、V_2O_5 层间结构水的调节、元素掺杂以及与高导电性基体的复合。

3. 聚阴离子材料

1）K^+ 嵌入/脱出的结构优势

聚阴离子材料可描述为 $K_xM_y(XO_4)_n$（X = S、P、Si、As、Mo 或 W；M = 过

渡金属），其中四面体阴离子单元 $(XO_4)^{n-}$ 及其衍生物 $(X_mO_{3m+1})^{n-}$ 以较强的共价键连接到 MO_x 多面体上。由于 X—O 键的强烈共价相互作用，聚阴离子化合物具有相对孤立的价电子，从而导致过渡金属的高氧化还原电势。通过与各种过渡金属和聚阴离子基团结合，可以形成一系列的主体结构。截至目前，已报道具有代表性的聚阴离子材料，包括磷酸盐、焦磷酸盐、混合聚阴离子，以及已被探索用于 K^+ 储存的氧基、羟基、氟磷酸盐和硫酸盐[12]，现以磷酸盐为例进行简单介绍。

研究者开发了 NASICON 型 $KTi_2(PO_4)_3$ 用作正极[13]，其恒电流充放电曲线如图 6.6（a）所示，结合原位 XRD 及非原位 XANES 分析，在 $1\sim4$ V（$vs.$ K^+/K）的电压范围内，伴随着 Ti^{4+}/Ti^{3+} 氧化还原反应，如图 6.6（b）所示，每个 $KTi_2(PO_4)_3$ 单元插入/脱出 2 mol K^+，如式（6-5）所示。最终 $KTi_2(PO_4)_3$ 具有 1.6 V 的电压平台，提供 126 mA·h/g 的高比容量，相当于理论比容量的 98.5%，500 次循环后具有 89% 容量保持率。

$$KTi_2(PO_4)_3 + 2K^+ + 2e^- \rightleftharpoons K_3Ti_2(PO_4)_3 \qquad (6\text{-}5)$$

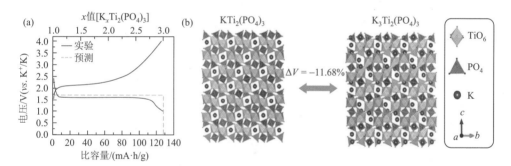

图 6.6　（a）$K_xTi_2(PO_4)_3$ 的预测氧化还原电势与其实验测量的第二次循环的充放电曲线的比较；（b）$KTi_2(PO_4)_3$ 和 $K_3Ti_2(PO_4)_3$ 的预测晶体结构的比较[13]

2）聚阴离子化合物存在的挑战及优化策略

由于具备稳定的骨架和热稳定性，大多数聚阴离子化合物相对于 K^+/K 具有高于 3.0 V 的高电压平台。然而，它们仍存在材料密度低（$2.6\sim3.6$ g/cm³）、电子电导率低、多电子交换条件下聚阴离子骨架稳定性差等固有问题，导致比容量有限，循环性能不理想。对应的策略主要包括：简便的结构调节和形态设计，将颗粒尺寸减小至纳米级，与碳质材料复合以及通过氧化还原反应进行元素取代。增加吸电子基团（如 PO_4^{3-} 和 F^- 取代的最具竞争力的钒基磷酸盐、焦磷酸盐和氟化物基钒基磷酸盐）有望使材料具备高氧化还原电势、良好的结构可逆性及热稳定性的优异综合性能。然而，V 元素的较高成本和毒性限制了钒基聚阴离子的广泛应用，对此可以考虑用环境友好元素（如 Mn 和 Fe）代替 V。

4. 有机化合物

1) K⁺嵌入/脱出的结构优势

有机晶体以空隙率大、储量丰富、环境相容性好及氧化还原电势可调等优点，作为开发高比能电池的潜在正极材料受到了广泛关注。相关研究可以追溯到1969年，二氯异氰尿酸被用作锂离子电池正极[14]。近年来，有机氧化还原活性化合物被认为是非常有前途的 PIBs 正极材料。例如，Chen 等[15]首先提出了用于 K⁺存储的苝-3,4,9,10-四羧酸二酐（PTCDA），当放电至 0.01 V（$vs.$ K⁺/K）时，每单位储存约 11 个 K⁺，反应式如图 6.7（a）所示。该正极的比容量为 131 mA·h/g，在 1.5～3.5 V（$vs.$ K⁺/K）的电压范围内，首次恒电流充放电曲线如图 6.7（b）所示，200 次循环的容量保持率为 66.1%。另一类已报道的有机小分子正极以 3,4,9,10-苝四

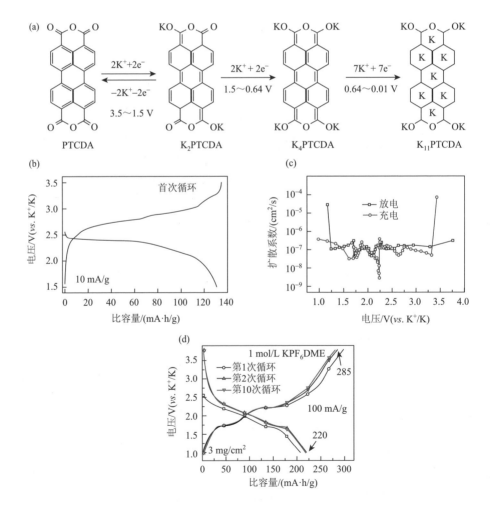

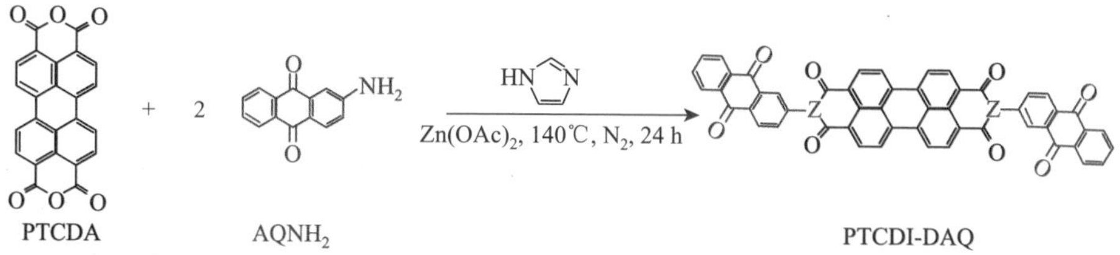

图 6.7　（a）PTCDA K⁺嵌入/脱出电化学反应机理的示意图[15]；（b）PTCDA 在 10 mA/g 电流密度下首次恒电流充放电曲线[15]；（c）PTCDI-DAQ K⁺扩散系数[17]；（d）PTCDI-DAQ 在 1 mol/L KPF₆/DME 的充放电曲线[17]；（e）PTCDI-DAQ 的氧化还原机理[17]

羧酸二酰亚胺（PTCDI）为例，通过双电子氧化还原机制，在 4 A/g 电流密度下循环 600 次，比容量稳定在 120 mA·h/g[16]。

为了解决在电解液中的溶解问题，人们通过设计新型的大分子有机聚合物和/或复合化合物进行分子工程研究。研究者设计了一种有机聚合物 PTCDI-[N, N'-双(2-蒽醌)]（DAQ），平均 K⁺扩散系数约为 5.24×10^{-8} cm²/s，高于大多数正极，如图 6.7（c）所示。100 mA/g 下充放电曲线如图 6.7（d）所示。K⁺的嵌入/脱出是基于六电子氧化还原机理进行的，如图 6.7（e）所示，它在 100 mA/g 下的比容量为 216 mA·h/g，在 20 A/g 的超高电流密度下比容量可达 133 mA·h/g[17]。

2）有机化合物存在的挑战及优化策略

虽然现有的有机电极材料有可能使最新的电池化学物质满足电网规模储能系统的成本、安全性和特定的能量要求，但它们仍然面临一些问题。一是在电解质中的高溶解性。对此可对有机正极材料进行盐化和聚合，同时进行电解质优化和添加惰性电解质添加剂。二是有机化合物低的电子电导率和较差的化学稳定性。将有机材料与导电二维碳质材料复合可以改善电导率和结构稳定性，从而提高倍率性能和循环稳定性。三是有机材料的工作电压相对较低，可通过在分子结构中连接吸电子基团（如 Cl 和 Br）来改善。另外，通过分子工程策略，例如，扩展 π 共轭结构可促进电子的离域化并允许有效的分子间电子传输[18]，确保高电导率和良好的倍率性能。此外，随着共轭作用的增加，有机材料的氧化还原电势也有望提高。

6.1.2　钾离子电池负极材料

如图 6.8 所示，迄今已开发的用于 PIBs 的负极材料主要包括碳材料、氧化物、硫化物、硒化物、合金材料和有机材料。石墨碳具有较低且平坦的电压平台，但容量也较低，而非石墨碳展现出倾斜电压曲线和相对较高的容量。在大多数情况下，金属基硫化物具有高压平台和相对中等的容量，而金属基氧化物电压平台和容量较低。一般合金材料的电压平台适中而容量较高。最后，取决于不同的官能团和不同的芳香环境，有机材料的电压平稳性和存储容量表现出多样性。

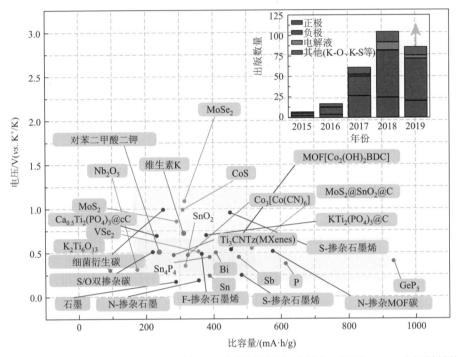

图 6.8　截至 2019 年 5 月 24 日报告的 PIBs 负极材料的比容量与电压图，PIBs 电极材料的出版数量有所增加[19]

目前开发高性能负极的主要问题和挑战是：①体相离子扩散系数低，K$^+$ 反应动力学差；②大尺寸 K$^+$ 的钾化/脱钾过程中体积膨胀过大；③电解质的不可逆反应及分解；④枝晶生长和安全性等问题。相关改进策略：一是通过纳米结构促进电极/电解质界面上的离子快速传输，以及缩短电子传输路径；二是对 PIBs 的碳材料进行杂原子掺杂提高导电性、增加活性中心、产生快速离子传输缺陷；三是对包括过渡金属二卤化物和碳在内的大多数层状材料扩大层间距，有助于降低离子传输阻力，以及在层的基面上产生缺陷，缩短扩散距离并打开层之间的内部空间；四是对磷、金属基氧化物和硫化物这类具有较高的理论容量的材料，可通过设计复合材料解决其导电性差和体积膨胀过大问题。

1. 碳材料

碳材料因资源丰富、成本低及稳定性良好而被广泛应用于 PIBs 负极。主要可以划分为石墨碳和非石墨碳，进一步可分为石墨、膨胀石墨、石墨烯、硬碳、软碳、杂原子掺杂的碳和生物质碳。

1）石墨碳

通过非电化学方法（如加热金属钾和石墨的混合物或在真空中将石墨浸泡在金属钾熔液中）合成了钾石墨层间化合物（K-GIC），首次确定了钾离子在石墨中嵌入和脱出的可行性[20]。通常，K^+ 嵌入石墨依次有四个阶段：KC_8、KC_{24}、KC_{36}、KC_{48}。KC_8 最早发现于 1932 年，而 KC_{24}、KC_{36} 和 KC_{48} 是根据插层剂吸钾量与加热温度的关系调整合成条件而发现的。最近，研究者首次报道了商用石墨可以在室温下电化学嵌入和脱出钾离子[21]。如图 6.9（a）所示，K/石墨半电池的比容量为 273 mA·h/g，与 KC_8 阶段的理论比容量 279 mA·h/g 非常接近。

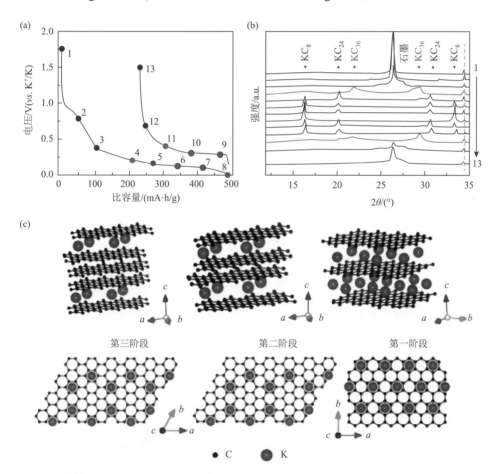

图 6.9　（a）0.1 C 下首次 GPD 电势；（b）对应于（a）中标记的荷电状态（SOC）的电极的 XRD 图；（c）不同的 K-GIC 的结构图，侧视图（顶行）和顶视图（底行）[21]

通过非原位 XRD 表征了 K-GIC 形成的各个阶段。如图 6.9（b）和（c）所示，第一次放电过程中，纯 KC_{36}（第三阶段）和纯 KC_{24}（第二阶段）分别在 0.3～0.2 V

和 0.1～0.2 V 的电压范围内出现。在 0.01 V 附近也能检测到纯的 KC_8，在第一次充电过程中，可以观察到纯的 KC_{36}、KC_{24} 和 KC_8 的复合物，而不能检测到纯的 KC_{24}。这个过程如式（6-6）和式（6-7）所示：

$$C \longleftrightarrow KC_{36} \longleftrightarrow KC_{24} \longleftrightarrow [KC_{24}, KC_8] \longleftrightarrow KC_8 \qquad (6\text{-}6)$$

$$KC_8 \longleftrightarrow [KC_{24}, KC_8] \longleftrightarrow KC_{36} \longleftrightarrow C \qquad (6\text{-}7)$$

此外，还采用第一性原理计算了 K^+ 嵌入石墨的势能分布。它证实了 KC_6 不能在正电势条件下通过电化学形成，而最稳定的阶段是 KC_8，从而得到了 K^+ 进入石墨的三个阶段：$C \leftrightarrow KC_{24} \leftrightarrow KC_{16} \leftrightarrow KC_8$[22]。近来又发现了 KC_{60}（第五阶段）与 KC_{16}（$K_{1\times3}C_{8\times6}$）的新中间体的形成[23]，从而可将石墨嵌 K^+ 过程进一步描述为 $C \leftrightarrow KC_{60} \leftrightarrow KC_{48} \leftrightarrow KC_{36} \leftrightarrow KC_{24}/KC_{16} \leftrightarrow KC_8$。

尽管 PIBs 析 K^+ 的风险较低，并且在醚基电解液中证明了 K^+ 因具有相对较低的溶剂共嵌入能而在石墨碳中电化学共嵌入的结构损伤基本可以忽略。但石墨作为 PIBs 负极在容量、循环性能和倍率能力等方面的电化学性能仍不令人满意。对应可通过氮掺杂提供额外的储钾容量，同时通过纳米结构设计克服石墨碳的倍率限制。

2）非石墨碳

研究者通过在 950 ℃ 的高温下热解苝-3, 4, 9, 10-四羧酸二酐（PTCDA）合成了软碳，与 PIBs 中作为负极的石墨相比，具有相近的容量，但倍率性能要高得多，如图 6.10（a）和（b）所示。与石墨低电势的平台不同，软碳的典型充放电曲线是倾斜的。这种类型的软碳还被用来优化 PIBs 中的 SEI 层，表现出超稳定的储钾性能[24]。另外，研究者通过葡萄糖基聚合物的热解也制备了硬碳[25]。有趣的是，它在 PIBs 中的倍率性能强于在 SIBs 中的倍率能力，如图 6.10（c）和（d）所示，这表明 K^+ 在这种硬碳负极中的扩散比 Na^+ 更好。

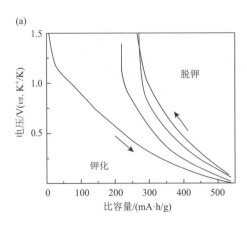
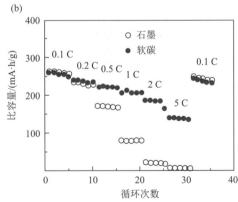

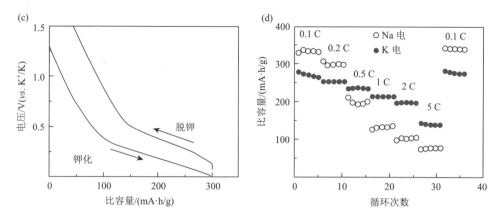

图 6.10　（a）在 1/40 C 下 0.01～1.5 V 的最初两个循环中软碳的 GPD 曲线；（b）石墨和软碳的倍率性能[21]；（c）在 HCS//K 电池的第二个循环中，在 1/10 C 时的充放电曲线[25]；（d）氮掺杂的纳米碳纤维负极（NCNF）在 1/10～5 C 的倍率性能[28]

通过引入杂原子（如 B、N、O、S、P 和 F）掺杂改性的碳材料是常用的 PIBs 负极。如报道的一种超高吡啶掺杂 N 多孔碳[26]，在 20 mA/g 下的比容量为 487 mA·h/g。相对于季氮，高含量的吡啶氮被认为可通过增强 K$^+$ 嵌入而极大改善电化学行为。除 N 掺杂外，还证明了 O、S、P、B 和 F 掺杂均有助于改善碳材料的电化学性能。例如，S 掺杂的氧化石墨烯海绵用作 PIBs 负极，与 N 掺杂不同，比容量的提高得益于 C—S—K 键的形成，其可逆比容量高达 361 mA·h/g[27]。

总之，石墨碳具有低而平坦的充放电平台，但由于嵌入/脱出 K$^+$ 过程占主导地位，其比容量和倍率能力相对较低。相反，非石墨碳具有较高的比容量和倍率能力，但由于 K$^+$ 的吸附和解吸机理的协同作用，其充放电平台的斜率受到限制。此外，初始库仑效率低也是石墨碳和非石墨碳的主要限制因素。这些碳的电化学性质一般与前驱体、热解参数、材料微结构和官能团有关，有待进一步系统研究[28]。

2. 层状金属硫化物和氧化物

层状金属硫化物和氧化物由于独特的层状结构而在 LIBs 和 NIBs 等储能系统中得到了广泛的研究，这种层状结构是由相邻层之间较弱的范德华相互作用和各层内较强的面内共价键构成的。这种晶体结构允许在层间空间中插入客体物种（如 Li$^+$、Na$^+$ 和 K$^+$）而没有明显的结构变化。通常，层状金属硫化物和氧化物基于嵌入/脱出及转化反应而作为 PIBs 负极实现储 K$^+$。

以垂直 MoS$_2$@rGO 和介孔 MoS$_2$ 单层/碳复合材料为例，研究者揭示了 PIBs 中钾离子的插层和转化反应的存储机理[30]。通过合理且精密的材料和结构设计，扩大 MoS$_2$ 层间距，可实现可逆而快速地 K$^+$ 嵌入/脱出。同时，MoS$_2$ 和 rGO 之间的强化学键合，也有助于实现快速电极动力学以及提高充放电过程中体积变化耐受性，并在 rGO 片上向上生长独特的 MoS_2 玫瑰纳米结构，以促进电解液浸入并减少离子扩散路径。另外，其他金属硫化物、硒化物已被用作 PIBs 负极，如 Sb_2S_3、$CoSe_2$[31]。相比之下，层状金属氧化物作为 PIBs 负极的报道很少。

3. 合金材料

在先前较成熟的研究中，金属 Li 与 Na 通过与一些元素（如 Sn、Sb、Ge、Bi、Pb、Si 和 P）形成合金负极而实现了性能提升。参考这一策略，在 PIBs 中也研究了合金材料。截至目前，已有 Sn-K、Sb-K、Bi 及 P-K 体系（包括磷化合物）相关的合金材料报道。

1）锡

在 PIBs 中，Sn 基负极在循环过程中体积变化较大，而容量保持率较差[32]。此外，透射电子显微镜（TEM）揭示了 Sn-K 系统的合金化反应，发现 Sn 纳米颗粒以两步主要合金化机理进行，包括 K_4Sn_9 相的形成和 KSn 相的形成，比容量为 197 mA·h/g。在几次钾化/去钾化循环后，Sn 纳米颗粒的粉碎很明显。由于合金化的 K_xSn 相中 K 原子含量相对较低，Sn 金属的电化学性能无法达到 LIBs 和 SIBs 的水平。

2）锑

与 Sn-K 体系不同，Sb-K 体系表现出与 LIBs 和 SIBs 相当的电化学性能。例如，三维碳网络约束的 Sb 纳米颗粒用于 PIBs 的负极具有高的可逆比容量（200 mA/g 下约 478 mA·h/g）和优异的倍率性能（1000 mA/g 下约 288 mA·h/g）[33]。为了适应体积膨胀和加速离子扩散，采用真空蒸馏方法合成了微米级的纳米多孔锑，通过调节 Zn-Sb 的组成和蒸馏温度可以获得良好的纳米孔结构[34]。这种 NP-Sb 负极可以实现更高的电化学性能，在 50 mA/g 和 500 mA/g 下分别提供 560 mA·h/g 和 265 mA·h/g 的比容量。可以确定的是，锑确实能够与钾发生电化学合金化。K_3Sb 相是可逆反应的最终产物，类似于 LIBs 和 SIBs 中的三电子传输。这种机理显示了 PIBs 中 Sb 负极具有高容量能力的潜力。但是，由于 K 原子尺寸较大，需要进一步的研究来减缓电极材料的膨胀，提高循环稳定性。

3）铋

通过探究 Bi 微粒在二甘醇二甲醚电解液中作为 PIBs 负极的作用[35]，结合原位 XRD 表征和 DFT 计算，揭示了 $Bi-KBi_2-K_3Bi_2-K_3Bi$ 的合金化/去合金化反应。受益于 Bi 的 3D 多孔网络的构建，Bi 表现出高比容量（400 mA·h/g）和长循环稳定性（在 350 次循环后容量保持率为 86.5%）。

4）磷和磷化物

已证明红磷和黑磷可与碱金属发生电化学合金化。受到它们超高的理论容量及在 LIBs 和 SIBs 中令人鼓舞的结果启发，磷也被作为 PIBs 中的负极进行了研究。

研究者首先在 PIBs 的 3D 碳纳米片上合成了红磷纳米颗粒[36]，以增强电子传递，缩短钾离子扩散路径并增加活性表面。红磷@CN 纳米复合材料具有 655 mA·h/g 的高可逆比容量，甚至在 2000 mA/g 的高电流密度下，比容量也可保持在 323.7 mA·h/g。红磷氧化还原反应机理为单电子转移反应 $P + K^+ + e^- \longrightarrow KP$，理论比容量为 843 mA·h/g。DFT 计算表明，对于 KP（−0.421 eV/mol P）、K_2P_3（−0.148 eV/mol P）和 K_3P（−0.218 eV/molP），观察到 KP 具有最低的形成能，是热力学最稳定的形式，而 K_2P_3 和 K_3P 是热力学不稳定的，可能不是最终的钾盐化产物。此外，也有报道称比容量为 617 mA·h/g 的黑磷作为 PIBs 负极，与红磷的理论比容量非常接近，其机理研究最终表明，最终的钾化阶段为 KP，与红磷相似[37]。

金属基磷化物（MPs）具有较高的理论容量，是目前研究最多的 PIBs 负极材料之一。研究者引入 Sn_4P_3/C 复合材料作为 PIBs 的负极，这表明在放电过程中形成了 K-Sn（K_4Sn_{23}，KSn）和 K-P 合金（$K_{3-x}P$）相[38]。然而到目前为止，磷基电极仍需要进一步研究以理清反应机理，并提出有效的方法来提高钾离子的储存能力。

6.1.3 钾离子电池电解液（质）

由于钾离子的尺寸大且路易斯酸度低，钾电解质的溶解度、离子电导率和溶剂化/脱溶剂化行为与锂和钠电解质相比非常不同。此外，由于钾具有较高的化学反应活性，与电解质电化学稳定性有关的界面化学对 PIBs 尤为重要。目前应用于 PIBs 的电解质，主要包括有机液体电解质，离子液体基电解质、固态电解质以及水系电解质。

1. 有机液体电解质

有机液体电解质因稳定的电化学性能、高离子电导率、宽的工作电压范围以及与各种电极材料的良好相容性，在 PIBs 中得到了最广泛的应用。与 LIBs 和 SIBs 相同，PIBs 有机液体电解质包含盐和溶剂（添加剂）。图 6.11 比较了以丙酮为溶剂的隐式溶剂化模型（SMD）计算的 LUMO 和 HOMO 能级[39]。LUMO 和 HOMO 能级被证明与溶剂和盐的分子性质，包括电离势、电子亲和势和电负性半定量相关。可用来粗略地评价溶剂和盐的还原/氧化稳定性。

有机液体电解质中使用的钾盐主要包含 KPF_6、高氯酸钾（$KClO_4$）、四氟硼酸钾（KBF_4）、三氟甲磺酸钾（KCF_3SO_3）、KFSI 和 KTFSI。其中，KBF_4 和 $KClO_4$ 在典型的非质子溶剂中的溶解度低，并且离子电导率较差，此类研究较少[40]。KPF_6 基电解质由于电化学稳定性和铝箔钝化的优势而被广泛用于 PIBs。但库仑效率较低，可通过优化溶剂来缓解。与 EC∶DEC 和 EC∶DMC 相比，EC∶PC 中 KPF_6 基

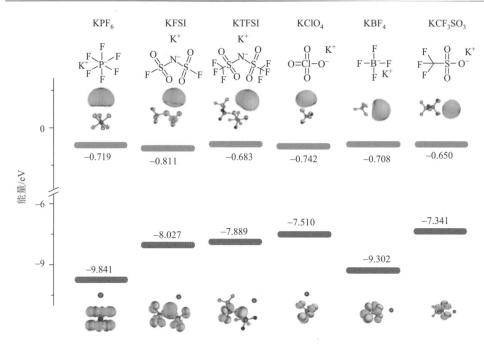

图 6.11　通过使用高斯软件计算电子结构，PIBs 中使用的 K 盐的 LUMO（橙色）和
HOMO（蓝色）的能级[39]

电解质具有更高的库仑效率和更优的循环稳定性[41]。此外，醚类溶剂，如二甲醚、二甘醇二甲醚（DEGDME），均与 KPF$_6$ 兼容，形成薄而坚固的 SEI 层。例如，研究表明在对苯二甲酸二钾（K$_2$TP），Bi 和 SnSb 负极上的 1 mol/L KPF$_6$/DME 和 DEGDME 电解质中，获得了具有高库仑效率和良好循环稳定性的出色性能[42]。

　　与酯类溶剂相比，醚类溶剂在接触超氧化物时具有更高的稳定性，因此也常用于 K-O$_2$ 电池中。最近，一种强给电子剂二甲基亚砜（DMSO）被证明容易溶解 K$^+$，从而降低 K$^+$ 的路易斯酸度，并促进其与软路易斯碱 O$_2^-$ 的反应。放电产物 KO$_2$ 的产生具有了良好的动力学和化学/电化学可逆性，优于乙醚基钾电池。但由于 K 金属对 DMSO 具有很高的化学反应活性，长期循环需要 Ag/Ag$^+$ 参比电极或聚合物密封策略[43]。与 KPF$_6$ 基电解质相比，KFSI 基电解质具有更高的电导率和更好的电化学稳定性，同时在酯和醚类溶剂中都有很好的溶解性，已被应用于各种电极材料。例如，使用 KFSI/DME 电解质可实现具有高库仑效率（99%）的高度可逆的钾沉积/剥离电化学，这归因于形成了主要由 FSI 稳定的 SEI 层[44]。然后，使用 KFSI 基电解质，包括 Sn$_4$P$_3$、Bi、Sn、Sb、GeP、红磷、MoS$_2$、NiCo$_{2.5}$S$_4$、K$_4$Nb$_6$O$_{17}$、MoSe$_2$/N 掺杂的碳，石墨和氮掺杂的泡沫石墨，进一步验证了 KFSI 对 K 金属、过渡金属硫化物、合金基、铌基和碳质负极的稳定作用。除负极外，KFSI 基电解质还可用于改善 PTCDA 和蒽醌-1, 5-二磺酸钠盐（AQDS）的有机正极材料的性能[45]。

然而，典型的 KFSI 基电解质在负极极化过程中对铝箔表现出严重的腐蚀效应 [≥4.0 V（vs. K+/K）][46]。此外，如果使用乙醚溶剂，由于乙醚分子的 HOMO 能级较高，电解液氧化电势较低，阻碍了其在高压正极中的应用。对此可通过引入浓电解质来解决。一方面，在浓电解质溶液中，乙醚分子倾向于向 K+ 提供氧孤对电子，因此具有比游离乙醚分子更低的 HOMO 能级，提高了电解质的氧化电势。另一方面，游离醚溶剂减少了其与 Al³+ 的溶剂化作用，从而抑制了在缺乏游离溶剂的溶液中溶解和扩散的 Al(FSI)₃ 络合物在 Al 表面上占主导地位，进而降低 Al 腐蚀[47]。

因此，研究表明高浓度的 KFSI/DME（6 mol/L）电解质抗氧化性良好，具有高达 5 V 的电化学窗口，从而实现了钾普鲁士蓝（PB）全电池的稳定性能[44, 48]。与 KFSI 相比，KTFSI 在酯和醚溶剂中的溶解度也很高，但离子电导率较低。随着 KTFSI 在 DEGDME 中的浓度增加到 5 mol/L，多硫化物的溶解和穿梭行为得到有效抑制，从而实现了高性能的钾硫化学反应[49]。在高浓度 KTFSI 基电解质中也证明成功抑制了有机电极 PTCDA 的溶解[50]。

2. 固态电解质

1）无机固态电解质

1960 年，β'-氧化铝固态电解质（BASE）首次被应用于钠硫电池。受此启发，研究者开发了用于钾硫电池的 K-BASE，可以在中等温度下使用[51]。相比于 Na 金属对 BASE 润湿性较差，需要较高的工作温度（如 300～350 ℃）；液态钾的表面张力较低，并且钾与 β'-Al₂O₃ 原子之间的相互作用更强，在 150 ℃的低温下润湿性有所改善，因而大幅提升了固态 K/Na-S 电池的安全性。同时在 150 ℃下，K-BASE 的电导率高达 0.01 S/cm。此外，K-BASE 可以有效阻止扩散，并抑制如多硫化物穿梭的副反应，因此，KS 电池表现出良好的倍率性能和出色的循环寿命，在 1000 次循环中几乎没有容量衰减。采用聚合物密封的 K-β''-Al₂O₃ 将二甲基亚砜介导的超氧化物钾正极与联苯钾负极分离，在 4.0 mA/cm² 的高电流密度下，卓越的平均库仑效率>99.84%，可实现 3000 次的循环寿命[52]。

2）聚合物电解质

相比于无机固态电解质固有的刚性和脆性所带来严重的电极/电解质界面问题，聚合物具有柔韧优势。研究者报道了一种基于交联聚甲基丙烯酸甲酯（PMMA）和 0.8 mol/L KPF₆/EC：DEC：FEC 的聚合物凝胶电解质，离子电导率高达 4.3×10⁻³ S/cm，与液态电解质相当[53]。同时构建了相对稳定的电极/电解质界面，有助于抑制枝晶的生长并提高 K|聚苯胺电池的安全性。最近，研究者还通过一

种独特的阳离子模板辅助聚合方法，制备了具有热稳定性和机械柔韧性的通用碱金属离子（Li^+、Na^+或K^+）导电聚合物电解质。电解质由功能聚环氧乙烷（PEO）基体中的定制星形聚合物组成，聚合物假冠醚空穴可以与阳离子配位，并提供阳离子扩散通道。优化后的钾基电解质在 20 ℃时的离子电导率为 2.82×10^{-5} S/cm[54]。然而，高电极/固态电解质的界面电阻仍然给实用化的全固态 PIBs 的发展带来了巨大的挑战，这需要进一步深入的研究。

6.2　镁离子电池

可充电镁电池（RMBs）近年来引起了广泛的关注，已成为一种重要的候选电池。镁金属的理论质量比容量高达 2205 mA·h/g，体积比容量高达 3833 mA·h/cm³，可与锂金属电池相媲美。地壳中 Mg 元素的储量（2.9%）比 Li 元素（0.002%）高得多，从而降低了镁电池的生产成本[55]。最重要的是，镁金属电极可避免在循环过程中形成枝晶，这与锂和钠金属电极不同，使得 RMBs 更有可能实现商业化。从这个意义上讲，RMBs 在下一代储能系统中颇具吸引力。然而，由于镁离子的强极化，开发具有高的镁插入动力学、优异可逆性的电极材料和电解液仍然是阻碍 RMBs 实际应用的挑战。

RMBs 主要由四部分组成：正极、负极、电解质和隔膜。如图 6.12 所示，RMBs 的能量存储是通过电化学反应实现的，与电子和离子的运输有关。在放电过程中，氧化还原反应产生的电子驱动外部负载。相反，在充电过程中，电子通过可逆的电化学反应存储在电极内。RMBs 与锂离子电池的工作方式类似。从电极脱出的 Mg^{2+} 通过电解质扩散，并嵌入正极主体中。因此，影响 RMBs 可逆容量的主要因素有转移电子数、嵌入/脱出过程中的材料结构稳定性以及离子扩散速率。在这方面，RMBs 的性能取决于电极材料和电解质，它们是实现高性能的关键要素。

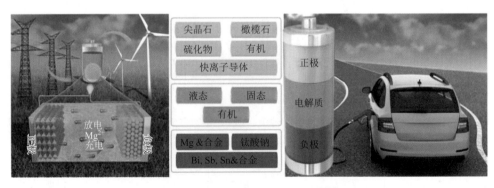

图 6.12　可充电镁电池的示意图[56]

　　在过去的二十年里，人们对 RMBs 的发展进行了大量的研究，以满足日益增长的电池需求。为了构建高容量的镁基二次电池，需要对镁离子进行可逆的插层和剥离。然而，Mg^{2+} 的二价性质导致了强极化，从而增大了 Mg^{2+} 的嵌入/脱出和扩散的难度。与锂离子电池不同，有机溶剂（如碳酸酯、腈类）和普通的镁盐［如 $Mg(ClO_4)_2$、$Mg(SO_3CF_3)_2$ 和 $Mg[N(SO_2CF_3)_2]_2$ 在镁金属上形成钝化膜。镁表面沉积的强钝化膜阻碍了后续的反应。此外，电解液和正极的窄电压窗口不能满足高能量密度的要求。基于上述限制，RMBs 发展面临的主要挑战很大程度上归因于新型正极材料的开发，这些材料具有更快的 Mg^{2+} 插入速度和更有利于 Mg^{2+} 快速脱溶剂化。

　　RMBs 的原型体系是由 Aurbach 等在 2000 年首先报道的，RMBs 的发展过程中仍然存在许多挑战。挑战之一是电解质与镁金属负极的相容性。在最简单的含阴离子盐的常规极性非质子溶剂中（ClO_4^-、PF_6^-、BF_4^- 等），镁金属电极表面会产生一层钝化层，阻碍 Mg^{2+} 的可逆沉积，导致库仑效率较低。另一个主要挑战是 Mg^{2+} 独特的二价性质，这导致 Mg^{2+} 在固态电极材料中的极化较大，溶剂化较强，Mg^{2+} 在固态电极材料中扩散困难。因此，探索和开发具有快速动力学和与电极材料相匹配的电解质成为发展高性能和实用 RMBs 的关键。典型的 RMBs 正极材料和负极材料总结如图 6.13 所示。

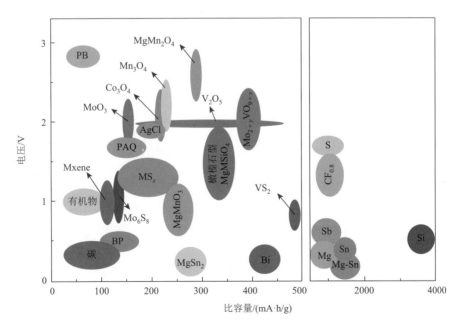

图 6.13　典型的 RMBs 正极材料和负极材料[56]

迄今为止，RMBs 在各个方面都得到了快速发展。根据电解质的选择，可以分为非水系 RMBs 和水系 RMBs。基本上，有效的非水 RMBs 电解质包含格氏试剂、离子液体和多种有机镁盐。所有带有聚合物基电解质的固态 RMBs 都是另一种非水性 RMBs。聚合物基电解质同时充当电解质和隔膜。聚合物基电解质，如聚偏二氟乙烯基电解质、聚乙二醇基电解质、乙二胺硼氢化镁迅速发展，基本上可以分为固态聚合物、凝胶/增塑剂基的聚合物、聚合物复合体系。全固态 RMBs 具有无泄漏、无内部短路、制造简单、使用灵活等优点，受到了越来越多的关注，具有安全、低成本和环保等特点的水系 RMBs 也是如此。它与水系锂离子电池有相似之处。据报道，含水电解液能显著提高镁离子在钒、锰基正极中的动力学。此外，采用 $MgCl_2$、$Mg(NO_3)_2$、$MgSO_4$ 等水溶液可以消除钝化问题，避免使用有毒、易燃的电解液。尽管取得了突破，但用于 RMBs 水溶液的电极仍然受到限制。寻找合适的具有优异性能的电极材料仍然是 RMBs 面临的障碍，这需要更多的研究投入。

6.2.1　镁离子电池正极材料

目前，大多数用于 RMBs 的正极材料的研究都集中在过渡金属化合物。除了已被广泛研究的普通硫化物、氧化物、硒化物外，其他正极材料如聚阴离子化合物、有机化合物等也有研究。用于 RMBs 的理想正极材料应具有以下特征：①高比容量；②快的 Mg^{2+} 传输速率和可逆动力学；③良好的循环稳定性。

1. 硫化物

在硫化物中，Aurbach 等于 2000 年首先提出了 Chevrel 相（CP）Mo_6S_8 作为优良的基质材料，在高温下由 $CuMo_3S_4$ 制备。它允许在各种非水镁盐溶液中相对快速可逆地插入镁离子[24]。插入反应的电化学机理可记为 $Mo_6S_8 + 2Mg^{2+} + 4e^- \rightleftharpoons Mg_2Mo_6S_8$[6, 25]。除 Mo_6S_8 以外，其他 Chevrel 相 Mo_6T_8（或 MMo_6T_8，M = 金属，T = S、Se、Te）也具有相似的反应和结构[57]。以 Mo_6S_8 的基本晶体结构为例进行结构说明［图 6.14（a）］。Chevrel 相 Mo_6S_8 具有由含硫原子的 Mo_6S_8 单元和八面体钼簇合物构成的开放的三维骨架。如果将 Mo_6S_8 视为结构单元，则 Chevrel 相具有 Mo_6S_8 的准简单立方填充［图 6.14（b）］[58]。标记的空位 1 和空位 2 打开以插入 Mg。由于 Mo 和 Mg 之间的强静电排斥作用，镁离子不能直接插入空位 3 中。Aurbach 等发现几种金属的 Chevrel 相结构在插入过程中通过电荷的重新分布是稳定的，这有助于促进 Mg^{2+} 插层进入 $Mg_xMo_3S_4$ 的可逆性。稳定性测试表明，经过 2000 多次循环后，容量保持率在 85% 以上[59]。这些令人振奋的结果推动了对 Chevrel 相正极材料的研究。

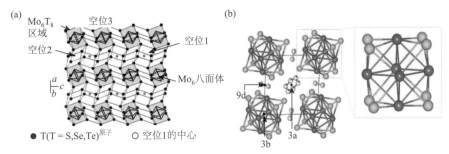

图 6.14　（a）基本的 Chevrel 相 Mo_6S_8 晶体结构[57]；（b）当沿[211]方向观察时，Mo_6S_8 超阴离子和 3a、3b 和 9d 位的位置，浅紫色球表示 Mo 原子，黄色球表示 S 原子[58]

尽管具有出色的循环能力和 Mg^{2+} 迁移率，但 Chevrel 相化合物在实际 RMBs 中的应用受到其理论比容量低（小于 $150\,mA\cdot h/g$）和输出电压低（$<1.5\,V$）的限制。这些事实表明，Chevrel 相化合物只能被视为中等或低能量密度的正极。然而，作为最著名的 RMBs 正极模型，Mo_6S_8 成为用于评估新型镁电极和电解质适用性的基准系统的标准正极。尽管 Chevral 相的研究已经取得了很大的进展，但在探索高容量的新型正极材料方面仍然存在挑战。其他几种硫化物［包括 TiS_3（Mg^{2+} 插入）、TiS_2、NiS_2、CuS、MoS_2（转化反应）］和硒化物（如 Cu_2Se、$TiSe_2$）也被认为是 RMBs 的正极材料。

2. 氧化物

面对 Chevrel 相低工作电压的挑战，氧化物类化合物因具有较高的离子化程度而成为引人注目的替代材料。因此，它可以在镁离子插层反应中提供更高的电势[33]。多种金属氧化物如 V_2O_5、MnO_2、MoO_3 和 TiO_2 与 Mg 的插层机理或转化机理也被研究。

V_2O_5 是具有层状结构的晶体，如图 6.15（a）所示[60]。自从 Novak 等以来，氧化钒已经引起了广泛的研究兴趣。最早在 1993 年作为 RMBs 正极引入[61]，用作锂离子电池的正极。它可以提供高工作电压和出色的性能，这也激发了它在 RMBs 中的使用，通过电化学方法将镁离子插入 V_2O_5 中，这可以写为 $V_2O_5 + xMg^{2+} + 2xe^- \rightleftharpoons Mg_xV_2O_5$。Liu 等通过使用密度泛函理论，发现当增加插层浓度时，V_2O_5 经历了从 α 相到 ε 相和 δ 相的结构转变[62]。目前已经通过各种方法合成了多种纳米结构的钒氧化物正极材料，并显示出优异的电化学性能。例如，氧化钒纳米片用作镁-锂离子混合电池（MLIBs）的正极材料，并显示出 $427\,W\cdot h/kg$ 的高能量密度［图 6.15（b）］[63]。为了进一步提高钒氧化物的性能，采用了碳协同和与其他金属复合材料杂化的方法。Mai 等设计了水合氧化钒纳米线/石墨烯纳米复合材料，该复合材料通过简易的反应和随后的冷冻干燥过程制得[64]。如图 6.15（c）和（d）所示，偶极分子的电荷屏蔽效应减少了 Mg^{2+} 的极化。此外，由气凝胶提供的多孔结构促进了电解质的渗透。采用 $0.5\,mol/L$ 双（三氟甲烷磺酰基）酰亚胺镁$[Mg(TFSI)_2]$

在乙腈中作为电解质，该纳米复合材料显示出高比容量（330 mA·h/g）、高稳定循环性，高容量保持率和宽的工作温度范围（30～55 ℃）。

除了 V_2O_5 以外，还有多种钒基化合物被报道作为 RMBs 正极材料，如 $H_2V_3O_8$、NaV_3O_8、VO_2（B）、VO_x。此外，氧化物正极材料还包括 MoO_3、MoO_2、TiO_2 和 MnO_2 等。

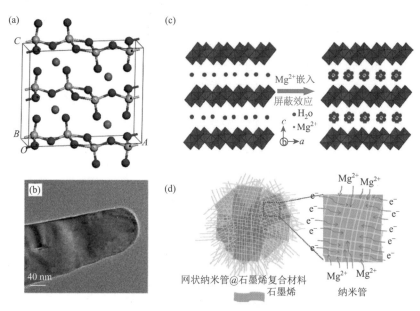

图 6.15　（a）a 型 V_2O_5 的晶体结构。氧为红色球，钒为灰色球。嵌入的离子标记为紫色[60]；
（b）VO_2 纳米薄片的 TEM 图[63]；（c）Mg^{2+} 在水合的 $V_2O_5·nH_2O$ 中的屏蔽作用；
（d）$V_2O_5·nH_2O@$ rGO 纳米复合材料的示意图[64]

3. 其他正极材料

1）尖晶石和橄榄石

尖晶石（通常组成为 AB_2O_4）由于高三维离子迁移率、高工作电压和结构稳定性成为有吸引力的 RMBs 正极材料。Iitsubo 等研究了镁基尖晶石 $MgCo_2O_4$ 和 $MgNi_2O_4$ 作为高压电池正极材料的性能。还研究了其他尖晶石氧化物 $MgMn_2O_4$、$MgFe_2O_4$、$MgCr_2O_4$ 和 Co_3O_4 作为 RMBs 正极材料。

橄榄石结构的 $MgMSiO_4$（M＝Mn、Co、Fe）也被认为是 RMBs 正极材料，这是因为三维框架提供了巨大的空隙。关于硅基聚阴离子化合物作为 LIBs 主体的成功使用已被广泛报道。出色的性能也激发了 RMBs 对 $MgMSiO_4$ 的利用，因为它可以提供 310 mA·h/g 的高理论比容量和高工作电压。

2）NASICON 型化合物

具有钠超离子导体（NASICON）结构的化合物开始在该领域引起关注。

NASICON 型化合物通常表示为 $N_xM_2(PO_4)_3$（M = 过渡金属，N = Li 或 Na），是有前途的锂离子电池和钠离子电池正极材料，因为它们的 3D 开放框架允许离子在内部快速扩散。作为镁离子的宿主材料，NASICON 型电极已显示出令人鼓舞的结果，如 $Mg_{0.5}Ti_2(PO_4)_3$、$Na_3V_2(PO_4)_3$ 和 $LiTi_2(PO_4)_3$ 等。

3）硫正极

以硫为正极、镁为负极的 Mg-S 电池是一种很有吸引力的体系。基于与镁的两电子转化反应，硫可以提供超过 3200 W·h/L 的高理论体积能量密度，反应式为 $Mg^{2+} + S + 2e^- \rightleftharpoons MgS$。与 Li-S 系统提供的 2800 W·h/L 相比，Mg-S 电池引起了人们的极大兴趣。Mg-S 电池尽管具有这样的优势，但仍处于早期研究阶段。阻碍 Mg-S 电池发展的挑战主要体现在如下几个方面。①仍需寻找具有宽电压窗口、高离子电导率和高可逆性的电解质；②由于多硫化物的溶解和活性物质利用率低，Mg-S 体系仍然存在过充和容量衰减的问题；③设计合适的硫主体以避免硫的电绝缘性是 Mg-S 电池面临的另一个挑战。

4）普鲁士蓝类似物

这类材料具有大的开放骨架结构，可以提高能量密度，是镁插层的高压主体。例如，Choi 等报道了纳米级普鲁士蓝 $Na_{0.69}Fe_2(CN)_6$ 在 3.0 V（vs. Mg^{2+}/Mg）时可逆比容量为 70 mA·h/g，在 0.3 mol/L Mg(TFSI)$_2$/乙腈电解液中可稳定循环 35 次以上[65]。Hong 等进一步提出了另一种普鲁士蓝类似物——六氰合铁酸镍钾，可表现出高达 2.99 V 的电压[66]。

5）有机材料

由于资源可持续性和环境友好性的优点，已经提出了具有氧化还原活性位点的有机材料可以通过电荷补偿作为 RMBs 正极材料的有前途的替代品。有机羰基化合物，如苝-3，4，9，10-四羧酸二酐、聚 1，4-蒽醌等；有机硝基化合物，如 2，4-二硝基苯酚、2-硝基苯基丙酮酸等；有机硫化合物，如 2，5-二巯基-1，3，4-噻二唑。

6.2.2 镁离子电池负极材料

与锂不同的是，纯镁金属的反应性相对温和，在充电过程中几乎没有形成金属枝晶的倾向，因此有可能作为 RMBs 负极。然而，由于镁在大多数极性有机电解液中的沉积和溶解过程会形成钝化膜，所以体相镁负极中的镁离子被钝化膜隔绝。因此，开发其他动力学更快的负极材料对 RMBs 具有重要意义，如合金化型负极（包括铋、锑、锡）、插入型负极等。

1. 镁金属负极

镁金属负极表面不可逆形成的钝化层（不同于锂离子导电固态电解质界面）

会阻塞镁离子的扩散通道，从而阻碍镁离子的可逆电镀/剥离。Liang 等采用离子液体辅助化学还原法制备了超细镁纳米颗粒（N-Mg）作为活性负极[67]。与块状 Mg 相比，N-Mg 在相同条件下以 MoS$_2$ 为正极具有更好的循环性能。具有减小的表面膜厚度的 N-Mg 有效地增强了 Mg 的扩散速率。钝化层的不利影响也可以通过对 Mg 金属表面进行改性而得到有效缓解。Yim 等提出了使用钛配合物 Ti(TFSI)$_2$Cl$_2$ 对镁负极进行化学预处理的方法，它通过形成多配位配合物（Mg-O-Ti）显著降低了镁与氧之间的亲和力 [图 6.16 （a）] [68]。随后的化学反应有效地去除了镁负极表面的自然氧化层，这有利于提高电化学性能。

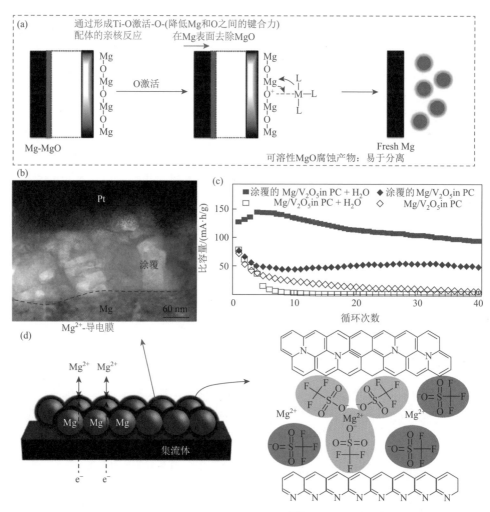

图 6.16　（a）采用钛络合物对镁负极进行预处理的方案[68]；（b）人造 Mg^{2+} 导电中间相的 TEM 图（涂层厚度为 100 nm）；（c）在干燥和含水的电解质中，Mg/V$_2$O$_5$ 和 Mg(相间保护的)/V$_2$O$_5$ 之间的全电池循环性能比较；（d）Mg 粉末电极涂有人造 Mg^{2+} 导电界面层的示意图[69]

可以使用适当的方法在 Mg 负极的表面上形成稳定的 Mg^{2+} 导电表面膜，也称"人工 SEI"，这为可充电 Mg 电池的 Mg 金属负极的开发指明了新的方向。例如，Son 等通过聚丙烯腈、硫酸镁和炭黑的热交联，在金属镁电极表面形成了一层能导通镁离子的聚合物界面 [厚度约 100 nm，图 6.16（b）][69]。在镁金属表面上具有导电性且具有 Mg^{2+} 的人造膜可以使 Mg^{2+} 迁移（离子电导率 1.19×10^{-6} S/cm）并有效防止电解质和其中的水发生电化学还原 [图 6.16（c）和（d）]。该策略为镁金属负极抗氧化电解质和高压正极之间的兼容性提供了解决方案。

2. 其他负极

（1）镁合金负极。镁合金也是提高镁自身寿命和潜力的研究热点。锂镁合金是为实现接近锂的能量特性而设计的。Sivashanmugam 等报道 Mg-Li 合金（Li：13 wt%）比常规使用的 Mg-Al 合金具有更高的工作电压和更大的容量[70]。除此之外，还使用了具有 Mg、Mn、Ca 的多组分合金作为负极。较高的反应电势和较低的负极比容量会大大降低高压 Mg 电池的能量密度。基于合金化反应机理的合金负极材料表现出高的理论比容量。但是，循环过程中的巨大体积变化可能会导致合金负极材料的结构破坏和持续的容量损失。应当采用新颖的合金、电解质和电极组合设计来开发具有合理成本效益和长循环寿命的合金负极材料，以缓解体积变化。

（2）插入型负极。利用插入型负极是克服由钝化膜引起的问题的另一种潜在解决方案。据报道，插入型负极提供了在极性非质子溶剂中采用含镁离子盐电解质的可能性。然而，它们仍然具有相对较低的 Mg 嵌入/脱出动力学、较大的体积膨胀和电极粉化的障碍，这阻碍了 RMBs 的发展。迫切需要具有足够的氧化还原电势、快速的 Mg 插入/脱嵌能力、环境友好的新型负极，如 $MgNaTi_3O_7$、$Li_4Ti_5O_{12}$、$Na_2Ti_3O_7$ 和 $Na_2Ti_6O_{13}$ 等。此外，碳基材料与大多数电解质的相容性使其成为镁电池负极材料的有前途的替代品。

6.2.3　镁离子电池电解液

电解质的发展已被认为是 RMBs 商品化的最重要挑战之一。适用于 RMBs 的合适电解质必须对 Mg 金属和正极材料均稳定，并且必须具有宽的电化学窗口。在 RMBs 的发展中，由于镁金属负极会与大多数常规的含有极性非质子溶剂（碳酸盐、腈、内酯、酯等）和盐阴离子 [$Mg(ClO_4)_2$、$Mg(BF_4)_2$ 或 $Mg(PF_6)_2$ 等] 的电解质发生反应，从而生成 Mg^{2+} 的钝化层，负极和电解质之间这种不兼容性已成为 RMBs 实际应用主要障碍。因此，研究人员努力合成具有可逆的 Mg 电化学沉积/剥落的电解质体系，并取得了许多进展，主要包括基于有机溶剂的电解质、基于离子液体的电解质和基于聚合物的固态电解质等。

较早的研究表明，使用格氏试剂（R-MgX，R = 烷基或芳基，X = Br，Cl）作为路易斯碱，并在四氢呋喃（THF）中使用基于 Al 或 B 的路易斯酸可产生无钝化的 Mg 表面，并能够以高库仑效率实现可逆的 Mg 沉积和剥离。然而，具有还原性的强亲核 R 基团 [EtMgBr 和 BuMgCl 在 1.5 V（$vs.$ Mg^{2+}/Mg）下被氧化] 导致较差的负极稳定性，从而限制了它们在 RMBs 上的实际应用。由含 Mg^{2+} 的路易斯碱（Bu_2Mg、$PhMgCl$）和路易斯酸（$AlCl_3$ 或 $AlCl_2Et$）组成的有机卤化铝镁电解质的负极稳定性大于 2.5 V。例如，全苯基配合物 $PhMgCl\text{-}AlCl_3/THF$（APC）电解质的氧化电势为 3.0 V（$vs.$ Mg^{2+}/Mg），并支持高度可逆的 Mg 沉积。此外，Liao 等发现用醇盐（$n\text{-}BuOMgCl$、$tert\text{-}BuOMgCl$ 或 $Me_3SiOMgCl$）代替烷基可以增强负极稳定性 [超过 2.5 V（$vs.$ Mg^{2+}/Mg）] 和格氏试剂的离子电导率[71]。然而，涉及此类盐的电解质仍难以满足宽电压范围的预期标准。此外，相关研究还表明通过调节格氏试剂中 R 基团的性质可以改善电解质的负极稳定性。上面提到的所有的电解质包括 Cl⁻，它们对镁的沉积很重要。电解质中游离的 Cl⁻ 可以吸附到电极表面，并破坏由电解液中存在的微量杂质（如 H_2O 和 O_2）而形成的任何钝化层，以促进镁的沉积，无氯电解质的进一步发展也受到电解质中某些阴离子稳定性的限制。

室温离子液体已在锂离子电池中得到广泛研究。这类电解质具有许多理想的特性，包括低挥发性、不燃性、高热稳定性和宽的电化学稳定性窗口以及良好的阳离子/阴离子基团的电导率。它们还被用作 RMBs 的电解质。镁基于咪唑鎓离子液体具有较好的电化学可逆性，如含 MgI_2 的 1-乙基-3-甲基咪唑鎓碘化物（$EMImI_4$）、含 $MgCl_2$ 的 1-乙基-3-甲基咪唑四氟硼酸盐（$EMImBF_4$）和 1-乙基-3-甲基咪唑鎓氯化物（[EMIm]Cl）等。在含 $Mg(BH_4)_2$ 的醚基离子液体电解质中也显示出可逆 Mg 的还原和氧化。总的来说，离子液体基电解质被认为是 RMBs 潜在的有前景的电解质，但存在电导率低、界面阻抗高、与正极材料相容性差等问题。含有离子液体的混合电解质体系具有更好的电化学性能，是未来 RMBs 电解质研究的重要方向。

除了上述液态电解质体系外，聚合物基固态电解质也可能是另一种很有前途的镁电解质候选材料，具有不引起内部短路、无电解质泄漏、高电化学稳定性和热稳定性等优点。除具有高离子导电性外，聚合物基固态电解质还应具有以下特点：电子传导率极低，迁移数高，电化学窗口宽，以及与金属镁和高压正极的兼容性良好。关键的挑战是提高室温下聚合物基电解质的离子电导率和转移数。聚合物基电解质的离子电导率取决于盐在聚合物基电解质中解离的能力。

镁离子电池已经经历了长足的发展。通过调整纳米结构，改变层间距以及化学掺杂等策略，可以大大提高正极材料性能。近年来，具有更高电压和更好可逆性的电解质已经取得了巨大的进步。但是，与锂离子电池相比，RMBs 提供的有限性能远远低于其理论容量，不能完全满足实际应用的要求。实际上，新型的具有高电压窗口和稳定的可逆插入/脱镁能力的电极和电解质仍然是一个巨大的挑战。针对上述挑战，RMBs 及相关研究领域未来的研究趋势如下：

（1）设计具有扩散动力学改善、电压范围扩大、容量大的新型正极材料。缓慢的扩散动力学极大地阻碍了镁的动力学，通过纳米结构剪裁和结构创新进行正极设计的进展将极大地绕过这一问题，并提供高的能量密度。

（2）通过电化学测试和其他表征手段研究电极和电解液的界面，可以为正极设计和电解液的选择提供更多的信息。

（3）开发具有无钝化性能、扩大电压范围和化学安全性的电解质。RMBs 电解质的发展可能为高能量密度的镁电池提供更多的机会。

（4）Mg-S 电池已被证明是具有高能量密度的 RMBs 体系，因为高理论容量可以补偿其低工作电压。定制硫正极和 Mg-S 电解质的进步能够为 RMBs 发展铺平道路。

（5）双离子 RMBs 具有高容量、快速的 Li/Na 插入动力学、长期的稳定性和安全性等优点，也显示出巨大的希望。

随着电极和电解液的进一步研究，性能稳定、天然无害、安全的高性能 RMBs 的实际应用和商业化指日可待。

6.3　铝离子电池

铝是地壳中含量第三高，也是金属中含量最高的元素。由于具备三电子氧化还原特性（Al^{3+}/Al），Al 具有较高的质量比容量（2980 A·h/kg）和最高的体积比容量（8046 A·h/L）。同时由于低成本、低易燃性、易操纵性和低反应性，铝基电池展现了替代 LIBs 系统的前景。

如图 6.17 所示，目前铝电池电解质可分为水系电解质及非水系电解质。1972 年，Holleck[72]以 $NaCl-KCl-AlCl_3$ 熔盐为电解液，在 Al/Cl_2 电池体系中首次实现了 Al^{3+} 的可逆反应，但相应需要在高温（大于 100 ℃）下进行，缺乏应用价值。另外，虽然 Al^{3+} 半径与 Li^+ 和 Mg^{2+} 相比较小（Al^{3+}、Li^+ 和 Mg^{2+} 的半径分别为 53.5 pm、76 pm 和 72 pm），发生电化学嵌入较为有利。但在水系电解液中，Al^{3+} 由于电荷密度较高，离子水合半径较大（4.75 Å），远大于 Mg^{2+}（4.30 Å）及 Li^+（3.82 Å），离子嵌入阻力更大；同时电解质中的阴离子如 Cl^-，酸性溶液中的 H^+，也会伴随 Al^{3+} 嵌入，实际机理复杂，在本文中不作过多陈述。

2011 年，Jayaprakash 等[73]使用 $AlCl_3$/氯化 1-甲基-3-乙基咪唑（$AlCl_3$/[EMIm]Cl）离子液体作为电解液，V_2O_5 作为电池正极，铝箔作为电池负极组装了铝离子电池，并实现了 20 次的充放电循环。目前 $AlCl_3$/[EMIm]Cl 也是非水铝电池最常用的电解液。2015 年美国斯坦福大学戴宏杰等[74]研发[$AlCl_4$]⁻在三维泡沫石墨正极的嵌入/脱出新型铝离子电池，展现了高放电平台（2 V）和杰出的循环稳定性（循环 7500 次容量几乎保持不变）。

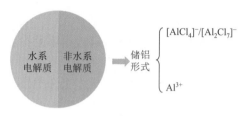

图 6.17 铝电池电解质分类及基于非水系电解液的铝电池的储铝方式

非水铝电池在工作原理上与锂离子电池不同。锂离子电池随着电池放电，锂离子从负极向正极移动，而电解质仅充当传输介质，被称为"摇椅电池"。但是，由于铝离子的三价性质，铝与主体材料发生强烈的电荷相互作用，并阻止可逆电荷存储，对应的放电电势、容量、库仑效率和循环寿命均极低，目前非水体系中 Al^{3+} 在正极中的可逆存储还未得到有效证实。

因此，目前研究者将室温离子液体（RTIL）电解液中的一价 $[AlCl_4]^-$ 和 $[Al_2Cl_7]^-$ 存储在正极中，而不是 Al^{3+}。在部分充电时，储存了多种物种的混合物，但当电池充满电时，$[Al_2Cl_7]^-$ 耗尽，只储存 $[AlCl_4]^-$。当铝电池充电时，电解液中的 $[Al_2Cl_7]^-$ 物种被分解成 Al^{3+} 而沉淀，同时 $[AlCl_4]^-$ 储存在正极。完整的电池方程式如式（6-8）[75]所示：

$$正：4[Al_2Cl_7]^- + C_x - 7e^- \rightleftharpoons C_x(AlCl_4)_7 + Al^{3+}$$
$$负：Al^{3+} + 3e^- \rightleftharpoons Al \quad\quad (6\text{-}8)$$
$$总：12[Al_2Cl_7]^- + 3C_x + 4Al^{3+} \rightleftharpoons 3C_x(AlCl_4)_7 + 7Al$$

因为铝电池中的两个电极在充电过程中均有物质存储，而对应在放电过程中释放，当电池完全放电时，电解质组成只能控制在一定范围内以容纳所有电活性物质，所以电池的比能量取决于电解质的质量。可以进一步通过式（6-9）来计算铝电池的能量密度[76]。

$$Q_{spec} = \frac{FX(r-1)Q_c}{FX(r-1) + Q_c[rM(AlCl_3) + M([EMIm]Cl)]} \quad\quad (6\text{-}9)$$

式中，F 是法拉第常数（26.8×10^3 mA·h/mol），X 是还原 1 mol $AlCl_3$（0.75）所涉及的电子数，r 是电解质的最大摩尔比，Q_c 是正极的比容量（以 mA·h/g 为单位），$M(AlCl_3)$ 和 $M([EMIm]Cl)$ 是 $AlCl_3$ 和 $[EMIm]Cl$ 的摩尔质量（分别为 133.34 g/mol 和 146.62 g/mol）。

6.3.1 铝离子电池正极材料

1）石墨

虽然石墨无法嵌铝，但是可嵌入氯铝酸盐阴离子。铝-石墨电池的电池反应方程式如式（6-10）[4]所示。第一次尝试使用石墨正极的可充电铝电池是在 1988 年[77]。如图 6.18（a）和（b）所示，铝-石墨电池具有 1.8～1.9 V（$vs.$ Al^{3+}/Al）平坦的放电电势曲线，高达 65 C 的倍率能力、98%的库仑效率、80%的循环效率，能量密度约为 65 W·h/kg，可以媲美铅酸和钒氧化还原液流电池，用于大型电网存储[75]。

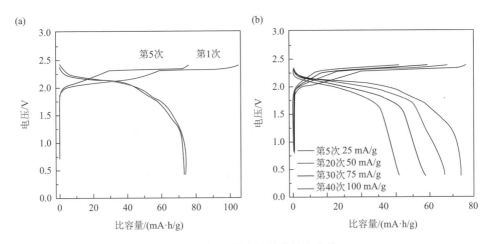

图 6.18　铝-石墨电池的充放电曲线

（a）第 1 次和第 5 次循环的放电电压；（b）不同电流密度下的放电电压[79]

$$4[Al_2Cl_7]^- + C_x \rightleftharpoons C_x[7AlCl_4^-] + Al^{3+} \qquad (6\text{-}10)$$

尽管 Al^{3+}容易嵌入圆形而光滑的石墨颗粒中，但是对于比其大得多的氯铝酸盐，正极必须易于膨胀以适应庞大的阴离子插层。原始（缺陷极少）的石墨薄片允许高达 80%的几何体积膨胀和高倍率，嵌入效果更好。

同时，由于层间的共价键限制了膨胀，热解石墨的倍率能力非常低。用泡沫石墨和石墨片观察到的高倍率能力和平坦的放电电压分布都可以归因为所有可能的插层位置都非常相似且能量非常低，因此[AlCl$_4$]$^-$在石墨中扩散的势垒非常低（是 Li 的 1/10）。

虽然正极容量和放电电势在 r = 1.3～1.5[79]附近最高，但这是通过要求在 r = 2 和 r = 1.1 之间循环以最大化能量密度而提出的。需要使用 r = 2 的电解液才能达到 65 W·h/kg，接近于使用 RTIL 电解液的铝-石墨电池的理论最大值。石墨插层未来有望通过更多奇特的碳结构来实现更大的比能。例如，单壁碳纳米管模型能够为[AlCl$_4$]$^-$嵌入提供最佳的尺寸，具有 275 mA·h/g 比容量的潜在优势[80]。然而，由于能量密度依赖于存在的电解液的量，碳结构的改进效果是微乎其微的。目前，片状石墨正极由于其高的平均放电电压、长的循环寿命和合理的比容量，在非水铝电池中提供了最好的整体性能。

2）导电聚合物

导电聚合物与金属相比，具有密度低的优点（PEDOT 为 1.46 g/cm^3，铜为 8.96 g/cm^3），有助于开发高比能正极。

在导电聚合物中嵌入阴离子的可能浓度范围很大，其机理类似于阴离子嵌入石墨。插层作用是将离子存储在晶格中的特定位置或材料层之间，而嵌入是将阴离子存储在可能具有非晶态或部分结晶结构聚合物上的优先位置附近。非水铝电池中已开发了聚吡咯、聚噻吩和 PEDOT 材料。

（1）聚吡咯和聚噻吩。

Hudak[81]研究了以 AlCl$_3$-[EMIm]Cl（$r = 1.5$）为电解质，以铝为负极的聚吡咯和聚噻吩正极。通过电聚合制得聚吡咯，并且使用恒电流极化将抗衡离子插入相同的电解质中。通过元素分析计算出两个氯铝酸盐物种存在的比率为[AlCl$_4$]$^-$ 77.7 mol%和[Al$_2$Cl$_7$]$^-$ 22.3 mol%。此外，阴离子在聚合物单元中占比为 24.6%。聚合物通过法拉第氧化还原反应存储电荷，直到超过该过程的氧化还原电势为止。

非法拉第电荷存储可能是通过双电层电容效应发生的，而在中性荷电形式下，聚合物是不导电的，因此只有在其被氧化后才能发生非法拉第电荷存储。聚吡咯除了具有更好的库仑效率（>98% $vs.$ >96%）外，还比聚噻吩具有更好的抗过氧化能力。然而，聚噻吩的平均放电电势（1.47 V $vs.$ 1.42 V）略高。只要放电电势保持在 0.1~2.0 V（$vs.$ Al^{3+}/Al），充放电是基本可逆的（库仑效率>96%）。根据电解质和活性电极质量计算出聚噻吩的最大能量密度为 44.4 W·h/kg，聚吡咯的最大能量密度为 46.4 W·h/kg，聚合物膜的比容量估计为 30~100 mA·h/g，表明聚吡咯和聚噻吩在平均放电电势和正极容量方面都落后于石墨。

（2）PEDOT。

聚（3,4-乙二氧基噻吩）（PEDOT）（图 6.19）于 1988 年获得专利，在充放电时极其稳定，并具有适度的带隙[82]。PEDOT 既可以制成自支撑膜，也可与其他材料（如非导电聚合物）结合使用，以改善其机械性能。所有这些特性都表明 PEDOT 可作为铝电池的候选正极。[AlCl$_4$]$^-$ 在 PEDOT 中的储存，如反应式（6-11）所示[83]：

$$4[\text{Al}_2\text{Cl}_7]^- + 3[\text{MonomerUnit}]_\alpha \Longleftrightarrow 3[\text{MonomerUnit}]_\alpha[\text{AlCl}_4] + \text{Al} + 4[\text{AlCl}_4]^- \quad (6\text{-}11)$$

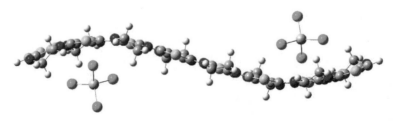

图 6.19　PEDOT 链中硫原子附近[AlCl$_4$]$^-$的配位分子优化和可视化[82]

　　在离子液体的电化学窗口内，PEDOT 正极可在高达 2.3 V（$vs.$ Al^{3+}/Al）的条件下在 $AlCl_3$-[EMIm]Cl 中进行电聚合，表明如果找到合适的电解液，PEDOT 正极有可能承受更高的电势。

　　放电的 PEDOT 薄膜具有颗粒状结构。在充电时会经历形态变化，颗粒首先膨胀，然后合并。放电时，会形成一种新的颗粒状结构，如图 6.20[84]所示。

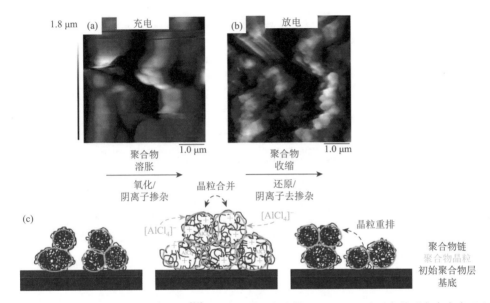

图 6.20　PEDOT 中的电荷存储机制[81]：无单体路易斯中性[EMIm]Cl-AlCl$_3$ 中处于完全充电（a）和放电（b）状态的 PEDOT 的 AFM 图；（c）离子液体在充电（氧化，阴离子插入）和放电（还原，阴离子脱除）

　　通过使用三维网状玻璃碳基板（RVC）代替平面玻璃碳，可以提高 PEDOT 电极的结构稳定性和表面积。PEDOT 在 RVC 的表面上形成均匀的薄膜，而不会阻塞宏观结构中的孔，相对于平面薄膜，可以提供更大的表面积并改善机械性能。铝-PEDOT 电池的充放电曲线如图 6.21 所示，可分为三个阶段。第一阶段，在表面充电机理下，放电后的 PEDOT 薄膜致密，不能接受阴离子的插入。第二阶段为过渡阶段，随着 PEDOT 在充电过程中氧化和膨胀，直至膨胀到可以接受大量阴离子插入，最终达到第三阶段[77]。

　　总体而言，PEDOT 似乎比聚吡咯或聚噻吩有更好的性能，这是因为它提高了化学稳定性（在高电势下不容易反应），而且正极的比容量更高（相比于 30～100 mA·h/g，为 192 mA·h/g）。最近的研究表明，PEDOT 的比容量（191 mA·h/g）高于石墨（142 mA·h/g），但 1.3 V 的平均放电电势意味着整个电池的能量密度更低（相比于 65 W·h/kg 为 50 W·h/kg）。

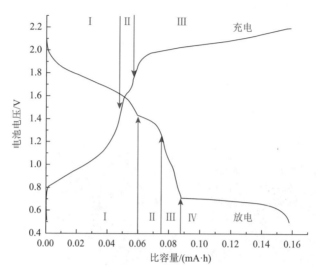

图 6.21 铝-PEDOT 电池的充放电曲线

在 25 ℃下以 0.1 mA 充电至 2.2 V，在 -0.1 mA 放电至 0.5 V[77]

6.3.2 铝金属负极材料

相比于金属钠、锌和锂，铝的主要优点之一是在中等电流密度下沉积/溶解在合适的基底（如铝、钨或氯铝酸盐 RTIL 中的平面玻璃碳）上时无枝晶行为。

当铝从 AlCl$_3$-[EMIm]Cl 沉积时，枝晶仅在高于 100 mA/cm^2 的电流密度时形成[85]。这是因为沉积速度快于从电解质中提供物质的扩散速度，导致优先沉积到电极的突出部分，导致枝晶生长。然而，电池中的电流密度远低于此（10 mA/cm^2 时即达 80 C）[83]。带有 LiAlCl$_4$-NaAlCl$_4$-NaAlBr$_4$-KAlCl$_4$ 的 Al-Ni$_3$S$_2$ 电池非有机电解质在 70 mA/cm^2 及以下时没有枝晶，并且在 100～706 mA/cm^2 范围内仍然没有枝晶，仅镀层密度略低[86]。当从 AlCl$_3$-[EMIm]Cl（r = 2）电沉积铝时，已实现高达 70 mA·h/g[86]的致密电镀。显然，电解质的选择对于获得无枝晶电镀行为至关重要。

氯铝酸盐电解质中的铝负极不形成固态电解质界面层，因此沉积和溶解发生在电解质/铝界面处。铝扩散能小于传统扩散预测值的 1/3。这是由于交换扩散，表面具有金属键的铝原子被剥离以换取另一个共价键合的铝原子。这种机理是硬球扩散模型中已知的唯一例外，其中吸附原子将沿着表面通道遵循最低能量扩散路线，并且仅适用于铂、镍、铝和铱的（001）表面。尽管铝自扩散能高达 0.17 eV，高于镁（0.02 eV）、锂（0.14 eV）和钠（0.16 eV）。然而，模拟显示，交换扩散机理的真正优势在于无论扩散能如何，铝原子都会从突起处向下移动并均匀地层分布在电镀表面上[87]。

相比于锂和钠都是配位数为 8 的体心立方（bcc），面心立方晶体结构（fcc）的铝，以及六方密堆积（hcp）结构的镁，配位数高达 12。更高配位数的金属具有更高的重排驱动力，能够通过形成致密而均匀的沉积层而避免金属枝晶生长。

一旦在层中建立了晶体结构，层的进一步生长可能受到扩散速率或动力学速率的限制。除最低电流密度外，铝层生长都是扩散受限的。铝可以直接沉积在合适的基底上，如玻璃碳或铝种子层。在有机电解液和 RTIL 电解液中均获得了很高的剥离和电镀库仑效率，在 $AlCl_3$-[EMIm]Cl 和某些有机溶剂中均可达到 99% 以上。图 6.22 显示了 $AlCl_3$-[EMIm]Cl（$r = 2$）在 60 ℃下反应 20 min 所获得的铝镀层的 SEM 图。

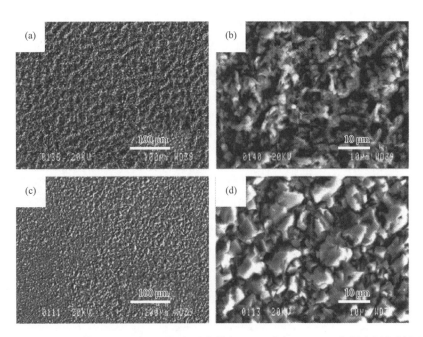

图 6.22　用 21 mol/L 的 $AlCl_3$-[EMIm]Cl 离子液体在 60 ℃反应 20 min，在铝电极上制备了铝电镀层的 SEM 图。沉积电势分别为–0.15 V（a，b）、–0.30 V（c，d），（b）和（d）是更高倍率的显微照片，显示了铝微晶的更多细节[85]

图 6.22（a）和（b）是指在–0.15 V（$vs.$ Al^{3+}/Al）的沉积，图 6.22（c）和（d）是在–0.30 V（$vs.$ Al^{3+}/Al）的沉积：特写图片显示了致密均匀的铝晶堆积。铝沉积的循环伏安图如图 6.23 所示。C（正极）区域对应于铝的沉积，A（负极）区域对应于铝的溶出；下标 1 是纳米晶铝的沉积和溶解，而下标 2 是指微晶铝的沉积和溶解[88]。高于 0.8 V 时，电极的钝化会导致电流密度降至零[85]。

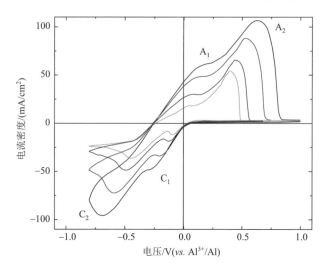

图 6.23 AlCl$_3$-[EMIm]Cl（$r=2$）中的钨电极上铝沉积的循环伏安图，扫描速率分别为 10 mV/s（绿）、20 mV/s（蓝）、50 mV/s（红）和 100 mV/s（黑）[88]

6.3.3 非水系铝离子电池电解液

在可使用的电化学范围内能够可逆地沉积铝的电解质的选择也受到极大限制。与易挥发、易燃，只允许低电流密度的有机溶剂相比，室温离子液体是一个重大改进。

值得注意的是，离子液体、熔融盐和深共熔溶剂是不同的概念。离子液体是液体盐，仅由在 100 ℃ 以下或在室温下呈液态的弱配位复合离子组成。熔融盐是高温（约 800 ℃）下的液化盐，深共熔溶剂是熔点远低于其阴离子和阳离子成分熔点的混合物。在室温下呈液态的离子液体类型称为室温离子液体（RTIL），并且由于电池通常在相对接近此温度下工作，这些离子液体适合用作电解质[89]。

1. 室温离子液体

适用于铝电池的 RTIL 的研究始于 1970 年初，到 1990 年出现了三种 RTIL：AlCl$_3$-1-丁基吡啶鎓氯化物（AlCl$_3$-[BP]Cl）[89]、AlCl$_3$-三甲基苯基氯化铵（AlCl$_3$-TMPAC）[85]和 AlCl$_3$-1-乙基-3-甲基咪唑氯化物（AlCl$_3$-[EMIm]Cl）[85]，并且也被称为 EtMeImCl、MeEtImCl、MEIC 和 EMI[90]。其中，[EMIm]Cl 具有最宽的电化学窗口（比[BP]Cl 低 0.8 V 的还原电势）、最高反应活性，同时保持了其他盐的离子电导率、黏度、路易斯酸度范围和溶剂化能力，使其在当前非水系铝离子电池研究中居于主导地位。相对于有机溶剂，RTIL 具有良好的离子传导性、热稳定性，较低的蒸气压和宽的电化学窗口，并且可以维持更高的沉积速率。

　　AlCl$_3$-[EMIm]Cl 的形成行为在很大程度上决定了铝电池的运行。尽管[EMIm]Cl 总是会解离为[EMIm]$^+$，但形成的氯铝酸盐种类的类型和路易斯酸度取决于 AlCl$_3$ 与[EMIm]Cl 的摩尔比 r。例如，$r=2$ 是指 2 mol 的 AlCl$_3$ 相对于 1 mol 的[EMIm]Cl。r 对物种形成的影响如图 6.24 所示。若 $r<1$，为 0.5，如图 6.24（a）所示则生成含有[AlCl$_4$]$^-$ 和 Cl$^-$的路易斯碱性电解质。若 $r=1$，如图 6.24（b）所示则呈中性，将仅包含[AlCl$_4$]$^-$。因有很大比例的[Al$_2$Cl$_7$]$^-$ 存在，铝只能从 $r>1$ 的液体中进行沉积。AlCl$_3$ 在[EMIm]Cl 中的饱和极限出现在 $r=2$ 时，如图 6.24（c）所示。

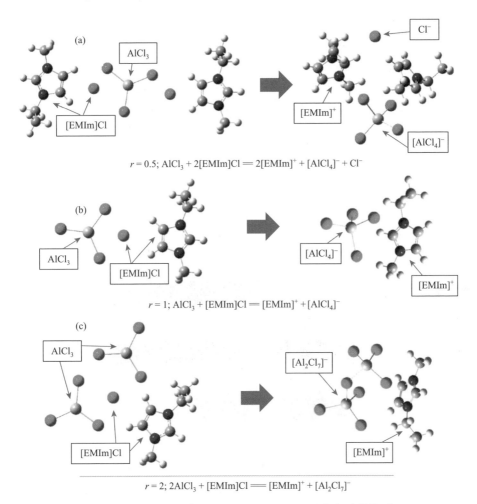

$r=0.5;\ AlCl_3 + 2[EMIm]Cl \Longrightarrow 2[EMIm]^+ + [AlCl_4]^- + Cl^-$

$r=1;\ AlCl_3 + [EMIm]Cl \Longrightarrow [EMIm]^+ + [AlCl_4]^-$

$r=2;\ 2AlCl_3 + [EMIm]Cl \Longrightarrow [EMIm]^+ + [Al_2Cl_7]^-$

图 6.24　在不同 r 值的 AlCl$_3$-[EMIm]Cl 下形成氯铝酸盐物质

　　在性能最佳的铝电池中，充电过程中氯铝酸盐物质会存储在正极中[91]。这导致 r 随着电池放电而增大，在电池完全放电时达到最大值，而在电池完全充电时达到最小值。只有 r 值在 $1.1 \sim 2$ 范围内才能沉积铝。因而会影响可储存在正极中的氯铝酸盐离子。当 $r = 1.1$ 时，电池充满电并且 $[Al_2Cl_7]^-$ 耗尽，因此只存储 $[AlCl_4]^-$，而在部分充电水平时，两者都存在。

存在的物种的平衡见式（6-12）～式（6-14），K 是 40 ℃ 下 $AlCl_3$-$[EMIm]Cl$ 的平衡常数[92]。

$$Cl^-(l) + AlCl_3(s) \rightleftharpoons [AlCl_4]^-(l) \quad K = 1.6 \times 10^{19} \quad (6\text{-}12)$$

$$[AlCl_4]^-(l) + AlCl_3(s) \rightleftharpoons [Al_2Cl_7]^-(l) \quad K = 1.6 \times 10^3 \quad (6\text{-}13)$$

$$[Al_2Cl_7]^-(l) + AlCl_3(s) \rightleftharpoons [Al_3Cl_{10}]^-(l) \quad K = 1.0 \times 10^1 \quad (6\text{-}14)$$

式（6-12）高的平衡常数表明，当 Cl^- 和 $AlCl_3$ 等比例混合时，会大量形成 $[AlCl_4]^-$。式（6-13）中等平衡常数表明，当 $[AlCl_4]^-$ 与 $AlCl_3$ 结合时，形成 $[AlCl_4]^-$ 和 $[Al_2Cl_7]^-$ 的混合物。式（6-14）低平衡常数表明，当进一步将 $AlCl_3$ 加入已经富含 $[Al_2Cl_7]^-$ 的溶液中，$[Al_3Cl_{10}]^-$ 形成[93]的倾向较小。这些反应方程式给出了 $AlCl_3[EMIm]Cl$ 的路易斯酸/碱行为取决于 $AlCl_3$ 与 $[EMIm]Cl$ 的相对浓度，由此两个两性的不带电荷的溶剂分子经历了路易斯酸转移，如式（6-15）[92]所示。

$$[AlCl_4]^-(l) + [AlCl_4]^-(l) \longleftrightarrow [Al_2Cl_7]^-(l) + Cl^-(l) \quad K = 10^{-16} \quad (6\text{-}15)$$

在电解液的放电电势窗口以上，特别是在 2.6 V（$vs.\ Al^{3+}/Al$）[94, 75]，开始发生涉及从电解液中析出 Cl_2 的副反应。图 6.25[92]显示了碱性、中性和酸性 $AlCl_3$-$[EMIm]Cl$ 的电化学电势范围。

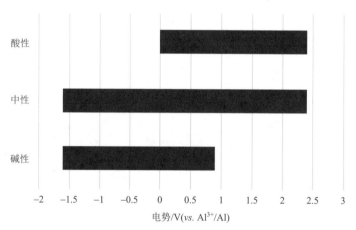

图 6.25　$AlCl_3$-$[EMIm]Cl$ 在路易斯碱性（$r = 0.89$）、中性（$r = 1.0$）和酸性（$r = 1.2$）组成下的电化学窗口[92]

2. RTIL 凝胶电解质

将离子液体基电解质的电化学稳定窗口扩大到 -2 V（$vs.\ Al^{3+}/Al$），可以充分稳定[EMIm]⁺，从而允许从[AlCl₄]⁻中沉积铝。对此一种策略是添加凝胶化成分（如聚合物）。最简单的方法是在离子液体中引入少量的非反应性聚合物，使离子液体的分子缠绕在一起，限制它们的运动，使电解质具有橡胶状或凝胶状的特性，因而被称为凝胶电解质或离子凝胶。例如，通过向 AlCl₃-[EMIm]Cl（$r = 1$）电解质中添加 10 wt% PEO，可以将电解质的电势稳定性窗口提高 1 V，但是铝沉积/溶解的库仑效率降至 60%以下[95]。合适的聚合物包括聚苯醚（PPO）、聚甲基丙烯酸甲酯和聚偏二氟乙烯。但是，其中某些离子液体会与聚合物发生相分离从而导致泄漏的问题[96]。

同时，可以聚合离子液体本身的组分，如咪唑阳离子形成聚离子液体（PIL）。尽管相对于离子液体（10^{-2} S/cm），它们的离子电导率也较低（$<10^{-6}$ S/cm），但可以通过将聚离子液体与 RTIL 结合获得电解质特性的进一步折中（$10^{-3} \sim 10^{-5}$ S/cm）。另外在分子上与离子液体接近，因此聚离子液体与离子液体的混合要比聚合物更好，从而有望避免上述某些弱点[96]。

3. 深度共晶溶剂

深度共晶溶剂（DES）在特定（共晶）范围内组合使用时，其共混熔点可比纯相熔点低 200 ℃。类似于离子液体，它们包含路易斯酸或 Brønsted-Lowry 酸和碱的组合。DES 是由容易获得的、丰富的、廉价的材料制成，可通过简单地混合各组分来合成，只产生适度的热量。许多 DES 比离子液体更环保，因为除了具有低蒸气压力外，它们通常不包含有毒成分。

目前通过 DES 实现铝沉积的研究很少，主要包括 AlCl₃-4-丙基吡啶（4-Pr-Py）、AlCl₃-乙酰胺、AlCl₃-尿素与 1, 2-二氯乙烷。虽然 DES 目前的表现不如 RTIL，如降低了电化学氧化还原电势窗口，离子导电性较差，但 DES 可能会在未来展现出其应用前景。

6.4　钙离子电池

钙是地壳中含量第五高的元素，无毒，其标准还原电势为–2.87 V（$vs.$ SHE），钙是一种具有极强氧化能力的二价碱土金属，是具有最大负氧化还原电势的多价金属，其密度为 1.54 g/cm³，质量比容量为 1.34 A·h/g，得到的理论体积比容量为 2.06 A·h/cm³（是目前锂离子电池中石墨负极的两倍多，0.97 A·h/cm³）。此外，由于 Ca²⁺的极化特性（电荷/半径比）比 Mg²⁺和 Al³⁺小，因此在液态电解质中应具有更大的移动性。此外，它在地壳上非常丰富，比锂、钠、钾、镁和锌多得多，而且价格不贵。该领域的研究仍处于起步阶段。

钙在电池中的首次应用始于 1935 年，但后来作为合金的添加剂来增强铅酸电池的铅栅。而钙作为电活性元素的第一个报告发表于 1964 年，它涉及一次热电池，该技术主要用于军事和航空航天应用（图 6.26）[97]。这些钙电池包含具有高熔点的电解质（如金属氯化物的混合物），在存储期间保持在环境温度下，以避免自放电并通过热激活来传递电能。早期研究的其他高温概念涉及将 Ca-Si 合金负极与可传导 Ca^{2+} 的 β''-氧化铝固态电解质耦合的 580 ℃可充电电池。Staniewicz 率先报道了将 Ca-SOCl$_2$ 用作 Li-SOCl$_2$ 原电池的替代品的电化学方法，这是一种主要用于军事应用的电池技术，并提出了在电池充电时进行钙电镀的可能性。

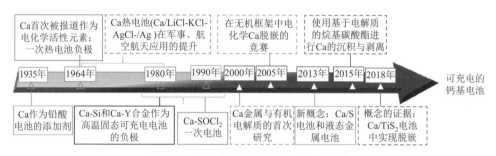

图 6.26　钙在电池技术中的研究历史[97]

Aurbach 等将锂离子电池中常用的电解液体系拓展到钙电池中，研究钙金属在这些电解液中的电化学沉积和剥离行为[98]。他们的研究包括乙腈、四氢呋喃、γ-丁内酯和碳酸丙烯酯等溶剂以及 $Ca(ClO_4)_2$ 和 $Ca(BF_4)_2$ 等钙盐。这项开创性工作的结论是，在钙金属上形成的钝化层不能传输钙离子，这与 $SOCl_2$ 电池技术的结果完全一致，这说明了不可能使用这些电解液开发任何二次可充电钙电池，因为即使钙的剥离是可行的，充电时钙的沉积也是不可能的。

到 2000 年，锂离子电池技术在市场上已经很成熟，重新出现了使用与多价离子载流子耦合的金属负极的想法，以此作为进一步提高能量密度的方法。事实上，已经实现了金属负极镁电池的概念验证，使用四氢呋喃或甘醇中的有机卤铝酸镁盐作为电解质，尽管电化学稳定窗口较窄，约为 3 V，但可以进行可逆的镁沉积和剥离。然而，对于钙没有类似的电解液可用，唯一的可能性是使用其他负极如活性炭组装电池。

作为早期插层化学研究的一部分，研究人员在 20 世纪 60 年代至 70 年代研究了过渡金属化合物中钙离子插层的基本原理。这涉及表现出范德华间隙的晶体结构，如金属硫化物 WS$_2$、TaS$_2$、TiS$_2$ 以及一些金属氧化物如 MoO$_3$ 和 V$_2$O$_5$ 等。由于 20 世纪 70 年代锂离子电池技术的出现使大多数研究工作集中在 Li$^+$ 上，因此对多价离子电池系统的研究逐渐变少，但是该领域在 20 世纪初开始重新出现，少数报告涉及在无机化合物中嵌入钙的可行性，如六氰基亚铁酸盐等。

在接下来的十年中，随着人们对运输电气化和可再生能源储能需求电气化的迫切要求的认识日渐增强，这一领域的工作得到了加强。例如，Ca-S 电池表现出一定的电化学响应，但缺乏可逆性。后者的概念包括两个由熔融盐电解质隔开的液态金属电极，它们根据不混溶性和密度差异自分离成三个液态层。

到 2015 年底，钙金属在常规烷基碳酸酯中可逆沉积/剥离的可行性得到验证。尽管存在与这些电解质相关的问题，但这为更广泛的电极材料筛选打开了大门。钙金属负极是最吸引人的选择，研究集中在电解质配方上，该配方可实现更好的库仑效率。此外，还研究了一些替代金属的负极。第一种钙石墨插层化合物（CaC_6）于 2005 年在高温下化学合成，后来又尝试了电化学方法。自 2011 年以来，人们对钙合金产生了浓厚的兴趣，但是，大多数还是针对使用钙金属负极和插层正极的电池。

大多数钙电池在正极侧类似于锂离子电池；在放电过程中，电荷载流子 Ca^{2+} 通过电解液从负极迁移到正极，而电子则流经外部电路（图 6.27）。充电时这些过程会颠倒过来。要实现可充电钙电池技术，最重要的是要开发合适的电极和电解质。

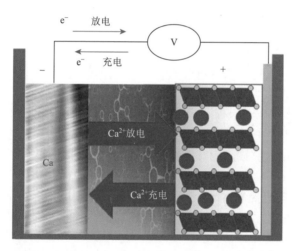

图 6.27　使用钙金属负极和嵌入型正极的钙电池示意图[97]

6.4.1　钙离子电池正极材料

目前研究的钙离子电池正极材料主要包括层状氧化物、尖晶石、钙钛矿、碳基材料、金属硫属化物、磷酸盐和氮化物等。对于 Ca^{2+} 这样的二价金属离子而言，能进行可逆嵌入和脱出的正极材料的基本要求是具有相互连接位点的开放框架，在其中插入的离子可以扩散，并且电子带结构能够可逆地接受/提供电子。

V_2O_5 是最早进行钙插层测试的材料之一。插层化学中的另一种经典材料，TiS_2

是极少数已报道的可逆钙插层化合物之一。普鲁士蓝类似物也已被研究作为 Ca^{2+} 嵌入电池的潜在正极。六氰基高铁酸盐具有立方晶格和相对较大的间隙，当采用大的氧化还原惰性 Ba^{2+} 代替两种过渡金属之一来扩大间隙时，可以轻松地容纳 Ca^{2+}。Padigi 等采用室温湿化学沉淀技术合成了六氰合铁酸钡[K$_2$BaFe(CN)$_6$][99]。正极仅能进行 30 次循环，可逆比容量为 55.8 mA·h/g，约为 K$_2$BaFe(CN)$_6$ 理论比容量（70 mA·h/g）的 80%。针对毒性问题，人们探索了用更温和、更大半径和更轻元素替代钡的方法。例如，Tojo 等合成了 K$_x$MFe(CN)$_6$·nH$_2$O（M = Ni、Mn 和 Co）[100]，并提出了潜在的新型正极材料，可使用基于钙的有机电解质可逆地嵌入/脱出 Ca^{2+}。含碳的 K$_x$NiFe(CN)$_6$·nH$_2$O 正极在 0.5 mol/L Ca(TFSI)$_2$ 乙腈溶液中，在 12 次循环后仍显示出 40 mA·h/g 的可逆比容量，而不会破坏材料的开放骨架结构。

钙在无机插层基质材料中的缓慢扩散是实现具有合理功率性能的实用高能可充电钙电池面临的主要问题。因此，替代正极概念受到关注，包括有机电极提供柔性、温和的合成方法、加工性以及充分的结构和化学可调性，这些电极可以在一定的嵌入电压下产生高比容量。使用可再生资源制备的有机电极材料，对于实现电池全生命周期的绿色循环是可行的。存在的主要问题是活性物质在电解液中的溶解度大，容量衰减，以及倍率性能低。到目前为止，对钙电池的有机电极材料的研究还仅限于作为水系电池中的负极材料。

另外，分别以硫和空气作为正极的 Ca-S 电池和 Ca-空气电池也开始被研究。尽管这样的正极和电池概念有望实现非常低的成本，并且可能成为大规模储能的一种选择，但仍然存在很多瓶颈问题尚待解决，其中许多已在 Li-S 电池和 Li-空气电池的研究中涉及。总体而言，要实现 Ca-S 电池和 Ca-空气电池可靠的概念验证并评估真正的技术前景，还有很长的路要走。

6.4.2　钙离子电池负极材料

钙金属的氧化还原电势低 [−2.87 V（$vs.$ SHE）]，而且具有较高的质量比容量和体积比容量（分别为 1337 mA·h/g 和 2073 mA·h/cm^3），因此开发基于钙金属负极的可充电电池具有非常重要的意义。然而，钙金属负极的氧化还原电势低意味着电解液中盐和溶剂被还原的可能性增大，导致形成不同性质的钝化膜。虽然这种情况在锂金属负极中也常见，但是小尺寸的锂离子能够相对容易地扩散通过钝化膜，而 Ca^{2+} 具有两倍的电荷并且半径更大，所以不易通过钝化膜。因此，钙金属的可逆电镀/剥离直到最近才被证明。Staniewicz 在 1980 年就已经尝试在 Ca(AlCl$_4$)$_2$-SOCl$_2$ 电解质中进行钙沉积和剥离[101]。虽然钙剥离得到了证实，但没有明显的证据表明沉积有钙金属。在 Ca(AlCl$_4$)$_2$-SOCl$_2$ 溶液中，Ca 金属负极的腐蚀是一个明显的问题，并且可能导致钙金属沉积物很快被腐蚀。Meitav

和 Peled 进一步利用 Ca(AlCl₄)₂-SOCl₂ 电解质进行了研究，他们能够以极低的效率（低于 10%）和高超电势间接证实在不锈钢电极上的钙沉积层[102, 103]。这种电解质的主要问题是生成了 CaCl₂ 钝化层，它主要是阴离子导体，但是 Ca²⁺ 的不良导体。

近年来，有一些研究者实现了钙金属的可逆沉积（图 6.28）[104-107]。2019 年，两项独立研究报道了四（六氟甲氧基）硼酸钙盐 {Ca[B(hfip)₄]₂} 的合成。二甲氧基乙烷（DME）中的 Ca[B(hfip)₄]₂ 电解质溶液显示出 80%～90% 的效率，氧化稳定性电压窗口高达 4.5 V（*vs.* Ca²⁺/Ca，图 6.28）[106, 107]。然而，考虑到该稳定性极限是使用伏安法评估的，并且基于醚的电解质工作电压通常低于 4 V（*vs.* Li⁺/Li），该电解质的有效热力学稳定性极限预计低于 4.5 V（*vs.* Li⁺/Li），并接近在锂系统中观察到的极限。高氧化稳定性和非亲核特性是对以前发表结果的重大改进，并使得

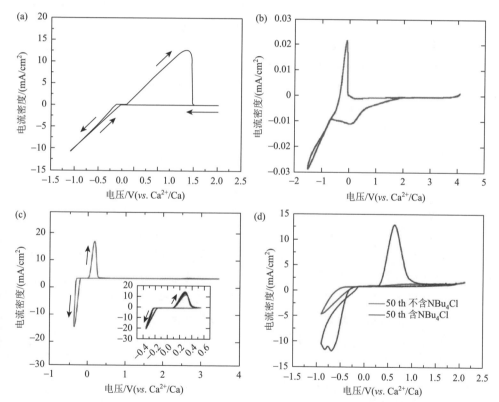

图 6.28　钙镀覆/剥离的循环伏安图：（a）在四氢呋喃中的 1.5 mol/L Ca(BH₄)₂（室温，25 mV/s，工作电极、参比电极和对电极分别为 Au、Ca 和 Pt）[104]；（b）在 EC∶PC 中的 0.45 mol/L Ca(BF₄)₂（100 ℃，0.5 mV/s，不锈钢为工作电极，Ca 为对电极和参比电极）[105]；（c）在 DME 中的 0.25 mol/L Ca[B(hfip)₄]₂（室温，80 mV/s，Pt 为工作电极，Ca 为对电极和参比电极）中[106]；（d）含或不含 0.1 mol/L NBu₄Cl 的 DME 中 0.5 mol/L Ca[B(hfip)₄]₂（室温，25 mV/s，Au 为工作电极，Ca 为对电极和参比电极）[107]

能够在使用钙金属双电极设置中测试亲电正极（硫、有机物）。然而，两个报告都提到在金属负极上形成 CaF_2，这主要来源于电解液中盐阴离子的分解。后续的研究还指出了循环时枝晶状钙金属的形成，这可能是一个关键点，在未来的研究中需要更多的关注。

最近还测试了不同的醚溶剂（THF、乙二醇二甲醚、二乙二醇二甲醚）对基于 $Ca[B(hfip)_4]_2$ 的电解质性能的影响[108]。使用二乙二醇二甲醚作为溶剂发现了最佳性能，似乎也产生了形貌较平滑的钙沉积物。尽管仍然存在明显的困难，但最近的进展为钙电解质的开发带来了巨大的进步：实际上，现在有可能在室温下以高于 90% 的效率沉积和剥离钙，这项成就在几年前几乎是不可能的。然而，在实际电池中使用钙金属负极将需要钙沉积/剥离，其效率要远高于99%，甚至接近 99.99%。要实现这样一个高目标，需要彻底了解钝化膜的形成。

尽管钙金属负极的应用前景被看好，特别是考虑到上述最新的发展，但它们仍远远不能满足商业电池的性能要求，特别是在库仑效率较低的情况下。能够与钙发生电化学反应的负极材料可能是替代钙金属负极的一种可行的方法，这将催生出新的钙离子电池。尽管比容量与钙金属负极相比有一定损失，但这种方法仍具有一些实际优势：负极上的钙化合物对钝化的敏感性比金属钙要低得多，可能能够使用更经典的电解质配方；与处理通常形状复杂的薄而脆的钙金属箔或粉末不同，负极可以很容易地通过浆料浇铸来配制。

除了钙金属负极，还有一些其他负极，包括合金和插层材料等。研究发现石墨可以有效地作为 Ca^{2+} 的可逆插层主体，但是只有当后者与二甲基乙酰胺（DMAC）电解质溶剂共插层，形成[Ca-(DMAC)_4]C_{50} 嵌入化合物时，石墨才能有效地起作用[109]。在这些条件下，石墨电极在 200 次循环中可提供 85 mA·h/g 的稳定可逆比容量，而且几乎不衰减。原位 X 射线衍射测试表明插层机理是通过经典的分级过程进行的，如图 6.29 所示，类似于石墨中的锂或钾的插层。总而言之，大多数关于钙离子电池的工作都是使用 Sn 作为负极进行的。但是，研究和测试负极材料的数量仍然很少，许多替代体系，如 MXenes 或石墨烯，已经被提出作为潜在的负极，并且无疑将成为新体系研究工作的目标。与基于锂的系统类似，使用基于合金的负极材料的钙离子全电池也可能具有诱人的电压和较高的理论容量。例如，Ca-Si 合金材料由于 Ca^{2+} 的插入和提取而有更大的体积变化，因此它们不太可能实现商业应用，而 Li-Si 合金的类似挑战尚未解决。另外，通过将 Ca-Sn 与普鲁士蓝类似物正极配对，Lipson 等展示了第一个具有约 80 mA·h/g 比容量的钙离子全电池，该电池可以避免钙金属负极的表面钝化问题[110]。尽管这将降低电池的能量密度，但循环的潜在增加可能使其成为一种有吸引力的策略。

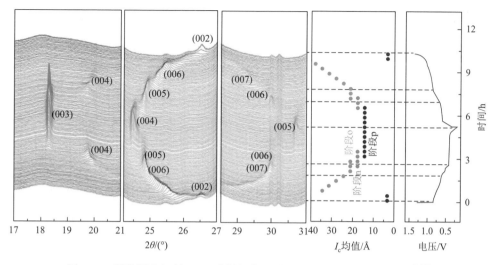

图 6.29　原位同步辐射 XRD 分析钙化和脱钙过程中石墨的结构演变[109]

6.4.3　钙离子电池电解液

由于 Ca 的电势接近 Li，低的电势会导致钙金属负极和电解液发生反应，从电解液和负极兼容性的角度来看，可采用两种方法来提高盐阴离子和所用溶剂的稳定性：①通过盐或溶剂的有限分解，在钙金属负极上形成钝化层的电解质是亚稳态的，主要问题是 Ca^{2+} 穿过钝化层的迁移率。②不会形成任何钝化层的电解质，具有本质上的稳定性，主要适用于非金属负极，从而使电池具有较低的能量密度。

目前市面上可获得的钙盐数量有限。到目前为止，大多数工作都使用了以下五种简单钙盐中的一种或多种：高氯酸钙[$Ca(ClO_4)_2$]、四氟硼酸钙[$Ca(BF_4)_2$]、双（三氟甲磺酰基）酰亚胺钙[$Ca(TFSI)_2$]、硝酸钙[$Ca(NO_3)_2$]和硼氢化钙[$Ca(BH_4)_2$]。对于水系电解液选择的盐一般是 $Ca(NO_3)_2$。迄今为止，还没有系统研究盐的性质对二价阳离子水系电池的影响。

迄今为止，非水有机溶剂基液体电解质一直是钙电池的主要选择，即使已证明水性电解质可以改善钙在电解质/电极界面处的嵌入动力学。系统的电解质研究非常少。目前报道的钙电解液配方主要有：Aurbach 等早期研究的由乙腈、四氢呋喃、γ-丁内酯和碳酸丙烯酯等溶剂以及 $Ca(ClO_4)_2$ 和 $Ca(BF_4)_2$ 等钙盐组成的不同有机电解质，$Ca(BH_4)_2$ 溶解在四氢呋喃中，$Ca[B(hfip)_4]_2$ 在乙二醇二甲醚中等[98]。最近的研究表明钙盐的溶解度是一个主要问题。值得注意的是，溶剂的选择也会对电化学稳定性窗口产生影响。总之，钙电解质的最新进展使室温下可逆的钙电镀/剥离成为可能。需要进一步的工作来提高钙金属负极的可逆性，并向高压正极扩展工作电压窗口，这是高能量密度钙电池的必要条件。

钙元素丰富，成本低，但是钙离子体积大，缺乏具有足够钙离子存储能力的正负极材料，同时还没有合适的电解液，电池循环性差等是钙离子电池发展和应用的主要障碍。基于以上考虑，尽管在技术方面涉及该技术的实现和升级，但我们仍认为钙电池是值得追求的研究途径。通过主要解决循环寿命问题，从技术经济角度出发，对于大规模固定式应用而言，它被认为是一种特别有利的未来新兴技术。

参 考 文 献

[1] Wu X H，Chen G B，Wu X N，et al. Emerging non-aqueous potassium-ion batteries：challenges and opportunities[J]. Chemistry of Materials：A Publication of the American Chemistry Society，2017，29（12）：5031-5042.

[2] Eftekhari A. Potassium secondary cell based on Prussian-blue cathode[J]. Journal of Power Sources，2004，126（1-2）：221-228.

[3] Komaba S，Hasegawa T，Dahbi M，et al. Potassium intercalation into graphite to realize high-voltage high-power potassium-ion batteries and potassium-ion capacitors[J]. Electrochemistry Communications，2015，60：172-175.

[4] Kim H，Kim J C，Bo S，et al. K-ion batteries based on a Pz-type $K_{0.6}CoO_2$ cathode[J]. Advanced Energy Materials，2017，7：1700098.

[5] Liu S，Kang L，Jun S C. Challenges and strategies toward cathode materials for rechargeable potassium-ion batteries[J]. Advanced Materials，2021，33（47）：2004689.

[6] Hosaka T，Kubota K，Hameed A S，et al. Research development on K-ion batteries[J]. Chemical Reviews，2020，120（14）：6358-6466.

[7] Lee H W，Wang R Y，Pasta M，et al. Manganese hexacyanomanganate open framework as a high-capacity positive electrode material for sodium-ion batteries[J]. Nature Communications，2014，5（1）：5280.

[8] Wheeler S，Capone I，Day S，et al. Low-potential Prussian-blue analogues for sodium-ion batteries：manganese hexacyanochromate[J]. Chemistry of Materials，2019，31（7）：2619-2626.

[9] Lee W，Muhammad S，Sergey C，et al. Advances in the cathode materials for lithium rechargeable batteries[J]. Angewandte Chemie International Edition，2020，59（7）：2578-2605.

[10] Yang Y，Liu Z，Deng L，et al. A non-topotactic redox reaction enabled $K_2V_3O_8$ as a high voltage cathode material for potassium-ion batteries[J]. Chemical Communications，2019，55（99）：14988-14991.

[11] Li L，Lu Y，Zhang Q，et al. Recent progress on layered cathode materials for nonaqueous rechargeable magnesium batteries[J]. Small，2021，17（9）：1902767.

[12] Jin T，Li H，Zhu K，et al. Polyanion-type cathode materials for sodium-ion batteries[J]. Chemical Society Reviews，2020，49（8）：2342-2377.

[13] Voronina N，Jo J H，Konarov A，et al. $KTi_2(PO_4)_3$ Electrode with a long cycling stability for Potassium-ion batteries[J]. Small，2020，16（20）：2001090.

[14] Lawver，James E. State of the art of electrostatic separation of minerals[J]. Journal of the Electrochemical Society，1969，116（2）：57C-60C.

[15] Chen Y，Luo W，Carter M，et al. Organic electrode for non-aqueous potassium-ion batteries[J]. Nano Energy，2015，18：205-211.

[16] Xiong M，Tang W，Cao B，et al. A small-molecule organic cathode with fast charge-discharge capability for K-ion batteries[J]. Journal of Materials Chemistry A，2019，7（35）：20127-20131.

[17] Yang H，Tang W，Yu Q，et al. Novel insoluble organic cathodes for advanced organic K-ion batteries[J]. Advanced Functional Materials，2020，30（17）：2000675.

[18] Chen M，Liu Q，Zhang Y，et al. Emerging polyanionic and organic compounds for high energy density，non-aqueous potassium-ion batteries[J]. Journal of Materials Chemistry A，2020，8（32）：16061-16080.

[19] Zhang C，Zhao H，Lei Y. Recent research progress of anode materials for potassium-ion batteries[J]. Energy & Environmental Materials，2020，3（2）：105-120.

[20] Mizutani Y，Abe T，Ikeda K，et al. Graphite intercalation compounds prepared in solutions of alkali metals in 2-methyltetrahydrofuran and 2, 5-dimethyltetrahydrofuran[J]. Carbon，1997，35（1）：61-65.

[21] Jian Z，Luo W，Ji X. Carbon electrodes for K-ion batteries[J]. Journal of the American Chemical Society，2015，137（36）：11566-11569.

[22] Luo W，Wan J，Ozdemir B，et al. Potassium ion batteries with graphitic materials[J]. Nano letters，2015，15（11）：7671-7677.

[23] Liu J，Yin T，Tian B，et al. Unraveling the potassium storage mechanism in graphite foam[J]. Advanced Energy Materials，2019，9（22）：1900579.

[24] Fan L，Chen S，Ma R，et al. Ultra-stable potassium storage performance realized by highly effective solid electrolyte interphase layer[J]. Small，2018，14（30）：1801806.

[25] Jian Z，Xing Z，Clement B，et al. Hard carbon microspheres：potassium-ion anode versus sodium-ion anode[J]. Advanced Energy Materials，2016，6（3）：1501874.

[26] Yie Y H，Chen Y，Liu L，et al. Ultra-high pyridinic N-doped porous carbon monolith enabling high-capacity K-ion battery anodes for both half-cell and full-cell applications[J]. Advanced Materials，2017，29（35）：1702268.

[27] Li J，Qin W，Xie J，et al. Sulphur-doped reduced graphene oxide sponges as high-performance free-standing anodes for K-ion storage[J]. Nano Energy，2018，53：415-424.

[28] He X，Liao J，Tang Z，et al. Highly disordered hard carbon derived from skimmed cotton as a high-performance anode material for potassium-ion batteries[J]. Journal of Power Sources，2018，396：533-541.

[29] Mccoy D E，Feo T，Harvey T A，et al. Structural absorption by barbule microstructures of super black bird of paradise feathers[J]. Nature Communications，2018，9（1）：1.

[30] Xie K，Yuan K，Li X，et al. Superior potassium ion storage via vertical MoS₂ "Nano-Rose" with expanded interlayers on graphene[J]. Small，2017，13（42）：1701471.

[31] Yu Q，Jiang B，Hu J，et al. Metallic octahedral CoSe₂ threaded by N-doped carbon nanotubes：a flexible framework for high-performance potassium-ion batteries[J]. Advanced Science，2018，5（10）：1800782.

[32] Sultana I，Ramireddy T，Rahman M M，et al. Tin-based composite anodes for potassium-ion batteries[J]. Chemical Communications，2016，52（59）：9279-9282.

[33] Han C，Han K，Wang X，et al. Three-dimensional carbon network confined antimony nanoparticle anodes for high-capacity K-ion batteries[J]. Nanoscale，2018，10（15）：6820-6826.

[34] An Y，Tian Y，Ci L，et al. Micron-sized nanoporous antimony with tunable porosity for high-performance potassium-ion batteries[J]. ACS Nano，2018，12（12）：12932-12940.

[35] Lei K，Wang C，Liu L，et al. A porous network of bismuth used as the anode material for high-energy-density potassium-ion batteries[J]. Angewandte Chemie International Edition，2018，57（17）：4687-4691.

[36] Xiong P，Bai P，Tu S，et al. Red phosphorus nanoparticle@3D interconnected carbon nanosheet framework

composite for potassium-ion battery anodes[J]. Small，2018，14（33）：1802140.

[37] Sultana I，Rahman M M，Ramireddy T，et al. High-capacity potassium-ion battery anodes based on black phosphorus[J]. Journal of Materials Chemistry A，2017，5（45）：23506-23512.

[38] Zhang W，Mao J，Li S，et al. Phosphorus-based alloy materials for advanced potassium-ion battery anode[J]. Journal of the American Chemical Society，2017，139（9）：3316-3319.

[39] Zhao J，Zou X，Zhu Y，et al. Electrochemical intercalation of potassium into graphite[J]. Advanced Functional Materials，2016，26（44）：8103-8110.

[40] Lei K，Li F，Mu C，et al. High K-storage performance based on the synergy of dipotassium terephthalate and ether-based electrolytes[J]. Energy & Environmental Science，2017，10（2）：552-557.

[41] Wang W，Lai N C，Liang Z，et al. Superoxide stabilization and a universal KO_2 growth mechanism in potassium-oxygen batteries[J]. Angewandte Chemie International Edition，2018，57（18）：5042-5046.

[42] Xiao N，McCulloch W D，Wu Y. Reversible dendrite-free potassium plating and stripping electrochemistry for potassium secondary batteries[J]. Journal of The American Chemical Society，2017，139（28）：9475-9478.

[43] Li B，Zhao J，Zhang Z，et al. Electrolyte-regulated solid-electrolyte interphase enables long cycle life performance in organic cathodes for potassium-ion batteries[J]. Advanced Functional Materials，2019，29（5）：1807137.

[44] Cho E，Mun J，Chae O B，et al. Corrosion/passivation of aluminum current collector in bis（fluorosulfonyl）imide-based ionic liquid for lithium-ion batteries[J]. Electrochemistry Communications，2012，22：1-3.

[45] Yoshida K，Nakamura M，Kazue Y，et al. Oxidative-stability enhancement and charge transport mechanism in glyme-lithium salt equimolar complexes[J]. Journal of the American Chemical Society，2011，133（33）：13121-13129.

[46] Ye M，Hwang J Y，Sun Y K. A 4 V class potassium metal battery with extremely low overpotential[J]. ACS nano，2019，13（8）：9306-9314.

[47] Wang L，Bao J，Liu Q，et al. Concentrated electrolytes unlock the full energy potential of potassium-sulfur battery chemistry[J]. Energy Storage Materials，2019，18：470-475.

[48] Tong Z，Tian S，Wang H，et al. Tailored redox kinetics，electronic structures and electrode/electrolyte interfaces for fast and high energy-density potassium-organic battery[J]. Advanced Functional Materials，2020，30（5）：1907656.

[49] Yamamoto T，Matsumoto K，Hagiwara R，et al. Physicochemical and electrochemical properties of $K[N(SO_2F)_2]$-[N-methyl-N-propylpyrrolidinium] [$N(SO_2F)_2$] ionic liquids for potassium-ion batteries[J]. Journal of Physical Chemistry C，2017，121（34）：18450-18458.

[50] Lu X，Bowden M E，Sprenkle V L，et al. A low-cost，high-energy density，and long cycle life potassium-sulfur battery for grid-scale energy storage[J]. Advanced Materials，2015，27（39）：5915-5922.

[51] Gao H，Xue L，Xin S，et al. A high-energy-density potassium battery with a polymer-gel electrolyte and a polyaniline cathode[J]. Angewandte Chemie International Edition，2018，57（19）：5547-5551.

[52] Xiao Z，Zhou B，Wang J，et al. PEO-based electrolytes blended with star polymers with precisely imprinted polymeric pseudo-crown ether cavities for alkali metal ion batteries[J]. Journal of Membrane Science，2019，576：182-189.

[53] Suo L，Borodin O，Gao T，et al. "Water-in-salt" electrolyte enables high-voltage aqueous lithium-ion chemistries[J]. Science，2015，350（6263）：938-943.

[54] Xiao Z，Zhou B，Wang J，et al. PEO-based electrolytes blended with star polymers with precisely imprinted polymeric pseudo-crown ether cavities for alkali metal ion batteries[J]. Journal of Membrane Science，2019，576：

182-189.

[55] Yoo H D, Shterenberg I, Gofer Y, et al. Mg rechargeable batteries: an on-going challenge[J]. Energy & Environmental Science, 2013, 6 (8): 2265-2279.

[56] Zhang Y, Geng H, Wei W, et al. Challenges and recent progress in the design of advanced electrode materials for rechargeable Mg batteries[J]. Energy Storage Materials, 2019, 20: 118-138.

[57] Levi E, Gershinsky G, Aurbach D, et al. New-insight on the unusually high ionic mobility in chevrel phases[J]. Chemistry of Materials, 2009, 21 (7): 1390-1399.

[58] Ling C, Suto K, Thermodynamic origin of irreversible magnesium trapping in chevrel phase Mo_6S_8: importance of magnesium and vacancy ordering[J]. Chemistry of Materials, 2017, 29 (8): 3731-3739.

[59] Aurbach D, Lu Z, Schechter A, et al. Prototype systems for rechargeable magnesium batteries[J]. Nature, 2000, 407: 724-727.

[60] Zhou B, Shi H, Cao R. Theoretical study on the initial stage of a magnesium battery based on a V_2O_5 cathode[J]. Physical Chemistry Chemical Physics, 2014, 16 (34): 18578-18585.

[61] Novák P, Desilvestro J. Electrochemical insertion of magnesium in metal oxides and sulfides from aprotic electrolytes[J]. Electrochemical Society, 1993, 140: 140-144.

[62] Xiao R, Xie J, Luo T, et al. Phase transformation and diffusion kinetics of V_2O_5 electrode in rechargeable Li and Mg batteries: a first-principle study[J]. Physical Chemistry Chemical Physics, 2018, 122 (3): 1513-1521.

[63] Pei C, Xiong F, Sheng J, et al. Interchain-expanded vanadium tetrasulfide with fast kinetics for rechargeable magnesium batteries[J]. ACS Applied Materials & Interfaces, 2017, 35 (11): 17061-17067.

[64] An Q, Li Y, Yoo H D, et al. Graphene decorated vanadium oxide nanowire aerogel for long-cycle-life magnesium battery cathodes[J]. Nano Energy, 2015, 18: 265-272.

[65] Kim D-M, Kim Y, Arumugam D, et al. Co-intercalation of Mg^{2+} and Na^+ in $Na_{0.69}Fe_2(CN)_6$ as a high-voltage cathode for magnesium batteries[J]. ACS Applied Materials & Interfaces. 2016, 8 (13): 8554-8560.

[66] Chae M S, Hyoung J, Jang M, et al. Potassium nickel hexacyanoferrate as a high-voltage cathode material for nonaqueous magnesium-ion batteries[J]. Journal Power Sources, 2017, 363: 269-276.

[67] Liang Y, Feng R, Yang S, et al. Rechargeable Mg batteries with graphene-like MoS_2 cathode and ultrasmall Mg nanoparticle anode[J]. Advanced Material, 2011, 23 (5): 640-643.

[68] Yim T, Woo S G, Lim S H, et al. Magnesium anode pretreatment using a titanium complex for magnesium battery[J]. ACS Sustainable Chemistry & Engineering, 2017, 5 (7): 5733-5739.

[69] Son S B, Gao T, Harvey S P, et al. An artificial interphase enables reversible magnesium chemistry in carbonate electrolytes[J]. Nature Chemistry, 2018, 10 (5): 532-539.

[70] Sivashanmugam A, Kumar T P, Renganathan N G. Performance of a magnesium-lithium alloy as an anode for magnesium batteries[J]. Journal of Applied Electrochemistry, 2004, 34: 1135-1139.

[71] Liao C, Guo B, Jiang D. Highly soluble alkoxide magnesium salts for rechargeable magnesium batteries[J]. Journal of Materials Chemistry A, 2014, 2 (3): 581-584.

[72] Holleck G L. The reduction of chlorine on carbon in $AlCl_3$-KCl-NaCl melts[J]. Journal of the Electrochemical Society, 1972, 119 (9): 1158.

[73] Jayaprakash N, Das S K, Archer L A. The rechargeable aluminum-ion battery[J]. Chemical Communications, 2011, 47 (47): 12610-12612.

[74] Wu Y P, Gong M, Lin M C, et al. 3D Graphitic foams derived from chloralumnate anion intercalation for ultrafast aluminum-ion battery[J]. Advanced Materials, 2016, 28 (41): 9218-9222.

[75] Sun H, Wang W, Yu Z, et al. A new aluminium-ion battery with high voltage, high safety and low cost[J]. Chemical Communications, 2015, 51 (59): 11892-11895.

[76] Kravchyk K V, Wang S, Piveteau L, et al. Efficient aluminum chloride-natural graphite battery[J]. Chemistry of Materials, 2017, 29 (10): 4484-4492.

[77] Schoetz T, Craig B, de Leon C P, et al. Aluminium-poly(3, 4-ethylenedioxythiophene) rechargeable battery with ionic liquid electrolyte[J]. Journal of Energy Storage, 2020, 28: 101176.

[78] Gifford P R, Palmisano J B. An aluminum/chlorine rechargeable cell employing a room temperature molten salt electrolyte[J]. Journal of the Electrochemical Society, 1988, 135 (3): 650.

[79] Craig B, Schoetz T, Cruden A, et al. Review of current progress in non-aqueous aluminium batteries[J]. Renewable and Sustainable Energy Reviews, 2020, 133: 110100.

[80] Bhauriyal P, Mahata A, Pathak B. A computational study of a single-walled carbon-nanotube-based ultrafast high-capacity aluminum battery[J]. Chemistry: An Asian Journal, 2017, 12 (15): 1944-1951.

[81] Hudak N S. Chloroaluminate-doped conducting polymers as positive electrodes in rechargeable aluminum batteries[J]. Journal of Physical Chemistry C, 2014, 118 (10): 5203-5215.

[82] Devaux D, Glé D, Phan T N T, et al. Optimization of block copolymer electrolytes for lithium metal batteries[J]. Chemistry of Materials, 2015, 27 (13): 4682-4692.

[83] Bruce P G, Scrosati B, Tarascon J M. Nanomaterials for rechargeable lithium batteries[J]. Angewandte Chemie International Edition, 2008, 47 (16): 2930-2946.

[84] Schoetz T, Kurniawan M, Stich M, et al. Understanding the charge storage mechanism of conductive polymers as hybrid battery-capacitor materials in ionic liquids by in situ atomic force microscopy and electrochemical quartz crystal microbalance studies[J]. Journal of Materials Chemistry A, 2018, 6 (36): 17787-17799.

[85] Jiang T, Brym M J C, Dubé G, et al. Electrodeposition of aluminium from ionic liquids: Part I. Electrodeposition and surface morphology of aluminium from aluminium chloride(AlCl$_3$)-1-ethyl-3-methylimidazolium chloride ([EMIm]Cl) ionic liquids[J]. Surface and Coatings Technology, 2006, 201 (1-2): 1-9.

[86] Hjuler H A, von Winbush S, Berg R W, et al. A novel inorganic low melting electrolyte for secondary aluminum-nickel sulfide batteries[J]. Journal of the Electrochemical Society, 1989, 136 (4): 901.

[87] Henkelman G, Jónsson H. Multiple time scale simulations of metal crystal growth reveal the importance of multiatom surface processes[J]. Physical Review Letters, 2003, 90 (11): 116101.

[88] Böttcher R, Mai S, Ispas A, et al. Aluminum deposition and dissolution in [emim]Cl-based ionic liquids-kinetics of charge-transfer and the rate-determining step[J]. Journal of the Electrochemical Society, 2020, 167 (10): 102516.

[89] Galiński M, Lewandowski A, Stępniak I. Ionic liquids as electrolytes[J]. Electrochimica Acta, 2006, 51 (26): 5567-5580.

[90] Wilkes J S, Levisky J A, Wilson R A, et al. Dialkylimidazolium chloroaluminate melts: a new class of room-temperature ionic liquids for electrochemistry, spectroscopy and synthesis[J]. Inorganic Chemistry, 1982, 21 (3): 1263-1264.

[91] Jiang J, Li H, Huang J, et al. Investigation of the reversible intercalation/deintercalation of Al into the novel Li$_3$VO$_4$@C microsphere composite cathode material for aluminum-ion batteries[J]. ACS Applied Materials & Interfaces, 2017, 9 (34): 28486-28494.

[92] Melton T J, Joyce J, Maloy J T, et al. Electrochemical studies of sodium chloride as a lewis buffer for room temperature chloroaluminate molten salts[J]. Journal of the Electrochemical Society, 1990, 137 (12): 3865.

[93]　Su Y S，Fu Y，Cochell T，et al. A strategic approach to recharging lithium-sulphur batteries for long cycle life[J]. Nature Communications，2013，4（1）：2985.

[94]　Zhao Y，VanderNoot T J. Electrodeposition of aluminium from room temperature AlCl₃-TMPAC molten salts[J]. Electrochimica Acta，1997，42（11）：1639-1643.

[95]　Schoetz T，Leung O，de Leon C P，et al. Aluminium deposition in EMImCl-AlCl₃ ionic liquid and ionogel for improved aluminium batteries[J]. Journal of the Electrochemical Society，2020，167（4）：040516.

[96]　Mecerreyes D. Polymeric ionic liquids：broadening the properties and applications of polyelectrolytes[J]. Progress in Polymer Science，2011，36（12）：1629-1648.

[97]　Dompablo M E A，Ponrouch A，Johansson P，et al. Achielements，Challenges，and prospects of calcium batteries[J]. Chemical Review，2020，120（14）：6331-6357.

[98]　Aurbach D，Skaletsky R，Gofer Y. The electrochemical-behavior of calcium electrodes in a few organic electrolytes[J]. Journal the Electrochemical Society，1991，138：3536-3545.

[99]　Padigi P，Goncher G，Evans D，et al. Potassium barium hexacyanoferrate-a potential cathode material for rechargeable calcium ion batteries[J]. Journal of Power Sources，2015，273：460-464.

[100]　Tojo T，Sugiura Y，Inada R，et al. Reversible calcium ion batteries using a dehydrated prussian blue analogue cathode[J]. Electrochimica Acta，2016，207：22-27.

[101]　Staniewicz R J. A study of the calcium-thionyl chloride electrochemical system[J]. Journal Electrochemical Society，1980，127（4）：782-789.

[102]　Meitav A，Peled E. Calcium-Ca(AlCl₄)₂-thionyl chloride cell：performance and safety[J]. Journal Electrochemical Society，1982，129（3）：451.

[103]　Meitav A，Peled E. Solid electrolyte interphase（SEI）electrode the formation and properties of the solid electrolyte interphase on calcium in thionyl chloride solutions[J]. Electrochimica Acta，1988，33（8）：1111-1121.

[104]　Wang D，Gao X，Chen Y，et al. Plating and stripping calcium in an organic electrolyte[J]. Nature Materials，2018，17（1）：16-20.

[105]　Ponrouch A，Frontera C，Barde F，et al. Towards a calcium-based rechargeable battery[J]. Nature Matericals，2016，15（2）：169-172.

[106]　Li Z，Fuhr O，Fichtner M，et al. Towards stable and efficient electrolytes for room-temperature rechargeable calcium batteries[J]. Energy & Environmental Science，2019，12：3496-3501.

[107]　Shyamsunder A，Blanc L E，Assoud A，et al. Reversible calcium plating and stripping at room temperature using a borate salt[J]. ACS Energy Letters，2019，4（9）：2271-2276.

[108]　Nielson K，Luo J，Liu T L. Optimizing calcium electrolytes by solvent manipulation for calcium batteries[J]. Batteries Supercaps，2020，3（8）：766-772.

[109]　Park J，Xu Z，Yoon G，et al. Stable and high-power calcium-ion batteries enabled by calcium intercalation into graphite[J]. Advanced Materials，2020，32（4）：1904411.

[110]　Lipson A L，Pan B，Lapidus S H，et al. Rechargeable Ca-ion batteries：a new energy storage system[J]. Chemistry of Materials，2015，27（24）：8442-8447.

第7章 金属离子电池的评估

7.1 电极材料的理化性质测试方法

对金属离子电池材料和器件的实验研究方法主要包括表征技术和电化学测量两部分。准确和全面地理解电池材料的构效关系需要综合运用多种实验技术。以正极材料的研究为例，电池材料关心的主要性质包括结构方面和动力学方面，均与材料的组成与微结构密切相关，对电池的综合性能有复杂的影响。每一项性能可能与材料的多种性质有关，每一类性质也可能影响多项性能，具体问题需要具体分析，没有统一的规律，这给电池的研究带来了很大的挑战。

以锂离子电池为例，由于其正极材料通常是含有锂元素以及可变价过渡金属元素的材料，如六方层状结构 $LiCoO_2$、正交橄榄石结构 $LiFePO_4$、立方尖晶石结构 $LiMn_2O_4$ 等。在锂离子嵌入/脱出过程中，可能带动其他骨架阳离子、阴离子、掺杂原子的迁移，进而对材料结构产生影响。负极材料的研究同样面临复杂的情况。石墨负极已经广泛应用在锂离子电池中，但一些基本的问题，如膨胀、阶结构的形成、不对称动力学特性、溶剂共嵌入、SEI 膜等问题，仍不是非常清楚。高容量硅负极材料需要考虑的问题更多。液态锂离子电池中存在正极材料与电解液、负极材料与电解液的固液界面。电池中表界面的性质与电池最后表现出来的性能息息相关，材料表面的晶体结构与体相不同，悬挂键、表面相的存在导致表面活性很高，与液体接触的界面可能发生很多副反应，影响电池的性能。事实上，锂离子电池电极材料中结构问题和表界面问题是电池需要研究的核心问题，也是金属离子电池需要研究的核心问题[1]。

由于金属离子电池中的金属离子的电化学过程涉及亚埃至毫米量级的空间跨度和从毫秒到年的时间跨度，对它进行研究时，也需要使用具有相应空间分辨、时间分辨、能量分辨能力的设备或表征技术。目前已经有各种表征技术如 X 射线衍射、X 射线光电子能谱、电子显微镜等，从不同尺度针对不同的问题研究金属离子电池中存在的现象及物理化学过程。

7.1.1 X 射线衍射

1912 年，德国物理学家劳厄首先发现了晶体对 X 射线的衍射现象，X 射线的波长和晶体内部原子面之间的间距相近，晶体可以作为 X 射线的空间衍射光栅，即当一束单色 X 射线照射到晶体上时，晶体中原子周围的电子受 X 射线周期变化的电场作用而振动，从而使每个电子都变为发射球面电磁波的次生波源，所发射球面波的频率与入射的 X 射线相一致（图 7.1）。基于晶体结构的周期性，晶体中各个原子（原子上的电子）的散射波可相互干涉而叠加，称之为相干散射或衍射。X 射线在晶体中的衍射现象，实质上是大量原子散射波相互干涉的结果，每种晶体所产生的衍射花样都反映出晶体内部的原子分布规律。

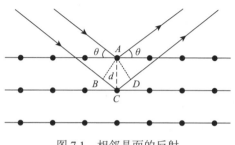

图 7.1　相邻晶面的反射

根据上述原理，某晶体衍射花样的特征最主要的是两个：①衍射线在空间的分布规律；②衍射线束的强度。其中，衍射线的分布规律由晶胞大小、形状和位向决定，衍射线强度则取决于原子的品种和它们在晶胞的位置。因此，不同晶体具备不同的衍射谱图。

1913 年英国物理学家布拉格父子在劳厄发现的基础上，成功地测定了 NaCl、KCl 等的晶体结构，并提出了作为晶体衍射基础的著名公式——布拉格方程：

$$2d\sin\theta = n\lambda \tag{7-1}$$

式中，d 为晶面间距；n 为反射级数；θ 为掠射角；λ 为 X 射线的波长。

布拉格方程所反映的是衍射线方向与晶体结构之间的关系。对于某一特定晶体而言，只有满足布拉格方程的入射线角度才能够产生干涉增强，才会表现出衍射条纹。这是 X 射线衍射（X-ray diffraction，XRD）测试的基本原理。XRD 测试最重要的用途是可以进行物相分析。物相分析分为定性分析和定量分析。前者是将对材料测得的点阵平面间距及衍射强度与标准物相的衍射数据相比较，确定材料中存在的物相；后者则根据衍射花样的强度，确定材料中各相的含量。XRD 法具有不损伤样品、无污染、快捷、测量精度高、能得到有关晶体完整性的大量信息等优点。因此，XRD 法作为材料结构和成分分析的一种现代科学方法，已逐步在各学科研究和生产中广泛应用。

然而我们实际测得的衍射数据往往受到如仪器误差、样品状态等诸多因素影响，使得实测谱与计算谱存在差距，因此需要对数据进行精修，使计算谱无限逼近实测谱，最终获得样品的实际衍射数据信息，目前最常用的方法是里特沃尔德法（Rietveld method）。该方法于 1967 年由荷兰晶体学家里特沃尔德提出，其原理是：在给定初始晶体结构模型和参数的基础上，使用合适的峰形函数来计算衍射谱图，并用最小二乘法不断调节晶体结构参数和峰形参数，使计算谱和实测谱逐渐吻合，从而获得修正的结构参数。XRD 精修的主要工作是基于以下公式计算"计算谱"和"实测谱"之间的"残差" R。

$$R = \Sigma W_i(Y_{oi} - Y_{ci}) \tag{7-2}$$

其中，W_i 代表权重因子；Y_{oi} 和 Y_{ci} 分别代表第 i 步的实测强度和计算强度。精修流程如图 7.2 所示，首先输入样品的结构模型，获得样品的计算谱图，再和实测谱图进行对比，通过非线性最小二乘法拟合，拟合后判断是否收敛，如果收敛则认定精修成功，如果不收敛则需要进一步修正模型参数，优化计算谱图，从而完成精修。

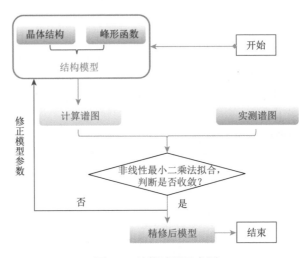

图 7.2　精修过程示意图

在金属离子电池的表征中，XRD 主要用来分析样品的物相以及充放电前后电极材料的稳定性，由于金属离子电池的比容量、循环性能和安全性能与材料的晶体结构有密切关系，因此研究电极材料在不同温度状态以及电化学循环过程中结构的变化，有助于更好地理解金属离子电池的充放电机理和电化学过程。一般离位的 XRD 分析只能得到电极材料在充放电前后的结构信息，无法得到电极材料在充放电过程中的原位信息，无法探测到金属离子电池电极材料的循环过程和结构演化，阻碍了进一步设计高性能的电极材料。如果使用原位充放电衍射实验，则可以更加直观地研究纽扣结构的金属离子电池材料在充放电过程中正负极材料的结构变化和相转化。图 7.3（a）是电化学原位 XRD 测试装置的示意图，相比于常规的 XRD 分析，电池的电化学性能通过外接电池测试系统完成，电池的 XRD 谱通过将电池置于 XRD 仪器的样品台来获取。通过与电池测试系统和 XRD 仪连接的计算机控制和同步实验，同时采集电化学和 XRD 数据。通过 XRD 对电池进行原位的谱学研究，原位电池的设计有着重要意义，是影响实验数据质量的关键因素之一。原位谱学电化学实验电池除须确保具备常规的电化学性能外，还应尽可能减少电池其他组分（包括窗口材料）对 X 射线的吸收。目前报道的多种用于锂离子电池电化学原位 XRD 及 XAFS 研究的原位电池结构设计，主要包括软包装、纽扣式与组装式电池，均可测得较好的实验数据。其中原位纽扣式电池可以通过纽扣式电池改装，图 7.3（b）是实验室用的原位 XRD 测试的电池模具。在其外壳开孔（孔径 6 mm），可以用 Kapton（聚酰亚胺）高分子膜或其他 X 射线可穿透的金属膜（如铍金属膜）将其密封。原位电池的研究电板可以选择多孔集流体，如碳纸或不锈钢网等，有利于 X 射线的穿透，其中碳纸集流体可以避免 Al 元素的衍射峰对材料峰的影响。实验室将装配好的纽扣式电池置于 XRD 仪样品台上，正负极分别与电池充放电仪连接，调节 XRD 仪样品台的 X、Y、Z 坐标值，使得 X 射线刚好入射到开口电池的中心。

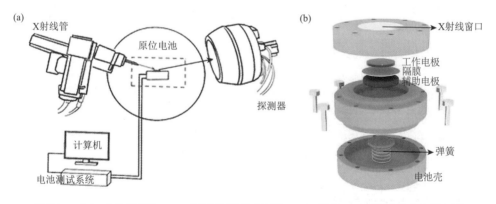

图 7.3　（a）电化学原位 XRD 测试装置示意图[2]；（b）原位 XRD 测试的电池模具[3]

原位 XRD 技术已经广泛运用于观察金属离子电池的电极结构变化过程。Chen 等分析了尖晶石结构的 $Li_{1.15}Ni_{0.20}Mn_{0.87}O_2$ 电极在充放电过程中的结构变化，以确定尖晶石结构对于层状结构正极材料充放电的影响[4]。如图 7.4 所示，XRD 精修的结果表明在充电开始时 c 晶格扩大，在进一步脱锂时 c 晶格缩小，c 晶格参数的增加是由于附近氧的静电屏蔽作用减少。另外，由于较高价态的过渡金属离子的半径减小，在充电时发生 a 晶格的连续收缩。在放电过程中观察到 c 和 a 晶格参数的反向变化。a 晶格在放电过程结束时收缩，这可能与氧空位的利用有关。作者总结认为晶格参数变化的结果表明，尖晶石相有助于维持和利用氧空位，同时对结构的变化影响很小（c 晶格变化为 14.128～14.151 Å，a 晶格为 2.868～2.885 Å）。

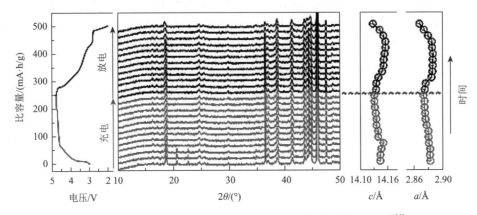

图 7.4　$Li_{1.15}Ni_{0.20}Mn_{0.87}O_2$ 电极在充放电过程中的原位 XRD 谱[4]

在金属离子电池表征中，XRD 是研究电极材料物相的重要手段，原位 XRD 技术已经应用于可充电电池正极和负极材料，包括多阴离子化合物，层状氧化物，插入型、转化型和合金型正负极材料等。原位 XRD 技术可以实时监测电极材料在充放电循环过程中的结构及其变化，对于研究和理解电极材料在循环过程中的物理和化学变化，实现高性能的可充电电池非常重要。应用原位观测可以有效避免非原位 XRD 所面临的一系列问题，或电池材料在拆卸以及转移过程，尤其是暴露在空气中可能发生的变化。电化学原位 XRD 技术未来面临的问题有：①如何进一步提高 XRD 谱图的灵敏度和时间分辨率；②如何与其他分析技术如质谱、其他光谱联用，以便更好地反映电池的真实工作状态。

7.1.2　扫描电子显微镜

扫描电子显微镜（scanning electron microscope，SEM）是一种介于透射电子显微镜和光学显微镜之间的观察手段。SEM 利用聚焦得很窄的高能电子束来扫描样品，通过光束与物质间的相互作用，来获得各种物理信息，对这些信息收集、放大、再成像以达到对物质微观形貌表征的目的。新式的 SEM 的分辨率可以达到 1 nm，放大倍数可以达到 30 万倍及以上连续可调，并且景深大、视野大、成像立体效果好。SEM 用于成像的信号来自入射光束与样品中不同深度原子的相互作用。样品在电子束的轰击下会产生包括背散射电子、二次电子、特征 X 射线、吸收电子、透射电子、俄歇电子、阴极荧光、电子束感生效应等在内的多种信号（图 7.5），而一个单一机器能够配备所有信号的探测器是很难的，背散射电子、二次电子、特征 X 射线探测器是一般 SEM 的标配探测器。

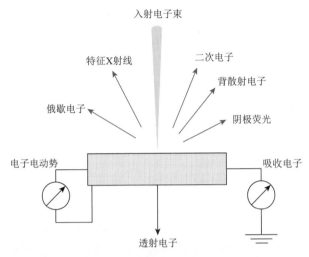

图 7.5　入射电子束轰击样品产生的信息示意图

　　二次电子是电子束轰击样品使样品中原子的外层电子与原子脱离，产生的一种自由电子。二次电子的能量较低，一般在 50 eV 以下。由于二次电子产生于距离样品表面很近的位置（一般距表层 5～10 nm），因此二次电子成像可以对样品表面进行高分辨率的表征，分辨率可以达到 1 nm。背散射电子是电子束轰击样品过程中被样品反射回来的部分电子，其中包括被原子核反射回来的弹性背散射电子，以及被原子核外电子反射回来的非弹性背散射电子。由于背散射信号的强度与样品晶面和入射电子束的夹角有关，当入射电子束与晶面夹角越大，背散射信号越强，图像越亮，反之越暗，因此背散射电子可以用作晶体的取向分析。特征 X 射线是当高能电子束轰击样品时，将样品中原子的内层电子电离，此时的原子处于较高激发态，外层的高能量电子会向内层跃迁以填补内层空缺从而释放这部分辐射能量。这些特征 X 射线可以用来鉴别组成成分以及测定样品中丰富的元素。

　　在金属离子电池的表征中，分辨率介于扫描隧道电子显微镜和光学显微镜之间的 SEM 技术能够研究相对较大尺寸的电池和较多量的电解液，可以用来观察电极材料的形貌和元素分布，以此判断电极反应过程中材料的稳定性以及反应机理。目前的研究已经从电池表面和横截面图像中提取了电池循环过程中的形态信息：枝晶形态、阳极形态、阴极形态和电解质形态因循环和枝晶形成而发生的变化，以及固态电解质界面（SEI）的信息[5-10]。Zhang 等依托于 SEM 技术揭示了锂枝晶的形成过程[11]。如图 7.6（a）和（b）所示，用于 SEM 的装置由两个芯片组成：

一个带有SiN$_x$膜观察窗的顶部硅芯片和一个由石英制成的带有两个注入孔的底部芯片。一对铜集电器和锂电极在顶部芯片上，微间隙位于观察窗的中间，两个芯片用环氧树脂密封，间距约为 0.5 mm，在注入液态电解质（60 μL）后，孔口也用相同的环氧树脂密封。通过原位 SEM 装置观察到使用 LiTFSI/DOL/ DME 电解质和不同添加剂的锂电镀/剥离的循环过程。整体图像用假彩色图像，以增强锂枝晶的对比度。对不同添加剂下 Li 枝晶的生长过程进行分析，综合得到了限制锂枝晶生长的最优电解液添加剂配比。以上关于不同添加剂下 Li/Cu 电极表面的形貌在充电过程中的变化研究，都是通过 SEM 观察，可以说 SEM 实现了材料细节变化的表征，观察到了 Li 枝晶的生长过程。因此 SEM 在金属离子电池方面具有广泛的应用。同时，SEM 技术所配备的 X 射线能谱（EDS）可以对电极材料表面进行化学成分分析，但是由于 EDS 检测器的限制，对于锂离子的探测较为困难，是未来有待继续研究的方向。

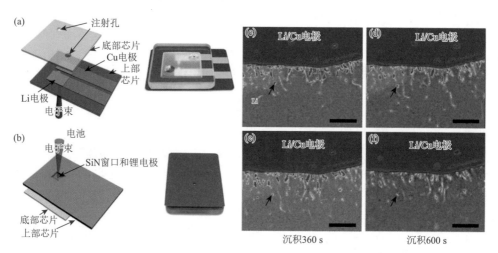

图 7.6 用于原位 SEM 观察的锂离子电池的装置示意图。（a）底部和（b）顶部视图；（c～f）在 0.15 mA/cm^2 下使用添加 Li$_2$S$_8$（0.2 mol/L）的 LiTFSI/DOL/DME 电解液，在 Li/Cu 电极上的锂沉积过程的一系列 SEM 图[11]

7.1.3 透射电子显微镜

透射电子显微镜（transmission electron microscope，TEM），简称透射电镜，是将经加速和聚集的电子束投射到非常薄的样品上，电子与样品中的原子碰撞而改变方向，从而产生立体角散射。散射角的大小与样品的密度、厚度相关，因此可以形成明暗不同的影像，影像将在放大、聚焦后在成像器件（如荧光屏、胶片以及感光耦合组件）上显示出来。由于电子的德布罗意波长非常短，透射电子显微镜的分辨率比光学显微镜高很多，可以达到 0.1～0.2 nm，放大倍数为几万至百万倍。因此，透射电子显微镜可以用于观察样品的精细结构，甚至可以用于观察仅仅一列原子的结构，比光学显微镜所能够观察到的最小的结构小数万倍。

透射电子显微镜结构大致如图 7.7（a）所示，它主要由照明系统、样品台、物镜系统、放大系统、数据记录系统和能量分析系统构成。透射电子显微镜的总体工作原理是：由电子枪发出的电子束，在真空通道中沿着镜体光轴穿越聚光镜后，会聚成一束尖细、明亮而又均匀的光斑，照射在样品上与样品物质的原子核及核外电子相互作用后，入射电子束的方向或能量发生改变，或二者同时改变，这种现象称为电子散射。根据散射中能量是否发生变化，分为弹性散射（仅方向改变）和非弹性散射（方向与能量均改变）。弹性散射是电子衍射谱、衍射衬度像和相位衬度成像的基础，而损失能量的非弹性电子及其转成的其他信号（如热、光、X 射线、二次电子、阴极荧光、俄歇电子和透射电子等）主要用于样品的化学元素分析（如 EDXS 或 EELS 分析）或表面观察［图 7.7（b）和（c）］。上述电子或能量信号可以被单独或者同时采集，进而给出样品的结构和化学信息。

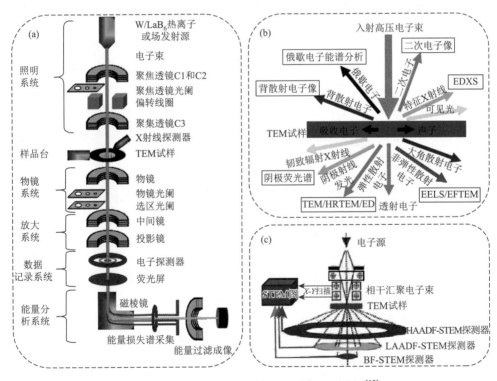

图 7.7　透射电子显微镜结构和工作原理示意图[12]

透射电子显微镜具有多种微区分析功能：①形貌观察，包括常规的低倍（S）TEM 二维成像和三维重构成像；②矿物相和晶体方向鉴定以及结晶度分析，包括选区电子衍射（selected area electron diffraction，SAED）、会聚束电子衍射（convergent-beam electron diffraction，CBED）；③原子结构观察（原子分辨率的 HRTEM 和 HAADF-STEM）；④化学成分分析，包括能量色散 X 射线光谱（energy dispersive X-ray spectroscopy，EDXS）和电子能量损失谱（electron energy loss spectroscopy，EELS）。EDXS 检测处于激发态原子的高能级外层电子向内层跃迁以填补内层电子空缺而释放的特征 X 射线，可用于检测原子序数 Z 大于 5 的元素，其检测限一般为 0.1%～0.5%。EELS 主要研究非弹性散射引起能量损失的初级过程，当电子发生弹性碰撞时，只是损失很少的能量，然而，当电子束和原子内壳层电子、价电子相互作用时，它们发生非弹性散射，电子束损失能量，并且弯曲 10～100 毫弧度的角度。随着电子在时间和空间上随机地发生碰撞，遵循不同的轨迹，散射角和能量损耗构成了连续的分布。这种非弹性散射不涉及原子恢复基态过程发生的特征激发。因此从理论上说，EELS 在检测效率和检测超轻元素方面要比 EDXS 好，可分析原子序数从 1～92 的所有元素。相比较而言，EDXS 对重元素敏感，在探测 $Z<11$ 的轻元素时，只有高于 1% 的信号才能接收到，谱线重叠比较严重。EELS 的能量分辨率（<1 eV）远远高于 EDXS（130 eV），因此在探测轻元素方面更有优势[12]。

当 TEM 技术应用于金属离子电池的表征时，首先和常规的材料表征一样，可以通过 TEM 观察样品的微观形貌、晶格取向以及元素分布等，同时也可以对比样品在电化学循环前后的形貌和结构，获得金属离子电池充放电过程中的结构变化，从而推测金属离子电池电极反应的机理，但是这种离位的观察会忽略电池在反应过程中材料实时的变化，而在样品转移过程中也不可避免地造成材料的变化。而将原位反应池和 TEM 相结合的原位液体 TEM 系统可以实时观测材料在充放电过程中的尺寸、形貌、结构和组成变化，这种原位的反应池将液体封闭在电子可以透过的窗口，打破了开放式池对于压力的限制；但是最初由于窗口较厚，图像分辨率受到显著的影响，因而其应用受到极大的限制。随着现代微加工技术的发展，出现了纳米级薄膜氮化硅窗口，同时氮化硅薄层分离间距精确可控，有效控制中间液层的厚度到纳米或微米级别。在实验中通过严格控制电子束剂量和电镜的加速电压，用实时成像相机观察和记录实验现象。电化学原位 TEM 是将原位液体 TEM 中的原位反应池和原位样品杆进一步改进，与电化学工作站相连，实时、高分辨地观察电化学过程。

南开大学陈军课题组设计了一种双倾斜操作电化学电池杆，它能够使正极在电化学条件下循环，并且在第一个时间使正极粒子能够在 x 和 y 方向上旋转 [图 7.8（a）和（b）]。为了监测不同相的演变，作者对分层结构的 SAED 图案中的 $(006)_L$ 和 $(009)_L$ 衍射斑点进行表征，并在图 7.8（e）～（h）中分别绘制了 LiNiO$_2$ 和微富锂的 LiNiO$_2$ 的强度分布作为电压的函数。操作 SAED 结果表明在第一个循环期间，层状相在 LiNiO$_2$ 颗粒表面直接转变为岩盐相。岩盐层会阻碍锂进出 LiNiO$_2$ 晶格，从而限制了可利用的容量。在微富锂的 $LiNiO_2$ 粒子上进行相同的操作实验。$(006)_L$ 和 $(009)_L$ 的峰位移在循环过程中完全可逆 ［图 7.8（g）和（h）］。循环后微富锂的 $LiNiO_2$ 的分层结构得以保留，这解释了微富锂的 $LiNiO_2$ 相对于 $LiNiO_2$ 的循环性能显著提高的内在原因。

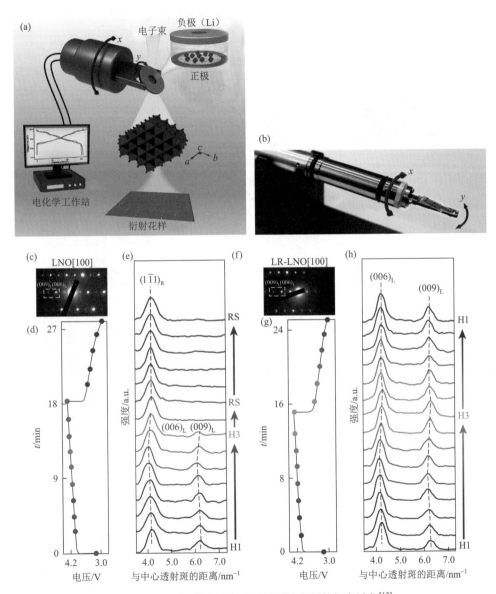

图 7.8　电池恒流充放电时正极颗粒表面的相变过程[13]

　　此外，结合原位的样品杆，美国布鲁克海文国家实验室王峰研究员和加利福尼亚大学 Gerbrand Ceder 教授团队开发了一种基于离子液体电解质（ILE）可用于透射电镜观察的原位电池，并借此探索钛酸锂在不同倍率下充放电的 Li^+ 动力学传递。通过改变电流，得到不同的充放电曲线，以及相对应的原位 Li-EELS（图 7.9）。结合电化学数据和 Li-EELS，研究钛酸锂拥有快速充放电的原因。同时将实验结果和第一性原理研究结合，确定了具有代表性的亚稳态 $Li_{4+x}Ti_5O_{12}$ 结构中含有较多的 Li-O 多面体，提供了明显的 Li^+ 迁移途径，其活化能大大低于其他相，在钛酸锂的 Li^+ 传输动力学中占主导地位。

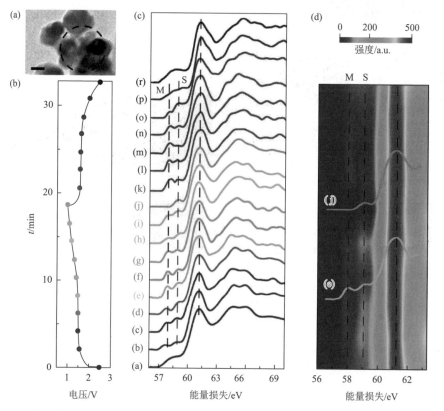

图 7.9　钛酸锂中 Li^+ 充放电过程中的原位 Li-EELS[14]。（a）原位 Li-EELS 观察的钛酸锂纳米颗粒；（b, c）钛酸锂纳米颗粒的电压分布和相应的 EELS 光谱［循环倍率 2 C，间隔 120 s，垂直的黑色虚线表示在 61.5 eV 的主峰和前峰 M（与中间成分的亚稳态构型有关）和 S（与 $Li_4Ti_5O_{12}$ 和 $Li_7Ti_5O_{12}$ 中的稳定构型有关）的能量位置］；（d）Li-EELS 光谱在 2 C 倍率下的强度图

　　总体而言，TEM 为金属离子电池的表征提供了更加精确的方法。在金属离子电池的发展中，不仅需要特别注意相变和相关的结构演变本身，而且需要特别注意由此产生的微观结构影响电化学电压滞后和容量衰减，以及转换电极在液态电

解质和实际全电池设备中的功能。为了解决这些科学问题，需要新的原位 TEM 方法和仪器来克服当前的技术挑战[15]，原位 TEM 在表征电极材料的动态演化方面表现出更加强大的作用，并为探索能源相关研究中的新兴材料提供了前所未有的机会。

7.1.4　拉曼光谱

　　拉曼光谱（Raman spectroscopy）是一种振动光谱技术，以单色性很好的激光作为光源，可以对固、液、气态的样品进行振动光谱分析，获得精细的分子结构信息[16]。当激发光的光子与作为散射中心的分子相互作用时，大部分光子只是发生了改变方向的散射，而光的频率没有改变，占总散射光 10^{-10}～10^{-6} 的散射，不仅改变了传播方向，光的频率也发生了变化，从而不同于激发光（入射光）的频率，因此称该散射光为拉曼散射。如图 7.10 所示，在拉曼散射中，散射光频率相对入射光频率减少的，称之为斯托克斯散射，因此相反的情况，频率增加的散射，称为反斯托克斯散射，斯托克斯散射通常要比反斯托克斯散射强得多，拉曼光谱仪大多测定的是斯托克斯散射，统称为拉曼散射。散射光与入射光之间的频率差 ν 称为拉曼位移，拉曼位移与入射光频率无关，它只与散射分子本身的结构有关。拉曼散射是由于分子极化率的改变而产生的。拉曼位移取决于分子振动能级的变化，不同化学键或基团有特征的分子振动，ΔE 反映了指定能级的变化，因此与之对应的拉曼位移也是特征的。这是拉曼光谱可以作为分子结构定性分析的依据。因此，对拉曼光谱的研究，可以得到有关分子振动或转动的信息。

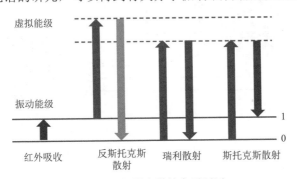

图 7.10　拉曼光谱的电子跃迁

　　将拉曼光谱技术和电化学研究方法相结合，设计合适的电化学拉曼光谱电解池，并与共聚焦显微光谱联用，可以研究电池在发生反应期间的界面过程。但是由于拉曼光谱检测灵敏度非常低，该缺点在电化学界面研究中表现得尤为突出，因为典型的电化学体系由固液两个凝聚相构成，界面物种的绝对数量很低，其信号会被液相中大量的相同物种信号掩盖，而表面增强拉曼散射（surface-enhanced Raman scattering，SERS）现象的发现，极大地提高了拉曼光谱的检测灵敏度，很快被用于电化学界面的原位研究。电化学原位拉曼光谱不但可以利用常规拉曼光谱以及共振拉曼光谱研究电化学体系中的溶液相物种和电极材料的反应过程，还可以通过将工作电极制备成具有 SERS 活性的结构，研究电化学过程材料和界面过程，获得高空间分辨的信息。电化学拉曼光谱实验装置如图 7.11 所示，包括拉曼光谱仪、恒电势仪、光谱电解池、计算机。恒电势仪用来控制电化学体系的电势或电流，如果无须得到严格时间同步控制，恒电势仪器和拉曼光谱仪就可以使用两套独立的仪器；当时间分辨率比较重要时，拉曼信号采集和电化学控制就需要同步，可以通过使用电荷耦合器件和恒电势仪的晶体管-晶体管逻辑输入输出设置同步。

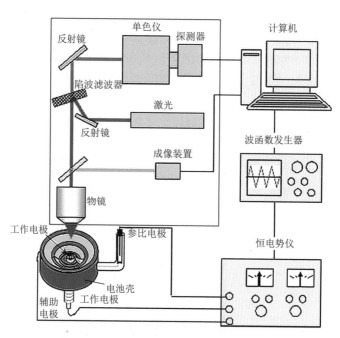

图 7.11　电化学拉曼光谱实验装置基本结构[17]

拉曼光谱电解池是电化学拉曼实验的核心部分，由工作电极、辅助电极和参比电极组成，通常需要使用透明石英或玻璃光学窗片密封光谱池以避免溶液挥发、来自大气的污染以及电解液对显微物镜的腐蚀。对于水溶液体系和非水溶液体系，其拉曼光谱电解池又有所不同。常规水溶液体系的电化学窗口仅为约 1.23 V，但以锂电池为代表的各类储能电化学反应体系，其工作电压通常高于 3 V，必须采用电化学窗口较宽的有机电解液，同时还需要严格保证无水无氧的密封环境。图 7.12（a）显示了用于测试纽扣式锂电池体系的拉曼光谱电解池，接口等位置增加密封材料以提高绝水绝氧性能。为了避免 O 圈、环氧树脂黏结剂等密封材料在有机溶剂中因长时间浸泡而出现溶胀现象并导致密封失效，可采用双 O 圈增强密封或者将 O 圈放置在不与有机电解液直接接触的位置。利用打孔的纽扣式电池储存电解液，防止电解液直接接触用于黏结窗片和导电上盖的环氧树脂密封层而导致溶胀，这样可显著提升光谱池的密封性能。同时不锈钢上盖板上部设有斜槽，以提供水镜使用时需要的水层。

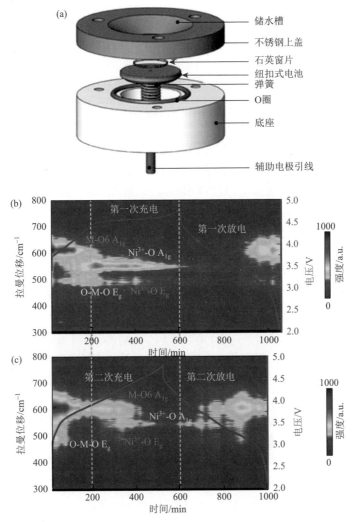

图 7.12　（a）适用于锂电池等体系的拉曼光谱电解池；电流密度为 30 mA·h/g 时富锂材料 $0.5LiNi_{0.5}Mn_{0.5}O_2·0.5Li_2MnO_3$ 在恒电流充电和放电过程的第一次（b）和第二次（c）电化学循环期间的拉曼光谱（红线是富锂材料的电化学充放电曲线，电压轴以红色显示在右侧，电压参考 Li^+(1 mol/L)/Li 电极，背景图像是时间相关的拉曼光谱等值线图。对应于 0～1000 计数的强度范围，强度颜色条显示在右侧）[18]

Ren 等通过设计原位的拉曼光谱电解池,研究了富锂材料在第一次和第二次电化学循环过程中的拉曼数据和电化学数据[18]。如图 7.12(b)所示,在第一次循环过程中,伴随着电压的增加,对应的 dQ/dV 曲线和拉曼分析得出,3.8 V 处出现了 Ni^{2+} 到 Ni^{3+} 的转变,而在 4.45 V 出现了 Ni^{3+} 到 Ni^{4+} 的转变,但这种氧化是不完全的,这说明电压达到 4.45 V 以上后,富锂材料发生了向 Li_2MnO_3 的活化,这种活化可以增加正极材料的容量,但是同时也降低了结构的稳定性,导致材料的循环性能不稳定[19]。在第二次循环过程中,在 3.2 V 处的 dQ/dV 峰出现在 Li_2MnO_3 的活化过程后,这可能来自 Mn^{3+} 参与的 Li_2MnO_3 活化之后的第一次循环过程[20]。

目前电化学拉曼光谱研究所获得的空间分辨率和时间分辨率还比较低,同时也受制于杂质物种吸附所带来的信号干扰。随着人工智能技术的高速发展,深度学习等方法预期很快应用于电化学拉曼光谱研究中,同时,基于平顶光技术的宽场成像技术为提升大面积成像的时间分辨率提供了重要的解决思路,一些新型的激光技术如电化学相干反斯托克斯拉曼光谱等技术,也将有效提升时间分辨率,这些技术将有助于金属离子电池材料和电化学界面的进一步研究。

7.1.5　核磁共振波谱

核磁共振波谱法(nuclear magnetic resonance spectroscopy,NMR)是一种用来研究物质的分子结构及物理学特性的光谱学方法。核磁共振与紫外光谱、红外光谱一样都是微观粒子吸收电磁波后在不同能级上的跃迁。紫外光谱和红外光谱是分子分别吸收波长为 200~400 nm 和 2.5~25 μm 的辐射后,引起分子中电子的跃迁和原子振动能级的跃迁。而核磁共振波谱是用波长很长(10^6~10^9 μm,在射频区)、频率为兆赫数量级、能量很低的电磁波照射分子,这时不会引起分子的振动和转动能级的跃迁,更不会引起电子能级的跃迁。但这种电磁波能与处在强磁场中的磁性原子核相互作用,引起磁性原子核在外磁场中发生磁能级的共振跃迁,从而产生吸收信号。这种原子核对射频电磁波辐射的吸收波谱被称为核磁共振波谱。

NMR 按照测定对象可分为 ^1H NMR(测定对象为氢原子核)、^{13}C NMR、氟谱、磷谱和氮谱等。有机化合物、高分子材料都主要由碳、氢组成,所以在材料结构与性能研究中,以 ^1H 谱和 ^{13}C 谱应用最为广泛,在金属离子电池表征中,还会用到 ^7Li 谱。此外,为了测定正负极电极材料的局域结构,在电池研究中往往会采用固体核磁共振谱(solid state NMR,ssNMR)技术,不仅可以实现对测试样品的无损检测,探测原子或者离子局域结构等定量信息,还可用于表征固体功能材料中原子或离子的扩散过程动力学,成为表征电池材料局域结构及其材料相变过程的一种重要手段。此外，由于金属离子电池电极材料在电化学循环过程中产生亚稳态结构以及不稳定产物，需要采用原位核磁共振谱来研究材料在充放电过程中发生的变化。

杨勇课题组设计了一种无负极电池表征的原位核磁共振装置，研究了 Li 在 Cu 负极上的沉积行为[21]。在 Cu||LiFePO$_4$ 电池充电过程中，锂离子被还原为金属 Li 并沉积在 Cu 基底上；在放电过程中，沉积的锂金属被氧化成锂离子，其中一部分锂金属与集流体失去电接触，变成"死锂金属"。这样的沉积/溶出过程可以由原位固体核磁共振进行实时的跟踪。充电时，在 270 ppm 附近持续增加的 ^{7}Li NMR 信号对应于锂金属在 Cu 基底上的连续沉积，而放电时不断减少的信号反映了锂金属的剥离过程。在放电结束时，残留的锂金属信号被归属于"死锂金属"，其积分面积代表了"死锂金属"的量。SEI 的量可以由总的不可逆容量损失减去死锂的量得到，从而达到定量"死锂金属"和 SEI 的目的。除了首次循环，无损的原位固体核磁共振技术还可以跟踪整个循环过程中的非活性锂变化。如图 7.13 所示，锂金属积分信号周期性增减，对应于锂金属在铜基底上不断地沉积和溶出。可以看出，"死锂金属"在前几次循环过程中并不显著，而是在后期循环中快速增加。SEI 和"死锂金属"的定量结果也表明，初期循环 SEI 主导着不可逆容量损失，随后"死锂金属"快速增加，呈现出两个阶段的失效过程。

核磁共振波谱图是一种非常强大且有前景的工具，可用于全电池电化学循环期间并观察多个过程，可以观察到与整个电极有关的现象，也包括不能通过电化学测量单独检测到的微小过程，这些微小过程可能在电池的非原位研究中被遗漏。

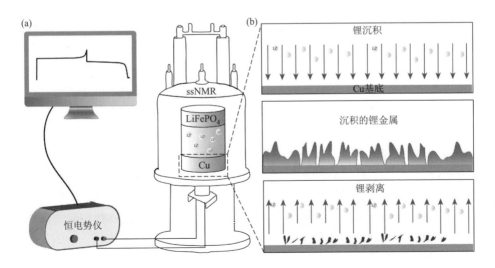

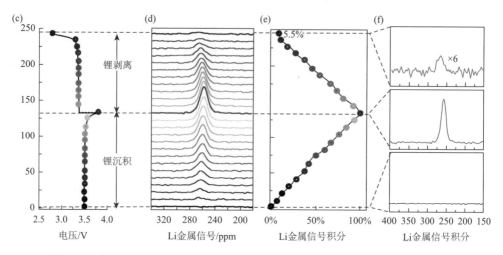

图 7.13　在 1 mol/L LiPF$_6$/EC∶EMC（质量比为 3∶7）电解质中对无负极电池
原位 NMR 研究的示意图[21]

7.1.6　红外光谱

　　红外光谱是由分子振动和转动跃迁引起的，组成化学键或官能团的原子处于不断振动（或转动）的状态，其振动频率与红外光的振动频率相当。所以，用红外光照射分子时，分子中的化学键或官能团可发生振动吸收，不同的化学键或官能团吸收频率不同，将检测器获取透过样品的光模拟信号进行模数转换和傅里叶变换，得到具有样品信息和背景信息的单光束谱［傅里叶变换红外光谱（fourier transform infrared spectroscopy，FITR）］，然后用相同的检测方法获取红外光不经过样品的背景单光束谱，将透过样品的单光束谱扣除背景单光束谱，就形成了代表样品分子结构特征的红外"指纹"的光谱。由于不同化学结构（分子）会产生不同的指纹光谱，因此可以用来区分不同的物质或者识别样品的分子结构。

　　通常将红外光谱分为三个区域：近红外区（0.75～2.5 μm）、中红外区（2.5～25 μm）和远红外区（25～300 μm）。一般来说，近红外光谱是由分子的倍频、合频产生的；中红外光谱属于分子的基频振动光谱；远红外光谱则属于分子的转动光谱和某些基团的振动光谱。振动能级差比转动能级差要大很多，分子振动能级跃迁吸收的光的频率要高一些，分子的纯振动能谱一般出现在中红外区。分子的转动能级差比较小，所吸收的光频率低，波长很长，所以分子的纯转动能谱出现在远红外区。由于绝大多数有机物和无机物的基频吸收带都出现在中红外区，因此中红外区是研究和应用最多的区域，积累的资料也最多，仪器技术最为成熟。通常所说的红外光谱即指中红外光谱。

　　按吸收峰的来源，可以将中红外光谱图大体上分为特征频率区（2.5～7.7 μm，即 4000～1330cm^{-1}）以及指纹区（7.7～16.7 μm，即 1330～400cm^{-1}）两个区域。其中特征频率区中的吸收峰基本是由基团的伸缩振动产生，数目不是很多，但具有很强的特征性，因此在基团鉴定工作上很有价值，主要用于鉴定官能团。指纹区主要是由一些单键 C—O、C—N 和 C—X（卤素原子）等的伸缩振动，C—H、O—H 等含氢基团的弯曲振动，以及 C—C 骨架振动产生。当分子结构稍有不同时，该区的吸收就有细微的差异。指纹区对于区别结构类似的化合物很有帮助。

在金属离子电池研究中，FTIR 可以用来揭示电极材料的键合环境，即金属离子在无机结构中的配位，以及官能团的状态。Zhou 等利用 FTIR 研究了层状氢氧化物乙酸钴作为锂离子电池负极材料的化学组成[22]。首先对该种电极材料的 FTIR 进行研究，验证了 Co 在层状氢氧化物的八面体中心位置，与 OH$^-$以及乙酸的 O 配位。而水分子存在于 Co 和 O 的原子层的中间。通过电化学离位的 FTIR 对放电后的电极材料进行分析，发现该电极材料中的乙酸分子部分转化为乙醛分子。但是离位的研究无法实现对于电极材料的实时观测，特别是当电池组件暴露于空气中，其表面特性可能会发生变化。FTIR 可用于界面分析，因为它可以在电化学过程中检测分子水平的物质。由于其对有机分子的灵敏度高，FTIR 已被广泛应用于分析锂离子电池中电极与电解质之间的界面反应，包括研究电解质分解（盐、溶剂和电解质添加剂）、反应机理、气体产生、许多不同电极材料的溶剂插层和 SEI 形成。原位 FTIR 已被证明是一种有效且无损的技术，可用于直接实时研究界面反应。由于电极材料大多数不透明，因此原位 FTIR 都采用反射模式。根据 FTIR 的特征已经设计了不同的原位电解池，分别是外反射模式（薄层电解池）和全内反射模式［衰减全反射（attenuated total reflectance，ATR）电解池］，如图 7.14（a）和（b）所示，薄层电解池溶液电阻大，电流密度不均匀且传质阻力较大，ATR 电解池主要检测吸附态物种，应用范围较窄，在实际应用中需要综合考虑选择。

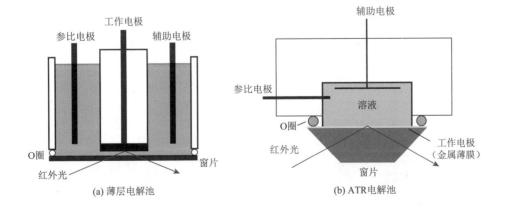

(a) 薄层电解池　　　　　　　　　　(b) ATR电解池

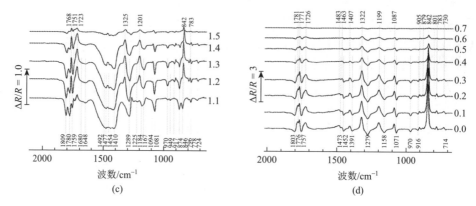

图 7.14　（a，b）电化学原位红外光谱电解池示意图；（c，d）电化学原位红外光谱在锂离子电池界面过程研究中的应用[23]

　　孙世刚院士课题组采用电化学原位红外光谱法深入研究了锂离子电池电解液的还原过程和锡负极的嵌锂过程[23, 24]。图 7.14（c）、（d）给出了锡（Sn）负极在 LiPF/EC/DMC（EC、DMC 体积比为 1：1）电解液中从 1.5 V 阴极极化到 1.1 V 时的原位红外光谱图，这个电势区间的界面反应主要对应电解液的还原过程。1768 cm^{-1}、1723 cm^{-1} 和 1325 cm^{-1}、1201 cm^{-1} 处的正向峰分别为 Li(sol)$_n^+$（sol 代表溶剂分子）的 $\nu_{C=O}$ 和 ν_{C-O}，表明 Li(sol)$_n^+$ 被还原。1809 cm^{-1}、1780 cm^{-1}、1759 cm^{-1}、970 cm^{-1}、917 cm^{-1}、874 cm^{-1}、796 cm^{-1}、778 cm^{-1}、724 cm^{-1} 处的负向峰表明自由溶剂分子在薄层中的浓度增加，说明自由溶剂分子从本体溶液扩散到薄层溶液。1481～1416 cm^{-1} 的宽峰归属于电解液及其还原产物 C—H 键的红外吸收。1648 cm^{-1}、1225 cm^{-1}、1184 cm^{-1}、1094 cm^{-1}、949 cm^{-1} 和 846 cm^{-1} 处新的负向峰归属于电解液还原产物的红外吸收[2]。

7.1.7　X 射线光电子能谱

　　X 射线光电子能谱（X-ray photoelectron spectroscopy，XPS）是一种使用电子谱仪测量 X 射线光子辐照时样品表面所发射出的光电子和俄歇电子能量分布的方法。基本原理——光电离作用（图 7.15）：当一束光子辐照到样品表面时，光子可以被样品中某一元素的原子轨道上的电子所吸收，使得该电子脱离原子核的束缚，以一定的动能从原子内部发射出来，变成自由的光电子，而原子本身则变成一个激发态的离子。根据爱因斯坦光电发射定律有：

$$E_k = h\nu - E_B \qquad (7\text{-}3)$$

式中，E_k 为出射的光电子动能；$h\nu$ 为 X 射线源光子的能量；E_B 为特定原子轨道上的结合能（不同原子轨道具有不同的结合能）。

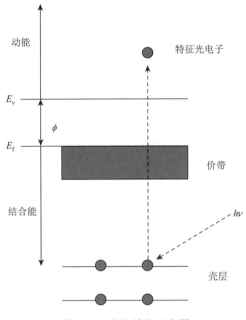

图 7.15　光电效应示意图

从式（7-3）中可以看出，对于特定的单色激发源和特定的原子轨道，其光电子的能量是特征的。当固定激发源能量时，其光电子的能量仅与元素的种类和所电离激发的原子轨道有关。因此可以根据光电子的结合能定性分析物质的元素种类。而对于同一原子在不同化学环境下展现出的不同价态，由于其内壳层电子结合能发生变化，这种变化在 XPS 图上也会表现为谱峰的位移（化学位移）。这种化学环境的不同可以是与原子相结合的元素种类或者数量不同，也可能是原子具有不同的化学价态。所以，XPS 是一种可以有效分析元素种类和元素价态的表征方法。

在金属离子电池中，电极材料与电解液在固液界面上发生反应，形成一层覆盖材料表面的钝化膜，在负极上称为 SEI 膜，在正极上称为 CEI 膜。根据 XPS 的原理可以知道，XPS 的测试深度非常浅，在 5 nm 左右，只适用于表征表面元素，而金属离子电池中形成的 SEI 膜通常只有 15～25 nm，因此在金属离子电池中，XPS 可以用来表征 SEI 膜以及电极材料的表面元素和价态。

悉尼科技大学汪国秀教授、周栋博士及清华大学深圳国际研究生院李宝华教授研究了一种利用乙氧基季戊四醇四丙烯酸酯作为单体，氟代碳酸乙烯酯（FEC）作为共溶剂，1,3-丙烷磺酸内酯（PS）作为添加剂，原位聚合构建出新型多功能凝胶聚合物电解质的准固态双离子钠金属电池[25]。作者通过如图 7.16 的深度剖面的 XPS 测量，进一步分析了 CEI 的表面组成：在 0.5 mol/L $NaPF_6$-PC∶EMC 态体电解

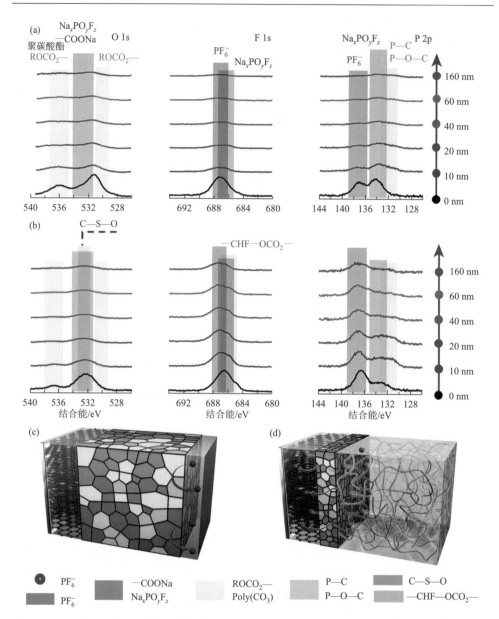

图 7.16　CEI 组分的 XPS 分析。使用常规电解液（a）和 GPE（b）的钠‖石墨电池充电 48 h 后，石墨正极中 O 1s、Na 1s、F 1s 和 P 2p 的 XPS 深剖曲线。R 代表烷基。使用常规电解液（c）和 GPE（d）的钠‖石墨电池中，石墨正极表面 CEI 成分结构示意图[25]

质中石墨正极上的 CEI 主要由丰富的烷基碳酸钠（$ROCO_2Na$）和聚碳酸酯组成。PO_yF_z 和 NaF 源自 $NaPF_6$ 的分解，以及大量的 PF_6^-。更重要的是，PF_6^- 的强度随着溅射深度的增加而迅速降低，并且在深度超过 20 nm 时几乎消失。这证实了不均

匀的 PF_6^- 离子无法穿过厚 CEI 并插入 0.5 mol/L $NaPF_6$-PC：EMC 电解质中的石墨阴极。

目前来看，XPS 技术已经在金属离子电池领域应用十分广泛，XPS 还可以用来表征电极材料的元素种类和元素价态，并在电化学循环前后对金属元素的种类价态进行表征，对研究者们提升金属离子电池的性能有更大的帮助。总之，金属离子电池材料的改进、机理的研究已经离不开 XPS 技术的支持。最新发展的 XPS 技术已经可以通过环境腔的引入实现原位的测量，这为锂电池界面研究提供了更加有力的武器[1]。

7.1.8　同步辐射 X 射线吸收谱

同步辐射是当相对论性带电粒子（速度接近光速）径向加速时，即当它们受到垂直于其速度的加速度时发射的电磁辐射，电磁辐射范围覆盖 X 射线、紫外光和红外光。相对论性带电粒子由同步加速器产生。图 7.17（a）为第三代同步辐射光源的示意图，主要由全能量注入器、电子储存环和光束线站组成。同步辐射可以获得能量范围很广的连续谱图（光子能量从数电子伏特到数万电子伏特，覆盖从红外光到 X 射线的光谱范围），并具有高亮度和高通量。根据 X 射线的能量范围，人们通常将其分为软 X 射线和硬 X 射线，软和硬的定义主要基于它们对物体的穿透能力。软 X 射线波长较长，能量较低，易探测到样品表面的原子信息，对样品辐射损伤相对较小（但容易被空气或水吸收而发生衰减）；硬 X 射线能量高，穿透能力很强，波长与原子半径相当[27]。

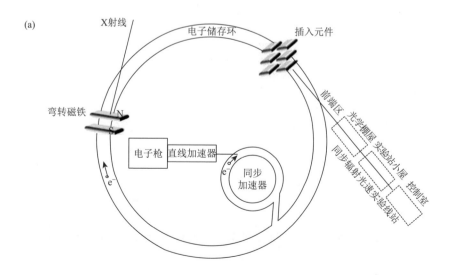

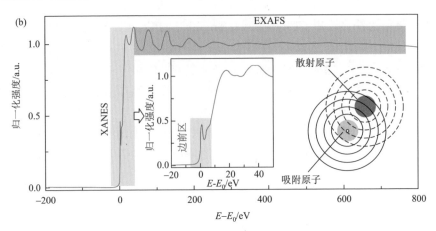

图 7.17　（a）同步辐射装置的基本结构；（b）XAS 基本原理和典型光谱示意图[26]

同步辐射 X 射线吸收谱（XAS）是随着同步辐射发展起来的一种独特的技术，是研究材料局域结构、化合态和电子结构的一种重要手段。XAS 对于原子周围的局域结构相当敏感，能够得到一般表征手段得不到的局域原子结构。XAS 的原理是：一束初始强度为 I_0 的 X 射线穿过厚度为 t 的样品，当入射光子的能量大于原子某个特定内壳层束缚能，X 射线通过光电效应被物质吸收，其吸收过程：入射光子被吸收，其能量 E 全部转移给该内壳层的一个电子，该电子被弹出该壳层，成为光电子。X 射线强度衰减为 I，那么 X 射线吸收系数 μ 就定义为

$$\mu(E) = \frac{\ln(I_0 / I)}{t}$$ （7-4）

X 射线吸收谱就是 X 射线吸收系数 μ 与 X 射线能量的关系曲线，当入射光子能量增加时，μ 呈下降趋势，而在特定的能量点，即当能量等于原子内壳层 K、L能级的束缚能时，μ 值不连续，发生突跳，呈现阶梯函数式的增加，该能量点称为吸收边，而在吸收边之后会出现一系列的振荡，即 X 射线吸收精细结构（X-ray adsorption fine structure，XAFS），而其中就包含了体系的结构信息[28]。基于谱图的特点，如图 7.17（b）所示，这里定义几个最常用的概念。

（1）吸收边：当 X 射线能量等于被照射样品某内层电子的电离能时，会发生共振吸收，使电子电离为光电子，而 X 射线吸收系数发生突变，这种突跃称为吸收边（edge）。原子中不同主量子数的电子的吸收边相距颇远，按主量子数命名为K、L 吸收边等。每一种元素都有其特征的吸收边系，因此 XAS 可以用于元素的定性分析。此外，吸收边的位置与元素的价态相关，氧化价增加，吸收边会向高能侧移动（一般化学价 + 1，吸收边移动 2～3 eV），因此同种元素，化合价不同也可以分辨出来。

（2）边前：边前包括低于吸收边能量段的无特征部分与特征部分。其中，无

特征部分为吸收的本底信号，对吸收谱的归一化有重要作用；特征部分也被称为边前峰，它包含吸收原子的价态和配位情况等信息。

（3）E_0：吸收阈值，定义为从原子中移去电子所需要的能量。

（4）白线：在吸收边上部出现的一个特别强的吸收尖峰，该特征称为白线。

XAFS 分为 X 射线吸收近边结构（X-ray absorption near edge structure，XANES）和扩展 X 射线吸收精细结构（extended X-Ray absorption fine structure，EXAFS）。XANES 谱图位于吸收边前-吸收边后 50 eV，特点是连续的强振荡，通过分析 XANES 谱图可以得到元素价态等半定量信息。EXAFS 位于吸收边 50～1000 eV，特点是连续缓慢的弱震荡，谱图可以被量化解读，给出邻近结构信息。虽然 XANES 和 EXAFS 数据都可以采集到同一张 XAS 图上，但是两者的机理有很大区别。简单来说，XANES 源于内层电子向外层空轨道跃迁。以 3d 过渡金属元素 K 边吸收谱为例，边前峰来源于 s 到 d 的四极跃迁，其强度很低，但是当吸收原子的配位结构不够对称时，其强度会明显升高，因此边前峰可以反映吸收原子局域结构的对称性和轨道杂化情况；吸收边及其后的分立峰来源于 s 到 p 的偶极跃迁，其位置和形状与吸收原子的价态、化学键类型、配体种类等密切相关。在保持吸收原子配位结构基本一致的情况下，吸收边能量蓝移标识更高的价态，这是因为高价态成键强，反键轨道能量高，导致吸收边蓝移，反之亦然。EXAFS 源于光电子波的干涉。当入射 X 射线的能量高于吸收原子的电离阈值时，内层电子即被电离为自由的光电子，光电子以物质波的形式向外运动的过程中会受到吸收原子周围配位原子的散射形成背散射电子波；背散射电子波和光电子波由于相位不同，将产生干涉，从而使得光电子的末态波函数的振幅相应地增大或者减小，导致 X 射线的吸收概率出现相应的涨落。因此 EXAFS 中的峰对应于出射波函数和背散射波函数的同相位叠加，而谷对应于两个波函数的异相位相消。其基本公式是：

$$\chi(k) = \sum_j \frac{N_j S_0^2 F_j(k)}{k R_j^2} e^{-2k^2 \sigma_j^2} e^{-\frac{2R}{\lambda_j(k)}} \sin[2k R_j + \varphi_k(k)] \qquad （7-5）$$

其中，X 射线波矢 k、电子平均自由程 λ、相移 φ、振幅衰减因子 S_0^2、散射因子 F 等可以通过计算或拟合得到；配位数 N、无序度因子 σ^2、原子间距 R 为我们所关心的参数，可通过曲线拟合得到。

同步辐射吸收谱的测试方法用于金属离子电池的表征，可以对电极材料的结构进行具体表征，包括其价态、成键信息，也可以通过原位的同步辐射表征获得金属离子电池在充放电过程中价态和成键信息的变化。首先，XANES 可以有效表示材料在充电和放电循环过程中的电荷补偿和结构变化。Marca M. Doeff 等利用多种同步辐射表征手段在原位条件下细致研究了两种不同脱锂状态下高镍 NMC811

正极材料的热稳定性，阐述了材料在高温条件下复杂的形貌及化学变化[29]，包括晶格相变、过渡金属阳离子价态变化及锂离子在材料内部的重新分布等。硬 X 射线近边吸收谱实验结果表明［图 7.18（a）和（b）］，50%脱锂样品在 120 ℃时出现过渡金属元素（Ni、Co）价态略微升高的现象，而在温度继续升高的过程中，过渡金属元素（Ni、Co）价态则持续降低。同时，在研究过程中发现，过渡金属元素 Mn 在加热过程中并未发生价态变化，一直处于四价状态。

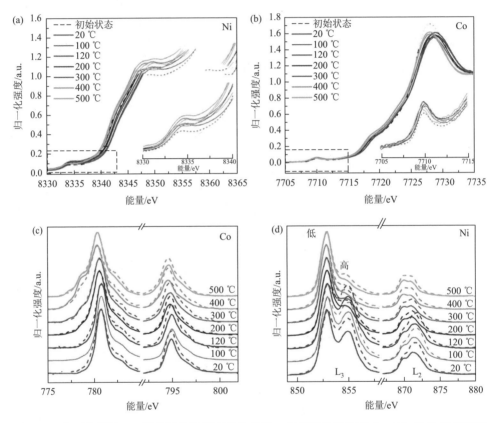

图 7.18　非原位测量 50%脱锂样品随温度变化的硬 X 射线近边吸收谱（a，b）和软 X 射线吸收谱（c，d）[29]

其次，虽然硬 X 射线近边吸收谱能够提供样品体相价态信息，但高镍 NMC 样品在充放电过程中常会出现表面重构等现象使其表面与内部的晶体结构及元素价态不一致，因此，需要使用对表面敏感的软 X 射线吸收谱技术对加热条件下样品表面的变化进行进一步研究。非原位加热条件下两种不同脱锂样品的软 X 射线吸收谱实验结果表明［图 7.18（c）和（d）］，过渡金属元素在 300 ℃时价态开始降低，因为此时 L3 主峰左边低能区出现了一个肩峰，在温度继续升高的过程中，肩峰越发明显，同时主峰向左偏移，说明在此过程中 Co 元素价态持续降低。另外，对荧光产额（fluorescence yield，FY）和总电子产额（total electron yield，TEY）模式下采集的 Ni L 边软 X 射线吸收谱结果进行对比可知，样品表面价态始终低于样品内部，且与硬 X 射线近边吸收谱结果类似，在加热到 120 ℃时价态略微升高，而在继续加热的过程中价态持续降低。

另外，进一步通过对 X 射线吸收谱展开傅里叶变换，可以得到 R 空间的径向分布函数，从而研究以测试元素为中心原子的局域结构。为了阐明了 Na 和 F 掺入富锂锰基镍锰钴氧化物（LMR-NMC）结构中如何缓解电压衰减和氧迁移问题，Wang 等利用原位和非原位的 EXAFS 详细分析了 Na 和 F 共取代对结构稳定性的影响。通过对初始状态、第一次充电和第一次放电的 EXAFS 谱图的分析，作者发现首次放电后，Mn—O、Ni—O 和 Ni—TM 配位均显著减少，这归因于部分不可逆的金属迁移和氧空位的产生。Co 负载的样品在完成首次充电和放电后恢复了Mn—TM、Ni—O 和 Co—TM 的局部有序性，表明 F 的掺杂抑制了 O 的流失，形成较强的金属-F 作用，抑制过渡金属向 Li 层迁移，重要的是 O 和金属的配位状态会严重影响电压衰减情况。Na 倾向于取代 Ni 的位点，使得更多的 Li$^+$参与反应提供高容量。引入 F，取代 O 位，形成了强的金属-F 键，从而减缓阳离子混排（图 7.19）。

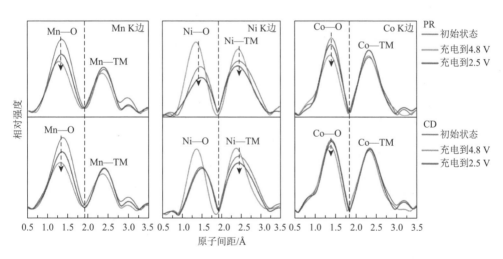

图 7.19　在初始状态（灰色）、第一次充电（蓝色）和第一次放电（红色）期间 Mn、Ni 和 Co 的扩展 X 射线吸收精细结构光谱[30]

可以看到，通过同步辐射的近边和扩展边，能够更加精细地得到样品在充放电过程中的结构变化情况。上述内容描述了原位和非原位的情况下材料的价态、配位情况的变化，可以看出在实际情况下，利用原位的同步辐射对材料的充放电过程的结构变化进行表征，能够得到实际充放电条件下的样品结构和价态的变化，也可以对同步辐射得到的扩展边进行拟合分析，综合充放电过程中的各种表征，对金属离子电池的反应过程和机理有进一步的理解。

7.2　电池性能的测试方法

金属离子电池电极过程一般经历复杂的多步骤电化学反应，并伴随化学反应，电极是非均相多孔粉末电极。为了获得可重现的、能反映材料与电池热力学及动力学特征的信息，需要对锂离子电池电极过程本身有清楚的认识。电池中电极过程一般包括溶液相中离子的传输，电极中离子的传输，电极中电子的传导，电荷转移，双电层或空间电荷层充放电，溶剂、电解质中阴阳离子，气相反应物或产物的吸附/脱附，新相成核长大，与电化学反应耦合的化学反应，体积变化，吸放热等过程。这些过程有些同时进行，有些先后发生。电极过程的驱动力包括电化学势、化学势、浓度梯度、电场梯度、温度梯度。影响电极过程热力学的因素包括理想电极材料的电化学势，受电极材料形貌、结晶度、结晶取向、表面官能团影响的缺陷能，温度等。影响电极过程动力学的因素包括电化学与化学反应活化能，极化电流与电势，电极与电解液匹配性，电极材料离子、电子输运特性，参与电化学反应的活性位密度、真实面积，离子扩散距离，电极与电解质浸润程度与接触面积，界面结构与界面副反应，温度等。因此为了理解复杂的极化过程，需要结合稳态和暂态方法，对金属离子电池电化学过程进行测量[31]。

7.2.1　循环伏安法

循环伏安法（cyclic voltammetry）是常见的电化学研究方法之一。该方法使用的仪器简单，操作方便，谱图解析直观，在电化学、无机化学、有机化学、生物化学等许多研究领域被广泛应用。在传统电化学中，常用于电极反应的可逆性、电极反应机理（如中间体、相界面吸附/脱附、新相生成、偶联化学反应的性质等）及电极反应动力学参数（如扩散系数、电极反应速率常数等）的探究。典型的循环伏安过程为：电势向阴极方向扫描时，电活性物质在电极上还原，产生还原峰；向阳极方向扫描，还原产物重新在电极上氧化，产生氧化峰。因而一次扫描，完成一个还原和氧化过程的循环，其电流-电压曲线称为循环伏安（CV）曲线。对于可逆体系，典型的 CV 曲线如图 7.20 所示。不同可逆程度的体系会有不同的特征曲线。通过 CV 曲线的氧化峰和还原峰的峰高、对称性、氧化峰与还原峰的距离、中点位置，可判断电活性物质在电极表面反应的可逆程度和极化程度[31]，并获得电极反应动力学参数。

CV 测试得到的数据可直接通过 Origin 等专业软件进行作图分析。对 CV 曲线进行分析可至少得到关于锂电池体系的以下重要信息：①电化学反应机理及可逆性；②电化学反应中氧化还原电势及平衡电势；③极化分析；④表观扩散系数；⑤参与电化学反应的电子数；⑥电解液电化学稳定性。

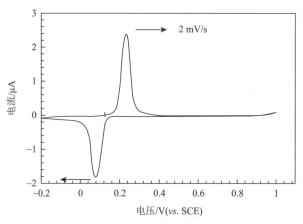

图 7.20　典型能斯特反应的 CV 曲线[32]

LiFePO₄薄膜电极作为工作电极，Pt 惰性电极作为辅助电极，饱和甘汞电极作为参比电极，1 mol/L LiNO₃ 电解液体系测得的 CV 曲线

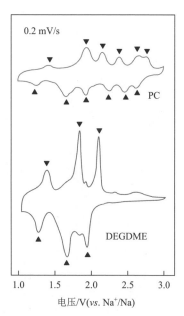

图 7.21　在 0.2 mV/s 下第一次循环后，PC 和 DEGDME 电解质中纳米粒子电极的典型 CV 曲线[33]

CV 分析中，可根据氧化峰以及还原峰的数目以及电势，初步判断电极反应的机理。斯坦福大学鲍哲南教授和崔屹教授在 Nano/PC 和 Nano/DEGDME 的 CV 曲线中鉴定出六对氧化还原峰[33]，如图 7.21 所示，而在 DEGDME 中仅观察到三个主要峰，表明电解质之间的反应途径存在显著差异。每一个峰都与氧化或还原过程中的一个相变反应对应，类似于充放电曲线中的电压平台，可以逐对分析每个峰的物理含义及其负极储锂机理。

循环伏安法可以用来测量化学扩散系数，在常温下，适用于电极过程中的扩散过程为控制步骤且电极为可逆体系时，其满足以下公式：

$$I_P = 2.69 \times 10^5 n^{\frac{1}{2}} A (D_{Li})^{\frac{1}{2}} v^{\frac{1}{2}} \Delta C_0 \quad (7\text{-}6)$$

式中，I_P 为峰电流的大小；n 为参与反应的电子数；A 为浸入溶液中的电极面积；D_{Li} 为 Li 在电极中的扩散系数；v 为扫描速率；ΔC_0 为反应前后待测浓度的变化。基本测量过程是：①测量电极材料在不同扫描速率下的 CV 曲线；②将不同扫描速率下的峰值电流对扫描速率的平方根作图；③对峰值电流进行积分，测量样品中锂的浓度变化；④将相关参数代入式（7-6），即可求得扩散系数[31]。

　　循环伏安除了可以获得表观化学扩散系数之外，还可以通过一对氧化还原峰的峰值电势差判断充放电（电化学氧化还原反应）之间极化电阻的大小，反应是否可逆。如果氧化与还原反应的超电势差别不大，还可以将一对氧化峰与还原峰之间的中点值近似作为该反应的热力学平衡电势值。此外，CV 曲线可以进一步比较电池电极的稳定性，肯塔基大学的郑仰泽教授使用 CV 测量，进一步比较了原始电极和 Zr 改性 NCM811 电极的稳定性[34]。图 7.22（a）绘制了特定循环次数下的 CV 曲线。位于 3.8 V、4.0 V 和 4.2 V 附近的三对阳极和阴极峰分别对应于六方（H1）到单斜（M）、单斜（M）到六方（H2）和六方（H2）到六方（H3）的相变。根据图 7.22（a）中所示的 CV 曲线，1% Zr-NCM811 的 M-H2 和 H2-H3 峰的特征比原始峰保留得更好，因此稳定性更高。测量 CV 曲线还可以对比分析不同组成的电解液的电化学稳定性以及各成分比例对电解液电化学稳定性的影响。

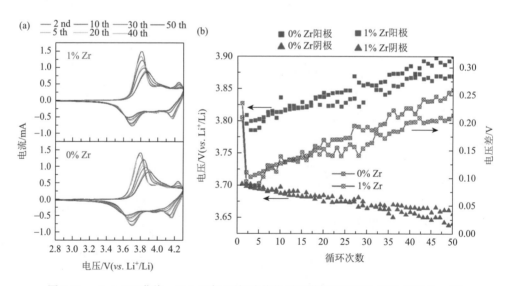

图 7.22　（a）CV 曲线；（b）阳极/阴极峰值位置和潜在间隙值与原始 NCM811 和
1% Zr-NCM811 的循环次数的关系[34]

　　总之，循环伏安法作为一种重要便捷的电化学表征方法，可以用来研究锂电池体系中的电极过程动力学以及电解液的电化学稳定性，得到以下重要信息：电极材料电化反应机理及可逆性、电化学反应中氧化还原电势及平衡电势、极化情况、表观扩散系数、参与电化学反应的电子数、电解液的电化学窗口以及腐蚀性等。以上信息的获得对于理解锂电池体系中的电化学反应机理、设计新材料以及新电池体系具有指导性作用[35]。

7.2.2　交流阻抗谱法

交流阻抗谱法（alternating current impedance spectroscopy，ACIS）广泛用于研究介电材料及各类电子元器件，测量时要求待测体系测量端之间没有电压，通过对阻抗谱的分析，获得各类待测元件的阻抗参数。电化学阻抗谱（electrochemical impedance spectroscopy，EIS）是在电化学电池处于平衡状态下（开路状态）或者在某一稳定的直流极化条件下，按照正弦规律施加小幅交流激励信号，研究电化学的交流阻抗随频率的变化关系，称为频率域阻抗分析方法。另一类则通过固定频率，测量电池的交流阻抗随时间变化，称为时间域阻抗分析方法。在金属离子电池的基础研究中多用频率域阻抗分析方法，电化学阻抗谱由于记录了电化学电池不同响应频率的阻抗，而一般测量覆盖了宽的频率范围（Hz～MHz），通过宽频率范围的阻抗谱来研究电极系统可以获得比其他常规电化学方法更多的动力学信息及电极界面结构信息。电极过程中快速步骤的响应由高频部分的阻抗谱反映，而慢速步骤的响应由低频部分的阻抗谱反映，由此可以从阻抗谱中显示的弛豫过程（relaxation process）的时间常数的个数及其数值大小获得各个步骤的动力学信息和电极表面状态变化的信息。因此，电化学阻抗谱是一种研究电极反应动力学和电化学体系中物质传递与电荷转移的有效方法，通过电化学阻抗谱数据所提供的信息，能够分析电极过程的特征，包括动力学极化、欧姆极化和浓差极化，为电化学过程设计、电极材料开发和电极结构研究提供基本依据。

电化学阻抗谱可以有多种展示方法，最常用的为复数阻抗图和阻抗波特图。通过测定不同频率 ω 的扰动信号 X 和相应信号 Y 的比值，得到不同频率下阻抗的实部、虚部、模值和相位角，可绘制成各种形式的电化学阻抗谱，最常用的有奈奎斯特图（Nyquist plot）和波特图（Bode plot），如图 7.23 所示。奈奎斯特图是以阻抗的实部为横轴、虚部的负数为纵轴绘制的曲线。波特图则由两条曲线组成，其中的一条曲线描述阻抗模值随频率的变化关系，另一条曲线描述阻抗的相位角随频率的变化关系。电化学阻抗谱数据能够进行有意义的分析需要待测电化学系统满足因果性、线性和稳定性三个基本条件，可以用 Kramers-Kronig 变换来判断阻抗数据的有效性。基于有效的电化学阻抗谱测试，其测试结果及数据分析过程同样非常重要。同其他测试手段不同的是，电化学阻抗谱数据需要借助其他辅助手段或技术进行解析，从而提取有参考价值的信息。通常，电化学阻抗谱的数据处理思路有两种：①根据测量得到的电化学阻抗谱图，确定电化学阻抗谱的等效电路或数学模型，与其他电化学方法相结合，推测电极系统中包含的动力学过程及其机理；②基于现有合理的数学模型或等效电路，确定数学模型中有关参数或等效电路中有关元件的参数值，从而估算有关过程的动力学参数或有关体系的物理参数。但是由于一组阻抗谱数据可能对应多种等效电路，因此要获取具备真实物理意义的阻抗元件参数并不容易。

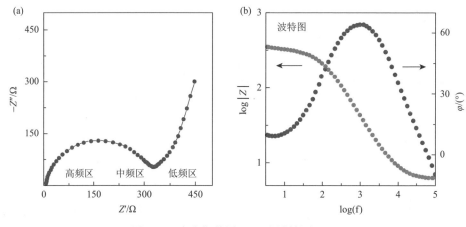

图 7.23　奈奎斯特图（a）和波特图（b）

　　利用电化学阻抗谱研究电化学体系的基本思路如下：将一个电化学系统看作一个由电阻、电容、电感等基本元件按串联或并联等不同方式组合而成的等效电路，通过电化学阻抗谱测定等效电路的过程和各元件的大小，利用这些元件的电化学含义来分析电化学系统和性质。给黑箱（电化学工作站 M）输入一个扰动函数 X，它就会输出一个响应信号 Y。用来描述扰动与响应之间关系的函数，称为传输函数 $G(\omega)$。若系统的内部结构是线性的稳定结构，则输出信号就是扰动信号的线性函数。如果 X 是角频率为 w 的正弦波电势信号，则 Y 是角频率也为 w 的正弦电流信号，此时，频响函数 $G(w)$ 就称之为系统 M 的导纳（admittance），用 Y 表示。阻抗和导纳统称为阻纳（immittance），用 G 表示。它是一个随 ω 变化的矢量，通常用角频率 ω 的复变函数来表示，即

$$G(\omega) = G'(\omega) + jG''(\omega) \tag{7-7}$$

阻抗和导纳互为倒数关系，$Z = 1/Y$。式中，$j = \sqrt{-1}$；G' 为阻抗的实部；G'' 为阻抗的虚部。若 Z 为阻抗，则有 $Z = Z' + jZ''$，阻抗 Z 的模值 $|Z| = Z'^2 + Z''^2$，阻抗的相位角为 ϕ，$\tan\phi = \dfrac{-Z''}{Z'}$。为便于分析和讨论，将各电极过程以电路元件组成等效电路的形式来描述电极过程。等效模型的建立就是把电池简化为一个电路系统，从而模拟电池运行过程中的变化。典型的两电极测量体系等效电路如图 7.24（a）所示。

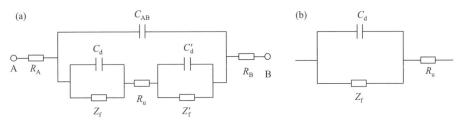

图 7.24　典型的两电极测量体系等效电路（a）及简化电路（b）

其中，A 和 B 分别代表研究电极和辅助电极，R_A 和 R_B 分别表示研究电极和辅助电极的欧姆电阻，C_{AB} 表示两电极之间的电容，R_u 表示两电极之间的溶液电阻，C_d 和 C_d' 分别表示研究电极和辅助电极的界面双电层电容，Z_f 和 Z_f' 分别表示研究电极和辅助电极的法拉第阻抗。若 A、B 均为金属电极，则 R_A 和 R_B 很小，可忽略；由于两电极之间的距离远大于界面双电层的厚度，故 C_{AB} 比双电层电容 C_d 和 C_d' 小得多，当溶液电阻 R_u 不是很大时，由 C_{AB} 带来的容抗远大于 R_u，故 C_{AB} 支路相当于断路，可忽略；此外，若辅助电极面积远大于研究电极面积，则 C_d' 远大于 C_d，此时，C_d' 容抗很小，相当于短路，故等效电路最终可简化为图 7.24（b）。

如图 7.25（a）所示，金属离子电池体系在充放电过程中，典型的动力学步骤有（以锂离子电池为例）：

（1）电子通过活性材料颗粒间的输运、Li^+ 在活性材料颗粒空隙间电解液中的输运；

（2）Li^+ 通过活性材料颗粒表面固态电解质界面膜（SEI 膜）的扩散迁移；

（3）电子/离子导电结合处的电荷传输过程；

（4）Li^+ 在活性材料颗粒内部的固体扩散过程；

（5）Li^+ 在活性材料中的累积和消耗以及由此导致活性材料颗粒晶体结构的改变或新相的生成。

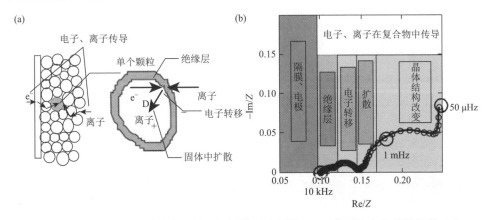

图 7.25　锂离子电池体系中嵌锂物理机制模型示意图（a）、典型的电化学阻抗谱（b）

金属离子电池可以理解为一个包含电阻、电感和电容的电路系统，等效模型的建立就是把电池简化为一个电路系统，从而模拟电化学系统中的变化过程。锂离子电池中典型的电化学阻抗谱如图 7.25（b）所示，其对应的五个部分如下：

（1）超高频区域（10 kHz 以上），与 Li^+ 和电子通过电解液、多孔隔膜、导线、活性材料颗粒等输运有关的欧姆电阻，在电化学阻抗谱中表现为一个点，此过程可用一个电阻 R_s 表示。

（2）高频区域，与 Li^+ 通过活性材料颗粒表面绝缘层的扩散迁移有关的一个半圆，此过程可用一个 R_{SEI}/C_{SEI} 并联电路表示。其中，R_{SEI} 即为锂离子扩散迁移通过 SEI 膜的电阻。

（3）中频区域，与电荷传递过程相关的一个半圆，此过程可用 R_{ct}/C_d 并联电路表示。R_{ct} 为电荷传递电阻，或称为电化学反应电阻，C_d 为双电层电容。

（4）低频区域，与 Li^+ 在活性材料颗粒内部的固体扩散过程相关的一条斜线，此过程可用描述扩散的 Warburg 阻抗 Z_w 表示。

（5）极低频区域（<0.01 kHz），与活性材料颗粒晶体结构的改变或新相生成相关的一个半圆以及 Li^+ 在活性材料中的累积和消耗相关的一条垂线组成，此过程可用 R_b/C_b 并联电路与 C_{int} 组成的串联电路表示。其中，R_b 和 C_b 分别为表征活性材料颗粒本体结构改变的电阻和电容，C_{int} 为表征 Li^+ 在活性材料累积或消耗的嵌入电容。

在金属离子电池中，EIS 可以被用来观察 SEI 膜的生长。Jow 等[36]运用常规两电极 EIS 研究了石墨负极表面 SEI 膜的生长规律，测试体系为 Li/石墨半电池。①石墨半电池的 EIS 阻抗严重依赖于电极电势，即锂化状态，根据 R_{SEI} 和 E 之间的关系可知，石墨负极表面的 SEI 膜形成过程主要分为两个电势区间，第一个电势区间在 0.15 V 以上，在这个电势区间内，SEI 膜的导电性比较差；第二个电势区间在 0.15 V 以下，SEI 膜呈现出高导电特性；②对于一个完整的电池，随着充电和放电过程，R_{SEI} 大小在可逆地发生变化，这主要归因于石墨的体积膨胀和收缩；③在第二个电势区间，R_{SEI} 的大小和电压之间的关系主要有两个影响因素。第一，形成高导电相的 SEI，这直接显著降低 SEI 阻抗；第二，石墨体积的膨胀导致了 SEI 阻抗的增加；

近些年来，基于傅里叶变换的弛豫时间分布（distribution of relaxation time，DRT）技术在 EIS 的数据解析上获得了广泛的应用，通过傅里叶变换技术，将频率域的 EIS 数据变换到时间域的阻抗分布数据可以清晰地将不同时间常数的电化学过程进行剥离，从而精确地解析电极过程动力学信息[37]。Friedrich 等[38]结合两电极和三电极阻抗测试，研究了石墨负极在不同荷电态 SOC、不同温度下 SEI 成膜特性，如图 7.26 所示。作者发现在低温下，在首次电化学循环下不能形成致密的 SEI 膜，同时石墨首次锂化过程中，电压范围在 0.8～0.3 V 的区间内，出现了 SEI 膜的峰值，这一最大值在第 2 次锂化过程中并没有出现，这可能是由于首次锂化形成的 SEI 膜在第 2 次锂化时促进了 Li^+ 的去溶剂化。

EIS 是一种重要的电化学测试方法，在电化学领域尤其是锂离子电池领域具有广泛的应用，如电导率、表观化学扩散系数、SEI 膜的生长演变、电荷转移及物质传递过程的动态测量等。合理地使用 EIS 可以帮助研究人员更好地理解电池，提升电池研发的水平。

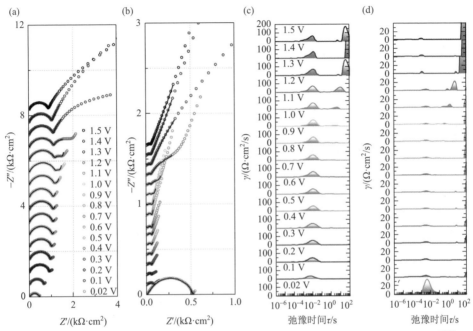

图 7.26　在石墨负极的第一次（a，c）和第二次（b，d）锂化过程中记录的阻抗谱[38]

7.2.3　恒电流充放电法

恒电流充放电测试，是指在某一特定温度、特定电压区间以及某一恒定电流条件下，对电池进行的充放电测试。根据充放电测试得到的数据，可以考察电池的电势随时间的变化趋势，研究制备的电极材料的充放电电压平台、容量密度、库仑效率等相关的电化学性能。恒流放电时，设定电流值，然后通过调节数控恒流源来达到这一电流值，从而实现电池的恒流放电，同时采集电池的端电压的变化，用来检测电池的放电特性。充放电电流往往采用充放电倍率的形式表示，即：充放电倍率 = 充放电电流（mA）/额定容量（mA·h）。恒流放电是放电电流不变，但是电池电压持续下降，所以功率持续下降。

恒电流充放电测试常用来衡量电池的可逆性能。南京大学周豪慎教授等通过恒电流充放电测试研究了层状富锂材料的可逆性能。从图 7.27 所示的层状富锂材料电极材料的充放曲线中可以看出：Li_2MnO_3 与 $LiMO_2$ 复合后，在 2.0～4.4 V 的电压区间内，$LiMO_2$ 组分作为电化学活性的组分，提供了锂离子嵌入/脱出的结构。充电时，伴随着过渡金属 M 的氧化，锂离子从结构中脱出。放电时，伴随着过渡金属 M 的还原，锂离子重新嵌入结构中。而相反，电化学惰性的 Li_2MnO_3 在这一电压区间内并不参与反应，即不贡献容量，这是因为 Li_2MnO_3 中的 Mn 为 + 4 价，无法继续被氧化。并且由于没有能量上有利的插入位点，也不存在 Mn 被还原同时锂离子嵌入。在这样的情况下，Li_2MnO_3 被认为是惰性组分，起到稳定材料结构的作用。但是，如果电子绝缘的 Li_2MnO_3 区域非常小，如纳米尺寸，并且它们随机分布在整个复合结构中，则作为固态电解质的成分会起到加速锂离子在容量贡献的 $LiMO_2$ 区域中传输的作用。在首次充电的过程 ［图 7.27 （a）］，有一个很明显的转折点，位于 4.4 V 的点，把充电曲线分割成了两个不同的阶段。这个拐点的定义是前后两个不同阶段曲线切线的交点。在阶段 I 中，锂离子从 $LiMn_{0.42}Ni_{0.42}Co_{0.16}O_2$ 组分的锂层脱出，伴随着 Ni^{2+} 被氧化至 Ni^{4+} 以及随后的部分 Co^{3+} 被氧化至 Co^{4+}。假设所有的 Ni 都被氧化至四价，理论上这一部分应该贡献 105 mA·h/g 的比容量，这与实际上阶段 I 的比容量（110 mA·h/g）相比略低，这是由于 Co^{3+} 也在这一阶段被氧化，而假设所有的 Co^{3+} 都被氧化至 Co^{4+}，贡献的比容量应该为 21 mA·h/g。因此在阶段 I 中的组分变化应该如图 7.27（b）中的绿色虚线所示，从点 1 到点 2，假设所有的 Ni 和 Co 都被氧化至 + 4 价。因此，通过充放电曲线的结合，可以判断层状富锂材料充放电过程中的相组成变化。

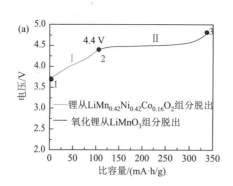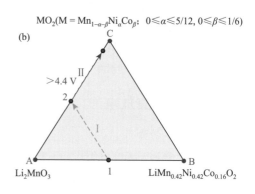

图 7.27　$xLi_2MnO_3 \cdot (1-x)LiMO_2$ 首次充放电曲线（a）和对应的相组成图（b）[39]

可以看出，通过观察恒电流充放电测试的图像，我们可以判断一个金属离子电池正极材料在不同阶段充放电过程中的变化，同时，如果对金属离子电池进行多循环的充放电测试，可以得到材料的可逆性能和循环性能，从而对金属离子电池的综合性能做出判断。

7.2.4　恒电流间歇滴定法

在金属离子电池反应中，扩散是传质的一种重要方式。以锂电池为例，锂离子在电极材料中的嵌入和脱嵌过程，就是一种扩散过程。而这种扩散过程在很大程度上决定了反应速率，也影响了整体电池的电池性能。对于大多数金属离子电池的设计来说，固相扩散系数（D_s）在电化学动力学中占主导地位，因为金属离子的嵌入是电池充放电过程中最慢的过程。为了准确模拟金属离子电池的响应，D_s 必须准确测量。固相扩散系数是新电池设计中首先要测量的参数之一，因为它直接影响电池的功率性能。扩散系数还随温度、荷电状态（SOC）和电解质浓度而变化。而恒电流间歇滴定技术（galvanostatic intermittent titration technique，GITT）就是一种测量化学扩散系数的电化学手段。

GITT 方法假设扩散过程主要发生在固相材料的表层，GITT 方法主要由两个部分组成，其中第一部分为小电流恒流脉冲放电，为了满足扩散过程仅发生在表层的假设，恒流脉冲放电的时间 t 要比较短，需要满足 $t \ll L_s^2/D_s$，其中 L_s 为材料的特征长度，D_s 为材料的扩散系数；第二部分为长时间的静置，以让金属离子在活性物质内部充分扩散达到平衡状态。

GITT 过程由一系列"脉冲＋恒电流＋弛豫"组成，主要设置的参数有电流强度（i）和弛豫时间（t）。在一个"脉冲＋恒电流＋弛豫"过程中，GITT 首先施加正电流脉冲，电池电势快速升高，与 IR 降成正比。其中，R 是整个体系的内阻，包括未补偿电阻 R_{un} 和电荷转移电阻 R_{ct} 等。随后，维持充电电流恒定，使电势缓慢上升。这也是 GITT 名字中"恒电流"的来源。此时，电势 E 与时间 t 的关系需要使用菲克第二定律进行描述。菲克第一定律只适应于稳态扩散，即各处的扩散组元的浓度只随距离变化，而不随时间变化。实际上，大多数扩散过程都是在非稳态条件下进行的。对于非稳态扩散，就要应用菲克第二定律。接着，中断充电电流，电势迅速下降，下降的值与 IR 降成正比。最后，进入弛豫过程。在此弛豫期间，通过金属离子扩散，电极中的组分趋向于均匀，电势缓慢下降，直到再次平衡。完整的 GITT 技术通过重复以上过程：脉冲、恒电流、弛豫、脉冲、恒电流、弛豫，直到电池完全充电。而放电过程与充电过程相反。

完成上述测试后，需要关注四个电压数据：①脉冲放电之前的电压 V_0；②恒流放电瞬间电压 V_1，V_0 与 V_1 之间的差值主要反映的是电池内部的欧姆阻抗和电荷转移阻抗等对电压变化的影响；③恒流放电结束时的电压 V_2，主要是由于金属离子扩散进入电极材料内部引起的电压变化；④在静置后期的电压 V_3，这主要是金属离子在活性物质内部进行再扩散，最终达到稳态导致的活性物质的电压变化。根据上述得到的数据以及仪器设定好的参数，应用菲克第二定律可以采用下面的公式计算金属离子在电池内部的扩散系数：

$$D_s = \frac{4}{\pi\tau}\left(\frac{n_M V_M}{S}\right)^2\left(\frac{\Delta V_s}{\Delta V_t}\right)^2 \tag{7-8}$$

式中，$\Delta V_{s} = V_{0} - V_{3}$，$\Delta V_{t} = V_{1} - V_{2}$，$n_{M}$ 和 V_{M} 分别对应活性材料的物质的量（mol）和单位摩尔的体积（cm^{3}/mol），S 是电极和电解质界面的接触面积，τ 是脉冲的持续时间。对应地，如果活性材料是由平均半径为 R_{s} 的球形颗粒组成，那么对应的公式可以变为

$$D_{s} = \frac{4}{\pi\tau}\left(\frac{R_{s}}{3}\right)^{2}\left(\frac{\Delta V_{s}}{\Delta V_{t}}\right)^{2} \tag{7-9}$$

图 7.28（a）中给出了一个具有镍钴锰（NCM）正极和金属锂负极的纽扣式电池的 GITT 测试示例。在测试之前，电池充满电（SOC = 100%）并休息 1 h。GITT 电流输入由 0.1 C（I_{0} = 0.00012 A）的 40 个放电脉冲组成。每个脉冲持续 15 min，然后休息 30 min［图 7.28（b）］。每次脉冲后，SOC 下降 2.5%，电池完全放电（SOC = 0%）在测试结束时。每个休息期结束时的稳态电压在开路电势（OCP）与 SOC 曲线上产生 40 个点。纽扣式电池的负极材料产生的超电势可以忽略不计，因此 GITT 瞬态响应取决于 NCM 正极中 Li^{+} 的扩散率。图 7.28（c）显示了 92.5% SOC 下一个放电脉冲的电压时间曲线图，电池电压从 V_{0} 快速下降到 V_{1}，由于固相中 Li^{+} 的传输，电池电压缓慢下降到 V_{2}，并且当电流被移除时，电压随着 Li^{+} 浓度均匀分布在整个固相中而增加，以产生稳态的放电后电压 V_{3}。电压下降由 $\Delta V_{s} = V_{0} - V_{3}$ 和 $\Delta V_{t} = V_{1} - V_{2}$ 计算得到，从而得到 Li^{+} 在电池中的扩散系数。

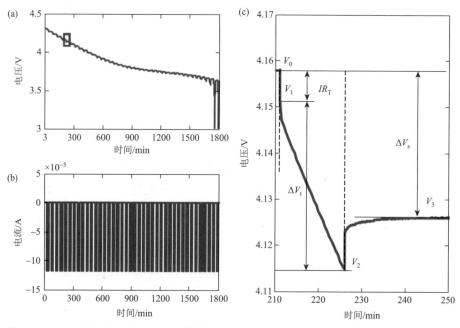

图 7.28　NCM 纽扣式电池的 GITT 数据：（a）电压；（b）电流；（c）图（a）中红线范围（虚线描绘放电脉冲的开始和结束）[40]

脉冲电势与弛豫后的平衡电势之间差距的大小是衡量材料动力学性能优劣的判据之一。中国科学技术大学孙喆等对所制备的样品在第 2 次循环时和在 1 C（mA/g）的电流密度下循环 50 次之后的第 51 次以及循环 100 次之后的 101 次放电时进行 GITT 测试[28]，其中脉冲电流大小为 20 mA/g，弛豫时间为 8 h，如图 7.29 所示。从图 7.29 中可以看出，在相同的放电状态时，首次放电和长循环后的放电过程有明显的区别，长循环之后的样品表现出极差的动力学性能。具体来看，从第 2 次放电时 GITT 曲线，可以发现原始样经过 8 h 弛豫之后的充放电势之间的差值约为 0.462 V，相应的放电电势与弛豫之后的电压差值为 0.081 V。而这两者被普遍认为分别代表了由热力学因素引起的电压滞后和由动力学因素引起的电压滞后。进一步比较长循环之后的 GITT 曲线可以看出，充放电循环过程的初始阶段，如从第 2 次循环至第 51 次循环过程中热力学因素确实会造成电压的滞后。但是在随后的充放电过程中，其影响逐渐减弱，在从第 51 次循环至第 100 次循环时，热力学因素造成的电压差值变化很小。这说明在长循环之后样品严重电压滞后的主要因素是与动力学有关的因素。

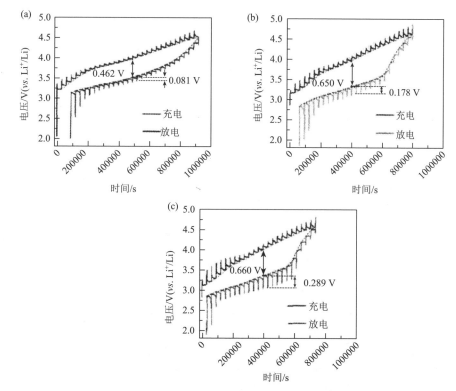

图 7.29　$Li_{1.2}Ni_{0.54}Mn_{0.13}Co_{0.13}O_2$ 的第 2 次放电（a）、第 51 次放电（b）、第 101 次放电（c）的 GITT 图[28]

当然，GITT 测试方法在实际过程中也有一些缺点。首先，GITT 公式仅使用四个通常是手工挑选的数据点，这些数据点来自电压响应中数百个甚至数千个数据点，具体取决于采样率、脉冲长度和休息周期。V_1 尤其对采样率和高频、未建模的动态非常敏感。对于具有非常平坦电压平台的材料如钛酸锂（LTO）、磷酸铁锂（LFP）和石墨等材料，在电压平台范围内由于 V_s 变化非常小，接近 0，因此导致最终 D_s 的值也接近 0，这显然是不准确的。目前已经有学者通过一些数学方法如最小二乘法等对 GITT 测试结果进行优化，从而减少 GITT 测试方法得到的结果在某些 SOC 范围内的准确度问题，进一步提升了 GITT 方法的结果精确度[40]。

参 考 文 献

[1] 李文俊，褚赓，彭佳悦，等. 锂离子电池基础科学问题（XII）——表征方法[J]. 储能科学与技术，2014，3（6）：642-667.

[2] 孙世刚. 电化学测量原理与方法[M]. 厦门：厦门大学出版社，2020.

[3] Xia M，Liu T，Peng N，et al. Lab-scale in situ X-ray diffraction technique for different battery systems：designs，applications，and perspectives[J]. Small Methods，2019，3（7）：1900119.

[4] Liu J X，Wang J Q，Ni Y X，et al. Spinel/lithium-rich manganese oxide hybrid nanofibers as cathode materials for rechargeable lithium-ion batteries[J]. Small Methods，2019，3（12）：1900350.

[5] Golozar M，Hovington P，Paolella A，et al. In situ scanning electron microscopy detection of carbide nature of dendrites in Li-polymer batteries[J]. Nano Letters，2018，18（12）：7583-7589.

[6] Dolle M，Sannier L，Beaudoin B. Live scanning electron microscope observations of dendritic growth in lithium/polymer cells[J]. Electrochemical and Solid State Letters，2002，5（12）：286-289.

[7] Harry K J，Liao X，Parkinson D Y，et al. Electrochemical deposition and stripping behavior of lithium metal across a rigid block copolymer electrolyte membrane[J]. Journal of the Electrochemical Society，2015，162（14）：2699-2706.

[8] Hovington P，Dontigny M，Guerfi A，et al. *In situ* scanning electron microscope study and microstructural evolution of nano silicon anode for high energy Li-ion batteries[J]. Journal of Power Sources，2014，248：457-464.

[9] Golozar M，Paolella A，Demers H，et al. *In situ* observation of solid electrolyte interphase evolution in a lithium metal battery[J]. Communications Chemistry，2019，2（1）：131.

[10] Hovington P，Lagace M，Guerfi A，et al. New lithium metal polymer solid state battery for an ultrahigh energy：nano C-LiFePO$_4$ versus nano Li$_{1.2}$V$_3$O$_8$[J]. Nano Letters，2015，15（4）：2671-2678.

[11] Rong G L，Zhang X Y，Zhao W，et al. Liquid-phase electrochemical scanning electron microscopy for *in situ* investigation of lithium dendrite growth and dissolution[J]. Advanced Materials，2017，29（13）：1606187.

[12] 李金华，潘永信. 透射电子显微镜在地球科学研究中的应用[J]. 中国科学：地球科学，2015，45（9）：1359-1382.

[13] Zhou T，Wang H，Wang Y，et al. Stabilizing lattice oxygen in slightly Li-enriched nickel oxide cathodes toward high-energy batteries[J]. Chem，2022，8（10）：2817-2830.

[14] Zhang W，Seo D H，Chen T，et al. Kinetic pathways of ionic transport in fast-charging lithium titanate[J]. Science，2020，367（6481）：1030-1034.

[15] Cui J，Zheng H，He K. *In situ* TEM study on conversion-type electrodes for rechargeable ion batteries[J]. Adavanced Materials，2021，33（6）：2000699.

[16]　朱自莹，顾仁敖，陆天虹. 拉曼光谱在化学中的应用[M]. 沈阳：东北大学出版社，1998.

[17]　Wu D Y, Li J F, Ren B, et al. Electrochemical surface-enhanced raman spectroscopy of nanostructures[J]. Chemical Society Reviews, 2008, 37 (5): 1025-1041.

[18]　Huang J X, Li B, Liu B, et al. Structural evolution of NM (Ni and Mn) lithium-rich layered material revealed by *in-situ* electrochemical Raman spectroscopic study[J]. Journal of Power Sources, 2016, 310: 85-90.

[19]　Hy S, Cheng J H, Liu J Y, et al. Understanding the role of Ni in stabilizing the lithium-rich high-capacity cathode material Li[Ni$_x$Li$_{(1-2x)/3}$Mn$_{(2-x)/3}$]O$_2$ (0≤x≤0.5) [J]. Chemistry of Materials, 2014, 26 (24): 6919-6927.

[20]　Yu X, Lyu Y, Gu L, et al. Understanding the rate capability of high-energy-density Li-rich layered Li$_{1.2}$Ni$_{0.15}$Co$_{0.1}$Mn$_{0.55}$O$_2$ cathode materials[J]. Advanced Energy Materials, 2014, 4 (5): 1300950.

[21]　Xiang Y X, Tao M M, Zhong G M, et al. Quantitatively analyzing the failure processes of rechargeable Li metal batteries[J]. Science Advances, 2021, 7 (46): 3423.

[22]　Su L, Hei J, Wu X, et al. Ultrathin layered hydroxide cobalt acetate nanoplates face-to-face anchored to graphene nanosheets for high-efficiency lithium storage[J]. Advanced Functional Materials, 2017, 27 (10): 1605544.

[23]　Li J T, Chen S R, Fan X Y, et al. Studies of the interfacial properties of an electroplated Sn thin film electrode/electrolyte using *in situ* MFTIRS and EQCM[J]. Langmuir, 2007, 23 (26): 13174-13180.

[24]　Li J T, Chen S R, Ke F S, et al. In situ microscope FTIR spectroscopic studies of interfacial reactions of Sn-Co alloy film anode of lithium ion battery[J]. Journal of Electroanalytical Chemistry, 2010, 649 (1): 171-176.

[25]　Xu X, Lin K, Zhou D, et al. Quasi-solid-state dual-ion sodium metal batteries for low-cost energy storage[J]. Chem, 2020, 6 (4): 902-918.

[26]　Qin R, Liu K, Wu Q, et al. Surface coordination chemistry of atomically dispersed metal catalysts[J]. Chemical Reviews, 2020, 120 (21): 11810-11899.

[27]　Park S J, Zhao H, Ai G, et al. Side-chain conducting and phase-separated polymeric binders for high-performance silicon anodes in lithium-ion batteries[J]. Journal of the American Chemical Society, 2015, 137 (7): 2565-2571.

[28]　余粢. X 射线吸收谱研究富锂正极材料的结构与性能[D]. 合肥：中国科学技术大学，2019.

[29]　Alvarado J, Wei C X, Nordlund D, et al. Thermal stress-induced charge and structure heterogeneity in emerging cathode materials[J]. Materials Today, 2020, 35: 87-98.

[30]　Vanaphuti P, Bai J M, Ma L, et al. Unraveling Na and F coupling effects in stabilizing Li, Mn-rich layered oxide cathodes via local ordering modification[J]. Energy Storage Materials, 2020, 31: 459-469.

[31]　凌仕刚，吴娇杨，张舒，等. 锂离子电池基础科学问题（ⅩⅢ）——电化学测量方法[J]. 储能科学与技术，2015，4（1）：83-103.

[32]　Sauvage F, Baudrin E, Morcrette M, et al. Pulsed laser deposition and electrochemical properties of LiFePO$_4$ thin films[J]. Electrochemical and Solid State Letters, 2004, 7 (1): 15-18.

[33]　Lee M, Hong J, Lopez J, et al. High-performance sodium-organic battery by realizing four-sodium storage in disodium rhodizonate[J]. Nature Energy, 2017, 2 (11): 861-868.

[34]　Gao S, Zhan X, Cheng Y T. Structural, electrochemical and Li-ion transport properties of Zr-modified LiNi$_{0.8}$Co$_{0.1}$Mn$_{0.1}$O$_2$ positive electrode materials for Li-ion batteries[J]. Journal of Power Sources, 2019, 410-411: 45-52.

[35]　聂凯会，耿振，王其钰，等. 锂电池研究中的循环伏安实验测量和分析方法[J]. 储能科学与技术，2018，7（3）：539-553.

[36]　Zhang S S, Xu K, Jow T R. EIS study on the formation of solid electrolyte interface in Li-ion battery[J]. Electrochimica Acta, 2005, 51 (8-9): 1636-1640.

[37] 王雪,张文强,于波,等. 基于 DRT 和 ADIS 的 SOFC/SOEC 电堆电化学阻抗谱研究[J]. 无机材料学报,2016, 31（12）：1279-1288.

[38] Steinhauer M，Risse S，Wagner N，et al. Investigation of the solid electrolyte interphase formation at graphite anodes in lithium-ion batteries with electrochemical impedance spectroscopy[J]. Electrochimica Acta，2017，228：652-658.

[39] Yu H，Kim H，Wang Y，et al. High-energy 'composite' layered manganese-rich cathode materials via controlling Li_2MnO_3 phase activation for lithium-ion batteries[J]. Physical Chemistry Chemical Physics，2012，14（18）：6584-6595.

[40] Shen Z，Cao L，Rahn C D，et al. Least squares galvanostatic intermittent titration technique（LS-GITT）for accurate solid phase diffusivity measurement[J]. Journal of the Electrochemical Society，2013，160（10）：1842-1846.

第8章 金属离子电池资源提取与回收利用

8.1 金属资源分布与提取

8.1.1 金属离子电池中载流子资源的分布与提取

1. 锂资源分布与提取

锂资源主要分布在各种锂矿物和天然水中，其中最主要的为锂辉石、锂云母、透锂长石、磷锂铝石等锂矿物，以及盐湖卤水、盐湖晶间卤水、地下卤水、油田水、地热水、海水等天然水。世界上锂矿物的分布主要在澳大利亚、加拿大、巴西、津巴布韦的比基塔、纳米比亚以及我国的新疆、四川等地。锂含量最高的天然卤水目前主要分布于南美洲安第斯山脉中部高原地区的盐湖群、中国青藏高原的盐湖群和美国的一些地下卤水。

我国虽然是锂矿资源大国，但开发利用能力低，对外依赖度高。我国虽然拥有丰富的锂资源储量，却是锂消费和进口大国，几乎占用了世界 60%的锂资源。我国锂资源总体品位低、分布地区生态环境极脆弱不易开采，锂提取过程收率低等原因导致锂资源利用率非常低，国内锂产品加工原料对外依存度很高，在我国，虽然三元电池材料需要的优质锂辉石资源分布在四川的甘孜州和阿坝州，但一直处于未开发状态。

目前锂资源的分离提取工艺分为两类：盐湖提锂和矿石提锂。盐湖提锂主要有沉淀法、溶剂萃取法、吸附法、煅烧法及电渗析法；矿石提锂主要有硫酸焙烧法、硫酸盐法和石灰石焙烧法。

沉淀法是最早研究并已在工业上应用的卤水提锂方法。该方法利用太阳能将含锂卤水在蒸发池中自然蒸发、浓缩，锂含量达到一定浓度后，用石灰除去残留的镁杂质，然后以碳酸盐和铝酸盐及碱石灰与氯化钙的混合物为沉淀剂或盐析剂，使锂以碳酸锂（Li_2CO_3）的形式析出。沉淀法的优点是工艺较为成熟，可靠性高，已成为目前盐湖卤水提锂的主要方法，但该方法工艺流程较复杂，耗碱量较大，不适合锂浓度低的卤水和含大量碱土金属的卤水，尤其 Mg^{2+} 不能太高，由于 Mg^{2+}、Li^+ 性质相近，在各分段沉淀中 Li^+ 损失率较大；同时，若 Mg^{2+} 含量过高，将耗用大量的碱除 Mg^{2+}，成本较高，因而这种方法不适用于以青海察尔汗为代表的我国广大盐湖。

萃取法是 20 世纪 60 年代发展起来的，是利用有机溶剂对锂的特殊萃取性能达到提取氯化锂的目的，其关键是发现合适的萃取剂。目前主要集中在单一萃取体系和协同萃取体系两类。其中许多醇类、二酮类和烷基磷类对锂均有较好的萃取效果，同时冠醚是近年来发展起来的一种新型萃取剂，此类试剂对锂有较好的选择性，但目前仅限于实验研究阶段，尚无工业应用报道。

从环境和经济角度考虑，吸附法比其他方法有较大的优势，尤其在从低品位卤水或海水中提锂方面优势更加明显。其关键是研制出性能优良的吸附剂，它要求吸附剂对锂有极高的选择性，以便消除卤水中大量共存的碱金属和碱土金属离子的干扰；此外要求吸附剂制备方法简便、利用率高、交换速率快、适合较大规模操作使用、不污染水体等。目前，青海盐湖佛照蓝科锂业股份有限公司采用吸附法选择性吸附高镁低锂型卤水中的锂实现初步镁锂分离。

煅烧法是一种比较粗放的生产方法，以提钾、提硼后的含锂和氯化镁的饱和卤水为原料，采用喷雾干燥、煅烧、加水浸取、洗涤，加石灰乳除硫酸根，在盐田中蒸发析出水氯镁石，达到除镁的目的，浓缩后的富锂母液经沉淀分离出碳酸锂固体，最后经干燥得到优质碳酸锂产品。

电渗析法的分离原理是在外加直流电场的作用下，利用液态或固态离子交换膜对水中离子的选择性，使一部分离子透过交换膜转移到另一侧水中，从而实现镁锂分离。

硫酸焙烧工艺制备碳酸锂是目前工业上应用较为成熟的工艺。硫酸焙烧工艺是将 α-锂辉石于 1050～1100 ℃焙烧得到 β-锂辉石，经粉碎磨细后加入浓硫酸，在 200～350 ℃焙烧发生置换反应得到硫酸锂，水浸并加入碳酸钙调节 pH，固液分离得到硫酸锂粗溶液。加入石灰乳调节 pH 并加入碳酸钠，以除去钙、镁、铁、铝等杂质的硫酸锂净化溶液，净化溶液被进一步浓缩蒸发得到 Li_2SO_4 稀溶液，加入饱和的纯碱溶液沉淀碳酸锂，经分离、干燥得到碳酸锂产品，整个过程锂回收率可在 90%以上。

硫酸盐法是将锂辉石与工业硫酸钾或硫酸钠按一定比例混合，在高温下烧结，将烧结后的熟料溶出、除渣得到硫酸锂和硫酸钾的溶液；加入碳酸钠及氢氧化钠对溶液进行净化除杂，经过滤、蒸发、分离得到硫酸锂溶液，再加入碳酸钠沉淀碳酸锂；碳酸锂沉淀经洗涤、干燥得到碳酸锂产品。

石灰石焙烧法是将锂矿石（一般 Li_2O 质量分数在 6%以上）和石灰石按一定比例混合磨细，在高温下烧结，使矿物中的锂转化成可溶于水的化合物；用浸洗液浸出氢氧化锂，过滤除渣得到浸出液；将浸出液蒸发浓缩，加入碳酸钠生成碳酸锂，再经离心分离、干燥制得碳酸锂。

2. 钠资源分布与提取

钠是地球上分布最广的元素之一，其重量约占地壳重量的 2.83%，居第六位。钠在自然界主要以钠盐形式存在，钠盐储量丰富，如食盐（氯化钠）、芒硝（硫酸钠）、智利硝石（硝酸钠）、纯碱（碳酸钠）等，各种钠盐的矿源分布均有地域优势。地球上的氯化钠主要以溶于海水及盐湖卤水中的液体矿和固体盐矿两种形式存在。我国盐资源丰富，盐矿资源几乎遍布全国各省，其中以青海省的盐湖最为有名。美国拥有全球首位的天然碱资源（约占 90%以上），怀俄明州绿河地区天然储量达到 520 亿吨且极纯、质高，是世界最大的天然碱矿床。另外科罗拉多州西北部山区存在着一个巨大的与油页岩共生的苏打石（$NaHCO_3$）矿床，总储量为 290 亿吨，是仅次于怀俄明州绿河的第二大天然碱矿床。

目前钠资源的提取最经济的方法是通过海水及盐湖卤水晒盐提取，经过进一步提纯得到氯化钠、纯碱、烧碱等含钠化合物。金属钠目前主要通过氯化钠-氯化钙熔盐电解法制备。

3. 钾资源分布与提取

全球钾盐生产集中度较高。加拿大是最大的钾盐矿产品生产国，世界上钾盐生产量前三大国为加拿大、白俄罗斯和俄罗斯。

目前钾资源的提取主要通过海水提钾，采用的方法有化学沉淀法、溶剂萃取法、膜分离法、离子交换法。

4. 锌资源分布与提取

锌是自然界中资源分布较广的金属元素，多以硫化物状态存在，主要含锌矿物为闪锌矿，也有少量氧化矿如菱锌矿、硅锌矿、异极矿、水锌矿等。世界上的锌资源主要分布在亚洲、大洋洲、北美洲和南美洲。世界上锌储量较多的国家有中国、澳大利亚、美国、加拿大、哈萨克斯坦、秘鲁和墨西哥等。其中澳大利亚、中国、美国和哈萨克斯坦的矿石储量占世界锌储量的 54%左右，占世界储量基础的 64.66%。

锌的冶炼有两种工艺：火法冶炼和湿法冶炼。火法冶炼为在高温下，用碳作还原剂从氧化锌物料中还原提取金属锌，密闭鼓风炉炼锌是世界上最主要的几乎唯一的火法炼锌方法。湿法炼锌应用开始较晚，第一个半工业性湿法炼锌试验虽然开始于 18 世纪 90 年代，但直到第一次世界大战中期，湿法炼锌才正式开始工业生产。湿法冶炼是高温高酸浸出，使锌进入溶液，同时大量的铁也随之进入溶液，随后使用黄钾铁钒法、针铁矿法或赤铁矿法除铁，使含锌液再返回到中性浸出，回收其中的锌。

5. 镁资源分布与提取

镁是地球上储量最丰富的轻金属元素之一，在宇宙中含量排第八，地壳丰度为 2%，在海水中含量约 0.13%，不计氢、氧两种主体元素，海水中含量排第三。镁在自然界分布广泛，主要以固体矿和液体矿的形式存在。固体矿主要有菱镁矿、白云石等；液体矿主要来自海水、天然盐湖水、地下卤水等。目前世界上公认的具有最大镁矿储量的前五位国家分别为中国、澳大利亚、波兰、俄罗斯及美国，我国是镁资源储量最丰富的国家。

1941 年加拿大 Dominion Magnesium 的 Pidgeon 博士开发了皮江工艺提取镁金属。具体为通过将白云石与石灰石混合后置于高温下，白云石分解得到氧化镁，再与还原剂（通常是硅或铝）混合，煅烧后镁以气体形式逸出，降低温度得到金属镁。目前工业上对镁金属的提取尽管方法多样，但大多数是在皮江工艺的基础上改良后得到的。

卤水提镁是通过向卤水中倒入石灰乳富集镁元素，沉降后取出沉淀，洗涤后得到氢氧化镁。氢氧化镁受热分解成氧化镁和水，再通过电解法、热还原法等得到金属镁。

6. 铝资源分布与提取

世界铝土矿资源比较丰富，从国家分布来看，铝土矿主要分布在几内亚、澳大利亚、巴西、中国、希腊、圭亚那、印度、印度尼西亚、牙买加、哈萨克斯坦、俄罗斯、苏里南、委内瑞拉、越南及其他国家。

目前工业上提取铝金属的方法主要是对开采出的铝矿石进行提纯，通过酸碱法得到氧化铝，进一步通过电解氧化铝得到铝金属。目前常用的电解方法为霍尔-埃鲁铝电解法：以纯净的氧化铝为原料采用电解制铝，因纯净的氧化铝熔点高（约 2045 ℃），很难熔化，所以工业上都用熔化的冰晶石（Na_3AlF_6）作熔剂，使氧化铝在 1000 ℃左右溶解在液态的冰晶石中，成为冰晶石和氧化铝的熔融体，然后在电解槽中，用碳块作阴阳两极，进行电解。

表 8.1 汇总了金属离子电池载流子资源在世界范围内的分布与提取方法。

表 8.1　可用作金属离子电池载流子的金属资源在世界范围内的分布与提取方法

	资源分布	提取方法
锂	阿根廷（23.9%）、智利（13.7%）、澳大利亚（12.4%）、加拿大（3.22%）、玻利维亚（14.5%）、中国（7.26%）	沉淀法、溶剂萃取法、吸附法、煅烧法及电渗析法；硫酸法、硫酸盐法和石灰石焙烧法
钠	全球均匀分布，主要以氯化钠的形式集中在海水中	海水晒盐、氯化钠-氯化钙熔盐电解法
钾	加拿大、白俄罗斯、俄罗斯	化学沉淀法、溶剂萃取法、膜分离法、离子交换法
镁	中国（21%）、澳大利亚（4%）、波兰、俄罗斯（27%）、美国	皮江工艺、卤水提镁
铝	几内亚、澳大利亚、巴西、中国、希腊、圭亚那	霍尔-埃鲁铝电解法
锌	中国、澳大利亚、美国、加拿大、哈萨克斯坦、秘鲁、墨西哥	火法冶炼、湿法冶炼

8.1.2　金属离子电池中主要活性电对资源的分布与提取

1. 铁资源分布与提取

全球铁矿石资源与产量分布较不均衡：从铁矿石储量与含铁量储量两个指标看，铁矿资源最丰富的国家为澳大利亚、巴西和俄罗斯；从铁矿石产量来看，全球铁矿石产量主要集中在澳大利亚；从铁矿石产量占比来看，全球铁矿石产量主要集中在澳大利亚，该国产量占全球产量的 40%。巴西也是世界重要的铁矿石生产国，位居澳大利亚之后，占比约为 20%。此外，印度和中国分别排第三、第四名，占比分别为 9%、7%。

铁的提炼一般采用高炉法，炼铁的主要原料是铁矿石、焦炭、石灰石、空气。铁矿石有赤铁矿（Fe_2O_3）和磁铁矿（Fe_3O_4）等。铁矿石的含铁量称为品位，在冶炼前要经过选矿，除去其他杂质，提高铁矿石的品位，然后经破碎、磨粉、烧结，送入高炉冶炼。焦炭的作用是提供热量并产生还原剂一氧化碳。石灰石是用于造渣除脉石，使冶炼生成的铁与杂质分开。冶炼时，铁矿石、焦炭和石灰石从炉顶进料口由上而下加入，同时将热空气从进风口由下而上鼓入炉内，在高温下，反应物充分接触反应得到铁。

2. 钴资源分布与提取

钴化合物在电池领域的应用是近年推动钴工业发展的重要因素。钴在航天航空、高分子等应用中具有不可替代的作用，是新能源汽车等战略性新兴产业发展所需的重要矿产资源。钴在地球上分布广泛，但钴具有强迁移能力，在地壳中的含量很低，地壳丰度仅为 $25×10^{-6}$，在最常产出的超基性岩中平均含量也仅为 $110×10^{-6}$。90%钴呈分散状态，因此，一般认为很难形成独立的经济矿床，大多是以铜镍、铜、铁等矿床的伴生金属产出，部分产在风化型红土镍矿、岩浆型硫化铜镍矿和沉积型砂岩铜矿中，且 95%以上集中分布在刚果（金）、澳大利亚、古巴、赞比亚和俄罗斯等少数国家。另外，大洋深海底的锰结核中含有丰富的钴资源，钴含量随区域而异，一般为 0.3%~2%。

钴资源分离提取技术方法主要有：湿法提钴、离子交换法提钴、固相萃取法提钴、火法提钴、溶液萃取提钴。虽然方法多样，但从含钴原料提取钴的方法主要围绕火法和湿法两种。火法处理改变物料中钴的物相组成或将钴富集至中间产物中，为后续的湿法处理做准备。湿法处理的目的则在于除杂并获得高纯度金属钴，或直接生产工业所需的各种含钴化合物。火法流程在 20 世纪 40 年代以前广泛应用，现在仅有 Panda 钴厂利用电炉熔炼铜钴合金。湿法流程已经得到了迅速的发展，并且已取代火法的主导地位。湿法提钴按照浸出液的不同，可以分为酸浸、碱浸和氨浸。目前广泛应用在工业上的方法为火法-湿法联合提钴。联合流程是先采用硫酸化焙烧铜钴精矿、黄铁矿、还原焙烧红土矿、脱砷焙烧砷钴精矿再用酸浸或氨浸处理，或者是在铜、镍、锌等火法冶炼过程中，使钴以中间产物富集再经湿法处理。如采用该方法处理砷盐净化钴镍渣，即采用钴镍渣-预处理-熔炼-电解造液-萃取除杂-Co、Ni 萃取分离，分别制得 Co、Ni 产品，最终实现从直接浸出砷盐净化钴镍渣中综合回收 Zn、Cu、Co、Ni 等有价金属。

3. 镍资源分布与提取

镍资源在全球的储量丰富，约 60%是红土型镍矿，其余为硫化物型镍矿。红土型镍矿主要分布在热带国家，集中分布在环太平洋的热带-亚热带地区，硫化物型镍矿主要分布在加拿大、俄罗斯、澳大利亚、中国、南非等国家。

传统上，大部分硫矿石都要经过高温冶金技巧，得到硫滓，以作精炼之用。由于近来湿法冶金学的进展，如今许多镍精炼都用这些方法来进行。硫矿床传统上是用泡沫浮选法按浓度处理，再经高温冶金提取金属。而在湿法冶金的过程中，镍矿石经浮选法处理后，送上熔炼。在产出硫滓以后，用谢里特-戈登（Sherritt-Gordon）法处理。首先，加入硫化氢将铜移除，留下只剩钴及镍的精矿。之后使用溶剂萃取法，将钴及镍分开，最终的镍成品纯度高于 99.9%。

4. 锰资源分布与提取

锰资源广泛分布于陆地和海洋中，锰在自然界以氧化物、氢氧化物、硫化物、碳酸盐、硅酸盐和硼酸盐等状态存在。在冶金工业中，锰矿按照矿石类型可分为氧化锰矿和碳酸锰矿，按含锰量高低可分为富锰矿和贫锰矿。全球锰矿资源主要分布于南非、巴西、澳大利亚等地区。

金属锰的提炼方式主要有火法和湿法两种。火法生产的金属锰纯度不超过98%，并且耗能高，污染严重，已经逐渐被淘汰，而湿法生产的金属锰纯度可达99.9%以上，污染也相对较小，现在已成为金属锰生产的主要方式。

5. 钒资源分布与提取

钒资源存在于 60 多种不同的矿物中，包括钒矿、角闪锌矿、玫瑰铅矿和铜矿。钒也存在于原油、煤炭和沥青砂等化石燃料中。钒资源主要分布于中国、俄罗斯、南非和澳大利亚四国。

目前钒的提炼方式主要有两种：钒渣提钒和石煤提钒。其中钒渣提钒在国内外都是绝对的主流方式，是以钒钛磁铁矿为原料进行炼钢时得到的副产品钒渣（五氧化二钒含量 10%~20%），进一步加工得到钒系产品。目前国内主要厂家如攀钢集团、河钢承钢、川威集团等均通过此类方式获得钒产品，占总产量的 80%~90%。第二类是通过石煤提钒，由于五氧化二钒品位较低（1%左右），提炼成本高，且焙烧过程会产生大量污染性气体，因此在总产量中占比较小，见表 8.2。

表 8.2　用作金属离子电池反应电对的金属资源在世界范围内的分布与提取方法

	资源分布	提取方法
铁	澳大利亚、巴西、俄罗斯	高炉炼铁
钴	刚果（金）（49.28%）、澳大利亚（17.39%）、古巴（7.25%）、赞比亚（3.91%）、俄罗斯（3.62%）	湿法、离子交换法、固相萃取法、火法、溶液萃取
镍	环太平洋的热带-亚热带地区、加拿大、俄罗斯、澳大利亚、中国、南非	高温冶金、谢里特-戈登法
锰	南非、巴西、澳大利亚	火法冶炼、湿法冶炼
钒	中国、俄罗斯、南非、澳大利亚	钒渣提钒、石煤提钒

8.2　锂离子电池回收技术

8.2.1　锂离子电池回收利用的意义

自 20 世纪 90 年代，索尼正式将锂离子电池商业化以来，移动可充电时代到来，现在日用的手机、计算机、MP3 等电子设备都是由内置的锂离子电池供能，近些年出现的电动汽车的核心组件也是锂离子电池，可以说锂离子电池成功的商业化应用给人类的生活带来了巨大的便利，同时使储能性能飞跃式提高，储能方式有了质的改变。但是当电子设备达到使用寿命时，其中的锂离子电池如何回收再利用成为新的问题。

低碳社会依赖于锂离子电池技术的发展。2020 年，全球仅电动汽车销量就高达 324 万辆，保守假设电池组平均重量为 250 kg，体积为 0.5 m^3，当这些车辆达到使用寿命时，产生的电池组废物将约为 81 万 t、162 万 m^3。根据 2018~2025 年全球市场锂离子电池出货量及预测（图 8.1）可知，随着社会对锂离子电池的需求增大，锂离子电池的生产量会逐年增大[1]。锂离子电池市场预计将从 2017 年的 300 亿美元增长到 2025 年的 1000 亿美元。但这种增长本身是有着很高的代价的，锂离子技术对人类和地球都有弊端。巨大的产量和缺乏对废旧资源的回收带来了很多严峻的挑战，体现在环境污染、金属材料浪费以及人工拆卸电池过程中对人体的伤害等方面。

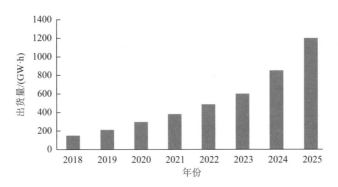

图 8.1　2018～2025 年全球市场锂离子电池出货量及预测
配图数据源自《中国锂离子电池行业发展白皮书（2021 年）》

2016 年 9 月发生在美国圣卡洛斯，2018 年 8 月发生在根西岛和 2018 年 9 月发生在华盛顿塔科马港的金属回收设施火灾都证明了金属回收过程的危险性。由于锂离子电池中含有多种成本较高金属元素，如锂、镍、钴、锰，以及电解液中的 $LiPF_6$ 分解产气，都会给电池的回收处理带来困难和危险。锂离子电池中所含的元素和材料在很多国家都无法获得，难以确保稳定的供应链，有人认为，高钴含量的电池应该立即回收，以增加钴的供应量。严格管理锂离子电池制造中所消耗的资源对于确保未来锂离子电池产业的可持续性肯定是至关重要的。

近年来，随着新能源汽车的大量普及，车用动力电池产销量节节攀升，迄今为止，已有 20 多个国家宣布不迟于 2050 年实现电动汽车的目标或禁止传统内燃机汽车的使用[8]。随着电动汽车产量的迅猛增长，对电池相关原材料（如镍、钴、锰、锂和石墨）的需求自然导致了采矿和生产的增加，预计未来将出现严重的原材料短缺，尤其是 Li 和 Co。我国相关行业面临的主要问题为对外依存度长期偏高、国内资源短缺、开发利用难度大、新技术研发滞后。因此，考虑到成本效益，对废旧电池中的金属材料进行回收再利用，有望缓解资源紧张的现状。2018 年动力电池回收市场全面爆发，累计废旧动力锂电池超过 12 GW·h、报废量超过 17 万 t，从中回收锂、钴、镍、锰、铝等金属所创造的回收市场规模将超过 50 亿元。根据预测，2025 年废旧动力总产量将达到 111.7 GW·h，市场规模预计将达到 204 亿元，市场回收规模巨大[9]。新能源汽车产业与储能技术的发展严重依赖相关的能源金属资源，其中锂具有至关重要的作用。在未来 5～10 年，我国动力电池产销量会有很大上升空间，对锂的需求量也将持续上升，而且锂资源在提取、利用和回收中还存在很多问题，给我国能源金属资源的可持续利用带来严峻的挑战。除此之外，锂的同位素 ⁶Li 是可控热核聚变反应的重要材料，高纯度 ⁷Li 是钍基核反应堆必需的基础材料；涉及航天航空等领域的润滑脂中，锂基润滑脂数量占比 70% 以上；另外，在石化产品合成领域，锂是诸多重要催化剂的关键组元；因此，锂资源可持续利用的战略价值应引起高度重视。

　　锂金属的初始生产有两种主要模式，即 1 t 锂可由 250 t 锂辉石矿或 750 t 富含矿物质的卤水经加工后得到。最常用的生产模式是通过加工卤水得到所需的锂金属。工艺流程是卤水首先通过蒸发浓缩，在提纯前转化为氯化锂，高纯度的熔融无水氯化锂通过电解加工成锂金属，蒸馏可去除低熔点杂质，如钠。在下一步中，锂金属通过挤压或轧制形成锂箔。经过大量原材料的加工会对环境造成相当大的影响，例如，从盐水中开采就需要在盐滩上钻孔，然后将富含矿物质的溶液泵到地表。然而，这种采矿活动耗尽了地下水位。世界上大约三分之一的锂来自阿根廷和智利的盐滩，材料的开采需要在一个原本干旱的地区使用大量的水。在智利的主要锂金属生产中心——阿塔卡马，该地区 65% 的水被采矿活动消耗掉。这影响了该地区的农民，他们必须从其他地区进水。以这种方式生产锂的加工过程对水的需求很大，1 t 锂需要提取 1900 t 水，这些水被蒸发消耗掉。电池级的锂也可以通过将材料暴露在非常高的温度下来生产，这一方法在中国和澳大利亚被使用，但这一方法同时伴随着大量能源消耗。与之相比，二次生产只需要 28 t 废旧的锂即可生产 1 t 锂[1]。如果能从寿命终止的锂离子电池中回收尽可能多的可用材料，那么锂离子电池生产造成的负面影响将大大降低。

　　此外，短期内，钴储量迫切需要得到关注。钴化合物在电池领域的应用是近年推动钴工业发展的重要因素。钴在航天航空、高分子等应用中具有不可替代的作用，也是新能源汽车等战略性新兴产业发展所需的重要矿产资源。《全国矿产资源规划（2016～2020 年）》将钴列为我国 24 种战略性矿产之一。欧盟、美国、日本等国家或地区也将钴矿产列入关键矿产目录。钴在地球上分布广泛，但钴具有强迁移能力，在地壳中的含量很低，地壳丰度仅为 $25×10^{-6}$。90% 钴呈分散状态，因此，一般认为很难形成独立的经济矿床，大多是以铜镍、铜、铁等矿床的伴生金属产出。钴的储量在地理上比较集中，主要在刚果（金），其大约 90% 的钴来自其工业矿山（每年 9 万 t）。但在一个人均年收入不到 1200 美元的国家，全球对钴的需求吸引了数以千计的个人和小企业，这些人被称为手工矿工。中国钴资源缺乏，储量很少，根据国土资源部《中国矿产资源报告 2019》，2018 年我国钴矿查明资源储量 69.65 万 t。由于中国贫矿多、富矿少，共生、伴生矿多，单独的钴矿床少等原因，加上还有不少暂时不能利用的资源，总的来说中国是一个钴矿资源严重缺乏的国家，需要依靠进口。刚果（金）等国的矿产经历了剧烈的短期价格波动，材料的供应链存在严重的道德问题，这些社会负担由世界上一些最弱势的人群承担。鉴于该行业的全球性质，需要国际一致性推动锂离子电池回收和材料循环。

　　如废物管理等级所示（图 8.2），由于可以抵消回收的成本，再利用要优于单纯的回收[1]。对于大多数回收再制造过程,电池组必须至少拆卸到模块级。然而,电池拆卸相关的危险性也是非常高的,常常需要高压操作和绝缘工具,以防止操作人员触电或电池组短路。短路会导致快速放电,这可能导致发热甚至热失控。热失控会导致产生特别有害的副产物,包括氟化氢气体,这些副产物会和其他产物气体聚集并最终导致电池爆炸。此外,电池中还存在易燃电解质、有毒和致癌的电解质添加剂以及潜在的有毒或致癌的电极材料,这些都属于化学危险品。目前电池回收过程中面临的主要问题有:①设计和制造电池时过于追求性能导致电池组成复杂,金属回收能源消耗高,金属回收率低;②回收技术和工艺水平亟待提高;③我国尚未建立动力电池回收利用全链条完整体系;④回收利用难以盈利;⑤电池回收利用法律法规不完善,相关标准尚未制定。

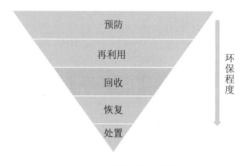

图 8.2　废物管理等级

电化学阻抗谱可以提供有关电池、模块以及全包装的健康状态信息,并且还可以指示老化机理。这种测量有可能为再利用或拆卸和处理提供决策信息,并可以识别出后处理过程中的潜在危险。电化学阻抗谱已经被研究用于初级生产中的测试,许多电动汽车制造商计划使用类似的技术来管理和维护电动汽车电池组,在现场识别和更换出现故障的模块。如果该过程能够大部分或完全自动化,预计在成本、安全性和生产时间方面会有实质性的优势。

8.2.2　锂离子电池回收预处理

废旧电池中的金属材料价值较高,回收后可循环使用,且锂、钴、镍属于稀缺金属,有着极高的回收价值,因此废旧电池中的金属材料回收是电池回收的核心部分,也是研究的重点[2-4]。当锂离子电池被确定用于回收再利用时,需要进行如图 8.3 中所示的预处理和金属材料提炼两大步骤。因废旧锂离子电池中通常含有部分残留电量,因此要进行预处理以防拆解不当引发火灾等安全事故[5]。预处理主要分为两步,即放电失活和拆解筛分。

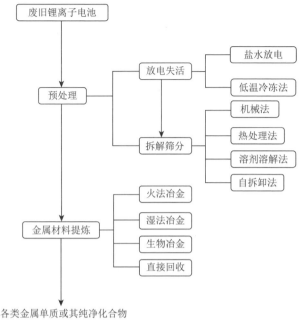

图 8.3　锂离子电池回收流程图

1. 电池放电失活

锂离子电池的放电失活可以通过盐溶液放电法或低温冷冻法来实现[6]。在 NaCl 盐溶液或"盐水"（海水曾被使用过）中放电是一种可行的方法，盐溶液可以将电池中剩余电量通过短路的方式释放出来，还可吸收短路所释放的热量，该方法稳定、放电效率高且成本低廉，适合小型废旧电池的放电处理。完全放电的时间取决于盐的溶解度以及溶液的电导率；升高温度可以缩短放电时间。然而，竞争性的电化学反应会不可避免地发生。氧气、氢气和其他气体，如氯（取决于盐水中的盐），将在负极和正极形成；更危险的是，若电池壳破裂导致电解液泄漏，电解质中的锂盐 $LiPF_6$ 会与水反应生成 HF，有机溶剂也会挥发，裸露出的内部金属接触水溶液，造成爆炸等安全事故，给环境和操作人员带来危害。盐水放电法由于电解速率高，气体逸出的过程非常剧烈，不适用于高压模块和组件。对于可以精细调控电解的低压模块和电池，原则上盐水放电法是可行的，其中氢和氧可以被回收用于其他应用，增加了工艺的成本效益。然而，电池内容物的污染有可能使后处理过程复杂化，或者损害加工材料的价值。

低温冷冻法是指将废旧电池冷冻至极低温度（如液氮冷冻），使其失活并可以安全破碎。该方法适合高容量电池的大批量工业化应用，如美国 Umicore 和 Toxco 公司均采用此方法。该方法的缺点是对设备有较高的要求，初期建设成本较高。

废旧锂离子电池确切的最佳放电量尚不清楚，其取决于电池的化学性质和放电深度，电池的过度放电会导致负极集流体中的铜溶解到电解质中。铜的存在对材料回收有害，因为它可能会污染所有的活性材料和集流体。如果再次增加电压或恢复"正常"运行，则存在安全隐患，因为铜会在整个电池中重复出现，从而增加了短路和热失控的风险。

2. 电池拆解筛分

待回收处理的锂离子电池经过放电后，一般需要经过人工拆解或机械拆解等步骤。人工拆解的过程是首先将电池的塑料外壳去除，然后将其浸入液氮中以使其中的有害物质失活。之后将废电池固定在车床上，用锯子将电池外壳的端部切除后，将电池纵向开口并去除外壳。最后分离正极、负极以及隔膜，并在 60 ℃条件下干燥 24 h，得到的正极片和负极片进一步分离，然后进入金属提取过程[7]。人工处理可以把锂离子电池的各个部分分开处理，优点是浸取液中的杂质较少，各组分回收率高，回收产品纯度高；缺点是拆解效率低，处理量小。机械拆解的优点是处理量大，但把整个电池各个组分混在一起，导致后续除杂步骤多，工艺变得复杂，并且各个组分的回收率都有所降低。通过拆解得到电池组件后，需要进一步处理实现活性材料与集流体的分离，有利于后续金属提取。下面将详细介绍几种常用的处理方法。

机械法，即将整个待回收的锂离子电池拆解后，利用不同组分物理特征如粒径、磁性、密度和电导率的差异实现各组分分离。该方法自动化程度高，利于大规模应用。但由于锂离子电池复杂的结构和化学组成，机械法很难将各组分完全分离，导致后续除杂工艺变得复杂，这增加了回收成本；同时电解液易挥发、粉尘、噪声和热污染都对工作人员带来伤害。由于其可以大规模工业化处理，机械法是目前普遍采用的技术。

热处理法，即采用高温分解黏结剂以降低活性材料颗粒之间的黏结力，使活性物质层与集流体之间的黏结力变弱，进而实现活性物质与集流体的分离。研究表明，常用的黏结剂聚偏二氟乙烯（PVDF）一般在 350 ℃以上开始分解。该方法操作简单，且集流体以金属形式回收，但能耗较大且高温下易产生 HF 等有毒气体，铝箔也易在高温下熔化包裹在活性物质表面，影响后续活性物质的回收。

溶剂溶解法，即根据"相似相溶"原理，采用较强极性的有机溶剂溶解 PVDF等，从而实现活性材料和集流体的分离。常用的有机溶剂包括 N-甲基吡咯烷酮（NMP）、N, N-二甲基甲酰胺（DMF）、二甲基乙酰胺（DMAC）、二甲基亚砜（DMSO）等。添加超声波清洗等辅助措施可以显著提高电极的剥离效率。与热处理等方法相比，溶剂溶解法能耗低，简化了回收工艺，提高了回收效果，铜箔及铝箔经清洗后可直接回收，通过蒸馏的方式脱除黏结剂后的有机溶剂可循环使用。但此方法也存在不足，NMP 等溶剂黏度较大，溶解后得到的活性物质颗粒细小，固液分离困难。此外，有机溶剂价格高且有一定毒性，不仅会提高成本，对工作人员的健康和环境也有潜在的危害，因此，寻找价格适中、来源广泛、适用性强的绿色环保溶剂是研究的重要方向。

现如今，锂离子电池制造商层出不穷，市场上的锂离子电池有着各种不同的外形、结构、化学成分，这给电池回收带来了挑战。国内有宁德时代、比亚迪、国轩、力神，国外有日本松下、韩国三星 SDI、美国特斯拉等多家锂电池制造商。不同制造商采用不同的方法制造电池，例如，特斯拉在其电池日活动中宣布了"tabless"电池设计；比亚迪采用的刀片式电池组将电池组的空间利用率提高了50%，并将 $LiFePO_4$（LFP）正极带回市场；宁德时代采用的 CTP 技术将电池组的体积利用率提高了 20%，生产效率提高了 50%[8]。然而这些不同规格的电池组，需要不同的拆卸方法，不同的拆卸方法得到的部件格式和尺寸也都不相同，这些因素给自动化拆卸带来了巨大的挑战。同时，制造商们采用的不同电池化学物质，需要使用不同的材料进行回收处理，显著提高了回收过程的经济成本和难度；棱柱形和袋形电池具有平面电极，而圆柱形电池的电极则紧密盘绕，这给回收过程中的电极分离带来了额外的挑战。总的来说，不同的外形、结构和内容物的电池组大大限制了电池的重复使用。目前锂离子电池主要是先通过手动拆卸，再进行回收和再利用，由于拆卸过程烦琐、条件苛刻，因此需要专业的员工和工具，然而在电池领域的技术人员中可能只有极少数的人经过拆卸电池的专业培训。因此有人担心未经训练的工作人员可能冒着生命危险拆卸电池，处理报废电池的人也会面临同样的风险。此外有人提出，在劳动力成本高的国家，人工费用高于电池回收的利润，人工拆解电池是不经济的，电池的设计应考虑安全性、成本、可回收性等各方面因素，使之相平衡。

自拆卸电池可以很好地解决上述成本、安全性问题而被研究。机器人拆卸电池可以规避拆卸过程对工人造成伤害的风险，提高自动化程度将降低成本，潜在地使回收更有经济价值。重要的是，自动化还可以改善材料和组分的机械分离，提高分离材料的纯度，并使后续分离和回收过程更加高效。然而，电池拆卸自动化存在重大挑战，即制造业中的机器人和自动化依赖于高度结构化的环境，在这种环境中，机器人对固定位置上的精确已知物体进行预编程的重复动作，从这个角度考虑锂离子电池的复杂性对自动化拆卸有着很大的影响。目前，还没有电池组、模块或电池的标准化设计，在近期也难以实现标准化。其他依赖电池的产品，如手机，在过去的 20 年里，不同尺寸、形状和类型的电池呈指数级增长。目前，这些电池的工厂组装大部分是由工人完成的，并且仍然没有自动化。它们的拆卸和废物处理过程，通常结构化程度低于制造装配线，因此具有更大的不确定性。苹果为 iPhone 6 实施了一条自动拆卸线，每年可处理 120 万部手机。这条线有 22 个站连接在一个传送带系统上，可以在 11 s 内将 iPhone 拆开。但是，这个系统只能处理 iPhone 6 一个型号。这种型号的完整手机必须放置在拆卸线的起点，然后拆卸线使用 21 个不同单元中 29 个机器人的预编程运动，将手机拆卸成 8 个独立的部分。通过加热将电池中固定在适当位置的胶水除去。由于潜在的火灾危险，这必须发生在保护系统内，同时使用热成像系统监控电池。不幸的是，每年 120 万部手机只是沧海一粟，而苹果拆卸生产线是使用传统的工业自动化方法创建的，这使得它缺乏灵活性，无法自适应地跟上新型号和新品种的手机。建造一条灵活、适应性强的机器人拆卸线并不是非常昂贵，挑战在于创建一种控制算法和软件，使廉价的硬件（如机器人手臂）可以灵活地发挥作用，并智能地处理极其复杂的拆卸问题。如果能够解决这些人工智能的挑战，那么应对新模型和不断变化的模型所需的资金投入可以保持在非常低的水平。使机器人具有智能行为，将在很大程度上依靠传感器来实现先进的机器人感知，尤其是使用三维成像设备结合材料和电池专家定制的传感器来实现计算机视觉。机器人还需要触觉和力感应功能，以解决机器人与被拆卸材料之间强制相互作用的复杂动力学问题。

目前的锂离子电池处理技术基本上绕过了这些问题。将报废电池直接送入粉碎机或高温反应器，工业粉碎技术可以直接钝化电池，但回收的电池材料需要一套复杂的物理和化学过程来产生可用的活性材料与集流体。火法冶金回收工艺在一定规模上可以处理整个废旧锂离子电池，而无需进一步拆卸。然而，这种解决方案也存在一定的劣势，并且随着电池材料变得越来越紧密地混合，化学分离技术还有很多工作要做。

8.2.3　金属材料提炼

金属材料提炼是回收工艺的核心，其目的是将废旧锂离子电池正极材料中的金属转化为合金形式或者溶液状态，以利于后续金属组分的分离回收。主要采用的方法有火法冶金、湿法冶金、生物冶金和直接回收等，其中湿法冶金由于回收率高、得到的产品纯度高等优点，已经成为目前废旧锂离子电池回收的主要技术。

1. 火法冶金

火法工艺是冶金领域较为传统的回收方法，它常用于矿石中金属元素的提取[9]。火法冶金金属回收是利用高温炉将组分金属氧化物还原为 Co、Cu、Fe 和 Ni 的合金，流程图见图 8.4。所涉及的高温意味着将电池熔化。废旧的锂离子电池经放电和拆解后，电池外壳单独回收，将电极材料与焦炭、石灰石混合后，放入焙烧炉中进行还原焙烧。隔膜和电解液等有机物被燃烧分解为 CO_2 等气体，正极中的活性物质被还原为金属单质或合金的形式，Al 被氧化为炉渣[1, 6, 7]。由于这种处理方式简单易行，且对原料的组分要求不高，易于实现工业化，因此目前火法冶金已经应用于商业化的锂离子电池回收。目前，这一技术可以用于不正确分类的锂离子电池（实际上，可以将电池与其他类型的废物一起处理以改善热力学和所得产品）。由于集流体有助于熔炼过程，因此该技术具有重要优势，可以与整个电池或模块一起使用，而无需事先进行钝化步骤。

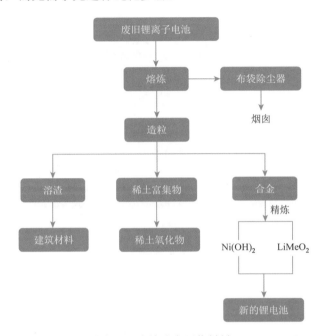

图 8.4　火法冶金回收材料

　　火法冶金过程的产物是金属合金部分、炉渣和气体。在较低温度（<150 ℃）下产生的气态产物包含来自电解质和黏合剂成分的挥发性有机物。在更高的温度下，聚合物分解并被燃烧掉。所得的金属合金可以通过湿法冶金工艺分离成金属，炉渣通常含有金属铝、锰和锂，可以通过进一步的湿法冶金工艺回收，也可以用于其他行业，如水泥行业。这一过程中的安全风险相对较小，因为电池和模块都是在金属回收还原剂的作用下被带到极端温度下，因此危险被控制在处理过程中。此外，电解质和塑料的燃烧是放热的，减少了该过程所需的能量消耗。因此，在火法冶金过程中，通常不考虑电解液和塑料（占电池重量的 40%～50%）或其他成分（如锂盐）的回收。尽管存在环境缺陷（如产生有毒气体，必须捕获收集，以及需要湿法冶金后处理）、能源成本高和回收材料数量有限等问题，但火法冶金仍是目前提取 Co 和 Ni 等高价值过渡金属的常用工艺。

2. 湿法冶金

湿法冶金处理，即使用水溶液从正极材料中浸出所需的金属，再进行金属的提取。湿法冶金分为如图 8.5 所示的四个步骤：①电池放电；②拆解；③金属材料浸取：采用合适的浸取方法将预处理材料中的金属元素浸出到溶液中；④金属材料提取：对浸取液中的金属分离提取。相较于火法冶金，湿法冶金回收工艺更复杂，但回收率更高，且操作条件温和，污染较小。电池预处理步骤已经在 8.2.2 节中介绍，本节主要介绍湿法冶金工艺对金属材料的浸取和提取。

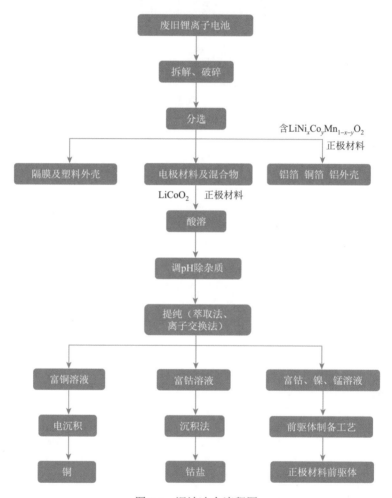

图 8.5　湿法冶金流程图

金属材料浸取主要采用酸浸出的方式。迄今为止报道的最常见的无机酸试剂组合是 H_2SO_4/H_2O_2[5]。为了实现最佳浸出率，需要考虑多种因素，包括浸出酸的浓度、时间、溶液的温度、固液比和还原剂的添加量等。在这些研究中，发现当加入 H_2O_2 时浸出效率提高。有趣的是，H_2O_2 作为还原剂通过反应式（8-1）可以将不溶性 Co^{3+} 转化为可溶性 Co^{2+}：

$$2LiCoO_2(s) + 3H_2SO_4 + H_2O_2 \longrightarrow 2CoSO_4(aq) + Li_2SO_4 + 4H_2O + O_2 \quad (8\text{-}1)$$

酸还原剂体系已成为应用最广泛的金属浸出剂。磷酸因性质相对温和、腐蚀小，也被用于废旧锂离子电池回收的研究，采用磷酸回收金属还具有其他优点：磷酸既是浸出剂，也是沉淀剂，如钴元素在浸出液中可直接以 $Co_3(PO_4)_2$ 的形式沉淀出来，减少了后处理步骤，提高了分离和回收效率。由于 H_2O_2 稳定性差、易分解，当前有很多研究致力于寻找高效稳定的过氧化氢替代物，如亚硫酸氢钠、抗坏血酸、葡萄糖等，其中磷酸-葡萄糖浸出体系，对钴和锂的浸出效率甚至分别达到 98% 和 100%。无机酸浸取虽然可以实现金属的高效浸出，但在回收过程中会产生含酸废水，以及 SO_2、NO_x 等有害气体。

为了降低对环境的污染，近年来不少研究者开始使用有机酸浸取金属材料，如抗坏血酸、柠檬酸、草酸、甲酸、乙酸、琥珀酸、酒石酸等。相比于无机酸，有机酸的优势在于其易生物降解，浸取过程中不产生有毒气体。但有机酸也存在成本太高的问题，应采用合适的方法实现有机酸再生并循环使用。

已经研究了一系列其他可能的浸出酸和还原剂。浸出溶液可以用有机溶剂处理，进一步进行溶剂萃取。金属材料浸出后，控制溶液的酸碱度，可以通过许多沉淀反应回收金属。钴通常以硫酸盐、草酸盐、氢氧化物或碳酸盐的形式提取，锂可以通过沉淀反应实现 Li_2CO_3 或 Li_3PO_4 提取。通过湿法冶金得到的回收材料大多纯度较高，可以重新用于原始正极材料的再利用，或在其他地方应用。对于现在研究较多的三元正极材料 NCM，在回收处理时一旦金属已经从正极材料中浸出，则下一步可以采取顺序沉淀法回收单个金属，或以正极直接再制造为目标，测量并调整溶液中各种金属的浓度，使其与目标材料中的浓度相匹配。

经过前面数道工序处理后的金属材料中，外壳以及大部分的铜、铝已经被分离，重点回收的锂、镍、钴、锰等金属均以离子形式存在于浸出液中，需通过进一步的深度处理，进行彻底的分离、提纯并回收，一般采取溶剂萃取、化学沉淀、电化学沉积等方法进行提纯。

溶剂萃取法是选择一种特定的萃取剂或几种萃取剂的混合物，与目标金属离子形成稳定的配合物，配合物在有机萃取剂中与浸出液分开，再利用相应的溶剂将配合物中的金属离子反萃取出来，实现金属离子的分离提纯。常用的萃取剂有2-羟基-5-壬基苯甲醛肟（N902，Acorga M5640）、二（2,4,4-三甲基戊基）次磷酸（Cyanex272）、2-乙基己基膦酸单-2-乙基己酯（P507，PC-88A）、二（2-乙基己基）磷酸酯（P204，D2EHPA）及三辛胺（TOA）等。实际操作时，需根据不同的金属离子，选择合适的萃取剂和萃取条件。萃取法的优点是选择性好，利用不同的萃取剂，可得到高浓度的目标金属离子溶液，同时还具有操作简单、能耗低、条件温和、回收率和纯度高等优点。但是化学试剂的大量使用会污染环境，溶剂在萃取过程中也会有一定流失，而且萃取剂的价格较高，使得该方法在金属回收方面有一定局限性。

化学沉淀法是向金属浸出液中加入适当沉淀剂，使之发生反应并产生沉淀从而实现金属离子分离的一种方法。该法的关键是选取合适的沉淀剂和沉淀条件，常用的沉淀剂有氢氧化钠、草酸铵、草酸、高锰酸钾、碳酸钠、磷酸钠、磷酸等。化学沉淀法的优势是操作简便，在实际应用时只需控制好溶液酸碱度和沉淀剂的量，就可将溶液中的钴、锂、铁、铝、铜等金属离子进行分步沉淀，得到各级分离的金属沉淀物，实现分离；同时具有回收率高、对设备要求低、成本低、经济效益高等优点，故应用广泛。但由于浸出液中含有多种金属离子，易出现同时沉淀的现象，难以分离。因此，应先将杂质金属除去，再进行沉淀。为提高分离效率，简化操作程序，最新的研究尝试开发具有选择性的沉淀剂。

电化学沉积法是指在外电场作用下，浸出液中的目标金属离子在正极发生电化学还原反应得到金属的方法。该方法优点是简单易行、操作中不需添加化学试剂、引入杂质少，不仅使产品的纯度和回收率很高，也避免了后续复杂的处理工艺。但其需消耗较多的电能，另外，为了避免其他金属离子的共沉积，需要在前处理过程中纯化活性材料。

湿法冶金回收技术因回收效率高、成本低、二次污染小等优点，近年来成为废锂离子电池回收研究关注的重点。该技术主要包括预处理和湿法冶金两个关键步骤。预处理可以实现电极材料各组分的高效分离，目前应用较广泛的预处理方法是溶剂溶解法。就湿法冶金而言，有机酸因其浸出效率高、二次污染小、无安全隐患等优点成为废锂离子电池湿法冶金技术的研究热点。目前，废锂离子电池湿法冶金资源化回收技术存在的问题主要集中在：广泛使用的预处理技术操作复杂，且湿法冶金过程中需投入大量化学试剂，较高的成本限制了废旧锂离子电池湿法冶金回收技术的工业化推广。因此，简化操作流程，开发快速高效、无二次污染的电极材料与其载体的分离技术势必成为提高回收效率的关键。当前的锂离子电池的设计使回收变得极为复杂，而湿法和火法冶金都无法生产可以满足输送到电池闭环系统中要求的纯净物料。

目前工业上废旧锂离子电池回收方法主要包括火法冶金、湿法冶金以及火法与湿法冶金相结合。其回收产物主要是正极材料中的 Li、Co、Ni、Mn 等金属元素，但对于负极材料的回收还缺乏重视[2]。

3. 生物冶金

随着回收技术的发展，生物冶金技术因高效率、低成本、环境友好以及较少的工业要求条件，有望逐渐取代传统的火法冶金和湿法冶金技术。生物冶金技术主要通过利用细菌的氧化作用产生无机酸，使废旧锂离子电池电极材料中的金属以离子形式进入溶液。氧化亚铁硫杆菌、氧化硫硫杆菌等具有特殊选择性菌类以单质硫及亚铁离子等为能量源时，会生成代谢物硫酸和铁离子，可促进金属的溶解，从而得到含金属离子的浸出液。黑曲霉菌以蔗糖为能量源时可代谢出多种有机酸如柠檬酸、苹果酸、葡萄糖酸、草酸等，对废旧电池中的金属具有优良的浸出效果。对硫氧化和铁氧化混合细菌生物浸出废旧锂离子电池中 Co 和 Li 机理的研究表明，Li 浸出的机理与能量物质无关，浸出是由于硫酸的溶解作用。与 Li 不同，Co 的浸出是由于酸溶解和 FeS_2 与 Fe^{3+} 反应生成的 Fe^{2+} 的还原共同作用，即难溶 Co^{3+} 首先被氧化还原产生的 Fe^{2+} 还原为易溶的 Co^{2+} 之后再被酸溶解进入溶液中。对 NCM 电池的研究同样表明，Li 的最大浸出率发生在 S^- 氧化硫杆菌系统，这说明 Li 的浸出机理是由于微生物释放的 H_2SO_4 溶解正极材料中的 Li；而 Ni、Co 和 Mn 的浸出是受 Fe^{2+} 还原和酸浸出共同影响。生物冶金法具有操作条件温和、环境友好、处理成本低以及酸消耗量少等优点。但是，存在菌种培养时间长、培养难度大、浸取动力学慢等问题，限制了其工业应用。另外，较高金属浓度会使细菌失活，故生物冶金浸取法能处理的料浆浓度较低。

4. 直接回收

再利用的锂离子电池中，从电极上移除正极或负极材料以进行修复和再利用的工艺被称为直接回收[6, 7]。原则上，混合的金属氧化物正极材料可以重新结合到新的正极电极中，从而对活性材料的晶体形态的改变最小。通常，直接回收工艺需要补充在电池使用过程中因材料降解损失的锂含量，并且在正极完全锂化的情况下，材料可能无法从处于完全放电状态的电池中回收。到目前为止，这一领域的工作主要集中在笔记本电脑和手机电池上，因为有大量的电池可供回收。

对于高钴含量的正极，如钴酸锂（LCO），传统的火法冶金或湿法冶金回收过程可回收的金属约占正极金属总含量的 70% 左右。但是，对于其他不富钴的正极化学品，该数字显著下降。例如，2019 年的 648 磅日产 Leaf 新电池成本为 6500～8500 美元，但正极材料中的纯金属价值不到 400 美元，而等量 NCM 的物料成本约为 4000 美元。因此，重要的是要认识到，正极材料必须直接回收以获得足够的价值。由于直接回收循环利用避免了冗长而昂贵的纯化步骤，因此对于本征低价值的正极（如 $LiMn_2O_4$ 和 $LiFePO_4$）特别有利。直接回收的优点还在于原则上电池中所有组件都可以进一步处理后回收再利用，甚至有研究表明利用机械分离的石墨负极的性能与原始石墨相似。

尽管直接回收有潜在的优势，但在它成为现实之前，仍有相当多的障碍需要克服。直接回收过程的效率与电池的健康状态相关，在充电状态低的情况下可能不存在优势。这一方法处理不同组成的金属氧化物的灵活性也存在潜在的问题。为了最大限度地提高效率，直接回收工艺必须适合特定的正极配方，不同的正极材料需要不同的工艺，锂离子电池生产的多样性对直接回收工艺是一个巨大的挑战。直接回收可能难以适应来源不明或特性不佳的原料，如果直接回收的产品质量受到影响，商业上也将不愿意再使用这些材料。同时，正极涂层的直接回收较容易导致铝等金属难以在进一步的分离中被分离出来，因此需要在直接回收前进行初步分离材料。电池中的电极黏结剂通常以热解或溶解的方式去除，但这一步骤也存在进一步的挑战，例如，在聚偏二氟乙烯（PVDF）黏结剂的热解过程中产生有害副产物（如 HF）或使用剧毒 N-甲基吡咯烷酮（NMP）作为溶解溶剂。尽管有越来越多的研究表明 PVDF 是一种出色的金属氧化物低温氟化试剂，但在回收文献中，PVDF 黏结剂与电极材料的不良反应被明显忽视。

5. 废旧锂离子电池金属材料提炼方法比较

表 8.3 总结对比了前文所述的金属材料提炼过程采用的主要方法，其中包括各种方法的优缺点和对环境的影响。火法冶金工艺过程较为简单、处理容量大，有利于实现工业化应用，虽然回收过程较为简单直接，但是回收产品附加值低、金属损失率高、能耗高等问题限制了其工业应用。另外，火法回收过程中电池中的有毒电解液和有机物的热解造成了有害气体的释放。因此，在实际应用过程中还需要配备废气处理装置。湿法冶金工艺具有金属回收率高、得到的产物纯度高等优点，已成为目前废锂离子电池回收处理研究的热点，但是湿法冶金过程中采用酸浸提取有价金属，其选择性造成了浸出液中金属组分复杂，使得回收过程复杂、处理成本增加，另外，回收过程中产生的含酸或含碱废水也不容忽视。生物冶金技术采用微生物代谢过程中的产物将废锂离子电池正极材料溶解，得到含有金属组分的溶液，虽然生物冶金技术所需能耗低、处理成本低，但其所需菌种难培养、浸出时间长且处理过程易受污染。直接回收工艺流程简单、成本低，但受制于电池内部金属氧化物的种类和正极配方，电极中黏结剂的去除也对直接回收工艺提出了一定的挑战。

表 8.3 废旧锂离子电池金属材料提炼方法比较

	优点	缺点	对环境的影响
火法冶金	处理容量大、操作过程简单	高温、能耗高、金属回收率低	产生废气、废渣
湿法冶金	能耗低、金属回收率高、产品纯度高	回收过程复杂、化学试剂用量大	酸性废液
生物冶金	能耗低、处理成本低	反应周期长、菌种培养难、条件苛刻	废液
直接回收	工艺流程简单、成本低	对电池正极组成敏感	可能产生废液、废气

自 1991 年索尼公司发明了以石墨为负极、钴酸锂为正极的锂离子电池以来，

锂离子电池的商业化发展被极大地促进，同时革新了消费电子产品的面貌。在这30 年中，锂离子电池已经融入了人类生活的方方面面。然而，巨大的产量带来了大量的废旧电池。如果不采用合理、高效、绿色、经济的方法回收再利用，将会有大量的资源被浪费，同时对环境造成难以估量的污染。世界各地的许多公司已经在一系列储能应用中试行将锂离子电池二次利用，开发先进的传感器、改进的实时电池监控方法以及电池寿命终止测试可以将寿命终止电池的特性更好地与二次应用相匹配，并在使用寿命、安全性和市场上均具有更高的价值和优势。随着废旧电池数量的急剧增加，未来锂离子电池回收将要面对数量与经济效益的问题。虽然火法冶金可以大批量地处理废旧电池，但其成本过高且回收带来的价值太低，如果要实现锂离子电池的完全可回收，就迫切需要替代方法，而不是只回收最具经济价值的成分。未来的锂离子电池回收行业可以从非常成功的铅酸电池回收行业中学到许多经验。铅酸电池的设计相对标准化，易于拆卸和回收，从而最大限度地降低成本，让铅的价值推动回收。不幸的是，对于锂离子电池等快速发展的技术来说，这些优势不太可能很快应用。目前仍有许多改进可以使锂离子电池的回收过程在经济上更加有效，如更好的分选技术、分离电极材料的方法、处理过程中更大的灵活性、回收流程设计以及电池制造的标准化。通过对废旧电池进行拆卸、分离、表征、评估和分类，将其归入再制造、再利用和回收的流程中，这一复杂的流程是有望通过自动化实现的，该方法可降低成本、提高回收物的价值以及几乎消除对工人的伤害风险。

用于商业化生产的除了锂离子电池这类二次电池外，还有很多一次电池也成功商业化并且是电池市场中的重要一环，如锌锰干电池。日常生活中常见的电池还有铅酸蓄电池，广泛应用于燃油汽车和电动车。除了上述三种常见的电池外，钠离子电池也因钠元素在自然界中储量大而得到科研工作者的深入研究，目前钠电池主要应用于储能方面，要想实现大范围商业化生产还需要时日。因本书主要介绍金属离子电池，故锌锰干电池和铅酸蓄电池的回收不做过多介绍。

针对目前阶段矿产资源的大量消耗，许多国家都意识到，采矿需要通过负责任和更可持续的方式进行。然而，一些国家正在倡导的政策，特别是在电池回收方面，有可能对环境产生不利影响。例如，欧盟要求公司在电池寿命结束时收集电池，并将其重新使用或拆解回收。欧盟正在考虑在 2030 年前实现 70% 的电池回收目标。此外，它希望到 2030 年，欧盟制造的新电池中有 4% 的锂来自回收材料，到 2035 年增加到 10%。这种要求可能会产生意想不到的后果。随着电池的改进，它们的使用寿命会变得更长。但是，如果欧盟规定了更高的收集率，公司可能会感受到压力，为达到收集的目标数量，而被迫提前停止使用仍具有使用寿命的电池。应该考虑到的是许多电池只是在某种特定用途（如为汽车供电）中变得效率低时才被淘汰，但在可再生能源存储等密集度较低的应用中，它们仍有足够的寿命，因此回收再利用虽然行之有效，但二次利用依然是目前阶段针对废旧离子电池更为有效且清洁的处理方式。

参 考 文 献

[1]　Harper G，Sommerville R，Kendrick E，et al. Recycling lithium-ion batteries from electric vehicles[J]. Nature，2019，575（7781）：75-86.

[2]　Fan E，Li L，Wang Z P，et al. Sustainable recycling technology for Li-ion batteries and beyond：challenges and future prospects[J]. Chemical Reviews，2020，120（14）：7020-7063.

[3]　Schmuch R，Wagner R，Hpel G，et al. Performance and cost of materials for lithium-based rechargeable automotive batteries[J]. Nature Energy，2018，3（4）：267-278.

[4]　Tran M K，Rodrigues M F，Kato K，et al. Deep eutectic solvents for cathode recycling of Li-ion batteries[J]. Nature Energy，2019，4（4）：339-345.

[5]　Zheng X H，Zhu Z W，Lin X，et al. A mini-review on metal recycling from spent lithium-ion batteries[J]. Engineering，2018，4（3）：361-370.

[6]　贺理珀，孙淑英，于建国. 退役锂离子电池中有价金属回收研究进展[J]. 化工学报，2018，69（1）：327-340.

[7]　卫寿平，孙杰，周添，等. 废旧锂离子电池中金属材料回收技术研究进展[J]. 储能科学与技术，2017，6（6）：1196-1207.

[8]　Ma X H，Azhavi L，Wang Y. Li-ion battery recycling challenges[J]. Chem，2021，7（11）：2843-2847.

[9]　Yu W H，Guo Y，Shang Z，et al. A review on comprehensive recycling of spent power lithium-ion battery in China[J]. Etransportation，2022，11：100155.

后记：金属离子电池技术挑战与机遇并存

当今社会对金属离子电池的需求发生了革命性变化，基于三元材料或磷酸铁锂正极和石墨负极的传统锂离子电池体系亟待被超越。此外，国家能源战略、国防安全与国家重大工程对规模储能电池、高效动力电池、先进特种电池等体系也提出了更多的要求。总结起来，先进储能电池需要具备大容量、长寿命、高能效、高安全、低成本、快响应等特征；高效动力电池需要更高能量密度（即续航更久）、更高功率密度（即瞬时供能）、更高安全性等特征；特种电池需要具备宽温域、高环境与力学适应性、可长期储备等特征。然而，现有电池体系还不能满足上述要求，仍面临如下巨大挑战：

（1）缺乏对电池的跨尺度、多结构、全周期的原理创新。

电池体系需要从多场景应用的电池系统等宏观层次到电极/电解质界面的介观层次，再到材料结构与离子输运等的微观层次层层剖析，如何实现原理、体系与范式的革新，这是未来电池发展的核心科学问题。能量密度往往由材料性质及其电子结构决定，功率密度由电子和离子在电极、电解质材料和它们界面间的传输速率决定，而安全性往往与界面和器件结构相关联，寿命可以在器件和系统层面进行优化。传统理论往往只能针对孤立对象、单一变量，忽略了材料与系统其他部分的关联，因此无法适用于电池体系跨尺度、多结构全局优化，更无法解决电池性能提升的关键科学问题。

人工智能、大数据、区块链、云计算、超时空分辨原位表征技术与无损检测分析的快速发展，为电池关键材料智能设计与新原理解析提供了新的机遇。因此，亟需建立基于高通量计算-数据驱动的"电池材料基因组"与研究新范式；亟需构建可用于原位动态检测的电池模型和技术，在电池运行工况下，利用高时空能量分辨测试手段剖析电池"黑箱"，获得电池内多尺度组分演化信息与反应新原理，阐明材料的构效关系；亟需建立基于原位无损电池检测技术的智能管理系统，评估电池健康状态并作出相应调控；亟需建立以智慧能源互联网、大数据分析和智能计算为依托的能量时空供给精准预测系统。同时，也需要数理、信息等学科的统筹协调，以新原理提升电池综合利用效率。

此外，现有电池研究在电池关键资源提取和废弃电池回收方面还缺乏深入性全局考量，缺乏全生命周期的理论创新。我国盐湖中的锂储量约为 410 万 t，占我国锂资源总储量的 85%左右，除了产盐、产锂以外，盐湖中还富含钾、钠、镁等资源。然而，我国盐湖卤水品位较低，特别是青海盐湖，大多具有较高的镁锂比，而镁和锂在元素周期表中处于相邻对角位置，两者化学性质极其相近，采用一般物化方法很难有效分离，给锂资源的开采带来了极大困难，导致我国对国外锂资源的依赖性很强。高效的电池资源提取和废弃电池回收也需要从源头上进行理论创新。

（2）缺乏满足高精尖动力领域和规模储能要求的新材料和新体系。

随着航空航天、深海/极地探索、现代化军队建设的快速发展，具有重要科研探索和军事战略意义的深海、深地、两极、太空、岛礁等区域对电池提出新的要求。上述地域温度、压力、辐照等与普通环境相差较大，更易造成电池性能衰减。如低温情况下，电解质中离子传输速率及载流子在电池活性材料中的嵌入/脱出速率急速下降，导致电化学性能衰退严重，在超低温情况下，电池甚至无法正常工作；高温时，电极/电解液界面副反应加剧，造成性能衰减，甚至发生安全事故。传统锂离子电池不能满足上述极端条件和复杂工况下的应用，因此，亟需开发多场景适用的动力电池关键材料和新体系。

规模储能需要电池具备长循环寿命、高能量转化效率、高安全性、低成本、快速响应能力、高环境适应性等特征，现有电池材料已无法满足上述要求，亟需开发基于 Na、C、H、O、N 等丰产元素的电池新体系。

（3）单一学科难以高效组织电池研究。

现有电池研究队伍和有限的学科交叉，已无法完成未来电池的需求，需要从顶层设计，在更大层面组织多学科的协同交叉，在此建议设立重大研究计划组织推动。一个电池器件性能首先由材料决定，电极与电解质材料需要化学合成、工程放大等，新材料研发需要化学、材料、工程等学科交叉；电极和电解质材料的界面，如固液、固固界面等，是电荷转移和物质转化的重要场所，高性能界面的构筑离不开化学、物理、材料、工程等学科的共同参与；在器件层面，电子、离子等物质多尺度传输以及电、热、力等多场耦合很大程度上影响电池器件的性能，需要化学、数理、工程和信息等多学科交叉才能实现器件的优化设计；电池系统由大量单电池串并联集成，涉及机械制造和控制管理等，一个高效的电池系统需要集成工程、管理和信息等多个学科才能实现。显然，未来电池体系需要多学科交叉和产-学-研-用协同合作才能满足发展需求。

针对上述挑战，未来金属离子电池的研究将以复杂电化学界面上能量/物质输运与反应机理为核心科学问题，以先进原位表征和理论计算方法为手段，以研制大容量、长寿命、高安全、低成本、快响应、环境适应、智能管理储能电池以及高比能、快充放、高安全动力电池为目的，以电池储能产业和高精尖动力电源领域为应用出口。聚焦电池体系的非均匀、非连续界面能量/物质输运和电化学反应过程，借助先进电池高时空能量分辨原位表征和精准计算模拟新方法，明确新型电化学界面的微观结构、动态演化和构效关系；通过定向的结构构建、环境介质的相互作用、外场调控等对电池多相复杂界面过程进行有效调控，发展能量高效转化与高密存储的新理论和新机理，建立超越传统的电池体系和研究范式，实现综合性能提升和资源高效利用，为未来我国电池的发展提供新原理、新体系和新范式。

中国电池市场规模全球最大，电池研究在数量上遥遥领先，质量上也处于第一梯队。如何保证中国在与世界并行的情况下，能够超越与引领，谋划布局、开辟引领未来的方向是我们需要重点思考和部署的内容。希望进一步汇聚化学、材料、数理、信息、能源、工程等学科的广大电池研究和生产人员，从创新源头为我国电池的发展注入新力量，引领未来金属离子电池科技发展。